U0352646

星级甜品大师班

LE GRAND
COURS DE PÂTISSERIE

星级甜品大师班

[法] 埃迪·班纳姆（ Eddie Benghanem ） 著　霍一然 译

华中科技大学出版社
http://www.hustp.com
中国·武汉

有书至美
BOOK & BEAUTY

目录

前言 ························· 7

基础用具及食材 ········· 9
面粉 ························· 10
糖 ··························· 12
食品添加剂 ················· 14
坚果类 ····················· 16
模具 ······················· 18
模具及厨具 ················· 20

法式挞皮 ··············· 23
水油酥饼皮 ················· 24
水油酥饼皮基底（垫底饼皮）··· 24
榛子酥皮 ··················· 25
苹果馅饼 ··················· 26
诺曼底苹果挞 ··············· 28
白奶酪梨挞 ················· 30
白奶酪蓝莓挞 ··············· 30
奶酪蛋糕 ··················· 32
热带什锦水果挞 ············· 34
法式塔丁苹果派 ············· 36
甜酥面皮 ··················· 38
布鲁耶尔洋梨挞 ············· 39
布鲁耶尔巧克力慕斯挞 ······· 40
布鲁耶尔香梨慕斯挞 ········· 42
柠檬覆盆子挞 ··············· 44
酥性面皮 ··················· 46
酥性面皮基底 ··············· 46
布列塔尼酥饼 ··············· 47
布列塔尼青苹果酸味酥饼 ····· 48
半盐焦糖布列塔尼酥饼 ······· 48
布列塔尼椰子草莓酥 ········· 50
布列塔尼苹果杏仁挞 ········· 50
圣诞酥饼 ··················· 52
夹心酥饼 ··················· 52
肉桂酥饼 ··················· 52
杏仁核桃小饼干 ············· 52
维也纳酥饼 ················· 53
巧克力新月酥饼 ············· 53
杏仁酥饼 ··················· 53
流心酥饼 ··················· 54
香草脆糖酥饼 ··············· 54
巧克力脆糖酥饼 ············· 54
核桃可可酥饼 ··············· 55
巧克力圆酥饼 ··············· 55
原味酥饼 ··················· 55
香料蜜糖小面包 ············· 58
动物酥饼 ··················· 59
酥饼树 ····················· 60
巧克力椰子脆球 ············· 62
酥性糖球 ··················· 64
巧克力酥配黑巧克力甘纳许 ··· 64
酥饼水果三明治 ············· 65
巧克力球多层蛋糕 ··········· 66
林兹派皮 ··················· 68
覆盆子林兹派 ··············· 68
巧克力林兹蛋糕 ············· 69
覆盆子果冻林兹派 ··········· 70
林兹馅饼 ··················· 70
不规则林兹派 ··············· 72

特色糕点 ··············· 75
脆心甜点 ··················· 76
苹果脆心蛋糕 ··············· 76

无麸质脆心蛋糕 ············· 76
燕麦脆心蛋糕 ··············· 76
脆皮奶油杯 ················· 78
杏干脆心椰子酥 ············· 80
脆心蛋糕卷 ················· 82
巴斯克蛋糕 ················· 84
巧克力巴斯克蛋糕 ··········· 86
拉丝饼皮 ··················· 88
香草苹果千层派 ············· 90
酥脆糖渍苹果 ··············· 92
曲奇饼 ····················· 94
花生黄油曲奇 ··············· 94
榛子黑巧克力曲奇 ··········· 94
巧克力曲奇 ················· 94
葡萄干曲奇 ················· 95
黑糖曲奇 ··················· 95
糖衣榛子曲奇 ··············· 98
综合曲奇 ··················· 98
巨型曲奇 ··················· 100

蛋糕面团 ··············· 103
蛋糕 ······················· 104
柠檬蛋糕 ··················· 104
香草巧克力大理石蛋糕 ······· 105
橄榄油蛋糕 ················· 108
香料蛋糕 ··················· 108
糖渍水果蛋糕 ··············· 109
巧克力蛋糕 ················· 109
茶香柠檬蛋糕 ··············· 110
迷你柠檬蛋糕 ··············· 111
巧克力柠檬蛋糕 ············· 112
条形糖渍水果小蛋糕 ········· 114
水果蛋糕 ··················· 116
大理石蛋糕 ················· 118
那不勒斯蛋糕 ··············· 118
榛子大理石蛋糕 ············· 118
饕餮大理石蛋糕 ············· 119
俱乐部三明治橄榄油蛋糕 ····· 122
柑橘果酱蛋糕 ··············· 123
草莓柑橘橄榄油蛋糕 ········· 124
柠檬奶油香料小蛋糕 ········· 126
柑橘香料蛋糕 ··············· 126
黑糖蛋糕 ··················· 128
枫糖黑糖蛋糕 ··············· 130
糖衣酥脆黑蛋糕 ············· 130
橙子黑糖蛋糕 ··············· 132
热内亚蛋糕 ················· 134
果酱热内亚蛋糕 ············· 136
柑橘杏仁蛋糕 ··············· 138
夹心圆蛋糕 ················· 140
苹果香梨肉桂蛋糕 ··········· 142
布朗尼 ····················· 144
巧克力布朗尼 ··············· 144
牛奶巧克力甘纳许布朗尼 ····· 144
酥脆坚果布朗尼 ············· 145
玛芬蛋糕 ··················· 148
原味玛芬 ··················· 148
红色水果玛芬 ··············· 148
巧克力玛芬 ················· 149
司康饼 ····················· 152
黄油果酱司康饼 ············· 152
千层司康饼 ················· 154

液态面糊 ··················· 157
克拉芙蒂蛋糕 ··············· 158
原味克拉芙蒂蛋糕 ··········· 158
布列塔尼法荷蛋糕 ··········· 158
杏仁苹果克拉芙蒂蛋糕 ······· 160

梨和杏仁果冻克拉芙蒂蛋糕 ··· 162
可丽饼 ····················· 164
可丽饼面糊 ················· 164
巧克力可丽饼 ··············· 164
叙泽特可丽饼 ··············· 165
香橙舒芙蕾可丽饼 ··········· 165
柠檬乳酪薄饼 ··············· 166
油煎糖糕及油炸糖酥 ········· 168
油煎糖糕 ··················· 168
油炸糖酥 ··················· 169
油煎夹心糖糕 ··············· 170
覆盆子果酱夹心糖糕 ········· 170
巧克力油煎糖糕 ············· 170
樱桃杏仁香料油煎糖糕 ······· 172
可露丽 ····················· 174
华夫饼 ····················· 176
液态面糊华夫饼 ············· 176
固态面糊华夫饼 ············· 177
酥脆华夫饼 ················· 178
红浆果焦糖华夫饼 ··········· 180

泡芙面团 ··············· 183
泡芙 ······················· 184
酥脆泡芙 ··················· 186
巧克力泡芙 ················· 186
咖啡泡芙 ··················· 188
香草泡芙 ··················· 188
柠檬泡芙 ··················· 189
香橙泡芙 ··················· 189
咖啡榛子泡芙 ··············· 190
圣多诺黑泡芙 ··············· 192

饼干及蛋糕面团 ········· 195
兰斯饼干 ··················· 196
手指饼干 ··················· 198
巧克力夏洛特 ··············· 200
橙花奶油手指饼干 ··········· 202
焦糖咖啡提拉米苏 ··········· 202
海绵蛋糕 ··················· 204
小泡芙蛋糕 ················· 206
摩卡杏仁蛋糕 ··············· 207
甘薯先生 ··················· 208
达克瓦兹蛋糕 ··············· 210
杏仁达克瓦兹蛋糕 ··········· 210
榛子达克瓦兹蛋糕 ··········· 211
酥脆坚果达克瓦兹蛋糕 ······· 214
榛子白巧克力草莓蛋糕 ······· 216
巧克力蛋糕 ················· 218
无面粉巧克力蛋糕 ··········· 218
牛奶巧克力甘纳许蛋糕 ······· 219
巧克力软蛋糕 ··············· 220
覆盆子巧克力蛋糕 ··········· 222
泡芙蛋糕卷 ················· 224
水果夏洛特 ················· 226
栗子蛋糕卷 ················· 227
荷包蛋松塔 ················· 228
法式杏仁海绵蛋糕 ··········· 230
歌剧院蛋糕组装步骤 ········· 231
歌剧院蛋糕 ················· 232
开心果覆盆子歌剧院蛋糕 ····· 236
可可榛子歌剧院蛋糕 ········· 237
挪威柠檬蛋糕 ··············· 238

千层酥皮 ··················· 241
千层酥皮 ··················· 242
经典千层酥 ················· 242
巧克力千层酥 ··············· 243
衍生千层酥 ················· 244

快手千层酥 ················· 245
千层酥卷 ··················· 246
蝴蝶酥 ····················· 246
波浪形酥皮 ················· 247
螺旋千层酥 ················· 248
焦糖千层酥 ················· 249
蛋白霜千层酥 ··············· 252
酥皮苹果馅饼 ··············· 254
薄皮苹果挞 ················· 254
香草千层酥 ················· 256

发酵面团 ··············· 259
布里欧修面包 ··············· 260
布里欧修小面包 ············· 260
阿尔萨斯奶油圆面包 ········· 262
水果布里欧修小面包 ········· 263
圣特佩罗面包 ··············· 264
博斯托克面包 ··············· 266
软心法式吐司 ··············· 267
布里欧修千层面包 ··········· 268
柠檬/覆盆子/原味布里欧修千层面包
 ·························· 269
牛角面包 ··················· 272
波兰酵头牛角面包 ··········· 273
杏仁牛角面包 ··············· 274
巧克力面包 ················· 274
焦糖千层卷 ················· 276
巴巴面包 ··················· 278
萨瓦兰面包 ················· 279
原味巴巴面包 ··············· 280
尚蒂伊奶冻蛋白霜巴巴面包 ··· 280
椰林飘香萨瓦兰面包 ········· 282
庞多米面包 ················· 284
千层水果吐司 ··············· 286
酥脆庞多米草莓奶香米饭 ····· 286

小蛋糕及小饼干 ········· 289
杏仁小蛋糕 ················· 290
原味杏仁小蛋糕 ············· 290
巧克力杏仁小蛋糕 ··········· 291
风味杏仁小蛋糕 ············· 291
浓郁巧克力杏仁小蛋糕 ······· 292
浓郁杏仁小蛋糕 ············· 292
榛子杏仁小蛋糕 ············· 294
抹茶杏仁小蛋糕 ············· 294
朗姆杏仁小蛋糕 ············· 295
橙子杏仁小蛋糕 ············· 295
榛子慕斯酥脆杏仁小蛋糕 ····· 296
软蛋糕 ····················· 298
杏仁软蛋糕 ················· 298
香草核桃软蛋糕 ············· 298
覆盆子软蛋糕 ··············· 299
香蕉软蛋糕 ················· 299
榛子软蛋糕 ················· 300
草莓软蛋糕 ················· 300
玛德琳蛋糕 ················· 302
黑糖玛德琳蛋糕 ············· 303
蜂蜜玛德琳蛋糕 ············· 303
三味糖浆玛德琳蛋糕 ········· 304
椰香飘香玛德琳蛋糕 ········· 306
杏仁点心 ··················· 308
橙子杏仁小点心 ············· 308
松子杏仁小点心 ············· 309
瓦片饼干 ··················· 310
杏仁瓦片 ··················· 310
糖衣坚果瓦片 ··············· 312
巧克力瓦片或橙子瓦片 ······· 312
可可瓦片 ··················· 312

佛罗伦萨柑橘糖饼配酸橙奶油 …… 314
烟管饼干 …… 316
螺旋饼干和猫舌饼干 …… 318
罗米亚饼干 …… 318
秋叶 …… 320
向日葵和小雏菊 …… 322
葡萄饼干 …… 324
杏仁葡萄饼干 …… 324
糖浆葡萄饼干 …… 324
椰香蛋糕 …… 326
牛奶巧克力椰香蛋糕 …… 327
椰香巧克力软心蛋糕 …… 327
椰香草莓软心蛋糕 …… 328
酥脆焦糖巧克力挞 …… 330
比利时饼干 …… 332
咖啡榛子比利时饼干 …… 334
比利时奶油饼干酥挞 …… 336
蛋白霜 …… 338
法式蛋白霜 …… 338
意式蛋白霜 …… 340
瑞士蛋白霜 …… 341
马卡龙 …… 342
法式蛋白霜马卡龙 …… 342
杏仁马卡龙 …… 343
意式蛋白霜马卡龙 …… 344
杏仁半盐焦糖小熊马卡龙 …… 346
意式蛋白霜柠檬小鸡马卡龙 …… 346
法式蛋白霜香草斑马马卡龙 …… 347
意式蛋白霜香草牛奶马卡龙 …… 348
杏仁覆盆子小猪马卡龙 …… 348
法式蛋白霜巧克力小熊马卡龙 …… 349

奶油及蛋糕 …… 351
英式奶油 …… 352
漂浮之岛 …… 352
巧克力挞 …… 354
坚果巧克力挞 …… 354
巧克力香草慕斯泡沫 …… 356
卡仕达奶油 …… 358
巧克力卡仕达奶油 …… 359
咖啡卡仕达奶油 …… 359
波兰布里欧修面包 …… 360
烤制卡仕达奶油 …… 362
巴黎布丁 …… 362
巧克力咖啡布丁 …… 362
吉布斯特奶油 …… 364
巧克力覆盆子吉布斯特奶油挞 …… 366
焦糖苹果吉布斯特奶油挞 …… 368
传统圣多诺黑蛋糕 …… 370
外交官奶油 …… 372
软糖草莓挞 …… 374
杏肉冬加豆泡芙 …… 376
慕斯奶油 …… 378
原味慕斯奶油 …… 378
糖衣榛子慕斯奶油 …… 379
巴黎斯特泡芙 …… 380
草莓奶油蛋糕 …… 382
开心果慕斯奶油水果杯 …… 383
舒芙蕾 …… 384
巧克力舒芙蕾 …… 384
橙子利口酒舒芙蕾 …… 386
什锦舒芙蕾 …… 386
黄油奶油 …… 388
英式奶油及意式蛋白霜基底黄油奶油 …… 388
意式蛋白霜基底黄油奶油 …… 389
英式奶油基底黄油奶油 …… 389
麦芬斯 …… 390

糖衣榛子胜利饼 …… 392
胜利饼 …… 393
焦糖奶油 …… 394
半盐焦糖奶油及热带糖奶油 …… 394
烤焦糖奶油 …… 396
八角杏子奶油 …… 397
开心果巧克力奶油 …… 398
百里香覆盆子奶油 …… 398
烤焦糖奶油甜甜圈 …… 399
甜点甘纳许奶油 …… 400
黑巧克力甘纳许 …… 400
白巧克力甘纳许 …… 400
法芙娜黑巧克力松软甘纳许 …… 400
法芙娜牛奶巧克力松软甘纳许 …… 401
冬加豆冰激凌巧克力球 …… 402
浓郁松脆巧克力挞 …… 404
巧克力榛子 …… 406
意式奶冻 …… 408
经典香草意式奶冻 …… 408
香草奶油意式奶冻 …… 408
椰香奶油意式奶冻 …… 409
咖啡奶油意式奶冻 …… 409
香草奶油意式奶冻杯 …… 410
椰香奶油意式奶冻杯 …… 410
咖啡奶油意式奶冻杯 …… 410
草莓挞 …… 412
香草挞 …… 414
咖啡挞 …… 416
覆盆子柚子挞 …… 418
椰香杞果奶油雪糕 …… 420
杏仁榛子奶油雪糕 …… 420
甜筒 …… 422
柠檬奶油 …… 424
酸味柠檬冻蛋白挞 …… 426
流心柠檬奶油挞 …… 428
罗勒马鞭草柠檬挞 …… 430
柠檬奶油雪糕 …… 432
栗子奶油 …… 434
蒙布朗栗子奶油 …… 434
栗子慕斯 …… 434
栗子香梨蒙布朗杯 …… 436
糖渍柑橘栗子挞 …… 438
香橙奶油 …… 440
传统香橙奶油挞 …… 440
香橙奶油挞 …… 442
香橙小饼 …… 444
尚蒂伊奶油 …… 446
尚蒂伊 …… 446
尚蒂伊蛋白霜饼 …… 446
草莓香草夹心冰激凌 …… 448
甜食及蛋糕 …… 450
巴伐利亚奶油 …… 450
覆盆子巴伐利亚奶油 …… 452
牛奶巧克力巴伐利亚奶油 …… 454
水果慕斯 …… 456
红色水果慕斯 …… 456
红色水果甜甜圈 …… 458
热带水果慕斯 …… 459
皇后牛奶大米慕斯 …… 460
椰香杞果甜点 …… 462
萨芭雍奶油 …… 464
红色水果萨芭雍奶油 …… 464
巧克力萨芭雍奶油 …… 466
浓郁巧克力慕斯 …… 468
杏仁奶油 …… 470
杏仁挞 …… 471
杏肉慕斯杏仁奶油 …… 472
梨肉果冻杏仁奶油 …… 472

新鲜菠萝条杏仁奶油 …… 473
杏仁奶油千层派 …… 474
杏仁卡仕达奶油 …… 476
橙花糖浆杏仁牛角面包 …… 477
国王饼 …… 478

冰激凌甜点 …… 481
冰激凌及点心 …… 482
香草冰激凌 …… 482
牛奶巧克力冰激凌 …… 482
巧克力冰激凌 …… 482
椰香冰激凌 …… 483
雪芭 …… 484
水果雪芭 …… 484
巧克力雪芭 …… 484
冰激凌球 …… 486
原味冰激凌球 …… 486
柑橘冰激凌球 …… 487
冰慕斯 …… 488
热带水果焦糖杏仁冰慕斯 …… 488
冰舒芙蕾 …… 490
牛奶巧克力冰舒芙蕾 …… 490
冰牛轧糖 …… 492
糖衣脆饼核桃冰牛轧糖 …… 492
雪糕棒棒糖 …… 494
玫瑰雪糕棒棒糖 …… 494
冰激凌蛋糕 …… 496
冰激凌小蛋糕 …… 496
冰一口酥 …… 498
糖衣果仁冰一口酥 …… 498

糖果及巧克力 …… 501
热糖浆 …… 502
拉丝糖 …… 504
水果糖 …… 506
水果面团 …… 508
柠檬面团 …… 508
热带水果面团 …… 508
红色水果面团 …… 508
浆果面团 …… 508
果酱 …… 510
红色果酱 …… 510
菠萝果酱 …… 510
柠檬果酱 …… 510
橙子果酱 …… 510
三角糖及麦芽糖 …… 512
熟糖果 …… 514
软糖 …… 516
无蛋清香味软糖 …… 516
蛋白软糖 …… 517
草莓软糖 …… 517
杞果软糖 …… 517
牛轧糖 …… 518
巧克力牛轧糖 …… 519
奶油酱 …… 520
半盐焦糖奶油酱 …… 520
红色水果奶油酱 …… 520
开心果奶油酱 …… 520
榛子奶油酱 …… 520
热带水果奶油酱 …… 520
焦糖 …… 522
含盐黄油焦糖 …… 522
热带水果焦糖 …… 522
黑加仑焦糖 …… 523
坚果焦糖 …… 524
咖啡核桃焦糖 …… 524
冬加豆杏仁焦糖 …… 524
榛子焦糖 …… 524

柠檬开心果焦糖 …… 525
糖饼 …… 526
轮形糖饼、圆形糖饼和糖饼碎 …… 527
糖衣果仁 …… 528
糖衣榛子糊 …… 528
糖衣花生糊 …… 529
糖衣杏仁糊 …… 529
榛子杏仁和糖衣果仁 …… 530
玫瑰糖衣杏仁 …… 530
焦糖榛子或焦糖杏仁 …… 531
酥性榛子 …… 531
巧克力焦糖榛子 …… 532
焦糖榛子拼盘 …… 532
牛奶可可榛子 …… 532
糖衣坚果巧克力片 …… 534
糖衣杏仁巧克力片 …… 534
糖衣榛子巧克力球 …… 534
巧克力温控 …… 536
圆形巧克力片 …… 536
水浴法 …… 536
咖啡巧克力片 …… 536
巧克力树叶 …… 536
甘纳许 …… 538
浓郁黑巧克力甘纳许 …… 538
巧克力糖衣 …… 538
香草甘纳许 …… 539
杏仁膏甘纳许 …… 539
焦糖甘纳许 …… 539
青柠檬甘纳许 …… 539
糖果 …… 542
半盐焦糖糖果 …… 542
百香果甘纳许黄色糖果 …… 544
青柠焦糖绿色糖果 …… 544
柑橘糖衣果仁橙色糖果 …… 544
浆果焦糖红色糖果 …… 545
黄色、绿色、橙色和红色糖果的组合 …… 545
一口酥 …… 546
柠檬椰香一口酥 …… 546
糖衣花生半盐焦糖一口酥 …… 547
柠檬巧克力一口酥 …… 548
樱桃酒一口酥 …… 548
咖啡巧克力脆饼一口酥 …… 549
巧克力片 …… 552
牛奶巧克力 …… 552
黑巧克力 …… 554
白巧克力 …… 555
淋面 …… 558
栗子糖浆淋面 …… 558
白色蛋糕淋面 …… 558
泡芙水果淋面 …… 558
黑色千层酥皮淋面 …… 558
婚礼蛋糕技艺 …… 560
包裹技艺 …… 560
装饰技艺 …… 561
皇室蛋糕淋面 …… 561
婚礼蛋糕 …… 562
糖面团装饰 …… 564
水果干 …… 566
苹果干 …… 566

附录 …… 569
食谱目录 …… 570
糕点词汇表 …… 575

前言

提起糕点，大家或许会被它制作过程的精准和苛刻吓到。但其实糕点制作是一个神奇的游乐场，更是表达奇思妙想的方式。我对于学习制作糕点的唯一建议是——入手一台厨房秤。没错，做糕点的时候，几乎所有食材都得称重！

制作糕点需要扎实的功底，也需要从业人员的卓越才华。所有糕点我都爱，从最简单的可丽饼，到最复杂的点心，而其中最让我着迷的是制作糕点带给我的喜悦。

一年到头，我都待在实验室里，糕点对我而言是幸福的源泉。从我立志成为厨师的那一刻起，人们就建议我从糕点起步，因为糕点的制作最为严谨。我立刻就沉浸其中，并因此感到幸福。我曾供职于多家著名酒店，包括丽兹酒店（Le Ritz）、克利翁酒店（Le Crillon）、乔治五世酒店（Le George V）和特里亚农宫酒店（Le Trianon Palace），这些酒店的任职经历成就了我，而如今，也轮到我将毕生所学传承下去。

写作这本书的目的，是希望教会读者们制作糕点的所有基本技能。这些技能既可以用来做最简单的点心、糖果和巧克力，也可以制作工序繁复的甜点。光是面皮就有很多种：甜酥面皮、法式挞皮、千层面皮……随着学习的深入，你们还会接触到吉布斯特奶油（crème chiboust）、甘纳许（ganache）、萨芭雍（sabayon）、翻转奶油（crème renversée）和卡仕达奶油（crème pâtissière）；你们也会学到三角糖（berlingots）、夹心巧克力、司康饼、圣奥诺雷泡芙（saint-Honoré）、布列塔尼油酥饼（sablé breton）以及可露丽（cannelé）的制作方法。在这本书中，我将向读者传授我所有的秘诀和建议，目的是让大家循序渐进地掌握初学及进阶中所必需的要领。

制作糕点需要耐心，需要先花费时间钻研、布置、准备，之后才能尽情享受制作糕点的乐趣。我们每个人都拥有丰富的经历，每个人都是不同的个体。其实，魔法食谱并不存在，只能说每一份食谱都很迷人！只要我们敢于尝试。

时至今日，每当我制作海绵蛋糕或摩卡蛋糕时，我仍然会像第一次制作糕点那样惊叹。我依旧惊异于膨胀的泡芙和上色的焦糖。尽管糕点的制作非常严谨，但它的香味、色泽、质地、味道、外形等都是那样的有趣而丰富，带给人满满的惊喜。糕点就应该被细心品尝，更应该被拿来分享！

埃迪（EDDIE）

基础用具及食材

（Produits et matériel de base）

　　将面糊装入模具、烘烤、切割、装饰、绘制、涂抹……糕点和巧克力的制作工具越来越先进了！硅胶模具凭借其轻便和柔软的质感，替代了钢制模具。一些专用的模具也开始出现，比如可露丽模具和热内亚蛋糕（pains de Gênes）模具。

面粉（LES FARINES）

面粉由各种谷物碾碎后制作而成，包括黑麦面粉、栗子面粉及玉米面粉等。
小麦面粉在糕点制作中用途最广，面粉的纯净度取决于灰分含量。[注释1]
面粉是制作糕点的基础，使用不同的面粉会做出不同的成品。从最纯净的
T45面粉，到杂质最多的T150全麦面粉，面粉分为多种纯度。[注释2]

_____

【注释1】灰分指存在于小麦麸皮与胚芽等部位的矿物质成分，例如纤维质、镁、钾、磷、
铁等。小麦粉灰分含量高，说明粉中麸质多、加工精度低、小麦清理效果差。
【注释2】法国面粉按照灰分含量不同，分为T45/T55/T65/T80/T110/T150，数字越低代表小
麦粉中所含的灰分和杂质越少，也越精纯。

美国科尔德面粉（LA CORDE AMÉRICAINE）

美国科尔德面粉是一种高筋面粉，
可用来制作面包。

黑麦面粉（LA FARINE DE SEIGLE）

黑麦面粉属于低筋面粉，在制作饼干时可部
分代替传统的小麦面粉。
黑麦面粉会为食物增添特殊的香气。

T55面粉（LA T55）

T55面粉的韧性较低，淀粉含量高，
保水性强，适合制作不太需要发酵的
糕点，例如酥性面皮或蛋糕。

通用面粉（LA TRADITION）

通用面粉指T65面粉，一般用于制作面包。用T65面粉制成的面包呈蜂窝状质地，面包心为乳白色。

精白面粉（LA GRUAU）

精白面粉韧性强，属于高筋面粉，一般指纯净度很高的T45面粉，适合制作发酵面团和发酵千层面团。精白面粉可以让面团更好地延展发酵，但在千层面团中要控制用量，因为千层面团对面粉的品质要求很高。

糖

糖最为人熟知的特性是甜味。制作甜食时，糖也在改变食物结构上扮演了重要角色。

糖是天然的保鲜剂，用糖制成的果酱可以长期保存。

在高温作用下，糖可以为食物上色。而糖经过高温会变成焦糖，焦糖会为食物增添特别的香气。

使用不同颗粒大小的糖，可做出不同质地的酥性面皮。

在一份均衡、简明、合乎逻辑的食谱中，糖应占有一席之地。

粗红糖

甘蔗汁经第一道萃取后获得的粗糖，风味独特，可用于制作油酥面皮，或用来调味。

细砂糖

从甜菜或甘蔗中提取，易溶，可用于制作糕点。其纯度很高，在糖果业应用广泛。

蜂蜜

由蜜蜂从花蜜中提取并酿造而成。味道时而温和时而醇厚，可能带有果香或花香。用于制作饼干时，可增加醇厚的口感。蜂蜜与转换糖浆作用类似。

粗红糖

蜂蜜

艾素糖

枫糖浆

黑糖

细砂糖

糖霜

葡萄糖

转化糖浆

艾素糖

艾素糖是一种甜味剂,主要用于糖果生产。无色,无法转化为焦糖。甜度比蔗糖低,性质比蔗糖更稳定。

糖霜

砂糖研磨成的粉末,可直接与淀粉混合。

枫糖浆

用枫糖树的树汁熬制而成,风味独特,可用于合成各种糖浆,或用来调味。

黑糖

从甘蔗中提取的粗糖,熬制甘蔗汁直到水分完全蒸发,便可得到黑糖。其香味浓郁。

葡萄糖

葡萄糖浆由玉米淀粉水解后制成,主要用于糖果生产。葡萄糖的质地更加细腻,能让煮过的糖软化,避免出现结晶。

转化糖浆

用于制作蛋糕或玛德琳蛋糕时,可以让食物的味道更加醇厚。烹饪时可用蜂蜜代替。主要用于糖果生产、制作冰激凌或雪芭。

食品添加剂

冰激凌乳化稳定剂

制作雪芭的主要稳定剂，防止水分凝固结冰。它可以改善雪芭的质地，带来更加细腻润滑的口感，并让雪芭的体积膨大。

葡萄糖

粉状单糖，甜度较低，可降低水和奶油的凝固点，避免出现结晶。

小苏打

粉末状添加剂，用于部分糕点的发酵，如曲奇饼。

斯塔布2000稳定剂（STAB 2000）

冰或冰激凌的专用稳定剂。它可改善食物质地，促进体积膨大，减缓冰融化的速度，带来更加润滑的口感，可防止冰激凌和雪芭出现结晶。

黄色果胶

用于制作果酱的胶凝物质。黄色果胶在酸性和高糖环境下起作用，胶化物加热后不可逆，制成的果酱不能再次融化。

葡萄糖粉

粉状葡萄糖，甜度较低。由于葡萄糖粉有防止结晶出现的作用，主要用于制作冰激凌。葡萄糖粉是稳定剂的辅助配料。

NH果胶

用于水果加工的胶凝物质，可让果汁变成富有光泽的啫喱质地，主要用于制作水果馅、水果淋面和果酱糕点。可以再次融化。

黄原胶

粉状增稠稳定剂，通过生物发酵制成。它可在低温环境下起作用，在冷冻状态下保持稳定。

二氧化钛

增白剂，可溶于水。

酒石酸

酒石酸能够激发食物的香气，具有酸味，是一种酸化剂和抗氧化剂。它可以让蔬菜和鱼的颜色、味道及营养成分保持稳定。

琼脂

琼脂是从海藻中提取的天然植物胶，制作糖果和糕点时可替代吉利丁。可溶于沸水。

柠檬酸

柠檬酸可提升食物的风味，有利于食物的保存，调节酸碱度。可作为制作糖果的酸味剂，并能够让熟糖软化。

抗坏血酸

食品抗氧化剂，可防止某些水果的氧化。

泡打粉

泡打粉是一种均衡发酵粉，促进面团在合适的湿度和温度环境中发酵。

冰激凌乳化稳定剂

黄色果胶

二氧化钛

抗坏血酸

葡萄糖

小苏打

斯塔布2000稳定剂

葡萄糖粉

NH果胶

黄原胶

酒石酸

琼脂

柠檬酸

泡打粉

坚果类

杏仁粉

杏仁片

榛子粉

北美山核桃粒

杏仁碎

糖衣杏仁

榛子碎

榛子

北美山核桃

模具

1.圆形蛋糕模具

2.硅胶模具

3.萨瓦兰蛋糕模具

4.阿尔萨斯奶油圆面包模具

5.小圆形蛋糕模具

6.吐司模具

7.长方形蛋糕模具

8.杏仁小蛋糕模具

9.可露丽模具

10.圆形慕斯蛋糕模具

11.传统蛋糕模具

12.方形慕斯蛋糕模具

13.长方形馅饼模具

14.布里欧修模具

15.热内亚蛋糕模具

16.方形馅饼模具

17.方形花边模具

18.方形平边模具

模具及厨具

1.糖果模具

2.一口酥模具

3.硅胶垫

4.玻璃硅胶垫

5.小萨瓦兰蛋糕硅胶模具

6.半球形硅胶模具

7.锯齿巧克力刮板

8.金属刷

9.巧克力叉

10.打蛋器、刮刀、橡胶刮刀、
　 擀面杖

11.硅胶雪糕模具

12.真空瓶

13.镂空模具

法式挞皮
(Les pâtes brisées)

水油酥饼皮（Pâte brisée）··· 24

甜酥面皮（Pâte sucrée）··· 38

酥性面皮（Pâte sablée）··· 46

林兹派皮（Pâte linzer）··· 68

水油酥饼皮（Pâte brisée）

水油酥饼皮基底（垫底饼皮）[Pâte brisée de base（ou pâte à foncer）]

可制作1千克
准备时间：10分钟
静置时间：1小时
烤制时间：根据用途不同而定

所需食材

• T55面粉500克
• 黄油375克
• 鸡蛋1个
• 盐10克
• 水100毫升

将盐和水混合。
将面粉倒入搅拌桶。

用糕点专用电动搅拌器将面粉和切成小块的黄油混合，搅拌直至面团呈沙粒质地。

加入盐水和鸡蛋。

继续搅拌，直至面团质地均匀，但不要过度搅拌。

用手掌揉面。

将面团压扁。
盖上保鲜膜，放入冰箱冷藏1小时。

法式挞皮家族

通过下图可以看出，法式挞皮是一个庞大的家族！
根据面粉的粗细和奶油的多少，法式挞皮分为多个种类。

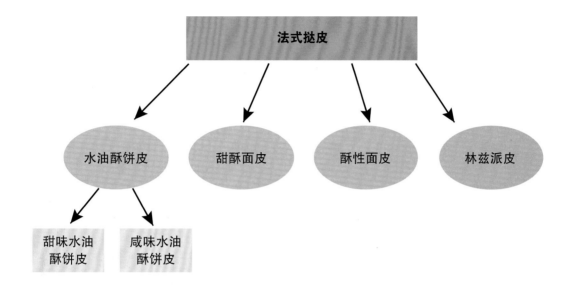

衍生食谱

榛子酥皮（Pâte brisée à la noisette）

可制作1.125千克
准备时间：10分钟
静置时间：1小时
烤制时间：根据用途不同而定

所需食材

- 榛子粉140克
- 面粉510克
- 黄油膏325克
- 蛋黄2个
- 盐4克
- 牛奶100毫升

制作步骤

将牛奶和盐混合。
用糕点专用电动搅拌器将面粉、榛子粉、黄油膏和蛋黄混合，制成酥性面团。
逐步加入牛奶和盐的混合物。
将面团揉成球形，用保鲜膜包好，放入冰箱冷藏1小时。

埃迪小贴士

法式挞皮、酥性面皮、水油酥饼皮都可用电动搅拌器制作。榛子粉可用其他坚果粉替代。

苹果馅饼（**Chaussons aux pommes**）

16份
所需用具：
• 直径120毫米的圆形模具1个（用于切割圆形面饼）
准备时间：45分钟
静置时间：2小时
烤制时间：55分钟

所需食材

用于制作水油酥饼皮
• 盐10克
• 水100毫升
• 面粉500克
• 黄油375克
• 鸡蛋50克（1个）

用于制作苹果馅
• 金冠苹果8个
• 糖65克
• 黄油50克
• 肉桂粉2撮

制作步骤

水油酥饼皮
将盐溶于水。
用糕点专用电动搅拌器将面粉和切成块的黄油混合，搅拌直至黄油被面粉完全吸收，随后加入盐水和鸡蛋。
继续搅拌，直至面团质地均匀，但不要过度搅拌。
将面团揉成球形，用保鲜膜包好，放入冰箱冷藏2小时。

苹果馅
烤箱预热至130℃（温度调至4—5挡）。
苹果去皮、去核、切成小块。
将苹果块、糖、肉桂粉和黄油混合，放在铺有烘焙纸的烤盘上，入烤箱烤制35分钟。自然冷却。

组合食材
将面团擀成厚度为2毫米的面饼。
用圆形模具切割饼皮。
在半边圆形饼皮上涂抹苹果酱。
烤箱预热至160℃（温度调至5—6挡）。
用刷子在面皮边缘涂少许水。
将馅饼包好，边缘压实。将馅饼放置在铺有烘焙纸的烤盘上，入烤箱烤制20分钟。

> **埃迪小贴士**
> 可用不同品种的苹果做馅。也可以加入干果，或用陈皮替代肉桂粉。

诺曼底苹果挞（Tarte normande aux pommes）

6 ～ 8人份
所需用具：
• 直径24厘米的不锈钢圆形模具1个
准备时间：40分钟
静置时间：2小时
烤制时间：1小时20分钟

所需食材

用于制作水油酥饼皮
• 盐5克
• 水50毫升
• 面粉250克
• 黄油190克（另需少许黄油涂抹模具）
• 鸡蛋½个

用于制作克拉芙蒂蛋糕面糊（Clafoutis，需提前1天制作）
• 面粉100克
• 盐1撮
• 糖85克
• 香草荚1根
• 融化黄油70克
• 鸡蛋4个
• 淡奶油（脂肪含量35%）335克

用于制作糖渍苹果
• 水1升
• 细砂糖300克
• 苹果（红香蕉苹果）1千克

用于收尾工序
• 糖霜50克

制作步骤

水油酥饼皮
将盐和水倒入小锅中加热。
用糕点专用电动搅拌器将面粉和黄油混合，随后加入盐水和鸡蛋。继续搅拌直至面团质地均匀，但不要过度搅拌。
将面团揉成球形，用保鲜膜包好，放入冰箱冷藏2小时。

克拉芙蒂蛋糕面糊
面粉过筛，加入盐、糖和剖开的香草荚。
将黄油融化。
将鸡蛋加入面粉中，搅拌均匀。
依次加入淡奶油和融化的黄油。
放入冰箱冷藏备用。

糖渍苹果
将糖倒入水中煮沸。
将苹果整个加入沸水中（留1个作为最后的装饰）。
小火加热35分钟。
捞出苹果，沥干水备用。

组合食材
将面团擀成厚度为3毫米的面饼。将少许黄油涂抹于模具内侧，随后将面饼放入模具。将模具内的面饼边缘轻轻压实。
烤箱预热至180℃（温度调至6挡）。
将苹果放入模具。
将克拉芙蒂蛋糕面糊倒进模具，液面高度为模具高度的一半。
入烤箱烤制45分钟。
出烤箱后自然冷却，用苹果片装饰表面，撒上糖霜。

埃迪小贴士

完整的水果经过烹煮后，会产生微妙的味道，小火慢炖风味最佳。
水果沥干水可防止水油酥饼皮破裂。当苹果替换成李子或西梅时，需先把饼皮放入预热180℃的烤箱烤制10分钟，再按照上述步骤制作。

白奶酪梨挞（Gâteaux au fromage blanc aux poires）

白奶酪蓝莓挞（Gâteaux au fromage blanc aux myrtilles）

16份

所需用具：
- 直径8厘米的陶瓷小蛋糕模具16个

准备时间：45分钟

烤制时间：35分钟

静置时间：1小时

所需食材

用于制作水油酥饼皮（参照第24页）
- 另需少许黄油涂抹模具

用于制作白奶酪馅
- 白奶酪400克
- 蛋黄2个
- 细盐1撮
- 糖80克
- 香草液1茶匙
- 蛋清2个
- 面粉20克
- 淡奶油（脂肪含量35%）50毫升

用于制作梨挞
- 糖150克
- 梨6个
- 醋栗果肉240克
- 黄油10克
- 中性蛋糕淋面50克
- 糖霜10克

用于制作蓝莓挞
- 蓝莓100克
- 覆盆子100克
- 糖霜10克

制作步骤

水油酥饼皮（需提前1天制作）
制作水油酥面团。

将面团擀成厚度为3毫米的面饼，放入涂有黄油的模具压紧，放入冰箱冷藏1小时。

白奶酪馅
烤箱预热至160℃（温度调至5—6挡）。

将白奶酪、蛋黄、盐、糖、香草液、面粉和淡奶油混合。

将蛋清打发，加入混合好的食材中。将面糊装进铺有面饼的模具中，入烤箱烤制20分钟。

自然冷却。

梨挞
烤箱预热至200℃（温度调至6—7挡）。

准备糖底：用糖制作焦糖，将焦糖倒入烤盘底部。

将梨去皮，沿横向切厚片，用圆形模具去核。将梨片铺在焦糖上，加入醋栗果肉和切成块的黄油。

盖上锡纸，入烤箱烤制15分钟。

装盘时，每个水果挞上放1片梨片。用小刷子在梨片表面刷一层中性蛋糕淋面，表面撒糖霜。

蓝莓挞
若制作蓝莓挞，当水果挞自然冷却时，表面装饰蓝莓数颗，覆盆子1颗。表面撒糖霜。

埃迪小贴士

用梨等煮熟的水果制作传统的白奶酪水果挞时，切厚片风味更佳。

可用新鲜覆盆子代替蓝莓。

奶酪蛋糕（Cheesecake）

8人份
所需用具;
- 20厘米×20厘米×2厘米的不锈钢模具1个
- 硅胶垫1张
- 糖用温度计1个

准备时间：1小时
静置时间：5～8小时
烤制时间：15分钟（水油酥饼皮）+20分钟（奶酪蛋糕底）

所需食材

用于制作水油酥饼皮
- 黄油膏188克
- 细盐5克
- 糖4克
- 蛋黄10克（½个蛋黄）
- 鲜牛奶25毫升
- T45面粉225克

用于制作奶酪蛋糕底
- 吉利丁片5.5克（2.5片）
- 淡奶油（脂肪含量35%）130毫升
- 糖33克
- 蛋黄65克（3个）
- 白巧克力38克
- 黄油12克
- 可可脂12克
- 奶油奶酪（Philadelphia牌）235克

用于制作白色糖衣淋面
- 吉利丁片6克（3片）
- 水150毫升
- 糖250克
- 葡萄糖80克
- 淡奶油（脂肪含量35%）160毫升
- 白巧克力（可可含量35%）160克
- X58果胶2克

用于制作焦糖杏仁
- 杏仁片300克
- 糖135克
- 水100毫升

白巧克力装饰（参照第537页）

埃迪小贴士

奶酪蛋糕装盘时，可搭配糖渍黑醋栗覆盆子或糖渍西柚。

制作步骤

水油酥饼皮
将黄油膏、盐、糖、蛋黄和牛奶混合，直至质地基本均匀。加入面粉，仔细搅拌。将面团揉成球形，用保鲜膜包好，放入冰箱冷藏2小时。
将面团擀成厚度为2毫米的面饼，压进不锈钢模具。
将模具放入预热至160℃的烤箱（温度调至5—6挡）烤制15分钟。脱模后自然冷却。

奶酪蛋糕底（需提前1天制作）
将吉利丁片在冷水中浸透。
将淡奶油和一半的糖倒入小锅中煮沸。
用剩余的糖打发蛋黄，直至蛋黄变为白色。
将打发好的蛋黄倒入小锅中，继续加热至82℃，其间不停搅拌。关火，加入沥干水的吉利丁片。
搅拌均匀。
将加热好的食材倒入装有白巧克力碎、黄油和可可脂的大碗中。
加入奶油奶酪。
用打蛋器将食材搅拌均匀，再将混合物倒入不锈钢模具（此前制作水油酥饼皮的模具，需清洗干净）。将模具放置在铺有硅胶垫的烤盘上。
放入冰箱冷冻3～6小时。

白色糖衣淋面
将吉利丁片在冷水中浸透，随后沥干水。
将100毫升水、240克糖和葡萄糖倒入小锅中加热至130℃。
将淡奶油倒入另一个小锅中煮沸，随后将热奶油倒入切碎的白巧克力中，制成巧克力甘纳许。搅拌均匀。
将50毫升水、10克糖和果胶倒入第3个小锅。煮沸后倒入第1个小锅中，并关闭炉火。
将3个锅中的食材全部混合，加入沥干水的吉利丁片，用打蛋器搅拌均匀，冷却至40℃.

焦糖杏仁
烤箱预热至170℃（温度调至5—6挡）。
将糖倒入水中煮沸制成糖浆，冷却至30℃。
将杏仁片和糖浆混合，倒在硅胶垫上，入烤箱烤制10分钟。自然冷却。

组合食材
在烤架上将奶酪蛋糕底脱模。表层淋一层白色糖衣淋面，随后将奶酪蛋糕底放置在方形水油酥饼皮上。
蛋糕侧面贴满焦糖杏仁。
在奶酪蛋糕表面放上白巧克力装饰。

热带什锦水果挞（Tarte destructurée aux fruits exotiques）

10人份
所需用具：
- 直径10厘米的不锈钢圆形模具10个
- 直径12厘米的不锈钢圆形模具10个
- 硅胶垫1张
- 装有6号裱花嘴的裱花袋1个

准备时间：40分钟
静置时间：1小时
烤制时间：15分钟

所需食材

用于制作水油酥饼皮（参照第24页）

用于制作外交官奶油（Crème diplomate，参照第372页）
- 牛奶250毫升
- 糖60克
- 奶油粉25克
- 黄油25克
- 吉利丁片2片
- 淡奶油（脂肪含量35%）130毫升
- 德国樱桃酒10毫升

用于组合食材
- 杧果1个
- 菠萝¼个
- 木瓜½个
- 椰肉片若干
- 澳洲青苹果（Granny-smith）¼个
- 糖霜20克
- 香草粉5克
- 1个青柠檬的皮

制作步骤

水油酥饼皮（参照第24页）
烤箱预热至160℃（温度调至5—6挡）。
将面团擀成厚度为2毫米的面饼。
将2种涂有黄油的不锈钢模具放在铺有硅胶垫的烤盘上。
将饼皮切成条状，条状饼皮宽度与模具高度一致。
将略长的条状饼皮沿大模具内壁嵌入，略短的条状饼皮沿小模具内壁装入。饼皮压实后，内圈放置烘焙纸，并在圆圈中央放置圆柱形物体固定，防止饼皮脱落。
入烤箱烤制15分钟。在烤架上脱模后自然冷却。

外交官奶油（参照第372页）
将外交官奶油装入裱花袋。
将烤好的饼皮圈放在盘中，大圈套小圈。

组合食材
用裱花袋将奶油填进两个饼皮圈之间的空隙。
将杧果、菠萝切块，木瓜及椰肉切片，澳洲青苹果切细丝，放在饼皮圈上。
将糖霜及香草粉撒在表面，并用青柠檬皮装饰。

法式塔丁苹果派（Tartes aux pommes façon Tatin）

8人份
所需用具：
- 直径6厘米的圆形模具1个
- 直径6厘米、高6厘米的圆形模具8个
- 硅胶垫1张

准备时间：1小时10分钟
静置时间：1小时30分钟
烤制时间：1小时30分钟

所需食材

用于制作水油酥饼皮（参照第24页）

用于制作塔丁焦糖
- 糖500克
- 水20毫升
- 葡萄糖30克
- 黄油140克
- 澳洲青苹果8个
- 新鲜草莓140克
- 青柠1个
- ½个橙子的皮

用于制作热带水果焦糖
- 百香果果肉95克
- 杧果肉95克
- 细砂糖235克
- 葡萄糖32克
- 波旁香草荚（Vanille bourbon）1根
- 淡奶油（脂肪含量35%）100毫升
- 可可脂52克

用于制作半盐焦糖
- 淡奶油（脂肪含量35%）200毫升
- 盐之花[注释1]2克
- 香草荚1根
- 细砂糖200克
- 葡萄糖65克
- 黄油45克

用于煮苹果
- 澳洲青苹果8个
- 苹果汁30毫升

用于制作波浪形装饰
- 传统千层面团（需提前1天制作）500克（参照第248页）
- 糖35克
- 香草粉3克
- 融化黄油40克
- 糖霜10克（装饰用）

制作步骤

水油酥饼皮
制作水油酥饼团（参照第24页）。
烤箱预热至170℃（温度调至5—6挡）。
将面团擀成厚度为5毫米的面饼。
用直径6厘米的圆形模具切割饼皮。
入烤箱烤制10～12分钟。

塔丁焦糖
用糖、水和葡萄糖制作焦糖。加入黄油，加热直至黄油变为褐色。
加入苹果，煮熟后关火过滤。待食材冷却后，加入青柠汁、青柠皮、橙子皮。放好备用。

热带水果焦糖
将水果、细砂糖、葡萄糖、剖开的香草荚和淡奶油倒入小锅内。
中火加热至126℃，其间不停搅拌。焦糖加热到指定温度后，关火，加入可可脂。
用打蛋器搅拌均匀，放好备用。

半盐焦糖
将淡奶油、盐之花和剖开的香草荚倒入小锅中加热。放好备用。
另取一个小锅，倒入细砂糖和葡萄糖，加热至165℃，制成深色焦糖。
随后加入热奶油混合物，加热至108℃，其间不停搅拌。
关火，加入黄油，搅拌均匀。放好备用。

煮苹果
苹果去皮，用切片器切成长条片。
将苹果片沿圆形紧密排放。
将摆成圆形的苹果放入挞皮模具，将模具放入装有苹果汁的真空袋。入蒸箱90℃（温度调至3挡）加热45分钟。若您没有蒸箱和真空袋，可将装有苹果片的圆形模具放入盛有苹果汁的盘中，入烤箱180℃（温度调至6—7挡）烤制40分钟。
苹果煮熟后，将高于模具的部分去除，使其表面平整。
将煮熟的苹果横向切成两半，得到2个圆形苹果盘。
将直径6厘米的圆形模具放在硅胶垫上，再将圆形苹果盘放入模具中。表面淋上塔丁焦糖，入烤箱90℃（温度调至3挡）烤制25分钟，使其脱水。

波浪形装饰
将糖和香草粉混合。
将千层面团擀成边长15厘米的方形面饼。
撒上香草糖粉。
将面饼切成宽5毫米的细条，放入盘中，入冰箱冷藏30分钟。
烤箱预热至180℃（温度调至6挡）。
将条状面饼在硅胶垫上摆成波浪形，入烤箱烤制10分钟。自然冷却。

组合食材
将煮好的圆形苹果盘放在水油酥饼皮上。
苹果派组合好后，一部分淋半盐焦糖，其余淋热带水果焦糖。
将波浪造型装饰在苹果派上，表面撒糖霜。可立即食用。

【注释1】盐之花产自法国布列塔尼南岸有上千年历史的盖朗德（Guérande）盐田区，是世界上极负盛名的海盐之一。

> **埃迪小贴士**
> 澳洲青苹果十分耐煮，且煮熟后风味更佳。

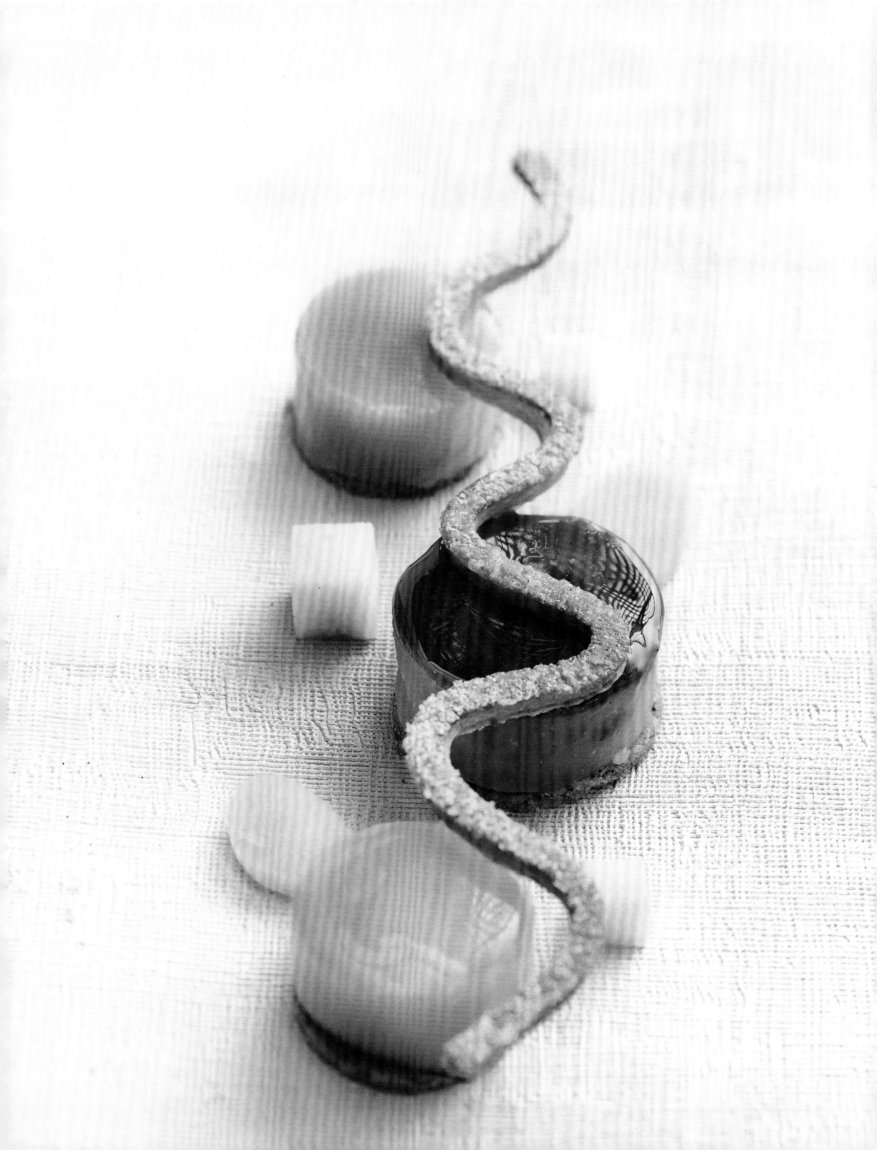

甜酥面皮（Pâte sucrée）

可制作1千克
准备时间：15分钟
静置时间：1小时

所需食材

- 黄油300克
- 鸡蛋120克（2个大鸡蛋）
- 糖霜200克
- 杏仁粉60克
- 面粉500克
- 盐2.5克

用糕点专用电动搅拌器将黄油和糖霜混合。

加入鸡蛋、杏仁粉、面粉和盐。

搅拌直至面团质地均匀，但不要过度搅拌。将面团裹上保鲜膜后放入冰箱冷藏1小时。

入模方法1

用擀面杖将面团擀成厚度为2毫米的面饼，面饼大小需超过5厘米直径的模具。

将面饼压进框架模具内，并用大拇指和食指沿模具圈将面饼边缘压实，让饼皮和模具贴合。

用刮刀切除模具边缘多余的面皮。

入模方法2

将面皮擀成厚度为2毫米的面饼，切割成条状，条状面饼的宽度需和框架模具的高度一致。将条状面饼沿框架模具内壁装入，用手指轻轻压实。

用圆形模具切割出圆形面饼。将两部分面饼按压组合在一起。

用刮刀切除模具边缘多余的面皮。

布鲁耶尔洋梨挞（Tarte bourdaloue）

6 ～ 8人份
所需用具：
• 直径20厘米的不锈钢圆形模具1个
准备时间：1小时
静置时间：1小时30分钟
烤制时间：35分钟

所需食材

用于制作125克甜酥面皮（参照第38页）

用于制作杏仁奶油
• 黄油100克
• 糖100克
• 杏仁粉100克
• 鸡蛋100克（2个）

用于制作糖渍洋梨
• 半个洋梨5份

将洋梨放在铺有硅胶垫的烤盘上，
放入冰箱冷藏30分钟。
将杏仁奶油均匀挤在挞皮上。

将切成一半的洋梨摆放在挤好奶油
的挞皮上。

埃迪小贴士

制作中使用软化的黄油，
可防止挞皮边缘在烘焙
过程中塌陷。

用于组合食材
• 中性蛋糕淋面50克
• 梨酒5克
• 糖霜50克
• 焦糖杏仁片50克

制作步骤

甜酥面皮
制作甜酥面团（参照第38页）。
将生面团从冰箱中取出。
用擀面杖将面团擀成厚度为2毫米的面饼，将其压进直径20厘米的圆形模具，模具内侧需要事先涂好黄油。
将装有面饼的模具放置在铺有硅胶垫的烤盘上，放入冰箱冷藏30分钟。

杏仁奶油
将黄油和糖混合，随后加入杏仁粉和鸡蛋。
将杏仁奶油装入裱花袋。
烤箱预热至165℃（温度调至5—6挡）。
将糖渍洋梨沥干水。
将洋梨纵向切成薄片，放在挞皮上。
入烤箱烤制30 ～ 35分钟，自然冷却后脱模。
加热中性蛋糕淋面至液态，加入梨酒，用小刷子将淋面刷在洋梨挞表面。
在洋梨挞边缘撒上糖霜，中间撒上焦糖杏仁片。

布鲁耶尔巧克力慕斯挞（Tarte boudaloue mousse au chocolat）

12人份
所需用具：
• 直径5厘米的圆形模具12个（1.5厘米高）
• 温度计1个
• 直径5厘米的浅半球形硅胶模具12个
• 硅胶垫1张

准备时间：1小时
静置时间：3小时30分钟
烤制时间：20分钟

所需食材

用于制作甜酥挞皮
• 黄油100克
• 鸡蛋40克（1个）
• 糖霜66克
• 杏仁粉20克
• 面粉165克
• 盐1克

用于制作巧克力慕斯
• 吉利丁片2克（1片）
• 牛奶125毫升
• 黑巧克力（可可含量70%）145克
• 淡奶油（脂肪含量35%）250毫升

用于制作杏仁奶油
• 黄油100克
• 糖100克
• 杏仁粉100克
• 鸡蛋100克（2个）

用于制作糖渍梨
• 半个梨6份

用于组合食材
• 黑巧克力片（参照第537页）
• 食用金箔
• 中性蛋糕淋面

制作步骤

甜酥挞皮
用电动搅拌器将黄油、鸡蛋、糖霜、杏仁粉、面粉和盐搅拌均匀，但不要过度搅拌。
用保鲜膜将面团包好，放入冰箱冷藏2小时。
用擀面杖将面团擀成厚度为2毫米的面饼。
将面饼分别压进12个圆形模具，模具内侧需事先涂好黄油。
将装有面饼的模具放在铺有硅胶垫的烤盘上，放入冰箱冷藏30分钟。

巧克力慕斯
将吉利丁片在水中浸透。
将牛奶煮沸，并将吉利丁片溶解于其中。
倒入切碎的巧克力，制成巧克力甘纳许。
将奶油打发，待巧克力甘纳许的温度降至40℃，加入打发好的奶油。
将混合好的食材倒进浅半球形硅胶模具。
放入冰箱冷藏1小时。

杏仁奶油
将黄油和糖混合，随后加入杏仁粉和鸡蛋。

糖渍梨
将梨去皮切块。

组合食材
烤箱预热至160℃（温度调至5—6挡）。
将杏仁奶油挤在挞皮上。
放入1块梨，入烤箱烤制20分钟。
将烤好的挞底放在烤架上自然冷却后脱模。
加热中性蛋糕淋面。
将巧克力慕斯脱模，用小刷子在表面轻刷一层中性蛋糕淋面。
将巧克力片切成6厘米×6厘米的方形，每个挞上放1片。
将巧克力慕斯摆放在巧克力的上方。
取一小片食用金箔装饰。

埃迪小贴士

梨与巧克力是经典组合。

布鲁耶尔香梨慕斯挞（Tarte bourdaloue et mousse de poires）

6份
所需用具：
- 直径8厘米的圆形模具6个
- 硅胶垫1张
- 直径4厘米的硅胶模具6个1组
- 直径8厘米的硅胶模具6个1组

烤制时间：2小时
静置时间：3小时30分钟
烤制时间：20分钟（制作果冻10分钟+制作蛋白霜10分钟）

所需食材

用于制作甜酥挞皮
- 黄油100克（另需少量黄油涂抹模具）
- 鸡蛋40克（1个）
- 糖霜66克
- 杏仁粉20克
- 面粉165克
- 盐1克

用于制作梨肉果冻
- 吉利丁片4克（2片）
- 梨肉300克

用于制作杏仁奶油
- 黄油100克
- 糖100克
- 杏仁粉100克
- 鸡蛋100克（2个）

用于制作糖渍梨
- 半个梨6份

用于制作香梨慕斯
- 吉利丁片5克（2.5片）
- 梨肉果泥500克
- 鲜奶油300毫升

用于制作意式蛋白霜
- 蛋清75克（2.5个蛋清）
- 糖110克
- 水45毫升

用于组合食材
- 中性蛋糕淋面100克
- 炒杏仁片100克
- 糖霜10克

制作步骤

甜酥挞皮
用电动搅拌器将黄油、鸡蛋和糖霜混合。加入其余所有配料，搅拌均匀。
用保鲜膜将面团包好，放入冰箱冷藏2小时。
用擀面杖将面团擀成厚度为5毫米的面饼。
将面饼分别压进每个圆形模具，模具内侧需事先涂好黄油。
将装有面饼的模具放在铺有硅胶垫的烤盘上，放入冰箱冷藏30分钟。

梨肉果冻
将吉利丁片在冷水中浸透，随后沥干水。
将⅓的梨肉倒入小锅中加热，加入吉利丁片搅拌溶化。
加入剩余果肉，搅拌均匀后将混合物倒入直径4厘米的半球形硅胶模具。
将梨肉果冻放入冰箱冷冻1小时。

杏仁奶油
将黄油和糖混合，加入杏仁粉和鸡蛋。

意式蛋白霜
制作意式蛋白霜（参照第208页）。

糖渍梨
将梨去皮切块。
将杏仁奶油挤在挞皮上，随后放几块梨。
将糖渍梨入烤箱烤制15分钟，放在烤架上自然冷却。

香梨慕斯
将奶油打发，放好备用。
将吉利丁片在冷水中浸透，随后沥干水。
加热一部分梨肉，加入吉利丁片搅拌溶化，随后倒入剩余果肉及200克意式蛋白霜，最后倒入打发好的奶油，搅拌均匀。
将慕斯倒入直径8厘米的硅胶模具。
在慕斯中央放入冷冻过的梨肉果冻。
将香梨慕斯放入冰箱冷冻2小时。

组合食材
将慕斯脱模，摆放在挞皮上。
用小刷子在慕斯表面刷上中性蛋糕淋面。
在慕斯四周装饰炒杏仁片，撒上糖霜。

> **埃迪小贴士**
>
> 香梨慕斯可用梨酒慕斯或杏仁慕斯替代，为这个经典食谱带来独特味觉。

柠檬覆盆子挞（Tartelette citron-framboise）

12份

所需用具：

- 硅胶垫1张
- 温度计1个
- 直径5厘米的硅胶半球形模具12个（鹅卵石形）
- 直径3厘米的半球形硅胶模具12个

准备时间：2小时

静置时间：3小时30分钟

烤制时间：45分钟

所需食材

用于制作蛋黄酥

- 熟蛋黄75克（4个）
- 黄油膏150克
- 糖霜75克
- 过筛面粉150克
- 玉米淀粉75克

用于制作手指饼干

- 鸡蛋4个
- 面粉120克
- 糖120克
- 糖霜50克

用于制作覆盆子果冻

- 覆盆子果肉300克
- 吉利丁片4克（2片）

用于制作柠檬奶油

- 吉利丁片7克（3.5片）
- 牛奶80毫升
- 糖50克
- 鸡蛋3个
- 黄柠檬汁65毫升
- 青柠檬汁40毫升
- 1个青柠檬的皮
- 1个黄柠檬的皮
- 白巧克力（可可含量35%）130克
- 可可脂10克

用于组合食材

- 中性蛋糕淋面50克
- 覆盆子12个

制作步骤

蛋黄酥

将熟蛋黄过筛。用糕点专用电动搅拌器将黄油膏、糖霜混合，随后加入过筛的蛋黄。

加入面粉和玉米淀粉，搅拌均匀。用保鲜膜将面团包好，放入冰箱冷藏30分钟。

烤箱预热至150℃（温度调至5挡）。

用擀面杖将面团擀成厚度为2毫米的面饼，将面饼切成5厘米×5厘米的方形，入烤箱烤制8～10分钟，在烤架上自然冷却。

手指饼干

烤箱预热至200℃（温度调至6—7挡）。

将蛋黄和蛋清分离。面粉过筛。将蛋黄放入碗中，加入60克糖打发，直至蛋黄变成白色，体积增大1倍。

用60克糖打发蛋清。

将蛋黄加入打发的蛋白中，随后逐步倒入已过筛的面粉。

将面糊挤在铺有硅胶垫的烤盘中，表面撒上50克糖霜。

入烤箱烤制6～8分钟。自然冷却，将饼干切成直径5厘米的左右的圆形。放好备用。

覆盆子果冻

将吉利丁片在冷水中浸透，沥干水。

将1/3的覆盆子果肉倒入小锅中加热，加入吉利丁片搅拌溶化。

加入剩余的果肉，随后倒入直径3厘米的硅胶模具中。

放入冰箱冷藏1小时。

柠檬奶油

将吉利丁片在冷水中浸透，随后沥干水。

将牛奶、糖、鸡蛋液、柠檬汁和柠檬皮倒入小锅。

慢火加热至82℃，其间不停搅拌。

加入沥干水的吉利丁片、白巧克力和可可脂。

用打蛋器搅拌2分钟。

组合食材

将柠檬奶油倒入直径5厘米的半球形模具中，液面高度为模具高度的一半。

放入1块做好的覆盆子果冻和1片手指饼干，并轻轻将它们按压进奶油。

放入冰箱冷冻2小时，让食材凝固。

脱模，表面轻刷一层中性蛋糕淋面。

将做好的覆盆子夹心柠檬分别摆放在每片蛋黄酥上，用少量覆盆子果冻粘连。

用半颗覆盆子装饰表面。

埃迪小贴士

蛋黄酥底可直接用普通挞皮代替。

酥性面皮（Pâte sablée）

酥性面皮基底（Pâte sablée de base）

可制作1千克
准备时间：15分钟
静置时间：2小时
烤制时间：根据用途不同而定

所需食材

- 黄油膏250克
- 细砂糖250克
- 面粉500克
- 发酵粉10克
- 盐1撮
- 鸡蛋100克（2个）

用糕点专用搅拌器将切成块的黄油膏和面粉混合。

搅拌直至面团呈沙粒质地。

加入鸡蛋和细砂糖，继续搅拌，但不要搅拌过度。

搅拌直至面团质地均匀。将面团放入冰箱冷藏2小时。

用擀面杖将面团擀成面饼，再用模具切割成圆形。

将圆形酥性面皮放在烘焙垫上。

布列塔尼酥饼（Sablé breton）

可制作1千克
准备时间：10分钟
静置时间：1小时
烤制时间：15 ～ 20分钟，根据用途不同而定

所需食材

- 蛋黄120克（4 ～ 5个蛋黄）
- 细砂糖264克
- 软化黄油336克
- 面粉400克
- 盐4克
- 发酵粉17克

将蛋黄和细砂糖混合。

加入黄油，搅拌均匀。

加入面粉、盐、发酵粉，搅拌直至
面糊质地均匀。将面团放入冰箱冷
藏1小时。

埃迪小贴士

为了让酥性饼更加松脆，可
将烘烤时间延长5分钟。
制作酥饼时，您也可以先将
细砂糖和黄油混合。

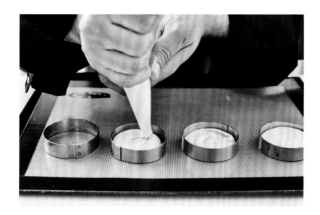

将面糊装入裱花袋，挤入模具中。

入烤箱烤制15分钟，直至酥饼变为金黄色，体积膨大。

布列塔尼青苹果酸味酥饼（Sablé breton acidulé à la pomme verte）

6～8人份

所需用具：
• 20厘米×20厘米的方形框架模具1个
• 20厘米×20厘米的方形硅胶模具1个
• 圆形模具若干
• 硅胶垫1张

准备时间：20分钟
静置时间：4小时
烤制时间：20分钟

所需食材

用于制作布列塔尼酥饼
• 蛋黄30克（1.5个）
• 糖66克
• 半盐黄油84克
• 面粉100克
• 细盐1克
• 化学酵母4克

用于制作青苹果果冻
• 糖8克
• NH果胶7克
• 青苹果果泥或苹果汁300克
• 梨肉果泥100克
• 转化糖浆60克
• 青苹果1个

用于装饰
• 醋栗
• 中性蛋糕淋面
• 糖霜
• 苹果1个

制作步骤

布列塔尼酥饼

在碗中混合蛋黄和糖。

加入软化的半盐黄油，混合均匀。倒入面粉、盐和化学酵母。搅拌直至面团质地均匀。

用保鲜膜将面团包好，放入冰箱冷藏2小时。

烤箱预热至165℃（温度调至5—6挡）。

将面团擀成厚度为1.5厘米的面饼，用方形模具切割成边长20厘米的方形。

将方形的面饼做成酥皮，其余面饼掰成小块，放在铺有硅胶垫的烤盘上。

入烤箱烤制15～20分钟。将酥饼放在烤架上自然冷却。

青苹果果冻

将糖和NH果胶混合。将青苹果果泥、梨肉果泥和转化糖浆混合后加热。煮沸后倒入糖和果胶的混合物，继续加热至沸腾，其间不停搅拌。放好备用。

青苹果去皮、去核、切成小块。

将青苹果果胶倒入边长20厘米的方形硅胶模具。随后加入苹果块。

放入冰箱冷藏2小时。

将青苹果果冻脱模，摆放在方形布列塔尼酥饼上。

装饰

在果冻上装饰若干酥饼块，部分酥饼块表面撒上糖霜。

将苹果切片，用不同直径的圆形模具将苹果制成大小不一的苹果圆片。在苹果片表面刷上中性蛋糕淋面。

最后放几个醋栗装饰。

半盐焦糖布列塔尼酥饼（Les sablés bretons au caramel demi-sel）

可制作20份直径6厘米的酥饼

所需用具：
• 糖用温度计1个
• 硅胶垫1张
• 直径6厘米的圆形模具1个
• 直径5厘米的硅胶模具20个1组

准备时间：20分钟
静置时间：4小时
烤制时间：10～15分钟

所需食材

用于制作半盐焦糖
• 葡萄糖356克
• 红糖142克
• 白糖356克
• 淡奶油（脂肪含量35%）425毫升
• 香草荚2根
• 盐之花4.5克
• 黄油214克
• 法芙娜巧克力（Dulcey Valrhona）214克

用于制作布列塔尼酥饼（参照左侧食谱）

制作步骤

半盐焦糖

将葡萄糖、红糖和白糖混合后加热至180℃。

将淡奶油煮沸，加入剖开的香草荚。将奶油倒入焦糖中，使其溶解。

加入盐之花、黄油和法芙娜巧克力。

将半盐焦糖倒入硅胶模具，放入冰箱冷藏2小时。

布列塔尼酥饼

在碗中混合蛋黄和糖。

加入软化的黄油，混合均匀。倒入面粉、盐和化学酵母。搅拌直至面团质地均匀。

用保鲜膜将面团包好，放入冰箱冷藏2小时。

烤箱预热至165℃（温度调至5—6挡）。

将面团擀成厚度为5毫米的面饼，用模具切割成直径6厘米的圆饼。将圆形面饼放在铺有硅胶垫的烤盘上。

将烤盘放入烤箱烤制10～15分钟。让酥饼在烤架上自然冷却。

组合食材

将半盐焦糖脱模，分别摆放在每个布列塔尼酥饼上。可立即装盘食用。

布列塔尼椰子草莓酥（Sablé breton coco-fraise）

12份
所需用具：
- 直径5厘米的半球形硅胶模具24个1组
- 直径2厘米的半球形硅胶模具24个1组
- 直径4厘米的萨瓦兰蛋糕硅胶模具12个1组

准备时间：1小时
静置时间：2小时（酥饼）+1小时（果冻）+2小时（椰子慕斯）
烤制时间：15分钟（布列塔尼酥饼）+15分钟（椰子慕斯）+15分钟（果冻）

所需食材

用于制作草莓果冻
- 吉利丁片4克（2片）
- 草莓果肉300克

用于制作布列塔尼酥饼
- 蛋黄30克（1.5个）
- 糖66克
- 半盐黄油84克
- 面粉100克
- 细盐1克
- 化学酵母4克

用于制作椰子慕斯
- 淡奶油（脂肪含量35%）145毫升
- 吉利丁片12克（6片）
- 椰子果泥240克

用于制作意式蛋白霜
- 蛋清34克（1个大鸡蛋的蛋清）
- 糖50克
- 葡萄糖20克
- 水15克

用于组合食材
- 布列塔尼酥饼碎100克
- 草莓若干
- 鲜椰肉片若干
- 糖霜

制作步骤

草莓果冻
将吉利丁片在冷水中浸透，随后沥干水。
用小锅加热⅓的草莓果肉，将吉利丁片溶解其中，搅拌均匀。
加入剩余果肉，搅拌均匀。
将果泥倒入直径2厘米的半球形硅胶模具。
放入冰箱冷藏1小时。脱模，放入冷冻室保存备用。

布列塔尼酥饼
在碗中混合蛋黄和糖。
加入软化的黄油，混合均匀。加入面粉、盐和化学酵母，搅拌直至面团质地均匀。
用保鲜膜将面团包好，放入冰箱冷藏2小时。
将面团擀成厚度为2毫米的面饼。

烤箱预热至165℃（温度调至5—6挡）。
用模具将面饼切割成直径4厘米的圆。将圆形面饼放入同样直径的萨瓦兰蛋糕硅胶模具。
将模具入烤箱烤制12～15分钟。待自然冷却后脱模。

意式蛋白霜
奶油打发，放好备用。
制作意式蛋白。将水、糖、葡萄糖倒入小锅中加热至121℃，随后将糖水倒入蛋清中。

椰子慕斯
加入打发的奶油。
将吉利丁片在冷水中浸透。
加热¼的椰子果泥，加入沥干水的吉利丁片，再加入剩余的椰子果泥，混合均匀后缓慢倒入意式蛋白霜和奶油的混合物中。

组合食材
将椰子慕斯倒入直径5厘米的半球形硅胶模具中。
在每个椰子慕斯中摆放1个半球形草莓果冻。放入冰箱冷冻1小时。
脱模，将2个半球形组合成1个球形，包裹1层布列塔尼酥饼碎屑。
在慕斯球表面撒糖粉，用少许草莓果冻将慕斯球和萨瓦兰形酥饼粘连在一起。
用1片草莓和1片椰肉片在表面装饰。

布列塔尼苹果杏仁挞（Tarte sablée breton pomme-amande）

12份
所需用具：
- 直径4厘米的半球形硅胶模具12个
- 直径6厘米、高2厘米的硅胶模具12个

准备时间：30分钟
静置时间：2小时（酥饼）+2小时（果冻）+1小时（杏仁慕斯）
烤制时间：15～20分钟

所需食材

用于制作布列塔尼酥饼（参照左侧食谱）

用于制作青苹果果冻
- 青苹果果泥或苹果汁300克
- 梨肉果泥100克
- 转化糖浆60克
- 糖8克
- NH果胶7克
- 苹果1个

用于制作杏仁慕斯
- 牛奶200毫升
- 杏仁奶100毫升
- 淡奶油（脂肪含量35%）350毫升
- 白巧克力250克
- 吉利丁片9克（4.5片）
- 马斯卡彭奶酪50克

用于组合食材
- 醋栗12个
- 椰肉片若干
- 中性蛋糕淋面

布列塔尼酥饼

将面团擀成厚度为3毫米的面饼，放在铺有硅胶垫的烤盘上。

烤箱预热至165℃（温度调至5—6挡）。

将面饼入烤箱烤至半熟（5～6分钟），取出面饼，用模具切割成直径6厘米的圆。

然后将切好的面饼入烤箱继续烤制5～6分钟，放在烤架上自然冷却。

青苹果果冻

将糖和果胶混合。将苹果果泥、梨肉果泥与转化糖浆混合后加热。煮沸后倒入糖和果胶的混合物，不停搅拌直至再次沸腾，放好备用。

将青苹果去皮、去核，切成小块。

将青苹果果冻倒入直径4厘米的半球形硅胶模具。

在果冻中加入苹果块，放入冰箱冷藏2小时。脱模备用。

杏仁慕斯

将吉利丁片在冷水中浸透。

将牛奶、杏仁奶和淡奶油倒入小锅中煮沸。

将吉利丁片沥干水，再将煮沸的液体过筛并倒入装有白巧克力的碗中，加入沥干水的吉利丁片和马斯卡彭奶酪。

搅拌均匀，放入冰箱冷藏1小时。

组合食材

将青苹果果冻放入直径6厘米的硅胶模具，将杏仁慕斯填入模具内的空隙部分。

将模具放入冰箱冷冻1小时。

脱模，将果冻一侧朝上，摆放在布列塔尼酥饼上。

将中性蛋糕淋面加热至液体，用小刷子在水果挞表面轻刷一层淋面。用1颗醋栗和椰子片在表面装饰。

圣诞酥饼（Sablés de Noël）

45块
所需用具：
• 直径5厘米和2厘米的圆形模具各1个
准备时间：25分钟
静置时间：30分钟
烤制时间：10 ～ 12分钟

所需食材

• 熟蛋黄75克（4个熟蛋黄）
• 软化黄油150克
• 糖霜75克
• 过筛面粉150克
• 玉米淀粉75克

用于收尾工序
• 果酱125克

制作步骤

将熟蛋黄过筛。
用糕点专用电动搅拌器搅拌黄油，制成黄油膏。
加入糖霜，搅拌均匀后加入熟蛋黄。
加入已过筛的面粉和玉米淀粉，搅拌均匀。
将面团揉成球形，用保鲜膜将面团包好，放入冰箱冷藏30分钟。
烤箱预热至150℃（温度调至5挡）。
将擀面杖将面团擀成厚度为2毫米的面饼。用直径5厘米的圆形模具切割面饼。在每个圆形面饼中间，用直径2厘米的圆形模具切出一个小圆。
将小圆饼和面饼圈放在铺有烘焙纸的烤盘上。
将烤盘放入烤箱烤制10 ～ 12分钟。自然冷却，在小圆饼上涂抹果酱，然后套上面饼圈。

夹心酥饼（Sablés fourrés）

35份
所需用具：
• 裱花袋1个
准备时间：20分钟
静置时间：7小时
烤制时间：10 ～ 12分钟

所需食材

• 生蛋黄20克（1个）
• 熟蛋黄100克（5个）
• 糖霜200克
• 杏仁粉50克
• 盐1撮
• 1个柠檬的皮
• 黄油膏250克
• 面粉300克

用于收尾工序
• 果酱200克

制作步骤

用糕点专用电动搅拌器将生蛋黄、糖霜、杏仁粉和盐混合。随后加入熟蛋黄和柠檬皮。搅拌均匀，加入黄油膏。
加入过筛的面粉，搅拌均匀，但不要过度搅拌。
将面团揉成球形，擀成厚度为3毫米的面饼。用保鲜膜将面团包好，放入冰箱冷藏1小时。
将面饼切割成边长3厘米的方形，放在铺有烘焙纸的烤盘上。
盖上保鲜膜，再次放入冰箱冷藏6小时。
烤箱预热至180℃（温度调至6挡），烤制10 ～ 12分钟，直至酥饼上色。
将果酱装入裱花袋，挤在一半的酥饼上。
将挤有果酱的酥饼和没有果酱的酥饼组合起来，制成夹心饼。

肉桂酥饼（Sablés à la cannelle）

30块
所需用具：
• 圆形模具1个
准备时间：10 ～ 15分钟
烤制时间：烤制10 ～ 12分钟
静置时间：12小时+30分钟

所需食材

• 室温黄油150克
• 室温半盐黄油50克
• 糖霜80克
• 鸡蛋25克（½个）
• 蛋黄1个（用于涂抹表层）
• 面粉225克
• 肉桂粉1撮

用于收尾工序
• 砂糖50克

制作步骤

将2种黄油、糖霜和鸡蛋混合。加入过筛的面粉和肉桂粉，搅拌均匀，但不要过度搅拌。
将面团揉成20厘米长的条状。
用保鲜膜将面团包好，放入冰箱冷藏12小时。
冷藏好后，用蛋黄液涂抹条状面团，然后将面团裹上砂糖。再次放入冰箱冷藏30分钟。
将条状面团切成厚度约1厘米的圆面片，面片直径约为4厘米。
烤箱预热至180℃（温度调至6挡）。
将面片放在铺有烘焙纸的烤盘上，面片之间预留足够的空隙。
将烤盘放入烤箱烤制10 ～ 12分钟。酥饼自然冷却后食用。

杏仁核桃小饼干（Petits fours amandes-noix）

30块
所需用具：
• 硅胶垫1张
准备时间：15分钟

静置时间：12小时
冷冻时间：15分钟
烤制时间：10 ～ 12分钟

所需食材

- 杏仁粉240克
- 杏仁面糊（杏仁粉含量60%）260克
- 转化糖浆30克
- 杏肉果酱80克
- 糖霜160克
- 鸡蛋50克（1个）
- 核桃面糊80克

用于收尾工序

- 核桃仁200克

制作步骤

用糕点专用电动搅拌器将杏仁粉、杏仁面糊、转化糖浆、杏肉果酱、糖霜、鸡蛋和核桃面糊混合。
用擀面杖将面团擀成厚度为1.5厘米的方形面饼。
将面饼室温静置12小时风干，随后放入冰箱冷冻15分钟。
烤箱预热至240℃（温度调至8挡）。
将面饼切成小方块，放在铺有烘焙垫的烤盘上。
在每个小饼干上装饰一个核桃仁，入烤箱烤制10 ～ 12分钟。将小饼干放在烤架上自然冷却。

维也纳酥饼（Sablé viennois à pocher）

40块
所需用具：
- 装有花边嘴的裱花袋1个
- 硅胶垫1张
准备时间：15分钟
烤制时间：10 ～ 12分钟

所需食材

- 室温黄油150克
- 室温半盐黄油50克
- 糖霜75克
- 蛋清30克（2个蛋清）
- 面粉225克

用于收尾工序

- 杏仁片若干

制作步骤

烤箱预热至180℃（温度调至6挡）。
用糕点专用电动搅拌器将2种黄油和糖霜混合，随后加入蛋清。将搅拌器的叶片更换为打蛋叶片。
慢速打发，逐步加入面粉。将混合好的面糊装入裱花袋。
在铺有硅胶垫的烤盘上制作波浪形酥饼。用杏仁片装饰。
将烤盘放入烤箱烤制10 ～ 12分钟，直至酥饼上色。

巧克力新月酥饼（Sablés chocolat fondant）❶

60块
准备时间：15分钟
静置时间：30分钟
烤制时间：10 ～ 12分钟

所需食材

- 黄油100克
- 半盐黄油50克
- 糖霜100克
- 杏仁粉30克
- 蛋黄50克（2.5个）
- 面粉240克
- 可可粉25克

制作步骤

将2种黄油、糖霜、杏仁粉和蛋黄混合。
加入面粉和可可粉，搅拌均匀，但不要过度搅拌。
将混合物放入冰箱冷藏30分钟。
烤箱预热至180℃（温度调至6挡）。
用直径5厘米的圆形模具切割面饼，再切成半圆形。随后将面饼放在铺有烘焙纸的烤盘上，并用手捏成弯月形。
将烤盘放入烤箱烤制10 ～ 12分钟。

杏仁酥饼（Sablés aux fruits secs）❷

60块
准备时间：20分钟
静置时间：25小时
烤制时间：10 ～ 12分钟

所需食材

- 室温黄油82克
- 室温半盐黄油55克
- 糖霜165克
- 蛋黄2个
- 烤杏仁片155克
- 面粉137克

制作步骤

用糕点专用电动搅拌器将2种黄油混合，制成黄油膏。加入糖霜，搅拌均匀，随后加入蛋黄和杏仁片。倒入面粉，继续搅拌，但不要搅拌过度。
将面团擀成厚度为1厘米的面饼。
用保鲜膜将面饼包好，放入冰箱冷藏1小时。
将面饼切块，放在铺有烘焙纸的烤盘上。
将面饼盖上保鲜膜，再次放入冰箱冷藏24小时。
烤箱预热至180℃（温度调至6挡），烤制10 ～ 12分钟。

流心酥饼（Sablé fondant）❸

80块
所需用具：
• 硅胶垫1张
准备时间：20分钟
静置时间：1小时
烤制时间：10分钟

所需食材

• 熟蛋黄100克（5个）
• 生蛋黄1个（用于涂抹表皮）
• 糖霜200克
• 杏仁粉50克
• 盐1撮
• 生蛋黄20克（1个做主料）
• 1个柠檬的皮
• 黄油250克
• 面粉300克

制作步骤

将熟蛋黄过筛，与糖霜、杏仁粉、盐、生蛋黄、柠檬皮和黄油混合。
加入面粉，搅拌直至面团质地均匀。
将面团擀成厚度为4毫米的面饼，盖上保鲜膜，放入冰箱冷藏1小时。
烤箱预热至180℃（温度调至6挡）。
将面饼切割为直径5厘米的圆片，放在铺有硅胶垫的烤盘上。用蛋黄液涂抹表皮。
将面饼放入烤箱烤制10分钟，烤好后放在烤架上自然冷却。

香草脆糖酥饼（Sablés diamants à la vanille）❹

可制作1千克
准备时间：15分钟
静置时间：2小时
烤制时间：10～12分钟

所需食材

• 黄油300克
• 半盐黄油100克
• 糖霜160克
• 鸡蛋50克（1个）
• 面粉450克
• 波旁香草荚（Bourbon）2根

用于收尾工序
• 砂糖100克

制作步骤

将2种黄油和糖霜、鸡蛋混合。
加入面粉和碾碎的从香草荚中刮出的香草籽，搅拌均匀，但不要过度搅拌。
将混合物用保鲜膜将面团包好，放入冰箱冷藏2小时。

将面团揉搓成条状，切成厚度为1厘米的片，制成双色酥饼（条状面团组合方式参见本页"巧克力脆糖酥饼"的加工步骤）。
将酥饼放在铺有硅胶垫的烤盘上。
将酥饼放入烤箱烤制10～12分钟。

巧克力脆糖酥饼（Sablés diamants au chocolat）❺

可制作1千克
所需用具：
• 硅胶垫1张
准备时间：15分钟
静置时间：2小时30分钟
烤制时间：10～12分钟

所需食材

• 黄油300克
• 半盐黄油100克
• 糖霜160克
• 鸡蛋50克（1个）
• 面粉400克
• 可可粉50克

用于收尾工序
• 砂糖100克

制作步骤

将2种黄油、糖霜和鸡蛋混合。
加入面粉。将面团两等分，一份保持原味，一份加入可可粉。搅拌均匀，但不要过度搅拌。
用保鲜膜将面团包好，放入冰箱冷藏2小时。

加工酥饼
烤箱预热至180℃（温度调至6挡）。
将面团分成两等份。
其中一份揉搓成长20厘米、直径1厘米的条状。
另一份面团擀成20厘米×5厘米的长方形面饼，厚度约为3毫米。
用原味长方形面饼包裹巧克力味的条状面团，另取巧克力味的长方形面饼包裹原味条状面团。
将卷好的条状面团外侧裹上砂糖，放入冰箱冷藏30分钟。
将条状片团切成厚度为1厘米的面片，制成双色酥饼。
将酥饼放在铺有硅胶垫的烤盘上。
将酥饼放入烤箱烤制10～12分钟。

核桃可可酥饼（Sablés cacao et fruits secs）❻

30块
所需用具：
• 硅胶垫1张
准备时间：15分钟
静置时间：2小时
烤制时间：10～12分钟

所需食材

• 黄油135克
• 糖霜150克
• 蛋黄2个
• 核桃碎165克
• 面粉110克
• 可可30克

制作步骤

将黄油、糖霜、蛋黄和核桃碎混合。加入面粉和可可，搅拌均匀。
将面团擀成厚度为2毫米的面饼。
将面饼盖上保鲜膜，放入冰箱冷藏2小时。
将烤箱预热至180℃（温度调至6挡）。
将面饼切成2厘米×5厘米的长方形，放在铺有硅胶垫的烤盘上。
将烤盘入烤箱烤制10～12分钟。让酥饼在烤架上自然冷却。

巧克力圆酥饼（Sablés à pocher au chocolat）❼

80块
准备时间：15分钟
烤制时间：10～12分钟

所需食材

用于制作巧克力圆酥饼
• 黄油250克
• 糖霜140克
• 香草糖10克
• 盐1撮
• 鸡蛋2个
• 蛋黄1个
• 面粉200克
• 可可粉25克

制作步骤

巧克力圆酥饼
将黄油、糖霜、香草糖和盐混合搅拌，制成黄油膏，随后加入鸡蛋和蛋黄。
加入面粉和可可粉，搅拌均匀，但不要过度搅拌。
烤箱预热至170℃（温度调至5—6挡）。
将面糊装入配有8号裱花嘴的裱花袋，挤在铺有硅胶垫的烤盘上。
入烤箱烤制10～12分钟，将酥饼放在烤架上自然冷却。

原味酥饼（Sablés à pocher nature）❽

80块
所需用具：
• 装有8号裱花嘴的裱花袋1个
准备时间：15分钟
烤制时间：10～12分钟

所需食材

用于制作原味酥饼
• 黄油250克
• 糖霜140克
• 香草糖10克
• 盐1撮
• 鸡蛋2个
• 蛋黄1个
• 面粉230克

制作步骤

原味酥饼
将黄油、糖霜、香草糖和盐混合搅拌，制成黄油膏，随后加入鸡蛋和蛋黄。
加入面粉，搅拌均匀，但不要过度搅拌。
烤箱预热至170℃（温度调至5—6挡）。
将面糊装入配有8号裱花嘴的裱花袋，挤在铺有硅胶垫的烤盘上。
入烤箱烤制10～12分钟，将酥饼放在烤架上自然冷却。

埃迪小贴士

白面粉可用栗子面粉、荞麦面粉代替，以增添风味。

香料蜜糖小面包（Petits pains d'épices glacés à l'eau）

60个

所需用具：

- 直径4厘米的圆形模具1个
- 直径4厘米的半球形硅胶模具30个1组
- 温度计1个

准备时间：1小时
静置时间：2小时
烤制时间：30分钟

所需食材

用于制作酥性面皮（参照第46页）

用于制作香料蜂蜜面包

- 糖135克
- 水300毫升
- 蜂蜜300克
- 八角8克
- 五香粉2.5克
- 1个橙子切片
- 2个黄柠檬的皮
- 1.5个青柠檬的皮
- T55面粉300克
- 小苏打16克
- 细盐2克
- 温热黄油188克

用于制作糖浆

- 水70毫升
- 糖霜280克

用于组装食材

- 杏仁60颗
- 食用金粉

制作步骤

酥性面皮（参照第46页）
烤箱预热至145℃（温度调至4—5挡）。
将面皮切割成直径4厘米的圆形。
将面皮放入烤箱烤制15分钟，烤制完成后放在烤架上自然冷却。

香料蜂蜜面包
将烤箱预热至145℃（温度调至4—5挡）。
用水和糖制成糖浆，加入蜂蜜、八角、五香粉和柠檬皮，浸透冷却。
将面粉、小苏打和盐过筛，加入已过滤的糖水。
加入融化的黄油，搅拌，将面糊倒入直径4厘米的半球形硅胶模具。
将模具入烤箱烤制15分钟，烤制完成后将小面包放在烤架上自然冷却。

糖浆
将2种食材混合。
将糖浆涂抹在香料蜂蜜面包上。将面包放入预热至220℃（温度调至7—8挡）的烤箱中烤制数秒，以使面包脱水。

组合食材
将香料蜜糖面包放在酥饼上。
用一整颗杏仁和食用金粉装饰表面。

动物酥饼（Sablés animaux）

50块

所需用具：
· 直径5厘米的圆形模具1个
· 直径4厘米的圆形模具1个

准备时间：15分钟
静置时间：2小时
烤制时间：15分钟

所需食材

用于制作脆酥饼
· 室温黄油225克
· 糖120克
· 盐3克
· 转化糖浆15克
· 香草粉1克
· 小麦面粉315克
· 黑麦面粉45克
· 发酵粉8克

用于制作糖面团动物装饰
· 白色糖面团500克
· 食用色素

制作步骤

脆酥饼
将烤箱预热至150℃（温度调至5挡）。
用糕点专用电动搅拌器搅拌黄油，制成黄油膏。
加入糖、盐、转化糖浆和香草粉。搅拌均匀。
加入过筛的小麦面粉、黑麦面粉和发酵粉，搅拌直至面团质地均匀。
用保鲜膜将面团包好，放入冰箱冷藏2小时。
将面团切割成直径5厘米的圆形。
将切好的面饼放入烤箱烤制10～15分钟。自然冷却。

糖面团动物装饰
用色素将糖面团染成不同颜色。
在工作台表面撒上薄薄一层糖霜，将糖面团擀成厚度为2毫米的糖饼，用各式模具切割成想要的图案（参照第564页）。

组合食材
将动物的各部分组合起来，用果酱或奶油粘在冷却的脆酥饼上。

酥饼树（Arbre à petits fours）

8 ～ 10人份
所需用具：
- 硅胶垫1张
- 直径3厘米的半球形硅胶模具
- 裱花袋1个

准备时间：30分钟
静置时间：4小时
烤制时间：25分钟

所需食材

用于制作巧克力球：
用于制作脆酥饼
- 面粉110克
- 杏仁粉55克
- 糖55克
- 化学酵母5克
- 黄油100克
- 盐3克
- 蛋黄30克（1.5个）

用于制作椰香核桃酥
- 白巧克力610克
- 糖衣榛子36克
- 米花糖90克
- 玉米片90克
- 椰蓉375克
- 脆酥饼块350克

用于制作巧克力甘纳许球
- 淡奶油（脂肪含量35%）250毫升
- 转化糖浆40克
- 黑巧克力（可可含量64%）330克
- 黄油80克

用于制作巧克力盘和组合食材
- 可可粉30克
- 黑巧克力（可可含量66%）1千克
- 干果（榛子、杏仁等）80克
- 糖渍橘子10片

制作步骤

巧克力球：
脆酥饼
烤箱预热至150℃（温度调至5挡）。
用糕点专用电动搅拌器将除蛋黄外的所有食材器混合，搅拌直至面团质地均匀，随后加入蛋黄。
将面团掰成小块，放在铺有硅胶垫的烤盘上。
将烤盘入烤箱烤制25分钟。

椰香核桃酥
用水浴法融化白巧克力。
混合所有食材：融化的白巧克力、糖衣榛子、米花糖、玉米片和椰蓉。
加入脆酥饼块，再次搅拌。
将混合好的食材倒入硅胶模具，放入冰箱冷藏1小时。
脱模。

巧克力甘纳许球
将淡奶油和转化糖浆倒入小锅中煮沸。
将巧克力切碎。
将1/3的热奶油倒入巧克力中，用橡胶刮刀从内往外画圈并搅拌均匀。
分2次加入剩余奶油，搅拌直至食材变为光滑的乳液状，最后加入切成小块的黄油。
用打蛋器搅拌均匀，注意不要混入气泡。
将巧克力甘纳许倒入硅胶模具，上方放置半球形椰香核桃酥。
将模具放入冰箱冷藏2小时。
将巧克力甘那许球浸入融化的巧克力中，然后立即裹上巧克力粉。
将巧克力放入冰箱冷藏1小时。

巧克力盘
将可可含量66%的黑巧克力融化为液态（参照第536页）。
将巧克力装入裱花袋，裱花袋的顶部剪出小口，在塑料慕斯围边上挤出一个直径3厘米的巧克力圆盘。
在巧克力变硬之前，将巧克力蘸上适量干果装饰。

组合食材
将液态巧克力摊开成厚度为3毫米的巧克力板，并切割成想要的形状。
让食材自然凝固，并摆放巧克力球、糖渍橘子和巧克力盘做装饰。

巧克力椰子脆球（Truffes croustillantes chocolat-coco）❶

所需食材

用于制作酥脆面团

- 面粉110克
- 杏仁粉55克
- 糖55克
- 化学酵母3克
- 黄油100克
- 盐3克
- 蛋黄30克（3个）

用于制作椰子脆心

- 白巧克力610克
- 糖衣榛子36克
- 米花糖90克
- 玉米片90克
- 椰蓉375克
- 脆酥饼块350克

用于制作巧克力甘纳许球

- 淡奶油250毫升
- 转化糖浆40克
- 黑巧克力（可可含量64%）330克
- 黄油80克

用于装饰

- 可可粉30克
- 黑巧克力（可可含量66%）100克

制作步骤

酥脆面团

将烤箱预热至150℃（温度调至5—6挡）。

用糕点专用电动搅拌器将除蛋黄外的所有食材混合。搅拌至面团质地均匀，加入蛋黄继续搅拌。

将面团掰成小块，放在铺有硅胶垫的烤盘上。

入烤箱烤制25分钟。

椰子脆心

融化巧克力。

混合融化的白巧克力、糖衣榛子、米花糖、玉米片和椰蓉。

加入烤好的小块脆酥饼块，搅拌均匀。

将准备好的食材倒入硅胶模具，放入冰箱冷藏1小时。

巧克力甘纳许球

将淡奶油和转化糖浆倒入小锅中煮沸。

将巧克力切碎。

将1/3热奶油倒入巧克力中，用橡胶刮刀从内向外画圈搅拌均匀。

分2次倒入剩余的奶油，搅拌直至巧克力甘纳许变为光滑的乳液状，最后加入切成小块的黄油。

用打蛋器搅拌均匀，注意不要混入气泡。

将巧克力甘纳许倒入剩余的硅胶模具中。

放入冰箱冷藏2小时。

组合食材

将半球形的椰子脆心和半球形的巧克力甘纳许球组合成球形。

将巧克力椰子脆球浸入融化的黑巧克力，放在盘中。

放入冰箱冷冻1小时。

再次浸入融化的黑巧克力，然后立即裹上可可粉。

酥性糖球（Les sablés pochés）❷

80个
所需用具：
• 装有8号裱花嘴的裱花袋1个
准备时间：15分钟
烤制时间：10～12分钟

用于制作酥性面团
• 黄油250克
• 糖霜140克
• 香草糖10克
• 盐1撮
• 鸡蛋2个
• 蛋黄1个
• 面粉230克

用于制作糖浆
• 糖霜280克
• 水70克

制作步骤

酥性面团
将黄油、糖霜、香草糖和盐混合，搅拌制成黄油膏，加入鸡蛋和蛋黄。
加入面粉搅拌均匀，但不要过度搅拌。
将烤箱预热至170℃（温度调至5—6挡）。
将混合好的食材装入配有8号裱花嘴的裱花袋中，挤在铺有硅胶垫的烤盘上。
将烤盘放入烤箱烤制10～12分钟，烤制完成后放在烤架上自然冷却。

糖浆
用刮刀将2种食材混合。

组合食材
用糖浆包裹酥性面团，放入预热220℃的烤箱中烤制数秒，以使水分蒸发。

巧克力酥配黑巧克力甘纳许（Sablés au chocolat et ganache au chocolat noir）❸

80份
准备时间：30分钟
烤制时间：10～12分钟

所需食材

用于制作巧克力酥
• 黄油250克
• 糖霜140克
• 香草糖10克
• 盐1撮
• 鸡蛋2个
• 蛋黄1个
• 面粉200克
• 可可粉25克

用于制作巧克力甘纳许
• 淡奶油（脂肪含量35%）250毫升
• 转化糖浆42克
• 黑巧克力（可可含量70%）330克
• 黄油70克

制作步骤

巧克力酥
将黄油、糖霜、香草糖和盐混合，搅拌制成黄油膏，加入鸡蛋和蛋黄。
加入面粉和可可粉搅拌均匀，但不要过度搅拌。
将烤箱预热至170℃（温度调至5—6挡）。
将混合好的食材装入配有8号裱花嘴的裱花袋中，挤在铺有硅胶垫的烤盘上。
将烤盘入烤箱烤制10～12分钟，巧克力酥烤好后在烤架上自然冷却。

巧克力甘纳许
将淡奶油和转化糖浆倒入小锅中煮沸。
将巧克力切碎，将热奶油分3次倒入巧克力中。
每次加入奶油后，用橡胶刮刀从内向外画圈搅拌均匀，直至巧克力甘纳许变为光滑的乳液质地。
加入切成小块的黄油。用打蛋器搅拌均匀，注意不要混入气泡。

组合食材
用巧克力甘纳许包裹巧克力酥，放在烤架上让其自然凝固。

酥饼水果三明治（Sandwichs de sablés à la pâte de fruits）❹

60份

所需用具：

- 3厘米×3厘米的方形花边模具1个
- 硅胶垫1张
- 20厘米×20厘米的不锈钢方形模具1个

准备时间：1小时

静置时间：4小时

烤制时间：10分钟

所需食材

用于制作杏仁酥

- 黄油180克
- 盐3克
- 糖霜135克
- 杏仁粉45克
- 鸡蛋75克（1.5个）
- T55面粉355克

用于制作果酱冻

- 黄色果胶10克
- 糖370克
- 桑葚果肉200克
- 黑加仑果肉190克
- 葡萄糖30克
- 柠檬酸6克

用于制作红茶甘纳许

- 淡奶油（脂肪含量35%）220毫升
- 红茶茶叶40克
- 转化糖浆45克
- 黑巧克力（可可含量64%）370克
- 黄油60克

用于制作糖面团装饰（参照第564页）

制作步骤

杏仁酥

用糕点专用电动搅拌器将黄油、盐、糖霜、杏仁粉和鸡蛋混合。

加入面粉，搅拌直至面团质地均匀。用保鲜膜将面团包好，放入冰箱冷藏2小时。

将面团擀成厚度为5毫米的面饼。

烤箱预热至155℃（温度调至5—6挡）。

用3厘米×3厘米花边模具切割面饼。

将切好的面饼放在铺有硅胶垫的烤盘上，入烤箱烤制10分钟。

将烤好的杏仁酥放在烤架上自然冷却。

果酱冻（需提前1天制作）

将果胶和40克糖混合。

将水果果肉放入小锅中加热至40℃，随后加入果胶和糖的混合物，继续搅拌。

加入葡萄糖，分几次加入剩余的糖，搅拌至糖完全溶解。

继续加热至106℃，倒入柠檬酸，搅拌均匀。

将不锈钢模具放在铺有硅胶垫的烤盘上，将果酱倒入模具。室温下静置2小时至自然冷却。

红茶甘纳许

将淡奶油煮沸后关火，加入红茶，浸泡8分钟。

用滤网过滤液体，加入转化糖浆，再次煮沸。

将热奶油分3次倒入巧克力中，用刮刀不停搅拌，直至甘纳许变为光滑的乳液状。

待甘纳许降至35℃，加入切成小块的黄油，用打蛋器搅拌均匀。

将红茶甘纳许浇在果酱冻上。

糖面团装饰（参照第564页）

组合食材

将红茶甘纳许果酱冻切成和杏仁酥同样大小的方块。

将红茶甘纳许果酱冻放在杏仁酥上，随后再往上放一块杏仁酥。

用糖面团制作装饰图案，粘在顶部。

巧克力球多层蛋糕（Pièce montée et truffes）

12人份

所需用具：
- 27厘米×9厘米的甘纳许不锈钢框架模具1个
- 硅胶垫1张
- 直径2厘米的半球形硅胶模具
- 直径3厘米的半球形硅胶模具

静置时间：1小时+1小时+1小时
烤制时间：10～12分钟+25分钟+1小时

蛋糕（Le gâteau）

所需食材

用于制作黑巧克力甘纳许
- 淡奶油（脂肪含量35%）500毫升
- 转化糖浆90克
- 黑巧克力（可可含量70%）660克
- 黄油150克

用于制作酥性面皮
- 黄油膏125克
- 盐1撮
- 面粉250克
- 发酵粉5克
- 鸡蛋50克（1个）
- 糖125克

制作步骤

黑巧克力甘纳许

将淡奶油和转化糖浆倒入小锅中煮沸。
将巧克力切碎。
分3次将热奶油倒入巧克力。用橡胶刮刀从内向外画圈搅拌，直至巧克力甘纳许变为光滑的乳液状。
加入切成小块的黄油。用打蛋器搅拌均匀，注意不要混入气泡。
将巧克力甘纳许倒入不锈钢框架模具，放入冰箱冷藏。
将冷藏好的甘纳许切割出一个三角形，再次放入冰箱冷藏。

酥性面皮

用糕点专用电动搅拌器将切成块的黄油、盐、过筛的面粉和发酵粉混合，搅拌直至面团呈沙粒质地。
加入糖和鸡蛋，搅拌均匀，但不要过度搅拌。将面团揉成球形，用保鲜膜将面团包好，放入冰箱冷藏1小时。
烤箱预热至155℃（温度调至5—6挡）。
将面团擀成厚度为2毫米的面饼，切割出一个大三角形。
将三角形面饼放在铺有硅胶垫的烤盘上。
将烤盘放入烤箱烤制10～12分钟，将烤好的面皮在烤架上自然冷却。

巧克力球（Le truffes）

所需食材

用于制作酥脆面团
- 面粉110克
- 杏仁粉55克
- 糖55克
- 化学酵母3克
- 黄油100克
- 盐6克
- 蛋黄30克（1.5个）

用于制作椰蓉
- 水70毫升
- 糖100克
- 椰肉碎260克

用于制作椰子巧克力酥
- 白巧克力610克
- 糖衣榛子36克
- 米花糖90克
- 玉米片90克
- 椰蓉375克
- 脆饼干350克

用于制作巧克力甘纳许球
- 淡奶油（脂肪含量35%）500毫升
- 黑巧克力（可可含量64%）660克
- 转化糖浆85克
- 黄油155克

制作步骤

酥脆面团

用糕点专用电动搅拌器将除蛋黄外的所有食材混合。当面团质地均匀后，加入蛋黄。
继续搅拌直至面团质地均匀。
将面团掰成小块，放在铺有硅胶垫的烤盘上。
将烤盘放入预热至150℃的烤箱（温度调至5挡）中烤制25分钟。

椰蓉

烤箱预热至100℃（温度调至3—4挡）。
将水和糖倒入小锅中煮沸，随后加入椰肉碎。
将混合好的食材铺在烤盘中，入烤箱烤制1小时后自然冷却。

椰子巧克力酥

将白巧克力融化。混合所有食材：融化的白巧克力、糖衣榛子、米花糖、玉米片和椰蓉。
加入烤好的小块酥脆面团，继续搅拌。
将混合好的食材倒入半球形硅胶模具，放入冰箱冷藏1小时。

巧克力甘纳许球

将淡奶油和转化糖浆倒入小锅中煮沸。
将巧克力切碎。将热奶油分3次倒入巧克力。用橡胶刮刀从内向外画圈搅拌，直至巧克力甘纳许变为光滑的乳液状。
在甘那许中加入切成小块的黄油。用打蛋器搅拌均匀，注意不要混入气泡。
将巧克力甘纳许倒入半球形硅胶模具，放入冰箱冷藏2小时。

组合巧克力球

将半球形椰子巧克力酥和巧克力甘纳许组合成球形。

将组合好的巧克力球浸入融化的黑巧克力中。

将巧克力球放在盘中，放入冰箱冷藏1小时。

将巧克力球再次浸入融化的黑巧克力，然后立即裹上可可粉。

装饰巧克力

将黑巧克力融化为液态，摊开刮出一片三角形的巧克力（参照第537页）。

制作一些巧克力星星和巧克力卷（参照第537页）。

组合食材

将黑巧克力切割出一块和酥性面皮形状一致的三角形。将三角形黑巧克力放置在三角形酥性面皮上。

在蛋糕周围摆放巧克力星星和巧克力卷，顶部摆放巧克力球做装饰。

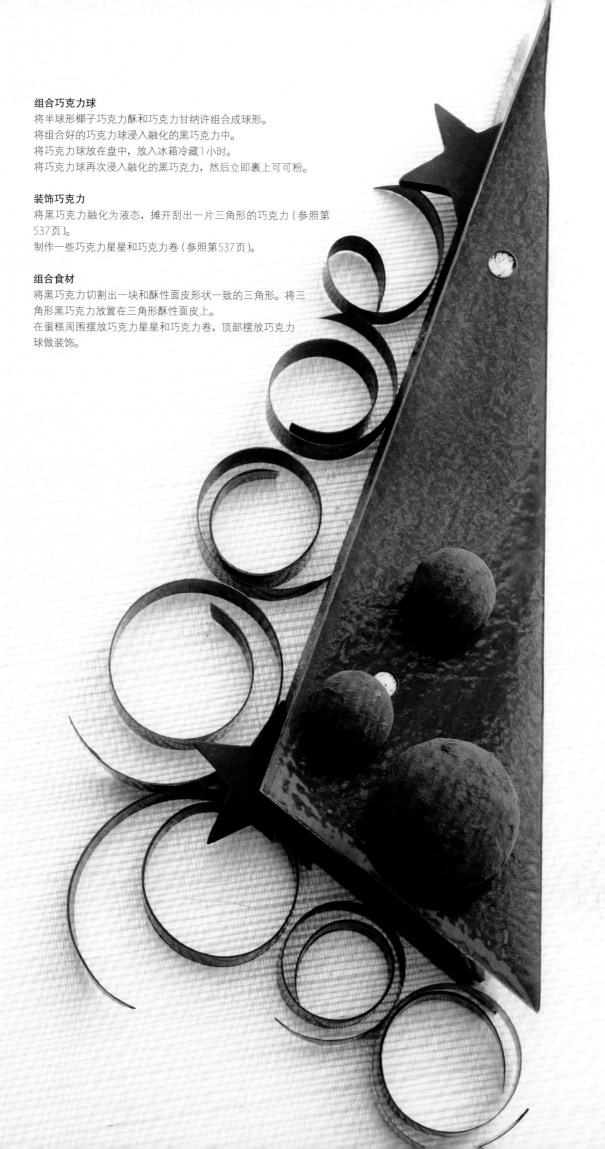

林兹派皮（Pâte linzer）

覆盆子林兹派（Tarte linzer à la framboise）

6～8人份

所需用具
- 直径22厘米的不锈钢模具1个
- 糖用温度计1个
- 一次性裱花袋2个
- 圆形模具1个

准备时间：**40分钟**
静置时间：**2小时**
烤制时间：**25分钟**

所需食材

用于制作林兹派皮
- 黄油140克（另需少许黄油涂抹模具）
- 糖霜25克
- 杏仁粉25克
- 过筛熟蛋黄½个
- 盐之花1撮

- 面粉150克
- 化学酵母1克
- 肉桂粉5克
- 棕色朗姆酒5毫升

用于制作杏仁奶油
- 黄油100克
- 糖100克
- 杏仁粉100克
- 鸡蛋2个

用于制作覆盆子果酱
- 覆盆子果肉300克
- 黄柠檬汁10毫升
- 转化糖浆20克
- 糖50克
- NH果胶8克

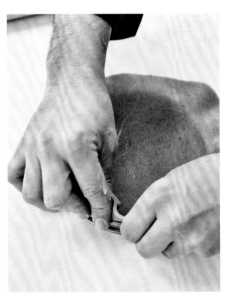

林兹派皮

将黄油、糖霜和杏仁粉混合。

加入过筛的熟蛋黄、盐之花、肉桂粉、朗姆酒、过筛的面粉和化学酵母。搅拌直至面团质地均匀。

将面团用保鲜膜包好，放入冰箱冷藏2小时。

入模

将面团擀成厚度为3毫米的面饼。

将少量黄油涂抹直径22厘米的模具内侧，将面饼轻轻压入模具。

用刮刀刮去多余的面饼。

埃迪小贴士

有一定厚度的面饼风味更佳，请避免将面饼擀得过薄。

杏仁奶油

将黄油和糖混合，随后加入杏仁粉。最后加入鸡蛋。将混合好的食材装入裱花袋备用。

覆盆子果酱

将覆盆子果肉、柠檬汁和转化糖浆倒入小锅中加热至45℃。
在碗中混合糖和NH果胶，随后倒入小锅中煮沸。
自然冷却。

将其入烤箱烤制25分钟，表面撒上糖霜。

以螺旋状将杏仁奶油挤入派皮。

以同样的方式挤入覆盆子果酱。

烤箱预热至180℃（温度调至6挡）。将剩余的林兹派皮擀成厚度为2毫米的面饼，再切割成直径22厘米的圆。在圆形饼皮上用模具挖出大小不一的洞。

将带洞圆形饼皮粘在林兹派的上方。沿边缘捏实。

衍生食谱

巧克力林兹蛋糕（Linzertorte au chocolat）

6～8人份
准备时间：15分钟
静置时间：2小时

所需食材

• 黑巧克力碎（可可含量65%）75克
• 带皮杏仁碎80克
• 面粉250克
• 黄油膏220克
• 糖霜125克
• 蛋黄80克（4个）
• 盐1撮
• ½个柠檬的皮

制作步骤

将巧克力碎和杏仁碎倒入碗中。
加入面粉、切成块的黄油膏、过筛的糖霜、蛋黄、盐和柠檬皮。
用糕点专用电用搅拌器高速搅拌。
将面团揉成扁圆。
用保鲜膜将面团包好，放入冰箱冷藏2小时。

69

覆盆子果冻林兹派（Petits gâteau pâte linzer et gelée aux framboise）

12份
所需用具：
• 金条形硅胶模具
• 27厘米×9厘米的硅胶模具
准备时间：1小时
静置时间：4小时30分钟
烤制时间：40分钟

所需食材

用于制作蜜卢顿饼干（Mirliton）
• 杏仁粉110克
• 奶油粉10克
• 糖130克
• 鸡蛋2个
• 厚奶油50毫升
• 蛋黄30克
• 香草荚1根

用于制作肉桂尚蒂伊奶油（Chantilly）
• 马斯卡彭奶酪75克
• 淡奶油110毫升
• 细砂糖15克
• 肉桂粉1.5克

用于制作林兹派皮（参照第68页）

用于制作覆盆子果酱（参照第192页）

制作步骤

蜜卢顿饼干
将香草荚剖开，刮下香草籽。
将鸡蛋和糖混合，加入奶油粉、杏仁粉和厚奶油。
烤箱预热至165℃（温度调至5—6挡）。
将面团倒入金条形硅胶模具中。
将面团放入烤箱烤制20分钟，在烤架上自然冷却后将饼干掰成小块。

林兹派皮
制作林兹派皮（参照第68页）。
将面皮切成9厘米×6厘米的花边方形。
将切割好的派皮放在铺有硅胶垫的烤盘上，放入冰箱冷藏30分钟。
将烤盘放入烤箱烤制10～12分钟。烤制完成后，将派皮在烤架上自然冷却。

覆盆子果酱
制作覆盆子果酱（参照第192页）。
将制作果酱的食材倒入长方形硅胶模具中，液面高度为模具高度的一半。
将青苹果切块，放进果冻。
将果酱入冰箱冷藏2小时。

肉桂尚蒂伊奶油
在容器中将所有食材混合，打发奶油。

组合食材
在混合物中倒入覆盆子果冻，随后加入蜜卢顿饼干，再次放入冰箱冷藏2小时。
脱模。在点心的两个长边的旁边放林兹派皮。顶部装饰一小块蜜卢顿饼干。

林兹馅饼（Tartelettes linzer）

12份
所需用具：
• 直径10厘米的圆形模具12个
准备时间：1小时
静置时间：1小时
烤制时间：40分钟

所需食材

用于制作杏仁奶油
• 黄油100克
• 细砂糖100克
• 杏仁粉100克
• 鸡蛋2个

用于制作黑加仑覆盆子果酱
• 覆盆子果泥200克
• 黑加仑果泥100克
• 转化糖浆20克
• 糖50克
• NH果胶8克
• 黄柠檬汁10毫升

用于制作林兹派皮（参照第68页）

用于装饰
• 可可黄油染成红色
• 青苹果薄片

制作步骤

杏仁奶油
将黄油和细砂糖混合，随后加入杏仁粉和鸡蛋，搅拌均匀。

黑加仑覆盆子果酱
将2种果泥、黄柠檬汁和转化糖浆倒入小锅中加热至45℃。混合糖和NH果胶，倒入小锅中煮沸，放好备用。

组合食材
将林兹面团擀成厚度为2毫米的派皮。
将派皮切割为直径12厘米的圆，随后将圆形派皮压入直径10厘米的馅饼模具中。
将装有面饼的模具放在铺有硅胶垫的烤盘中。放入冰箱冷藏30分钟。
烤箱预热至155℃（温度调至5挡）。
将杏仁奶油填入面饼模具，液面高度为模具高度的一半。
将青苹果切块，放入模具中。加入一些红色果酱，随后再放入几块青苹果。
将模具放入烤箱中，以150℃烤制30分钟。
将模具放在烤架上自然冷却。
在馅饼表面喷洒一层红色可可黄油。
撒上糖霜，用1片青苹果装饰。

不规则林兹派（Tarte linzer déstructurée）

6人份
所需用具：
• 糖用温度计1个
准备时间：1小时
静置时间：2小时
烤制时间：15分钟

所需食材

用于制作红色果酱（需提前1天制作）
• 覆盆子果肉140克
• 草莓果肉60克
• 黄柠檬汁8毫升
• 葡萄糖37克
• 糖37克
• NH果胶6克

用于制作林兹派皮
• 黄油膏280克
• 糖霜50克
• 杏仁粉50克
• 过筛熟蛋黄3个
• 盐之花1撮
• 面粉300克
• 化学酵母2克
• 肉桂粉10克
• 棕色朗姆酒10毫升

用于制作巧克力树叶（参照第537页）

用于装饰
新鲜水果若干：
• 覆盆子36颗
• 草莓6颗
• 糖霜10克

制作步骤

红色果酱（需提前1天制作）
将果肉、黄柠檬汁和葡萄糖倒入小锅中加热至40℃。
将糖、葡萄糖和果胶混合，加入小锅中煮至轻微沸腾，随后自然冷却。
放入冰箱冷藏。

林兹派皮
将黄油膏、糖霜和杏仁粉混合。
在混合物中加入过筛的熟蛋黄、盐之花、过筛的面粉和化学酵母、肉桂粉和朗姆酒。将面团揉成球形，用保鲜膜将面团包好，放入冰箱冷藏2小时。

组合食材
用擀面杖将面团擀成厚度为2毫米的面饼。
将面饼切成4个大小相等的条状，在其中两个条状面饼上涂抹红色果酱。
将条状面饼两两组合。
将组合好的面饼进一步切割成宽约1厘米的面饼。
烤箱预热至170℃（温度调至5—6挡）。
将组装切割好的面饼放在铺有硅胶垫的烤盘上，入烤箱烤制15分钟。将烤好的面饼放在烤架上自然冷却。每8个面饼组合成一块方形糕点，中间用红色果酱粘连。

装饰
在挞的表面撒上糖霜，用草莓、覆盆子和巧克力树叶做装饰。

埃迪小贴士

草莓和覆盆子可由其他水果替代，此糕点的特色在于不同风味和口感的交融。

特色糕点
(Les pâtes spéciales)

脆心甜点 (Pâte à crumble) ································· 76

巴斯克蛋糕 (Gâteau basque) ························ 84

拉丝饼皮 (Pâte à étirer) ································· 88

曲奇饼 (Pâte à cookies) ································· 94

脆心甜点（Crumble）

苹果脆心蛋糕（Crumble aux pommes）

12个
所需用具:
· 直径8厘米的模具12个
准备时间: 10分钟
静置时间: 15分钟
烤制时间: 1小时

所需食材

用于制作400克脆心面团
· 面粉100克
· 红糖100克
· 黄油膏100克
· 杏仁粉100克

用于制作糖渍苹果
· 水1升
· 细砂糖300克
· 苹果（红香蕉苹果）1千克（约12个）

用于收尾工序
· 杏仁片100克
· 杏干100克
· 糖霜少许

制作步骤

脆心面团
用糕点专用电动搅拌器将所有食材混合均匀。
将混合物盖上保鲜膜，放入冰箱冷藏15分钟。
烤箱预热至170℃烤制40分钟。

糖渍苹果
将水和糖煮沸后加入苹果。
小火慢煮35分钟，将苹果煮软。苹果沥干水后备用。

脆心蛋糕
烤箱预热至175℃。
在每个模具中放1小块苹果，加入掰碎的脆心面团、数片杏仁和切碎的杏干。将模具放入烤箱烤制15～20分钟。出炉后撒上糖霜即可装盘。

埃迪小贴士

脆心可用糖粉奶油碎代替。糖粉奶油碎由坚果粉、黄油、糖和面粉制成。这个食谱很简单，但非常美味。如果想要更加多样化，可将糖替换为其他食材，并加入各种香料、可可粉、柑橘皮，也可用椰蓉替代坚果粉。

衍生食谱

无麸质脆心蛋糕（Pâte à crumble sans gluten）

可制作400克
准备时间: 10分钟
静置时间: 20分钟
烤制时间: 10分钟

所需食材

· 大米粉或玉米面粉（Maïzena牌）100克
· 红糖100克
· 黄油膏100克
· 杏仁粉100克

制作步骤

用糕点专用电动搅拌器将所有食材混合均匀。
将混合物盖上保鲜膜，放入冰箱冷藏20分钟。
用手将面团掰成小块。
烤箱预热至170℃，将面团碎铺在烤盘上，入烤箱烤制10～12分钟。自然冷却。

衍生食谱

燕麦脆心蛋糕（Pâte à crumble au Muesli）

可制作400克
准备时间: 10分钟
静置时间: 20分钟
烤制时间: 10分钟

所需食材

· 黄油膏100克
· T55面粉100克
· 燕麦100克
· 红糖100克

制作步骤

用糕点专用电动搅拌器将所有食材混合均匀。
将混合物盖上保鲜膜，放入冰箱冷藏20分钟。
用手将面团掰成小块。
烤箱预热至170℃，将面团碎铺在烤盘上，入烤箱烤制10～12分钟。自然冷却。

脆皮奶油杯（Crumble minute）

6杯

准备时间：35分钟

静置时间：3小时+24小时

烤制时间：20分钟

所需食材

用于制作脆心面团

- 面粉100克
- 红糖100克
- 黄油膏100克
- 杏仁粉100克

用于制作覆盆子酱

- 覆盆子果泥300克
- 转化糖浆20克
- 糖50克
- NH果胶8克
- 黄柠檬汁10克（10毫升）

用于制作梨肉百香果果冻

- 梨肉150克
- 百香果肉150克
- 吉利丁片2片

用于制作杧果果冻

- 杧果肉300克
- 吉利丁片2片（2克/片）

用于制作白巧克力意式奶冻（需提前1天制作）

- 淡奶油（脂肪含量35%）300毫升
- 马斯卡彭奶酪100克
- 白巧克力250克
- 吉利丁片12克（6片）
- 牛奶300克

用于装饰

- 杧果1个
- 菠萝¼个
- 糖霜少许

制作步骤

脆心面团

用糕点专用电动搅拌器将所有食材混合。用保鲜膜将面团包好，放入冰箱冷藏15分钟。

烤箱预热至170℃，将面团掰成小块铺在烤盘上，入烤箱烤制10～12分钟。烤制完成后，让面团自然冷却。

覆盆子酱

将覆盆子果泥、黄柠檬汁和转化糖浆倒入小锅中加热至45℃，随后加入混合好的糖和NH果胶，煮沸后存放备用。

梨肉百香果果冻

将吉利丁片在冷水中浸透，沥干水。将⅓的果肉倒入小锅中加热，让吉利丁片溶入其中并搅拌均匀。随后加入剩余的果肉。

杧果果冻

将吉利丁片在冷水中浸透，沥干水。将⅓的果肉倒入小锅中加热，让吉利丁片溶入其中并搅拌均匀。随后加入剩余的果肉。

白巧克力意式奶冻（需提前1天制作）

将吉利丁片在冷水中浸透。将牛奶和淡奶油倒入小锅中煮沸，随后倒入装有白巧克力的碗中，加入沥干水的吉利丁片和马斯卡彭奶酪。

将混合物搅拌均匀，盖上保鲜膜，放入冰箱冷藏24小时。

用糕点专用电动搅拌器将冷藏后的意式奶冻打发，直至奶冻变为绵密的泡沫质地。将奶冻装入裱花袋中。

组合食材

在杯底挤入一层厚度为0.5厘米的意式奶冻，随后挤一层覆盆子酱，放入冰箱冷藏1小时。

重复上述步骤，将覆盆子酱替换为梨肉百香果果冻或杧果果冻。放入冰箱冷藏2小时。

装盘时，在表面摆放小块的脆心面团、新鲜菠萝和杧果块。撒上糖霜。

埃迪小贴士

通过不同质地食材的融合，可创作出简单的食谱。

杏干脆心椰子酥（Sablé coco, crumble abricot）

6～8人份
准备时间：1小时30分钟
• 硅胶垫1张
• 27厘米×9厘米的长方形硅胶模具1个
静置时间：4小时
烤制时间：30分钟

所需食材

用于制作椰子酥
• 面粉51克
• 可可4克
• 杏仁粉12克
• 椰肉碎12克
• 细砂糖26克
• 化学酵母1克
• 黄油48克
• 盐1克
• 蛋黄10克（½个蛋黄）
• 白巧克力90克
• 葵花籽油9克
• 玉米片45克

用于制作杏干脆心
• 蛋黄15克
• 黄油41克
• T55面粉55克
• 盐½撮
• 化学酵母2克
• 细砂糖33克
• 杏干37克

用于制作牛奶巧克力甘纳许
• 牛奶100克
• 淡奶油1000毫升
• 蛋黄30克（1.5个）
• 糖30克
• 牛奶巧克力（可可含量34%）75克
• 黑巧克力（可可含量64%）75克

黑巧克力片装饰（参照第537页）

制作步骤

椰子酥
用搅拌器将面粉、可可、杏仁粉、椰肉碎、细砂糖、化学酵母、黄油和盐混合，搅拌直至面团质地均匀，随后加入蛋黄。
将面团掰成小块，放在铺有硫酸纸的烤盘上。
将烤盘放入预热至165℃（温度调至5—6挡）的烤箱中烤制15分钟。
将烤盘移出烤箱，自然冷却。
将巧克力融化，和葵花籽油混合。
加入玉米片和烤好的小块椰子酥。

杏干脆心
制作布列塔尼酥面团：用搅拌器将蛋黄和黄油打发。
在其中加入面粉、盐、化学酵母和细砂糖。
将面团掰成小块，放在铺有硅胶垫的烤盘上，放入预热至165℃的烤箱。
烤制15分钟。
取300克小块椰子酥。
将椰子酥加入150克小块布列塔尼酥面团中。
将面团搅拌均匀，加入切成小块的杏干。
将混合好的食材倒入放置于糕点台的硅胶模具中。
放入冰箱冷藏2小时后脱模。

牛奶巧克力甘纳许
将牛奶和淡奶油倒入小锅中煮沸。
在打蛋碗中打发蛋黄和糖。
将加热好的牛奶和奶油加入蛋黄中，搅拌均匀后倒入锅中。
加入切成块的巧克力。
搅拌均匀后将其倒入方形硅胶模具。
将模具放入冰箱冷藏2小时。

黑巧克力片装饰
制作2片大小为27厘米×9厘米的黑巧克力片（参照第537页）。

组合食材
将牛奶巧克力甘纳许脱模，放在黑巧克力片上。
将杏干脆心切割成和甘纳许同样大小的长方形。
将长方形杏干脆心放在甘纳许上。
将另一片黑巧克力放在最上方。
将成品放入冰箱冷藏保存，可随时取用装盘。

埃迪小贴士

多余的食材可制作成拇指饼干，也可将布列特尼酥面团替换为布列塔尼酥饼。

脆心蛋糕卷 (Biscuit roulé et brisures de crumble)

6～8人份
所需用具:
40厘米×30厘米的硅胶垫1张
准备时间: 2小时
静置时间: 2小时30分钟
烤制时间: 15分钟 (蛋糕卷) +15分钟 (原味脆心) +15分钟 (椰子脆心)
+30分钟 (杜果果酱) +24小时 (朗姆酒意式奶冻)

所需食材

用于制作蛋糕卷
• 全脂牛奶70毫升
• 黄油50克
• 面粉70克
• 蛋黄85克 (4个)
• 鸡蛋50克 (1个)
• 蛋清125克 (4个蛋清)
• 糖60克

用于制作杜果果酱
• 吉利丁片2片
• 杜果果泥300克
• 1个青柠的皮

用于制作朗姆酒意式奶冻 (需提前1天制作)
• 吉利丁片3片
• 牛奶150毫升
• 淡奶油 (脂肪含量35%) 150毫升
• 白巧克力125克
• 马斯卡彭奶酪50克
• 棕色朗姆酒30毫升

用于制作原味脆心
• 黄油50克
• T55面粉50克
• 糖50克
• 杏仁粉50克

用于制作椰子脆心
• 黄油50克
• T55面粉50克
• 糖50克
• 杏仁粉50克
• 椰肉粉10克

用于组合食材
• 杜果¼个
• 醋栗若干
• 意式蛋白霜碎

制作步骤

蛋糕卷
将牛奶和黄油倒入小锅中煮沸。
锅中加入过筛的面粉,加热2～3分钟,其间不停搅拌,让面团脱水。
用糕点专用电动搅拌器搅动面团,随后加入蛋黄和全蛋,仔细搅拌。
烤箱预热至155℃ (温度调至5—6挡)。
蛋清加糖打发。用刮刀将打发好的蛋白加入此前混合好的食材。搅拌均匀后倒在硅胶垫上,抹平。
入烤箱烤制10～15分钟。
蛋糕移出烤箱后立即倒在烘焙纸上,自然冷却。

杜果果酱
将吉利丁片在冷水中浸透。
将⅓的杜果果泥加热。关火后加入沥干水的吉利丁片。
搅拌均匀,加入剩余杜果果泥和青柠皮。
在烤好的蛋糕上涂抹一层杜果果酱,入冰箱冷藏30分钟。

朗姆酒意式奶冻 (需提前1天制作)
将吉利丁片在冷水中浸透。
将牛奶和淡奶油倒入小锅中煮沸。
将吉利丁片沥干水。将牛奶和奶油的混合物倒入切碎的白巧克力中,加入吉利丁片、马斯卡彭奶酪和朗姆酒。
搅拌均匀,放入冰箱冷藏24小时。

原味脆心
烤箱预热至165℃ (温度调至5—6挡)。
用电动搅拌器将所有食材混合。
将面团掰成小块,放在铺有硅胶垫的烤盘上。
入烤箱烤制15分钟,自然冷却。

椰子脆心
烤箱预热至165℃ (温度调至5—6挡)。
用电动搅拌器将所有食材混合。
将面团掰成小块,放在铺有硅胶垫的烤盘上。
入烤箱烤制15分钟,自然冷却。

组合食材
用糕点专用电动搅拌器将冷却的朗姆酒意式奶冻以中速打发。
将意式奶冻涂抹在杜果果酱上。
将蛋糕仔细卷好,放入冰箱冷藏2小时。
装盘时在蛋糕卷上装饰一些杜果块和醋栗,表面撒上意式蛋白霜碎、原味脆心和椰子脆心。

埃迪小贴士

蛋糕卷是一种十分优雅的点心。
您可将食谱中的蛋糕卷面团替换为海绵蛋糕或手指饼干面团,可以多加些脆心。

巴斯克蛋糕（Gâteau basque）

6～8人份
所需用具：
• 直径22厘米、高2厘米的不锈钢蛋糕模具1个

准备时间：45分钟
静置时间：3小时30分钟
烤制时间：35分钟

所需食材

用于制作面团
• 黄油膏180克
• 细砂糖130克
• 杏仁粉90克
• 蛋黄1个
• 鸡蛋1个
• T55面粉240克
• 盐1撮

用于制作卡仕达奶油
• 全脂牛奶120毫升
• 蛋黄30克（1.5个）
• 细砂糖30克
• 奶油粉12克
• 黄油12克

用于制作杏仁奶油
• 室温黄油70克
• 细砂糖70克
• 杏仁粉70克
• 鸡蛋70克（1.5个）

用于涂抹表层
• 蛋黄1个

制作面团
用糕点专用电动搅拌器将黄油膏、细砂糖和杏仁粉混合。
加入鸡蛋和蛋黄搅拌均匀。
加入面粉和盐。
将面团捏成球形，用保鲜膜将面团包好，放入冰箱冷藏2小时。

制作卡仕达奶油
将牛奶和一半的糖倒入小锅中煮沸。
用剩余的糖将蛋黄打发，随后加入奶油粉，搅拌直到质地光滑。

将少许煮沸的牛奶倒入打发好的蛋黄中，用打蛋器搅拌均匀。
加入剩余牛奶，倒入小锅，中火加热，其间不停搅拌。
将锅从火上移开，加入切成块的黄油搅拌均匀。
将奶油倒入盘中。
将盘盖上保鲜膜，放入冰箱冷藏1小时30分钟。

制作杏仁奶油
用打蛋器搅拌黄油和细砂糖，随后加入杏仁粉。最后加入鸡蛋。

制作蛋糕
将面团分为两等份，分别擀成厚度
为4毫米的面饼。
将其中一个面饼装入涂有黄油的
模具中，将面饼边缘轻轻压实。

将卡仕达奶油和杏仁奶油混合。
将奶油装入裱花袋，挤在面饼上。
将第2张面饼盖在模具上。

用擀面杖在面饼上来回滚动，去除
模具外多余的面饼。
烤箱预热至180℃（温度调至6挡）。

用叉子将蛋黄液涂抹在面饼表面，
入烤箱烤制35分钟。

巧克力巴斯克蛋糕（Gâteau basque au chocolat）

6～8人份
准备时间：1小时
静置时间：2小时（面团）+2小时（奶油）
烤制时间：40分钟

所需食材

用于制作巧克力巴斯克蛋糕面团

- 蛋黄125克（6个）
- 细砂糖205克
- 黄油膏275克
- 盐2克
- 面粉300克
- 化学酵母15克
- 可可粉25克
- 黑巧克力（可可含量70%）62克

用于制作巧克力卡仕达奶油

- 牛奶250毫升
- 淡奶油（脂肪含量35%）50毫升
- 糖40克
- 蛋黄2个
- 奶油粉20克
- 黑巧克力（可可含量70%）180克
- 黄油50克

用于组合食材

- 方形巧克力片
- 糖霜
- 巴斯克蛋糕面团碎（参见下文小贴士）

制作步骤

巧克力巴斯克蛋糕面团

用糕点专用电动搅拌器将细砂糖和黄油膏混合。
加入蛋黄，搅拌均匀。加入面粉、化学酵母、盐和过筛的可可粉。
用水浴法融化巧克力，将其加入混合好的食材中。
将面团揉成球形，用保鲜膜将面团包好，放入冰箱冷藏2小时。

巧克力卡仕达奶油

将牛奶、淡奶油、一半的糖倒入小锅中煮沸。用剩余的糖打发蛋黄，随后加入奶油粉。
将1/3煮沸的液体倒入打发的蛋黄中，继续打发后，再次倒回小锅。煮沸后继续加热2分钟。
加入切碎的黑巧克力，用搅拌器混合均匀。倒入盘中。
盖上保鲜膜，放入冰箱冷藏2小时。

组合食材

将面团用擀面杖擀成2张厚度为4毫米的面饼。
将其中一块面饼装入涂有黄油的不锈钢模具。
将巧克力卡仕达奶油挤在模具内的面饼上，随后将第2张面饼盖在模具上，并捏实边缘。
烤箱预热至160℃（温度调至5—6挡）。
将蛋黄液涂抹在面饼表面。
将面饼放入烤箱烤制40分钟。
撒上糖霜，摆放一块方形巧克力作为装饰（参照第537页），或在表面涂抹黑巧克力甘纳许。

埃迪小贴士

为了让蛋糕的口感更加松脆，可将巴斯克蛋糕面团放入预热至160℃（温度调至5—6挡）的烤箱中烤制40分钟，掰碎撒在蛋糕表面。

拉丝饼皮（Pâte à étirer）

可制作500克
准备时间：15分钟
静置时间：2小时15分钟
烤制时间：30分钟

所需食材

用于制作拉丝饼皮
• T45面粉350克
• 鸡蛋1个
• 水150毫升

• 细盐1撮
• 葵花籽油1汤勺
• 香草液1茶匙
• 葵花籽油500毫升

用于装饰成型
• 黄油140克
• 糖100克
• 金冠苹果6个
• 糖霜60克

拉丝面团
在糕点专用电动搅拌器上装配搅拌勾，将除了500
毫升葵花籽油以外的所有食材混合搅拌3分钟。

将面团揉成球形，浸泡在500毫升葵花籽油中。

用保鲜膜将面团包好，放入冰箱冷藏2小时。
将油面团擀成面饼。
在工作台上铺烘焙垫，撒上薄薄一层面粉。

将面饼移到烘焙垫上，从中心向外拉扯延展，
整张面饼需厚度均匀。

拉扯至面饼薄且透明。

装饰成型
将黄油涂抹于整张饼上。

撒上糖霜。静置15分钟以晾干饼皮。

在面饼中切割出数个直径20厘米的圆。

苹果去皮、去核、切薄片，保持苹果形状完整。
用两张圆形饼皮将苹果包裹起来。

用圆形拉丝饼皮将每个苹果包好。

烤箱预热至180℃（温度调至6挡）。
将包好的苹果放在硅胶垫上，表面撒上糖霜。
将苹果放入烤箱烤制30分钟。
自然冷却。

埃迪小贴士

制作此类薄饼皮需要宽敞的操作台。
拉丝饼皮用馅饼皮或千层饼皮替代时，需用小刷子涂抹黄油，并撒上糖粉。

香草苹果千层派（Pastis landais）

8人份
所需用具：
• 直径22厘米的蛋挞模具1个

准备时间：1小时
静置时间：2小时15分钟
烤制时间：30分钟

所需食材

用于制作拉丝饼皮
• T45面粉350克（另需少量撒在烘焙垫上）
• 鸡蛋50克（1个）
• 水150毫升
• 细盐1撮
• 香草液1茶匙
• 葵花籽油1汤勺
• 葵花籽油500毫升（用于浸泡面团）

用于装饰成型
• 金冠苹果6个
• 糖200克
• 黄油140克
• 糖霜20克

制作步骤

拉丝饼皮
在糕点专用电动搅拌器上装配搅拌勾，将除了500毫升葵花籽油以外的所有食材混合搅拌3分钟。
将面团揉成球形，浸泡在500毫升葵花籽油中。
用保鲜膜将面团包好，放入冰箱冷藏2小时。
将油面团擀成面饼。在工作台上铺烘焙垫，撒上薄薄一层面粉。将面饼移到烘焙垫上，从中心向外拉扯，整张面饼需厚度均匀，拉扯至面饼薄且透明。

装饰成型
将黄油涂抹于整张饼上，撒上糖。
静置15分钟以晾干饼皮。
在面饼中切割出数个直径22厘米的圆。
将苹果去皮、去核、切薄片。
在苹果片上撒糖，拌匀，放好备用。

组合食材
烤箱预热至180℃（温度调至6挡）。
在涂有黄油的模具中叠放数层饼皮，组成糕点的基底。
将苹果片摆在叠放好的饼皮上，随后在上方叠放剩余的饼皮。
在饼皮上撒上糖霜，将派放入烤箱烤制30分钟。
让千层派在模具中自然冷却。

酥脆糖渍苹果（Pomme d'amour croustillante）

6人份
准备时间：1小时
烤制时间：50分钟
静置时间：2小时

所需食材

用于制作糖渍苹果
- 水650克（650毫升）
- 糖300克
- 覆盆子果泥350克
- 苹果6个

用于制作拉丝饼皮
- T45面粉175克
- 鸡蛋½个
- 温水750毫升
- 细盐1撮
- 葵花籽油1茶匙
- 葵花籽油250克

用于收尾工序
- 融化黄油50克
- 细砂糖25克
- 香草粉2克

制作步骤

糖渍苹果
将苹果去皮。
将除苹果之外的所有食材倒入小锅中煮沸。
将苹果放入小锅，小火煮35分钟。
将苹果留在糖浆中自然冷却。

拉丝饼皮
用糕点专用电动搅拌器将除了250克葵花籽油以外的所有食材混合搅拌3分钟。将面团揉成球形，浸泡在盛有250克葵花籽油的容器中。
盖上保鲜膜，放入冰箱冷藏2小时。
取出油面团，并将面团擀成面饼。在工作台上铺烘焙垫，将面饼从中心向外轻轻拉扯。整张面饼需厚度均匀，拉扯至面饼薄且透明。

用于收尾工序
将融化的黄油均匀涂抹于饼皮上。撒上细砂糖和香草粉。
将面饼切割成细条，绕在金属棒上，或者采用其他想要的方式定型。
将面饼放入预热至170℃的烤箱中烤制10～15分钟。自然冷却。
装盘时，将糖渍苹果沥干水，用拉丝饼皮做出缎带的造型装饰。

曲奇饼（Cookies）

花生黄油曲奇（Cookies au beurre de cacahuètes）❶

40块
所需用具：
准备时间：20分钟
烤制时间：12分钟
静置时间：1小时

所需食材

• 黄油膏270克
• 细盐4克
• 糖180克
• T55面粉360克
• 化学酵母5克
• 鸡蛋2个
• 花生酱270克
• 红糖180克

制作步骤

用糕点专用电动搅拌器将黄油膏和盐、红糖混合。
将糖、面粉和化学酵母过筛，加入上述混合物中。
加入鸡蛋搅拌均匀，最后加入花生酱。
将面团揉成直径4厘米的条状。
用保鲜膜将面团包好，放入冰箱冷藏1小时，使其变硬。
烤箱预热至200℃（温度调至6—7挡）。
将条状面团切成厚度为1厘米的面饼。
将面饼放在铺有烘焙纸的烤盘上，面饼之间预留足够的空隙。
将烤盘放入烤箱烤制10～12分钟，烤好后让曲奇在烤盘上自然冷却。

榛子黑巧克力曲奇（Cookies au chocolat noir et noisettes）❷

35块
所需用具：
准备时间：20分钟
烤制时间：12分钟
静置时间：1小时

所需食材

• 红糖300克
• 黄油膏170克
• 香草荚1根
• 鸡蛋2个
• 面粉300克
• 盐1撮

• 化学酵母5克
• 炒榛子碎（或炒山核桃碎）150克
• 黑巧克力175克

制作步骤

用打蛋器将红糖和黄油膏混合搅拌，直至黄油膏变为慕斯质地。
加入从剖开的香草荚中刮下的香草籽和鸡蛋。
加入过筛的面粉、盐和化学酵母。
最后加入炒榛子碎和巧克力。
搅拌均匀。将面团揉成直径4厘米的条状。
用保鲜膜将面团包好，放入冰箱冷藏1小时，使其变硬。
烤箱预热至200℃（温度调至6—7挡）。
将条状面团切成厚度为1厘米的面饼。
将面饼放在铺有烘焙纸的烤盘上，面饼之间预留足够的空隙。
将面饼放入烤箱烤制10～12分钟，烤好后让曲奇在烤盘上自然冷却。
将做好的曲奇移出烤箱后，可用柠檬、榛子碎或山核桃碎装饰。

巧克力曲奇（Cookies tout chocolat）❸

20块
准备时间：10分钟
烤制时间：12分钟
静置时间：1小时

所需食材

• 黄油膏120克
• 糖80克
• 红糖90克
• 盐2撮
• 香草液1茶匙
• 鸡蛋1个
• 面粉100克
• 玉米淀粉25克
• 酵母2克
• 可可粉20克
• 黑巧克力豆100克
• 牛奶巧克力豆100克

制作步骤

烤箱预热至180℃（温度调至6挡）。
用糕点专用电动搅拌器将黄油膏、糖、红糖、盐和香草液混合。
加入鸡蛋和过筛的面粉、玉米淀粉、酵母、可可粉。
加入巧克力豆。将面团揉成直径4厘米的条状。
用保鲜膜将面团包好，放入冰箱冷藏1小时，使其变硬。
烤箱预热至200℃（温度调至6—7挡）。
将条状面团切成厚度为1厘米的面饼。
将面饼放在铺有烘焙纸的烤盘上，面饼之间预留足够的空隙。
将烤盘放入烤箱烤制10～12分钟，烤好后让曲奇在烤盘上自然冷却。

葡萄干曲奇 (Cookies aux raisins secs) ❹

35块
准备时间：20分钟
静置时间：2小时
烤制时间：10 ～ 12分钟

所需食材

- 黄油膏200克
- 糖150克
- 红糖200克
- 盐5克
- 面粉400克
- 小苏打5克
- 鸡蛋2个
- 香草精1茶匙
- 白巧克力豆100克
- 葡萄干100克

制作步骤

用糕点专用电动搅拌器将黄油膏、糖和红糖混合。
加入过筛的盐、面粉和小苏打。
加入鸡蛋、香草精，搅拌均匀。
加入白巧克力豆和葡萄干，用保鲜膜将面团包好，放入冰箱冷藏1小时。
将面团揉成直径4厘米的条状。
用保鲜膜将面团包好，再次放入冰箱冷藏1小时，使其变硬。
烤箱预热至200℃（温度调至6—7挡）。
将条状面团切成厚度为1厘米的面饼。
将面饼放在铺有烘焙纸的烤盘上，面饼之间预留足够的空隙。
将面饼入烤箱烤制10 ～ 12分钟，烤好后让曲奇在烤盘上自然冷却。

黑糖曲奇 (Cookies au sucre brun) ❺

50块
准备时间：20分钟
静置时间：2小时
烤制时间：10 ～ 12分钟

所需食材

- 黄油膏200克
- 糖150克
- 黑糖200克
- 盐5克
- 面粉400克
- 小苏打5克
- 鸡蛋2个
- 香草精1茶匙
- 榛子100克
- 柠檬酱100克
- 白巧克力豆100克
- 牛奶巧克力豆150克

制作步骤

用糕点专用电动搅拌器将黄油膏、糖和黑糖混合。
加入过筛的盐、面粉和小苏打。
加入鸡蛋、香草精，搅拌均匀。
加入白巧克力豆、牛奶巧克力豆、柠檬酱和榛子。
用保鲜膜将面团包好，放入冰箱冷藏1小时。
将面团揉成直径4厘米的条状。
用保鲜膜将面团包好，再次放入冰箱冷藏1小时，使其变硬。
烤箱预热至200℃（温度调至6—7挡）。
将条状面团切成厚度为1厘米的面饼。
将面饼放在铺有烘焙纸的烤盘上，面饼之间预留足够的空隙。
将烤盘放入烤箱烤制10 ～ 12分钟，烤好后让曲奇在烤盘上自然冷却。

埃迪小贴士

可大胆尝试不同种类的糖，给曲奇增添更多风味。装饰造型时也
可尝试不同食材：比如焦糖碎、巧克力块、杏干、澳洲坚果、腰
果等。

糖衣榛子曲奇（Cookies au praliné noisette）

20块
所需用具：
• 硅胶垫1张
• 圆形模具1个
准备时间：15分钟
静置时间：1小时
烤制时间：6分钟

所需食材

• 黄油膏85克
• 糖110克
• 红糖110克
• 盐3克
• 面粉330克
• 发酵粉9克
• 鸡蛋100克（2个）
• 榛子面糊30克
• 花生酱100克
• 圆形牛奶巧克力20片（参照第537页）

制作步骤

烤箱预热至180℃（温度调至6挡）。
将黄油膏、糖、红糖和盐混合。
加入过筛的面粉和发酵粉，依次加入2个鸡蛋和榛子面糊。
用保鲜膜将面团包好，放入冰箱冷藏1小时。
用擀面杖将面团擀成厚度为2毫米的面饼，用圆形模具将面饼切割成想要的大小。
将切割好的圆形曲奇放在铺有硅胶垫的烤盘上。
将烤盘放入烤箱烤制6分钟。
让曲奇自然冷却，在曲奇上涂抹花生酱，随后往上再放1片曲奇，最后在上方放1片圆形牛奶巧克力。

综合曲奇（Cookies reconstitués）

30块
所需用具：
• 直径6厘米的圆形硅胶模具1组
准备时间：20分钟
静置时间：1小时
烤制时间：45分钟

所需食材

用于制作综合曲奇
• 黑糖曲奇160克（参照第95页）
• 巧克力曲奇80克（参照第94页）
• 果仁糖120克
• 黑巧克力豆（可可含量60%）60克

用于制作燕麦
• 糖5克
• 水15毫升
• 燕麦200克

制作步骤

综合曲奇
烤箱预热至200℃（温度调至6—7挡）。
制作黑糖曲奇和巧克力曲奇面团。
将曲奇放入烤箱烤制10～15分钟，自然冷却。
将2种曲奇掰成小块。
放好备用。

燕麦
用糖和水制作糖浆。
将燕麦和占燕麦重量10%的糖浆混合，将其放入预热至120℃的烤箱中烤制30分钟。
自然冷却。

组合食材
将2种曲奇、燕麦和果仁糖混合。
将黑巧克力豆隔水融化，加入融化的黑巧克力。
将处理好的食材倒入硅胶模具，入冰箱冷藏1小时。

巨型曲奇（Cookie géant）

6～8人份

所需用具：

- 直径20厘米的圆形蛋挞模具1个
- 糖用温度计1个

准备时间：45分钟

烤制时间：12～15分钟

静置时间：30分钟

所需食材

用于制作巧克力面团

- 黄油膏60克（另需少量黄油涂抹模具）
- 糖40克
- 红糖45克
- 盐1撮
- 香草液½茶匙
- 鸡蛋½个
- 面粉50克
- 化学酵母1.5克
- 可可粉10克
- 玉米淀粉12克
- 黑巧克力（可可含量70%）100克
- 牛奶巧克力（可可含量33%）32克

用于制作焦糖杏仁和榛子

- 整颗榛子250克
- 整颗杏仁250克
- 水50毫升
- 糖150克
- 细盐1撮

用于制作巧克力屑（参照第537页）

用于制作巧克力甘纳许

- 淡奶油（脂肪含量35%）120毫升
- 转化糖浆25克
- 黑巧克力150克

制作步骤

巧克力面团

烤箱预热至180℃（温度调至6挡）。

将黄油膏、糖、红糖、盐和香草混合。

加入鸡蛋、面粉、玉米淀粉、化学酵母和可可粉。

将黑巧克力和牛奶巧克力随意切块，加入混合好的食材中。

将面团擀成厚度为5毫米的面饼，放入涂有黄油的模具中。

将模具放入烤箱烤制12～15分钟，自然冷却。

焦糖杏仁和榛子

烤箱预热至180℃（温度调至6挡）。

将榛子和杏仁炒制8～10分钟。

将水、糖和盐倒入小锅中煮沸。

将糖水加热到125℃后，加入干果，用刮刀搅拌。

继续搅拌，直至榛子和杏仁被均匀裹上一层糖衣，糖衣呈沙粒质地。

用中火继续制作焦糖干果，其间需要不停搅拌，以避免粘锅。

当焦糖变得黏稠，开始冒烟，将焦糖杏仁和榛子从锅中移到烘焙纸上。

室温自然冷却。

巧克力屑

制作巧克力屑（参照第537页）。

巧克力甘纳许球

将淡奶油和转化糖浆加热，分3次倒入装有碎的黑巧克力的容器中，其间不停搅拌。

将巨型曲奇放在烤架上，表面浇一层巧克力甘纳许，用刮刀抹平。

快速抹平，刮掉多余的甘纳许，将曲奇放入冰箱冷藏30分钟。

装盘时用巧克力屑、焦糖杏仁和榛子装饰表面。

埃迪小贴士

大家也可以用巧克力布朗尼和山核桃作为装饰，冷藏后在曲奇表面浇一层牛奶巧克力淋面。

蛋糕面团
（Les pâtes à cakes et cie）

蛋糕（Les cakes） 104

热内亚蛋糕（Pain de Gênes） 134

夹心圆蛋糕（Nonnettes） 140

布朗尼（Brownies） 144

玛芬蛋糕（Muffins） 148

司康饼（Scones） 152

蛋糕（Les cakes）

柠檬蛋糕（Cake au citron）

6人份
所需用具：
- 18厘米×8厘米的蛋糕模具1个

准备时间：25分钟
烤制时间：45分钟

所需食材

用于制作蛋糕基底
- 鸡蛋1.5个
- 糖50克
- 转化糖浆50克
- T45面粉77克
- 盐1撮
- 发酵粉3克
- 黄油28克
- 鲜奶油21克
- 淡奶油（脂肪含量35%）20毫升
- 柠檬皮3.5克

用于收尾工序
- 中性蛋糕淋面10克
- 柠檬2片

用于表面浇汁
- 柠檬汁50毫升
- 百香果20克
- 糖霜25克

烤箱预热至160℃（温度调至5—6挡）。
将柠檬皮和2种奶油混合，面粉和发酵粉过筛。

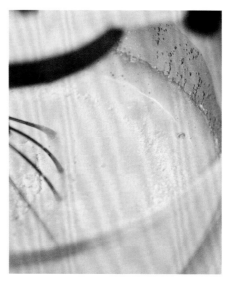

将鸡蛋、糖和转化糖浆混合，搅拌直至鸡蛋呈绵密的泡沫质地。

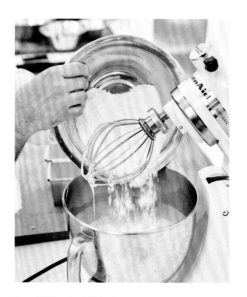

加入面粉、发酵粉和盐。

倒入2种奶油和柠檬皮的混合物。

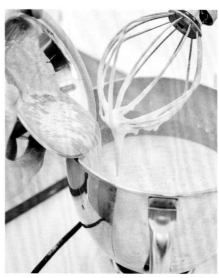

将黄油融化。
将融化的黄油倒入此前混合好的食材，搅拌均匀。

将面糊倒入内侧铺有硫酸纸的蛋糕模具中。入烤箱烤制45分钟，出炉后在蛋糕表面浇上柠檬汁、百香果和糖霜，在烤架上自然冷却。随后在表面浇一层中性蛋糕淋面，用柠檬片装饰。

香草巧克力大理石蛋糕（Cake marbré chocolat vanille）

6～8人份
所需用具：
• 18厘米×8厘米蛋糕模具1个
准备时间：15分钟
烤制时间：20～25分钟

所需食材

• 黄油60克
• 糖125克
• 鸡蛋41克（小尺寸鸡蛋1个）
• 香草荚½根
• 盐1撮
• 淡奶油（脂肪含量35%）80克
• 面粉90克
• 化学酵母4克
• 转化糖浆4克
• 可可粉6克

大理石蛋糕制作步骤

烤箱预热至150℃（温度调至5挡）。用电动搅拌器将除面粉、化学酵母及可可粉之外的全部食材混合。

搅拌直至面团呈光滑的奶油质地。

加入已过筛的面粉和化学酵母，再次搅拌。

将面团分成2份，其中1份加入可可粉，并混合均匀。

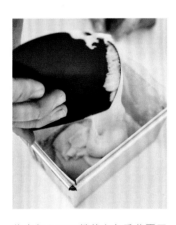

将未加入可可粉的白色香草面团倒入模具。

将加入可可粉的面团倒入模具。

翻搅可可面团和香草面团。

将软化的黄油装入裱花袋，沿模具的长边挤入模具。入烤箱烤制20～25分钟，自然冷却后脱模。可在蛋糕表面撒上脆心面团及可可粉。

埃迪小贴士

大多数蛋糕都可以用电动搅拌器制作。您可以提前1天准备好面团，让酵母充分发挥作用，蛋糕在烤箱中能够更好地膨胀。

化学酵母的主要成分为小苏打、淀粉和酸性物。

请勿让酵母接触液体，这可能导致酵母发生反应并失去效用。

橄榄油蛋糕

柠檬蛋糕

香料蛋糕

106

香草巧克力大理石蛋糕

糖渍水果蛋糕

巧克力蛋糕

橄榄油蛋糕（Cake à l'huile d'olive）

6人份
所需用具：
• 18厘米×8厘米的蛋糕模具1个
准备时间：25分钟
烤制时间：30分钟

所需食材

用于制作蛋糕基底
• 转化糖浆70克
• 糖8克
• 鸡蛋100克（2个）
• 面粉106克（另需少许面粉涂抹模具）
• 盐1撮
• 发酵粉5克
• 柠檬皮10克
• 橄榄油80毫升
• 黄油少量涂抹模具

用于收尾工序
• 中性蛋糕淋面20克
• 杏仁片20克
• 糖霜10克

制作步骤

烤箱预热至165℃（温度调至5—6挡）。
用糕点专用电动搅拌器将转化糖浆、糖和鸡蛋混合。
加入面粉、盐、发酵粉，最后加入柠檬皮和橄榄油。
在模具内侧涂抹黄油，撒上面粉，再倒入面团，入烤箱烤制30分钟。脱模后自然冷却。
在蛋糕表面浇一层中性蛋糕淋面。用杏仁片装饰，撒上糖霜。

香料蛋糕（Cake pain d'épices）

6人份
所需用具：
• 18厘米×8厘米的蛋糕模具1个
准备时间：25分钟
烤制时间：30分钟

所需食材

用于制作蛋糕基底
• 牛奶50毫升
• 蜂蜜93克
• T45面粉35克
• 黑麦面粉66克
• 发酵粉5克
• 鸡蛋66克（1个）
• 糖20克
• 肉桂粉3克
• 豆蔻粉½撮
• 八角粉1撮
• ½个黄柠檬的皮
• ½个橙子的皮
• 香草液½茶匙

用于收尾工序
• 糖渍橙子若干片
• 八角若干
• 中性蛋糕淋面20克

制作步骤

将牛奶和蜂蜜倒入小锅中加热。
将面粉和发酵粉过筛。
将鸡蛋和糖混合，随后加入热牛奶和蜂蜜。加入面粉、发酵粉、各种香料、柠檬皮、橙子皮和香草液。
烤箱预热至160℃（温度调至5—6挡）。
将面糊倒入内侧铺有硫酸纸的蛋糕模具中，液面高度约为模具高度的¾。
将模具放入烤箱烤制30分钟，自然冷却，在蛋糕表面浇一层中性蛋糕淋面，用糖渍橙子片和八角装饰。

糖渍水果蛋糕（Cake aux fruits confits）

6人份
所需用具：
• 18厘米×8厘米的蛋糕模具1个
准备时间：25分钟
烤制时间：30分钟

所需食材

用于制作蛋糕基底
• 黄油25克
• 糖25克
• 鸡蛋45克（1个）
• 蜂蜜7克
• 面粉54克
• 化学酵母2克
• 糖渍水果75克
• 葡萄干25克
• 杏肉丁25克
• 生姜酱25克
• 蔓越莓干25克
• ½个橙子的皮
• ½个黄柠檬的皮

用于表面浇汁
• 棕色朗姆酒100毫升

用于收尾工序
• 中性蛋糕淋面20克
• 糖渍水果50克

制作步骤

烤箱预热至180℃（温度调至6挡）。
将黄油和糖混合，加入一半的鸡蛋、蜂蜜、过筛的面粉和化学酵母，再加入剩余鸡蛋。
依次加入糖渍水果、葡萄干、杏肉丁、生姜酱、蔓越莓干和果皮。
将面糊倒入内侧铺有硫酸纸的模具，液面高度约为模具高度的一半。
将模具入烤箱烤制10分钟，随后将温度调低到150℃（温度调至5挡），继续烤制20分钟。
用刀尖插入蛋糕，确认是否烤熟。自然冷却后脱模。
将蛋糕放在烤架上，在蛋糕表面浇一层棕色朗姆酒。
加热中性蛋糕淋面，用小刷子将淋面刷在蛋糕表面。
用糖渍水果装饰蛋糕表面。

巧克力蛋糕（Cake tout chocolat）

6人份
所需用具：
• 18厘米×8厘米的蛋糕模具1个
准备时间：25分钟
烤制时间：30分钟

所需食材

黑巧克力（可可含量70%）28克
• 榛子油25毫升
• 马斯卡彭奶酪62克
• 鸡蛋1个
• 蛋黄½个
• 糖26克
• 黑糖15克
• 盐焗榛子粉25克
• T55面粉48克
• 可可粉8克
• 发酵粉2克
• 转化糖浆25克
• 中性蛋糕淋面10克

制作步骤

用水浴法加热黑巧克力和榛子油。
当巧克力融化后，立即加入马斯卡彭奶酪，制成巧克力甘纳许。
烤箱预热至160℃（温度调至5—6挡）。
将糖和黑糖加入鸡蛋中慢速打发，随后加入盐焗榛子粉、面粉、可可粉和发酵粉。
再加入转化糖浆和巧克力甘纳许。将面糊倒入内侧铺有硫酸纸的蛋糕模具中。
将模具放入烤箱烤制30分钟，在烤架上自然冷却，表面浇一层中性蛋糕淋面。

埃迪小贴士

转化糖浆可用蜂蜜代替。

茶香柠檬蛋糕（Le cake au citron et au thé）

8人份

所需用具：
• 18厘米×4厘米×5厘米的蛋糕模具1个

准备时间：2小时
烤制时间：28分钟
静置时间：10分钟

所需食材

用于制作茶香柠檬蛋糕面团
• 水30毫升
• 格雷伯爵茶（Earl Gray）8克
• 黄油77克
• 杏仁面糊（杏仁粉含量50%）31克
• 糖55克
• 鸡蛋2个
• 蛋黄½个
• T45面粉69克
• 发酵粉5克
• 糖渍柠檬块37克
• 中性蛋糕淋面20克

用于制作糖浆淋面
• 糖霜140克
• 水35毫升

制作步骤

茶香柠檬蛋糕面团
烤箱预热至165℃（温度调至5—6挡）。
将水煮沸，加入格雷伯爵茶浸泡。
将黄油融化，放好备用。
用糕点专用电动搅拌器将杏仁面糊和糖混合，搅拌直至面糊质地均匀。
在电动搅拌器上装配打蛋头。
盆中逐个加入鸡蛋打发，直至鸡蛋呈绵密的泡沫质地。
加入茶水、过筛的面粉和发酵粉、融化的黄油，最后加入糖渍柠檬块，用橡胶刮刀搅拌均匀。
模具内侧涂抹黄油，随后倒入面糊。
入烤箱烤制25分钟。出烤箱后脱模，在烤架上自然冷却。
加热中性蛋糕淋面，浇在蛋糕表面。静置10分钟晾干。

糖浆淋面
制作糖浆淋面。
将蛋糕放在烤架上，用制好的糖浆淋面浇在蛋糕表面，入烤箱烤制2～3分钟以风干。

> **埃迪小贴士**
> 制作茶香柠檬蛋糕时，用抹茶替代格雷伯爵茶，会得到独特的味觉体验。

迷你柠檬蛋糕（Les mini-cakes citron）

60个

所需用具：
- 温度计1个
- 直径2厘米的半球形硅胶模具若干
- 可露丽蛋糕模具30个

准备时间：1小时30分钟
烤制时间：12分钟
静置时间：2小时

所需食材

用于制作柠檬奶油球（参照第424页）

用于制作柠檬果酱
- 糖渍柠檬块125克
- 青苹果果泥62克
- 柚子汁7毫升
- 百香果果肉7克
- 30° B糖浆20毫升

用于制作茶香柠檬蛋糕面团（参照第110页）

用于装饰
- 中性蛋糕淋面50克
- 糖霜10克
- 柠檬皮少许

制作步骤

柠檬奶油球（参照第424页）
将奶油挤入半球形硅胶模具，放入冰箱冷藏2小时。
将半球形奶油脱模，两两组合制成球形奶油。再次放入冰箱冷藏。

柠檬果酱
将所有食材倒入锅中，小火慢煮。
小火煮30分钟，其间不时搅拌。
用电动搅拌器搅拌果酱，直至果酱质地光滑。

茶香柠檬蛋糕面团
参照第110页食谱制作茶香柠檬蛋糕面团。
烤箱预热至150℃（温度调至5挡）。
在可露丽蛋糕模具内涂抹黄油并撒上面粉。
将面糊倒入模具，液面高度约为模具高度的一半，入烤箱烤制12分钟。
脱模后在烤架上自然冷却。

组合食材
将迷你蛋糕两两组合，用柠檬果酱粘连。可在蛋糕表面涂抹中性蛋糕淋面，或撒上糖霜。
在每个迷你蛋糕组合上摆放一个柠檬奶油球，再在顶端用柠檬皮装饰。

巧克力柠檬蛋糕（Cake au citron façon Pim's）

12份

所需用具：
- 直径12厘米×高4厘米的模具12个
- 装有6号裱花嘴的裱花袋1个

准备时间：30分钟
静置时间：30分钟
烤制时间：25分钟

所需食材

用于制作柠檬蛋糕
- 新鲜鸡蛋175克（3.5个）
- 糖125克
- 转化糖浆125克
- 融化黄油71克（另需少许涂抹模具）
- T45面粉192克
- 盐1克
- 化学酵母8克
- 鲜奶油54克
- 淡奶油（脂肪含量35%）54毫升
- 柠檬皮8克

用于制作柠檬果酱
- 糖渍柠檬块125克
- 青苹果泥62克
- 柚子汁7毫升
- 百香果果肉7克
- 30° B糖浆20毫升

用于制作黑巧克力甘纳许
- 淡奶油（脂肪含量35%）120毫升
- 转化糖浆22克
- 黑巧克力（可可含量70%）165克
- 黄油37克

用于组合食材
- 榛子碎
- 食用金箔1片

制作步骤

柠檬蛋糕
烤箱预热至160℃（温度调至5—6挡）。
将鸡蛋和糖混合，搅拌直至鸡蛋呈绵密的泡沫质地。加入转化糖浆，搅拌均匀。
将黄油融化。
加入面粉、盐和化学酵母。
加入鲜奶油、淡奶油、柠檬皮和融化的黄油。
将面糊倒入硅胶模具。
将模具入烤箱烤制约25分钟，脱模后在烤架上自然冷却。

柠檬果酱
将所有食材混合，小火慢煮30分钟，其间不时搅拌。
搅拌直至果酱质地光滑。
将果酱装入裱花袋，柠檬蛋糕两两组合，用果酱在中间粘连。

黑巧克力甘纳许
将淡奶油和转化糖浆倒入小锅中煮沸。
巧克力切碎。
将⅓的热奶油倒入巧克力中，用橡胶刮刀从内向外画圈搅拌均匀。随后逐步加入剩余的奶油，搅拌直至甘纳许变为光滑的乳液质地。
加入切成小块的黄油。
继续搅拌，注意不要混入气泡。

组合食材
将每个组合好的蛋糕浸入黑巧克力甘纳许中。
在蛋糕侧面装饰榛子碎。
在每个蛋糕表面装饰一小片食用金箔。
放入冰箱冷藏30分钟，让甘纳许变硬。

埃迪小贴士

为了更易于保存，可在表面刷一层歌剧院蛋糕淋面。

条形糖渍水果小蛋糕（Cakes individuels aux fruits confits）

16份
所需用具：
• 13厘米×5厘米的椭圆形硅胶模具若干
准备时间：35分钟
烤制时间：17分钟

所需食材

用于制作水果蛋糕面团
• 黄油125克（另需少许黄油涂抹模具）
• 糖125克
• 鸡蛋4个
• 蜂蜜37克
• 面粉270克
• 化学酵母8克
• 1个橙子的皮
• 1个黄柠檬的皮

用于蛋糕表面浇汁
• 棕色朗姆酒100毫升

用于制作糖浆淋面
• 糖霜280克
• 棕色朗姆酒70克

用于装饰
• 糖渍水果若干

制作步骤

水果蛋糕面团
将黄油和糖混合，加入一半的鸡蛋、蜂蜜、过筛的面粉和化学酵母，搅拌均匀后加入剩余鸡蛋。
加入果皮，搅拌均匀。
烤箱预热至160℃（温度调至6挡）。
模具内侧涂抹黄油，倒入面糊，液面高度约为模具高度的一半。入烤箱烤制15分钟。用刀尖插入蛋糕，确认是否烤熟。
自然冷却后脱模。

蛋糕表面浇汁
将蛋糕放置于烤架上，表面浇一层朗姆酒。

制作糖浆淋面
将糖霜和棕色朗姆酒混合，淋在蛋糕表面，放入预热至220℃的烤箱烤制2分钟，以将蛋糕表面风干。

装饰
用糖渍水果装饰蛋糕表面。

埃迪小贴士
用朗姆酒代替水来制作糖浆，能让糖浆的味道更加浓郁。

水果蛋糕（Cakes aux fruits）

1人份
所需用具：
• 27厘米×9厘米的硅胶模具1个
准备时间：30分钟
静置时间：2小时
烤制时间：15分钟

所需食材

用于制作水果蛋糕面团
• 黄油125克
• 糖125克
• 鸡蛋225克（4.5个）
• 蜂蜜37克
• 面粉270克
• 化学酵母8克
• 1个橙子的皮
• 1个黄柠檬的皮
• 装饰用糖渍水果若干
• 棕色朗姆酒100毫升

用于制作腌葡萄干
• 葡萄干100克
• 糖50克
• 水100毫升
• 棕色朗姆酒25克

用于制作白巧克力甘纳许
• 淡奶油125克
• 转化糖浆42克
• 白巧克力（可可含量35%）322克
• 黄油50克
• 棕色朗姆酒10毫升

制作步骤

水果蛋糕面团
将黄油和糖混合，加入一半的鸡蛋、蜂蜜、过筛的面粉和化学酵母，搅拌均匀后加入剩余的鸡蛋、果皮和糖渍水果干。
烤箱预热至180℃（温度调至6挡）。
将面糊倒入硅胶模具。
将模具放入烤箱烤制15分钟。
用刀尖插入蛋糕，确认是否烤熟。
自然冷却后脱模。
将蛋糕放置在烤架上，表面浇一层朗姆酒。

腌葡萄干
将葡萄干放入水中煮沸，煮沸后继续煮15分钟，捞出沥干水。
将100毫升水和糖混合后煮沸，随后自然冷却至35℃。
加入棕色朗姆酒和葡萄干，浸泡2小时。
捞出葡萄干，沥干水备用。

白巧克力甘纳许
将淡奶油和转化糖浆倒入小锅中煮沸。
巧克力切碎，以水浴法融化。
将1/3的热奶油倒入巧克力中，用橡胶刮刀从内向外画圈搅拌均匀。
逐步加入剩余的奶油，搅拌直至甘纳许变为光滑的乳液质地。
加入切成小块的黄油和朗姆酒，搅拌均匀。

组合食材
将甘纳许涂抹于每一层蛋糕上。
将每层蛋糕小心叠放组合起来。组合好后，用刮刀将剩余的甘纳许涂抹于蛋糕外层。
放入冰箱冷藏1小时。
将蛋糕放置在烤架上，剩余的甘纳许浇在蛋糕表面，轻轻抖掉多余的甘纳许。
将蛋糕表面裹上腌葡萄干，放入冰箱冷藏1小时。
取少许糖渍水果装饰表面。

埃迪小贴士

在这个食谱中，我用到了朗姆酒甘纳许。
您也可以大胆尝试香草甘纳许。

大理石蛋糕（Marbrés）

那不勒斯蛋糕（Napolitain）

6～8人份
所需用具：
• 27厘米×9厘米的硅胶模具1个
准备时间：45分钟
烤制时间：25分钟

所需食材

用于制作大理石蛋糕基底
• 红糖225克
• 黄油膏225克
• 鸡蛋200克（4个）
• 面粉150克
• 酵母10克
• 香草液1茶匙
• 杏仁粉75克
• 黑巧克力（可可含量70%）125克

用于制作黑巧克力甘纳许
• 淡奶油（脂肪含量35%）120毫升
• 转化糖浆22克
• 黑巧克力（可可含量70%）165克
• 黄油37克

用于制作歌剧院蛋糕淋面
• 糖面团270克
• 黑巧克力（可可含量70%）75克
• 葵花籽油60克
• 所有食材水浴法融化

制作步骤

大理石蛋糕基底
用糕点专用电动搅拌器将黄油膏和红糖混合，搅拌直至黄油呈慕斯质地。
逐个加入鸡蛋，其间不停搅拌。
用水浴法融化黑巧克力，加入面粉、杏仁粉、酵母和香草液。
将面团分为两等份，在其中一份加入融化的黑巧克力。烤箱预热至150℃（温度调至5挡）。
将两个面团倒入硅胶模具。
将模具放入烤箱烤制25分钟，自然冷却后脱模。

黑巧克力甘纳许（参照第400页）

歌剧院蛋糕淋面
将所有食材水浴法融化。

组合食材
将黑巧克力甘纳许涂抹于每一层大理石蛋糕上，然后叠放组合。
将组合好的蛋糕切割成方形，表面均匀浇一层歌剧院蛋糕淋面。

榛子大理石蛋糕（Marbré noisettes）

6～8人份
所需用具：
• 27厘米×9厘米的硅胶模具1个
准备时间：45分钟
烤制时间：25分钟

所需食材

用于制作大理石蛋糕基底
• 红糖225克
• 黄油膏225克
• 鸡蛋200克（4个）
• 面粉150克
• 酵母10克
• 香草液1茶匙
• 杏仁粉75克
• 黑巧克力（可可含量70%）125克

用于制作甜酥面团（参照第38页）

用于制作黑巧克力甘纳许
• 淡奶油（脂肪含量35%）120毫升
• 转化糖浆22克
• 黑巧克力（可可含量70%）165克
• 黄油37克

制作步骤

大理石蛋糕基底
用糕点专用电动搅拌器将黄油膏和红糖混合，搅拌直至黄油呈慕斯质地。
逐个加入鸡蛋，其间不停搅拌。
以水浴法融化黑巧克力，加入面粉、杏仁粉、酵母和香草液。
将面团分为两等份，在其中一份中加入融化的黑巧克力。
烤箱预热至150℃（温度调至5挡）。

蛋糕入模具
将甜酥面团擀成厚度为2毫米的面皮，切割成条状，条状面饼的宽度约等于模具高度。
将条状甜酥面皮沿内壁嵌入涂有黄油的模具。
将制作大理石蛋糕基底的两个面团倒入硅胶模具中。
将模具放入烤箱烤制25分钟，自然冷却后脱模。

黑巧克力甘纳许（参照第400页）

收尾工序
在蛋糕上涂抹一层巧克力甘纳许，用榛子碎装饰。

饕餮大理石蛋糕（Marbré gourmand）

6～8人份
所需用具：
• 直径20厘米的圆形活底模具1个
• 边长20厘米的方形活底模具1个
准备时间：45分钟
静置时间：1小时
烤制时间：25分钟

所需食材

用于制作大理石蛋糕基底
• 红糖225克
• 黄油膏225克
• 鸡蛋200克（4个）
• 面粉150克
• 酵母10克
• 香草液1茶匙
• 杏仁粉75克
• 黑巧克力（可可含量70%）125克

用于制作黑巧克力甘纳许
• 淡奶油（脂肪含量35%）120毫升
• 转化糖浆22克
• 黑巧克力（可可含量70%）165克
• 黄油37克

用于制作歌剧院蛋糕淋面（参照第118页）

用于装饰
• 巧克力色可可脂喷雾
• 巧克力碎20克
• 巧克力树叶3片（参照第536页）

制作步骤

大理石蛋糕基底
用糕点专用电动搅拌器将黄油膏和红糖混合，搅拌直至黄油呈慕斯质地。
逐个加入鸡蛋，其间不停搅拌。
用水浴法融化黑巧克力，加入面粉、杏仁粉、酵母和香草液。
将面团分为两等份，在其中一份加入融化的黑巧克力。烤箱预热至150℃（温度调至5挡）。
将¾的面团倒入涂有黄油并撒有面粉的圆形模具中。
将剩余的¼面团倒入涂有黄油并撒有面粉的方形模具中。
入烤箱烤制20～25分钟，自然冷却后脱模。

黑巧克力甘纳许
制作巧克力甘纳许（参照第400页）。
将圆形蛋糕放置在烤架上，烤架下方摆放一个盘子。
将黑巧克力甘纳许浇在蛋糕表面，用刮刀抹平，刮去多余的甘纳许。
放入冰箱冷藏30分钟。

歌剧院蛋糕淋面
制作歌剧院蛋糕淋面。
将方形蛋糕切成小块。
将圆形蛋糕放置在烤架上，烤架下方摆放一个盘子。
将歌剧院蛋糕淋面浇在蛋糕上，放入冰箱冷藏30分钟。

装饰
用喷枪将可可脂喷洒在圆形蛋糕和切成小块的方形蛋糕表面。
在蛋糕底部沾满巧克力碎，上方装饰小块方形蛋糕和巧克力树叶。

埃迪小贴士

巧克力甘纳许可用巧克力酱代替，您也可以在制作蛋糕的过程中加入榛子巧克力，制成榛子大理石蛋糕。

俱乐部三明治橄榄油蛋糕（Cake club-sandwich à l'huile d'olive）

6～8人份

所需用具：

- 27厘米×9厘米的模具2个（Flexipan牌）
- 直径8厘米的圆盘形硅胶模具1个
- 直径2厘米的半球形硅胶模具若干

准备时间：1小时

静置时间：30分钟（组合食材）+2小时（杜果布丁）+2小时（柠檬奶油）

所需食材

用于制作橄榄油蛋糕面团

- 面粉80克
- 化学酵母4克
- 糖5克
- 转化糖浆52克
- 盐1克
- 橄榄油60毫升
- 鸡蛋70克（1.5个）
- 柠檬皮7克

用于制作杏仁布丁

- 吉利丁片3克（1.5片）
- 牛奶50毫升
- 巴旦杏仁糖浆25毫升
- 淡奶油（脂肪含量35%）100毫升
- 白巧克力62克

用于制作杜果杏肉布丁

- 吉利丁片1.5克（1片）
- 杜果果肉100克
- 杏肉100克

用于制作柠檬奶油

- 吉利丁片5克（2.5片）
- 全脂牛奶50毫升
- 糖35克
- 鸡蛋2个
- 黄柠檬汁40毫升
- 青柠檬汁30毫升
- ½个黄柠檬的皮
- ½个青柠檬的皮
- 白巧克力90克
- 可可脂7克

用于制作柠檬果酱

- 糖渍柠檬块125克
- 青苹果泥62克
- 柚子汁7毫升
- 百香果果肉4克
- 30° B糖浆20毫升

制作步骤

橄榄油蛋糕面团

将面粉、盐、化学酵母混合。

依次加入鸡蛋、柠檬皮和糖。加入橄榄油，搅拌均匀。

烤箱预热至145℃（温度调至4—5挡）。

将面团分成2份。

将面团分别放入Flexipan牌的模具中。

脱模后自然冷却。

杏仁布丁

将吉利丁片在水中浸透。

将牛奶倒入小锅中煮沸。

将吉利丁片沥干水，将热牛奶倒入切碎的白巧克力中，加入吉利丁片、巴旦杏仁糖浆和淡奶油。

将混合物倒入圆盘形硅胶模具，放入冰箱冷冻1小时。

杜果杏肉布丁

将吉利丁片在冷水中浸透，沥干水。

将⅓的果肉倒入小锅中加热，将吉利丁片溶解其中并搅拌均匀。

倒入剩余的果肉。

将混合好的食材倒入半球形硅胶模具中，放入冰箱冷藏2小时。

柠檬奶油

将吉利丁片在冷水中浸透。

在小锅中倒入牛奶、糖、鸡蛋、柠檬汁和柠檬皮。小火慢煮，其间不停搅拌，直到食材加热至82℃。

加入沥干水的吉利丁片、白巧克力和可可脂。

用搅拌器搅拌2分钟。

将柠檬奶油倒入半球形硅胶模具，放入冰箱冷藏2小时。

柠檬果酱

将所有食材倒入小锅中，小火慢煮30分钟，其间不时搅拌。

搅拌直至果酱质地光滑。

组合食材

在其中一片蛋糕上用刮刀涂抹1层柠檬果酱，然后再涂抹一层厚度为5毫米的柠檬奶油。

将另一片蛋糕放在上方，组合好后放入冰箱冷藏30分钟。

将组合好的蛋糕切割成直角三角形。

将半球形模具中的杜果杏肉布丁脱模，放在圆形杏仁布丁上。

将组合好的布丁放在三角形蛋糕上。

柑橘果酱蛋糕（Cake à la marmelade de citrus）

6 ～ 8人份
所需用具：
• 27厘米×9厘米的模具1个（Flexipan牌）
准备时间：**25分钟**

所需食材

用于制作淋面
• 过筛糖霜115克
• 蛋清22克（0.5个蛋清）
• 柠檬汁15毫升
• 柠檬皮1克

用于制作柑橘果酱
• 糖渍柠檬块75克
• 糖渍橙子块75克
• 糖渍柚子块75克
• 青苹果泥125克
• 柚子汁12.5毫升
• 百香果果肉12克
• 30° B糖浆30毫升

用于制作橄榄油蛋糕（参照第122页）

制作步骤

淋面
将所有食材用打蛋器混合。
制作淋面。

柑橘果酱
将所有食材倒入小锅中，小火慢煮30分钟，其间不时搅拌。
用电动搅拌器搅拌直至果酱质地光滑。

橄榄油蛋糕（参照第122页）
将柑橘果酱涂抹于蛋糕表面，随后将蛋糕组合起来，做成夹心蛋糕。
在蛋糕表面均匀浇一层淋面，入烤箱以220℃烤制片刻。

> **埃迪小贴士**
>
> 高品质的橄榄油是成功的关键。
> 可尝试在蛋糕表面撒上八角粉和茴香粉，可带来特别的味觉体验。

草莓柑橘橄榄油蛋糕（Cake huile d'olive fraises et agrumes）

8人份
所需用具
- 直径16厘米的圆形活底模具1个
- 直径18厘米的不锈钢模具1个
- 糖用温度计1个
- 塑料慕斯围边1个

准备时间：1小时
静置时间：5小时
烤制时间：25分钟

所需食材

用于制作橄榄油蛋糕
- 转化糖浆70克
- 糖8克
- 鸡蛋100克（2个）
- 面粉106克（另需少许面粉撒在模具上）
- 盐½撮
- 化学酵母5克
- 柠檬皮10克
- 橄榄油80毫升
- 黄油少许涂抹模具

用于制作草莓果酱
- 草莓果肉150克
- 吉利丁片2克（1片）

用于制作柑橘慕斯
- 吉利丁片3克（1.5片）
- 牛奶80毫升
- 黄柠檬皮2克
- 橙子皮1.6克
- 白巧克力105克
- 可可脂8克
- 淡奶油（脂肪含量35%）140毫升

用于制作白色淋面（参照第558页）

用于装饰
- 椰肉碎30克
- 草莓2个
- 八角2个
- 糖渍柠檬1片

制作步骤

橄榄油蛋糕
烤箱预热至165℃（温度调至5—6挡）。
用装有打蛋头的糕点专用电动搅拌器将转化糖浆和糖混合，随后逐个加入鸡蛋。
加入面粉、盐和化学酵母。最后加入柠檬皮和橄榄油。
将面团倒入涂有黄油并撒有面粉的直径16厘米的模具中，入烤箱烤制25分钟。脱模后自然冷却。
用锯齿刀将蛋糕横向切成3个蛋糕饼。放好备用。

草莓果酱
将吉利丁片在冷水中浸透，沥干水。
将⅓的果肉倒入小锅中加热，将吉利丁片溶入其中并搅拌均匀。
加入剩余果肉。将果酱倒入硅胶模具。
放入冰箱冷藏2小时。

柑橘慕斯
将吉利丁片在水中浸透，沥干水。
牛奶煮沸，加入柠檬皮和橙子皮，浸泡片刻。
加入吉利丁片溶解，随后将热牛奶倒入融化的巧克力和可可脂中，用打蛋器搅拌均匀。
用搅拌器打发奶油。当此前混合好的食材温度降至35℃，加入打发的奶油。

组合食材
将不锈钢模具放在烤盘上。沿模具内壁放入塑料慕斯围边。
将烤好的一片圆形蛋糕饼放在模具中间，涂抹一层柑橘慕斯。重复此步骤。
涂抹一层草莓果酱，再在草莓果酱的上方涂抹剩余的柑橘慕斯。
放入冰箱冷藏3小时。

白色淋面（参照第558页）

装饰
在蛋糕底部装饰椰肉碎，表面用草莓、八角和糖渍柠檬片装饰。

柠檬奶油香料小蛋糕（Petit poisson pané au pain d'épices et crème citron）

14个
所需用具：
• 27厘米×9厘米的模具1个（Flexipan牌）
准备时间：30分钟
静置时间：2小时
烤制时间：15分钟

所需食材

用于制作香料蛋糕
• 水100毫升
• 黄油62克
• 蜂蜜100克
• 八角2克
• 五香粉1克
• ½个橙子的皮
• 1个黄柠檬的皮
• 1个青柠檬的皮
• T55面粉100克
• 糖45克
• 小苏打5克
• 细盐1撮

用于制作柑橘慕斯
• 吉利丁片6克（3片）
• 淡奶油220毫升
• 黄柠檬汁35毫升
• 青柠檬汁120毫升
• 细砂糖55克
• 1个黄柠檬的皮

用于收尾工序
• 香料面包屑

制作步骤

香料蛋糕
制作糖浆。将糖和水加热，加入蜂蜜、八角、五香粉和果皮。
让食材浸泡片刻。
将面粉、糖、小苏打和盐过筛。
加入糖浆，溶解后加入融化的黄油。
烤箱预热至145℃。
将面团倒入长方形硅胶模具中。
入烤箱烤制15分钟。
脱模后在烤架上自然冷却。

柑橘慕斯
将吉利丁片在冷水中浸透。
用装有打蛋头的糕点专用电动搅拌器将淡奶油打发，直至奶油呈慕斯质地，并放入冰箱冷藏保存。
将黄柠檬汁和细砂糖倒入小锅中慢火加热。关火，加入沥干水的吉利丁片，搅拌均匀，让吉利丁片溶解其中。
加入青柠檬汁和果皮，搅拌均匀，自然冷却，注意不要让吉利丁片结块。

加入一部分打发的奶油，用打蛋器搅拌均匀，随后用橡胶刮刀逐步加入剩余奶油。

组合食材
将香料蛋糕脱模，将慕斯倒入方形硅胶模具中，放入冰箱冷冻2小时。
将慕斯脱模，切割为宽2厘米的条状。
将柑橘慕斯条外层包裹香料面包碎。
放入冰箱冷藏，可立即装盘。

柑橘香料蛋糕（Cake pain d'épices aux agrumes）

10～12人份
准备时间：30分钟
静置时间：2小时
烤制时间：30分钟

所需食材

用于制作香料蛋糕（参照左侧食谱）

用于制作柑橘果冻
• 柚子1个
• 橙子2个
• 水250毫升
• 吉利丁片5克（2.5片）
• 细砂糖40克
• 薄荷叶10片

用于装饰
• 薄荷叶3片
• 醋栗3颗

制作步骤

柑橘果冻
将柚子和橙子去皮。
剥去筋膜，取出果肉。放好备用。
将吉利丁片在冷水中浸透。
将水和糖倒入小锅中煮沸。
关火，加入薄荷叶，浸泡10分钟后过滤。加入沥干水的吉利丁片，搅拌均匀。
将果冻倒入方形硅胶模具中。
加入橙子和柚子的果肉。
放入冰箱冷藏2小时。

组合食材
将柑橘果冻脱模，放在同样大小的长方形香料蛋糕上。
用薄荷叶和醋栗装饰。
放入冰箱冷藏，可立即装盘。

黑糖蛋糕（Cake au sucre brun）

1个
所需用具：
• 长18厘米的金属蛋糕模具1个

准备时间：20分钟
烤制时间：1小时

所需食材

用于制作蛋糕面团
• 精白面粉45克（另需少许面粉撒在模具上）
• 化学酵母2克
• 生杏仁面糊（杏仁粉含量60%～70%）90克
• 黑糖53克
• 粗红糖19克

• 枫糖浆40毫升
• 鸡蛋2个
• 融化黄油40克
• 榛子油40毫升

用于制作糖浆淋面
• 枫糖浆50毫升
• 水25毫升

用于制作焦糖山核桃装饰
• 山核桃100克
• 枫糖浆10毫升
• 糖霜10克

用电动搅拌器将生杏仁面糊、所有糖和枫糖浆混合。

用糕点专用电动搅拌器将混合物搅拌均匀，再逐个加入鸡蛋。

搅拌直至面糊质地光滑。
加入融化的黄油和榛子油，继续搅拌。

逐步加入过筛的面粉和化学酵母，用橡胶刮刀或电动搅拌器搅拌均匀。

烤箱预热至160℃（温度调至5—6挡）。
将面糊倒入内侧铺有硫酸纸的蛋糕模具中。
入烤箱烤制30分钟。

制作糖浆淋面
在蛋糕烤好前10分钟，将枫糖浆和水混合后加热。

焦糖山核桃
烤箱预热至100℃（温度调至3—4挡）
将山核桃随意切块，和枫糖浆混合。
将山核桃放在铺有硅胶垫的烤盘上，入烤箱烤制30分钟以风干水分。
蛋糕趁热脱模，将其放在烤架上，烤架下方摆放一个盘子，在蛋糕表面浇上糖浆淋面。蛋糕表面铺一层加工好的山核桃，撒上糖霜。

埃迪小贴士
我们可以用枫糖浆和棕色朗姆酒制作蛋糕淋面。杏仁面糊的作用是增加风味和口感，黄油和榛子油可以让蛋糕更加醇厚。您还可以将榛子油替换成其他没有明显味道的油。黑糖可为蛋糕增添特别的风味。

枫糖黑蛋糕（Cake au sucre brun et glaçage au sirop d'érable）

6～8人份
所需用具：
• 直径22厘米的模具1个
• 直径18厘米的模具1个
准备时间：20分钟
烤制时间：30分钟

所需食材

用于制作蛋糕面团（参照第128页）

用于制作枫糖浆
• 枫糖浆50毫升
• 水25毫升

用于制作糖浆淋面
• 糖霜280克
• 枫糖浆100毫升

制作步骤

蛋糕面团及枫糖浆（参照第128页）

枫糖浆
将枫糖浆和水混合后加热。

糖浆淋面
将枫糖浆和糖霜混合。

组合食材
蛋糕出炉后，在其表面淋一层热枫糖浆。不要关闭烤箱的电源。
在蛋糕表面浇上糖浆淋面，放入烤箱以220℃烤制片刻，以风干水分。

糖衣酥脆黑蛋糕（Cake au sucre brun et praliné croustillant）

6～8人份
所需用具：
• 厨房温度计1个
• 长18厘米的模具1个
准备时间：20分钟
烤制时间：40分钟

所需食材

用于制作蛋糕面团（参照第128页）

用于制作枫糖浆（参照左侧食谱）

用于制作糖衣榛子
• 整颗榛子500克
• 水500毫升
• 细砂糖150克
• 细盐1撮

用于糖衣脆心
• 牛奶巧克力28克
• 可可脂28克
• 糖衣榛子250克
• 花边可丽饼50克

用于制作焦糖山核桃
• 山核桃150克
• 枫糖浆10毫升
• 糖衣脆心5克

制作步骤

蛋糕面团（参照第128页）

枫糖浆（参照左侧食谱）
将枫糖浆和水混合后加热。

糖衣榛子
烤箱预热至180℃（温度调至6挡）
将榛子铺在烤盘上，入烤箱烤制8～10分钟。
将水、细砂糖和盐倒入小锅中煮沸。
加热到125℃后，加入榛子，用刮刀搅拌均匀，让榛子均匀地包裹上一层沙粒质地的糖衣。
中火继续加热，其间需要不停搅拌，防止榛子粘锅。
继续加热，直至焦糖变得黏稠并开始冒烟，将榛子铺在烘焙纸上，室温冷却。
将榛子随意切碎，用电动搅拌器搅拌至质地均匀光滑。

埃迪小贴士

烘焙时我更倾向于使用生铁模具或不粘模具。烤制前在模具内侧涂抹黄油，能让蛋糕更容易脱模。
焦糖山核桃在这份食谱中必不可少。

焦糖山核桃
烤箱预热至100℃（温度调至3—4挡）
将山核桃随意切碎，和枫糖浆混合。
将山核桃放在铺有硅胶垫的烤盘上，入烤箱烤制30分钟以风干水分。

糖衣脆心
将巧克力和可可脂融化，和糖衣榛子混合，加热到31℃。
加入花边可丽饼和焦糖山核桃，搅拌均匀。

组合食材
用糖衣脆心包裹蛋糕的三面。

橙子黑糖蛋糕（Cake au sucre brun et au l'orange）

6～8人份
所需用具：
• 20厘米×20厘米的硅胶模具1个
• 18厘米×18厘米的硅胶模具1个
• 装有10号裱花嘴的裱花袋1个

准备时间：1小时
静置时间：5小时30分钟
烤制时间：20分钟

所需食材

用于制作黑糖蛋糕面团
• 精白面粉22克
• 化学酵母1克
• 生杏仁面糊（杏仁粉含量60%～70%）45克
• 黑糖26克
• 粗红糖9克
• 枫糖浆20毫升
• 鸡蛋1个
• 融化黄油20克
• 榛子油20毫升

用于制作糖浆淋面
• 枫糖浆50毫升
• 水25毫升

用于制作杞果橙子慕斯
• 鸡蛋50克（1个）
• 糖25克
• 杞果果肉45克
• 橙汁20毫升
• 1个橙子的皮
• 黄油38克

用于制作杏仁慕斯
• 生杏仁面糊（杏仁粉含量70%）80克
• 牛奶200毫升
• 吉利丁片4克（2片）
• 淡奶油（脂肪含量35%）170毫升

用于收尾工序
• 糖衣果仁碎若干
• 橙子片若干
• 白色喷砂

制作步骤

黑糖蛋糕面团
烤箱预热至160℃（温度调至5—6挡）
用糕点专用电动搅拌器将生杏仁面糊、所有糖和枫糖浆混合，加入鸡蛋打发。
将黄油融化，面粉和化学酵母过筛，加入面团中。
将面团倒入18厘米×18厘米的硅胶模具中。
将面团入烤箱烤制20分钟。

糖浆淋面
用水和枫糖浆制作糖浆淋面。
脱模后将糖浆淋面浇在蛋糕表面，让蛋糕在烤架上自然冷却。

杞果橙子慕斯
将除黄油外的所有食材倒入小锅，搅拌加热至质地黏稠。
过滤，加入切成块的黄油，搅拌均匀。
将混合好的食材倒入18厘米×18厘米的硅胶模具中，液面高度约为1厘米。
放入冰箱冷藏2小时。

杏仁慕斯
将吉利丁片在冷水中浸透。
将一半的牛奶加热。加入沥干水的吉利丁片。
用电动搅拌器将生杏仁面糊和剩余的牛奶混合，直至面糊质地光滑。
将奶油打发至尚蒂伊奶油质地。
将加入吉利丁片的牛奶和杏仁牛奶面糊混合，随后加入尚蒂伊奶油。

组合食材
将杏仁慕斯倒入20厘米×20厘米的硅胶模具中，液面高度约为模具高度的一半。放入杞果橙子慕斯，然后放入黑糖蛋糕。
将剩余杏仁慕斯装入配有裱花嘴的裱花袋。
将蛋糕放入冰箱冷藏3小时。
蛋糕脱模后，在其表面用杏仁慕斯挤出一些圆形装饰。再次放入冰箱冷藏30分钟。
将白色喷砂喷洒在蛋糕表面。
最后在圆形奶油上装饰糖衣果仁碎，摆放少许橙子片。

热内亚蛋糕（Pain de Gênes）

热内亚蛋糕（Pain de Gênes）

8人份
所需用具：
• 直径18厘米的圆形活底模具
准备时间：20分钟
烤制时间：20 ～ 25分钟

所需食材

• 生杏仁面糊（杏仁粉含量70%）250克
• 鸡蛋5个
• 融化黄油50克
• 过筛面粉45克（另需少许面粉撒在模具上）
• 淀粉8克
• 过筛化学酵母3克

用装有打蛋头的糕点专用电动搅拌器将生杏仁面糊和鸡蛋混合，打发至鸡蛋体积膨大1倍。

用橡胶刮刀逐渐加入面粉、淀粉和化学酵母。

将黄油融化。
将一部分混合好的面糊加入融化的黄油中，搅拌均匀后加入剩余的面糊。

烤箱预热至180℃（温度调至6挡）。
将面糊倒入涂有黄油并撒有面粉的活底模具中。

将模具放入烤箱烤制20 ～ 25分钟。将模具倒扣在烤架上，让蛋糕趁热脱模。
在蛋糕上涂抹一层生杏仁面糊作为装饰。

埃迪小贴士

在热内亚蛋糕上涂抹生杏仁面糊能带来更丰富的质地和口感。您也可以用柑曼怡朗姆酒（Grand Marnier）制作糖浆淋面。柑曼怡朗姆酒可用于制作糕点、蛋糕杯、甜食、蛋挞等。

果酱热内亚蛋糕（Pain de Gênes aux fruits confits）

6～8人份
所需用具：
• 直径22厘米的圆形模具1个
• 直径20厘米的圆形模具1个
准备时间：20分钟
烤制时间：21分钟

所需食材

用于制作热内亚蛋糕
• 黄油60克（另需少许黄油涂抹模具）
• 杏仁面糊（杏仁粉含量50%）250克
• 鸡蛋180克（3个）
• 过筛的T55面粉45克
• 化学酵母5克
• 橙子1个
• 糖渍橙子块200克
• 杏仁片100克
• 糖渍橙子片2片

用于制作淋面
• 糖霜280克
• 水70毫升
• 1个青柠檬的皮
• 1个橙子的皮

• 中性蛋糕淋面100克

制作步骤

热内亚蛋糕
黄油融化备用。
用糕点专用电动搅拌器将杏仁面糊和一部分鸡蛋混合，直到面糊质地均匀，随后加入剩余的鸡蛋并打发。
加入面粉、化学酵母和橙子皮。
加入糖渍橙子块。
烤箱预热至180℃（温度调至6挡）。
在2个模具内涂抹黄油，在底部分别铺一层杏仁片，放入1片糖渍橙子，随后倒入面糊，液面高度约为模具高度的¾。
入烤箱烤制15～20分钟。
热内亚蛋糕出炉后在烤架上脱模。
自然冷却。

淋面
将糖霜、水、青柠檬皮和橙子皮混合。
将淋面浇在冷却的大号蛋糕上，用刮刀抹平。
抖掉多余的淋面，放入烤箱以220℃烤制1分钟，以让水分蒸发。
加热中性蛋糕淋面，用刷子将淋面刷在小号蛋糕表面。

埃迪小贴士
可利用这份食谱制作相关的蛋糕、点心杯、其他甜品及蛋挞。

柑橘杏仁蛋糕（Bombe amande et agrumes）

8个

所需用具：
- 直径6厘米、高4厘米的圆形模具8个
- 装有8号裱花嘴的裱花袋1个
- 直径6厘米的圆形模具1个（用于制作佛罗伦萨糖饼）

准备时间：2小时
静置时间：2小时
烤制时间：32分钟

所需食材

用于制作柑橘奶油（需提前1天制作）
- 吉利丁片4克（2片）
- 牛奶130毫升
- 淡奶油（脂肪含量35%）165毫升
- 白巧克力100克
- 黄柠檬1个
- 橙子1个

用于制作甜酥面团
- 黄油60克（另需少许黄油涂抹模具）
- 鸡蛋24克（½个）
- 糖霜40克
- 杏仁粉12克
- 面粉100克
- 盐1克

用于制作热内亚蛋糕
- 杏仁面糊（杏仁粉含量50%）125克
- 鸡蛋2.5个
- 面粉30克
- 化学酵母4克
- 黄油50克

用于制作佛罗伦萨糖饼
- 糖112克
- NH果胶2.5克
- 葡萄糖38克
- 黄油94克
- 杏仁碎50克

用于组合食材
- 橙子1个
- 柚子1个
- 糖渍橙子片12克
- 杏仁8克
- 半盐焦糖榛子30克
- 食用金箔适量

制作步骤

柑橘奶油（需提前1天制作）

将吉利丁片在冷水中浸透。
将牛奶和淡奶油煮沸，加入白巧克力和沥干水的吉利丁片。搅拌均匀后，加入柠檬皮和橙子皮。
放入冰箱冷藏2小时。

甜酥面团

将黄油、鸡蛋和糖霜混合。
加入杏仁粉、面粉和盐，搅拌均匀。
用保鲜膜将面团包好，放入冰箱冷藏2小时。
将面团擀成厚度为2毫米的面饼。
将面饼切割为条状，条状面饼的宽度约等于圆形模具的高度。
在模具内涂抹黄油，将条状面饼沿模具内壁嵌入，用手捏实边缘。
放入冰箱冷藏。

热内亚蛋糕

用糕点专用电动搅拌器将杏仁面糊和一部分鸡蛋混合，直至面糊质地均匀，随后加入剩余的鸡蛋并打发。
加入面粉和化学酵母。
将黄油融化，将一部分黄油加入混合好的食材中，搅拌均匀后加入剩余的黄油。
烤箱预热至160℃（温度调至5—6挡）。
将热内亚蛋糕面糊倒入已嵌入条状甜酥面皮的模具，液面高度距离模具边缘1厘米。
入烤箱烤制15 ~ 20分钟。
出炉，待蛋糕自然冷却后脱模。

佛罗伦萨糖饼

将糖和NH果胶混合。
将葡萄糖和黄油煮沸，加入糖和NH果胶的混合物。煮沸后关火。
将煮好的糖浆涂在2张烘焙纸的中间，放入冰箱冷藏。
烤箱预热至180℃（温度调至6挡）。
将涂抹在2张烘焙纸中间的佛罗伦萨糖浆放在工作台上，揭掉上层烘焙纸，撒上杏仁碎。
入烤箱烤制10 ~ 12分钟。出炉后将烘焙纸与糖饼剥离并切割糖饼。
自然冷却。

组合食材

将橙子和柚子去皮。去掉筋膜，取出果肉。
在每个热内亚蛋糕上挤适量柑橘奶油。
摆放一些果肉、糖渍橙子片和整颗杏仁做装饰。
在蛋糕上方摆放1片佛罗伦萨糖饼，再用焦糖榛子和少量食用金箔在糖饼中间作为装饰。

夹心圆蛋糕（Nonnettes）

夹心圆蛋糕（Nonnettes）

60个

所需用具：
- 糖用温度计1个
- 模具60个
- 装有10号裱花嘴的裱花袋1个

准备时间：30分钟

烤制时间：29分钟

所需食材

用于制作蛋糕面糊（需提前1天制作）
- 水300毫升
- 糖136克
- 蜂蜜300克
- 八角4克
- 五香粉2克
- 2个橙子的皮
- 2个黄柠檬的皮
- 2个青柠檬的皮
- T55面粉300克
- 小苏打16克
- 细盐2克
- 融化黄油188克

用于制作橙子果酱
- 糖渍橙子块250克
- 百香果果肉125克

用于制作红色糖渍水果果胶
- 覆盆子果肉200克
- 草莓果肉100克
- 黄柠檬汁10毫升
- 转化糖浆20克
- 糖50克
- NH果胶8克

用于制作杏肉果酱
- 杏干250克
- 百香果果肉125克

用于制作糖浆淋面
- 糖霜280克
- 水70毫升

制作步骤

蛋糕面糊（需提前1天制作）

将水、糖和蜂蜜倒入小锅中煮沸。

加入八角、五香粉和橙子皮、柠檬皮。

自然冷却。

烤箱预热至145℃（温度调至4—5挡）。

将面粉、小苏打和盐过筛。

将加入香料的糖水过滤，逐步往其中加入过筛的面粉，用打蛋器搅拌均匀。

加入融化的黄油，搅拌直至面糊质地均匀。

将面糊倒入模具中，模具的形状可自由选择。面糊液面高度约为模具高度的¾。

入烤箱烤制15分钟，脱模后在烤架上自然冷却。

橙子果酱

将2种食材在小锅中混合，盖上锅盖小火慢煮25分钟，其间不时搅拌。

搅拌直至果酱质地光滑。

红色糖渍水果果胶

将果肉、柠檬汁和转化糖浆倒入小锅中加热至45℃。将糖和NH果胶混合，倒入小锅中煮沸，放好备用。

杏肉果酱

将2种食材在小锅中混合，盖上锅盖小火慢煮25分钟，其间不时搅拌。

搅拌直至果酱质地光滑。

组合食材

将果酱分别装入配有10号裱花嘴的裱花袋。

烤箱预热至160℃（温度调至5—6挡）。

将蛋糕面糊装入裱花袋。

将蛋糕面糊挤入硅胶模具中。

将果酱和果胶分别挤入面糊中间。

将3种夹心圆蛋糕入烤箱烤制10～12分钟。

让蛋糕在烤架上自然冷却后脱模（烤箱不要断电）。

糖浆淋面

将2种食材混合。

将糖浆淋面浇在蛋糕表面，入烤箱220℃烤制1～2分钟，以让水分蒸发。

埃迪小贴士

用硅胶模具烘焙时，最好等冷却后再脱模。

您可以使用不同品种的蜂蜜，为食物增添风味。

苹果香梨肉桂蛋糕（Pain d'épices pomme-poire à la cannelle）

8 ~ 10人份

所需用具：
• 硅胶垫1张
• 圆形模具1个
• 直径24厘米的圆形玻璃盘1个
• 装有13号裱花嘴的裱花袋1个

准备时间：1小时
静置时间：2小时30分钟+24小时
烤制时间：15分钟

所需食材

用于制作肉桂奶油（需提前1天制作）
• 吉利丁片12克（6片）
• 牛奶300毫升
• 淡奶油（脂肪含量35%）300毫升
• 白巧克力250克
• 肉桂粉3克
• 马斯卡彭奶酪100克

用于制作香料蛋糕面糊
• T45面粉25克
• 黑麦面粉50克
• 化学酵母4克
• 鸡蛋50克（1个）
• 糖15克
• 牛奶40毫升
• 蜂蜜70克
• 肉桂粉2克
• 肉豆蔻粉½撮
• 八角粉1撮的皮
• ½个黄柠檬的皮
• ½个橙子的皮
• 香草液½茶匙

用于制作青苹果果酱
• 糖4克
• NH果胶3.5克
• 青苹果果泥150克
• 香梨果泥50克
• 转化糖浆30克
• 青苹果1个
• 香梨1个

用于组合食材
• 糖霜10克
• 香梨1个

制作步骤

肉桂奶油（需提前1天制作）
将吉利丁片在水中浸透。
将牛奶和淡奶油倒入小锅中煮沸。
吉利丁片沥干水，将煮沸的液体过滤倒入切碎的白巧克力中。
加入吉利丁片、肉桂粉和马斯卡彭奶酪。
搅拌均匀。
放入冰箱冷藏24小时。
用搅拌器打发肉桂奶油，装入裱花袋。

香料蛋糕面糊
烤箱预热至145℃（温度调至4—5挡）。
将面粉和化学酵母过筛。
将鸡蛋和糖在碗中混合，加入牛奶和蜂蜜，随后加入面粉和化学酵母。
加入香料、柠檬皮、橙子皮和香草液。
将面糊倒在铺有硅胶垫的烤盘上。
入烤箱烤制15分钟。
自然冷却，用圆形模具将蛋糕切割成不同大小的圆形蛋糕饼。

青苹果果冻
将糖和NH果胶混合。
将苹果果泥、香梨果泥和转化糖浆混合后加热。
煮沸后加入糖和NH果胶的混合物，继续加热至沸腾，其间不停搅拌。
将青苹果和香梨去皮、去核，切成小块。

组合食材
将果冻倒在圆形玻璃盘底，然后加入苹果和香梨块。
放入冰箱冷藏2小时。
将肉桂奶油以画圈方式挤在果冻上。
将撒有糖霜的圆形蛋糕饼放在肉桂奶油上。
用新鲜的香梨块装饰表面，放入冰箱冷藏保存，可随时食用。

布朗尼（Brownies）

巧克力布朗尼（Brownie au chocolat）

30块
所需用具：
• 13厘米×5厘米的椭圆形硅胶模具若干
准备时间：20分钟
静置时间：15分钟
烤制时间：15分钟

所需食材

• 黑巧克力（可可含量70%）105克
• 黄油膏160克（另需少许黄油涂抹模具）
• 糖110克
• 盐½撮
• 鸡蛋2.5个
• 面粉75克
• 玉米淀粉20克
• 化学酵母10克

制作步骤

烤箱预热至160℃（温度调至5—6挡）。
用水浴法融化切碎的巧克力。
用装有打蛋头的糕点专用电动搅拌器将黄油膏、糖和盐混合，搅拌直至黄油变为慕斯质地。
逐个加入鸡蛋，其间不停搅拌。
加入过筛的面粉、玉米淀粉和化学酵母，随后加入融化的巧克力。
将面糊倒入硅胶模具。
入烤箱烤制15分钟，自然冷却后脱模。

牛奶巧克力甘纳许布朗尼（Brownie au chocolat et ganache chocolat au lait）

15块
所需用具：
• 13厘米×5厘米的椭圆形硅胶模具若干
• 裱花袋1个
准备时间：40分钟
静置时间：24小时
烤制时间：15分钟

所需食材

用于制作布朗尼
• 黑巧克力（可可含量70%）105克
• 黄油膏160克（另需少许黄油涂抹模具）
• 糖110克
• 盐½撮
• 鸡蛋2.5个
• 面粉75克
• 玉米淀粉20克
• 化学酵母10克
• 山核桃碎适量

用于制作牛奶巧克力甘纳许（需提前1天制作）
• 淡奶油（脂肪含量35%）300毫升
• 牛奶巧克力（Jivara牌）210克

用于装饰
• 糖霜10克
• 可可粉（可选）

制作步骤

布朗尼
烤箱预热至160℃（温度调至5—6挡）。
用水浴法融化切碎的巧克力。
用糕点专用电动搅拌器将黄油膏、糖和盐混合，直至黄油变为慕斯质地。
逐个加入鸡蛋，其间不停搅拌。
加入过筛的面粉、玉米淀粉和化学酵母，随后加入融化的巧克力。
将面糊倒入硅胶模具，表面撒一层山核桃碎。
将模具入烤箱烤制15分钟，自然冷却后脱模。

牛奶巧克力甘纳许
将淡奶油煮沸，分3次倒入装有巧克力的碗中。
每次加入奶油后，从内向外画圈搅拌均匀。
搅拌直至甘纳许变为光滑的乳液质地。
盖上保鲜膜，放入冰箱冷藏24小时。
取用时，用糕点专用电动搅拌器中速打发甘纳许，直至甘纳许变为慕斯质地。

组合食材
将布朗尼两两组合，中间用裱花袋挤入牛奶巧克力甘纳许。
表面撒上糖霜或可可粉。

酥脆坚果布朗尼（Brownie croustifondant）

30块
所需用具：
• 直径4厘米的半球形模具若干
• 直径4厘米的圆形模具（Flexipan牌）
准备时间：40分钟
静置时间：1小时
烤制时间：45分钟

所需食材

用于制作布朗尼
• 黑巧克力（可可含量70%）105克
• 黄油膏160克（另需少许黄油涂抹模具）
• 糖110克
• 盐½撮
• 鸡蛋125克（2.5个）
• 面粉75克
• 玉米淀粉20克
• 化学酵母20克

用于制作酥脆坚果
• 山核桃100克
• 枫糖浆20毫升
• 糖衣坚果36克（参照第534页）

用于装饰
• 糖霜10克

制作步骤

布朗尼
烤箱预热至160℃（温度调至5—6挡）。
用水浴法融化切碎的巧克力。
用糕点专用电动搅拌器将黄油膏、糖和盐混合，直至黄油变为慕斯质地。
逐个加入鸡蛋，其间不停搅拌。
加入过筛的面粉、玉米淀粉和化学酵母，随后加入融化的巧克力。
将面糊倒入涂有黄油并撒有糖霜的模具。
入烤箱烤制15分钟，自然冷却后脱模。

酥脆坚果
烤箱预热至100℃（温度调至3—4挡）。
将山核桃随意切块，和枫糖浆混合。
将糖渍山核桃铺在烤盘上，入烤箱烤制30分钟风干水分，自然冷却。
将山核桃放入碗中，和糖衣坚果混合。
将其倒入圆形模具中。
放入冰箱冷藏1小时，使其变硬。

组合食材
将酥脆坚果放在布朗尼上。
在布朗尼表面撒上糖霜。

埃迪小贴士

完美的烘焙步骤会让布朗尼质地松软。
宁可让烘焙时间略短，也不可以烘烤过度。
您还可以使用不同可可含量的巧克力，以及榛子、杏仁、腰果等其他坚果制作此甜品。

玛芬蛋糕（Muffins）

原味玛芬（Muffins nature）

24个
所需用具：
• 13厘米×5厘米的椭圆形硅胶模具若干
准备时间：**20分钟**
烤制时间：**15分钟**

所需食材

• 黄油膏120克（另需少许黄油涂抹模具）
• 细砂糖125克
• 鸡蛋3个
• 牛奶150毫升
• T55面粉250克
• 发酵粉12克

用于收尾工序
• 糖霜20克

制作步骤

将黄油膏和细砂糖混合。
将其中2个鸡蛋的蛋黄和蛋清分离，分离出70克蛋清备用。将剩余的鸡蛋、蛋清和全部蛋黄加入黄油膏和糖的混合物中，搅拌均匀后加入牛奶。继续搅拌，随后加入过筛的面粉和发酵粉。最后加入蛋清。搅拌直至面糊质地光滑而均匀。
烤箱预热至190℃（温度调至6—7挡）。
将面糊分别挤入每个模具中，模具内事先涂抹黄油并撒上糖霜，面糊液面高度约为模具高度的¾，入烤箱烤制15分钟。

收尾工序
在原味玛芬半边撒上糖霜。

红色水果玛芬（Muffins aux fruits rouges）

24个
所需用具：
• 13厘米×5厘米的椭圆形硅胶模具若干
• 裱花袋1个
准备时间：**20分钟**
烤制时间：**15分钟**

所需食材

• 黄油膏120克
• 糖125克
• 鸡蛋1.5个
• 牛奶150毫升
• 发酵粉12克
• 面粉250克
• 蛋清70克（2个蛋清）

用于收尾工序
• 砂糖50克
• 红色水果150克

制作步骤

将黄油膏和糖混合，加入鸡蛋、牛奶，继续搅拌。
加入过筛的面粉和发酵粉。
最后加入蛋清。
将面糊装入裱花袋。
将面糊分别挤入每个模具，液面高度约为模具高度的¾，表面放醋栗和蓝莓，入烤箱烤制15分钟。

收尾工序
在玛芬表面撒上糖霜。

巧克力玛芬（Muffins au chocolat）

24个
所需用具：
• 13厘米×5厘米的椭圆形硅胶模具若干
准备时间：**20分钟**
烤制时间：**15分钟**

所需食材

用于制作面糊
• 黄油173克
• 黑巧克力（可可含量64%）142克
• 鸡蛋6个
• 红糖225克
• 面粉97克
• 可可粉15克
• 发酵粉12克

用于制作黑巧克力甘纳许
• 淡奶油（脂肪含量35%）166克
• 黑巧克力（可可含量70%）220克
• 转化糖浆28克
• 黄油30克

用于收尾工序
• 巧克力颗粒若干
• 食用金箔适量

制作步骤

面糊
将巧克力和黄油融化。用糕点专用电动搅拌器将鸡蛋和糖的混合物中速打发5分钟。
用橡胶刮刀加入融化的巧克力、可可粉、面粉和发酵粉。
放好备用。

黑巧克力甘纳许
将淡奶油和转化糖浆倒入小锅中煮沸。
巧克力切碎。将热奶油分3次倒入巧克力中。
每次加入奶油后，用橡胶刮刀从内向外画圈搅拌均匀，直至甘纳许变为光滑的乳液质地。
加入切成小块的黄油。
用搅拌器继续搅拌，注意不要混入气泡。室温自然冷却。

组合食材
烤箱预热至165℃。
将巧克力玛芬面糊倒入涂有黄油的模具。
入烤箱烤制约15分钟。出烤箱后将模具移到铺有硫酸纸的烤盘上，玛芬脱模。自然冷却。

收尾工序
将黑巧克力甘纳许浇在玛芬上，表面撒巧克力颗粒。
用食用金箔装饰。

埃迪小贴士

可将切块的巧克力倒入搅拌机，制成巧克力颗粒。用此种方法制成的巧克力颗粒会比从商场买来的品质更好。

司康饼（Scones）

司康饼（Scones）

20块
所需用具：
• 直径6厘米的圆形切模1个
• 直径6厘米的圆形模具20个
准备时间：15分钟
静置时间：10分钟
烤制时间：15～20分钟

所需食材

用于制作司康饼
• 面粉440克
• 发酵粉35克
• 黄油140克
• 细砂糖100克
• 盐4克
• 牛奶120毫升
• 厚奶油400毫升
• 鸡蛋1个

用于涂抹表层
• 蛋黄1个

制作步骤

用糕点专用电动搅拌器将面粉、发酵粉、黄油混合，直至面团呈沙粒质地。
加入细砂糖和盐，随后加入牛奶、厚奶油和鸡蛋。
搅拌直至面团质地均匀。
将面团擀成厚度为2毫米的面饼。
盖上保鲜膜，放入冰箱冷藏10分钟。
用圆形切模切割面饼，将切割好的面饼放入涂有黄油的圆形模具中，放在铺有烘焙垫的烤盘上。
烤箱预热至210℃（温度调至7挡）。
用小刷子在每个司康饼的表面刷一层蛋黄液，入烤箱烤制15～20分钟。

> **埃迪小贴士**
>
> 司康饼面团最多可保存1天。
> 您可以在司康饼面团中加入苹果块或其他水果干，比如杏、无花果、柠檬等。
> 您也可以直接将司康饼面团放在烤盘上再放入烤箱，无须将司康饼转移到圆形模具中。

黄油果酱司康饼（Scones beurre-confiture）

20块
所需用具：
• 圆形模具1个
准备时间：15分钟
静置时间：10分钟
烤制时间：30分钟

所需食材

用于制作司康饼（参照左侧食谱）

用于制作糖渍覆盆子
• 蔓越莓205克
• 黄柠檬汁8克
• 葡萄糖37克
• 细砂糖37克
• NH果胶6克

• 黄油膏100克

用于涂抹表层
• 蛋黄1个

制作步骤

司康饼面团（参照左侧食谱）

糖渍覆盆子
将蔓越莓果肉、柠檬汁和葡萄糖倒入小锅中加热至40℃。将细砂糖和NH果胶混合。
将细砂糖和NH果胶的混合物倒入小锅，煮至轻微沸腾，自然冷却后放入冰箱冷藏。

组合食材
用刮刀将黄油膏刮平，用圆形模具切割成合适大小，放入冰箱冷藏30分钟。
将司康饼横向切成大小相等的4片。
将2层黄油、1层糖渍蔓越莓交错，将4片司康饼组合起来。

千层司康饼（Layer scone）

6～8人份

所需用具：
• 直径18厘米的蛋挞模具5个

准备时间：1小时
静置时间：10分钟
烤制时间：50分钟

所需食材

用于制作司康饼面团
• 面粉440克
• 发酵粉36克
• 黄油140克（另需少许黄油涂抹模具）
• 糖100克
• 盐4克
• 牛奶120毫升
• 鲜奶油40克
• 鸡蛋1个

用于涂抹表层
• 蛋黄1个

用于制作糖渍覆盆子
• 覆盆子果泥300克
• 黄柠檬汁10毫升
• 转化糖浆20克
• 糖50克
• NH果胶8克

用于制作柠檬果酱
• 糖渍柠檬块250克
• 青苹果果泥125克
• 柚子汁12毫升
• 百香果果肉12克
• 30° B糖浆25毫升

用于制作马斯卡彭尚蒂伊奶油
• 马斯卡彭奶酪75克
• 淡奶油（脂肪含量35%）110毫升
• 糖15克

制作步骤

司康饼面团
将面粉、发酵粉和黄油混合，搅拌直至面团呈沙粒质地。
依次加入糖、盐、牛奶、鲜奶油和鸡蛋。
将面团擀成厚度为1厘米的面饼，静置10分钟。
在面饼上切割出5个直径18厘米的圆，随后将切割好的面饼放入5个涂有黄油的模具中。
烤箱预热至210℃（温度调至7挡）。

糖渍覆盆子
将覆盆子果泥、柠檬汁和转化糖浆倒入小锅中加热至45℃。
将糖和NH果胶混合，倒入小锅中煮沸。放好备用。

柠檬果酱
将所有食材倒入锅中小火慢煮。
小火煮30分钟，其间不时搅拌。
用搅拌器继续搅拌，直至果酱质地光滑。
放好备用。

马斯卡彭尚蒂伊奶油
用糕点专用电动搅拌器将所有食材混合打发。

组合食材
用锯齿刀将5个司康饼的顶部削去，让司康饼厚度一致。组合成蛋糕后每一层的厚度相同。
将5个司康饼叠放组合起来，每两层饼之间用糖渍覆盆子或柠檬果酱粘连，一层糖渍覆盆子，一层柠檬果酱交替涂抹。
在整个糕点表面用刮刀均匀抹上一层马斯卡彭尚蒂伊奶油。
去掉多余的奶油，用刮刀将表面抹平。

液态面糊
(Les pâtes liquides)

克拉芙蒂蛋糕(Clafoutis)·····································158

可丽饼(Crêpes)··164

油煎糖糕及油炸糖酥(Beignets et bugnes)··················168

油煎夹心糖糕(Beignets garnis)····························170

可露丽(Cannelés)··174

华夫饼(Gaufres)···176

克拉芙蒂蛋糕（Clafoutis）

原味克拉芙蒂蛋糕（Clafoutis nature）

6人份
所需用具：
• 直径22厘米的陶瓷圆盘1个
准备时间：30分钟
烤制时间：40分钟
静置时间：2小时

所需食材

• T55面粉75克
• 细砂糖62克（另需少许砂糖撒在盘子上）
• 盐1撮
• 香草荚½根
• 黄油50克（另需少许黄油涂抹模具）
• 鸡蛋3个
• 淡奶油（脂肪含量35%）250毫升
• 新鲜水果75克
• 糖霜少许

制作步骤

克拉芙蒂蛋糕
将面粉过筛。
加入细砂糖、盐、剖开的香草荚。
黄油室温融化，放好备用。
在面粉中加入鸡蛋，用打蛋器搅拌直至面糊质地光滑。随后加入淡奶油和融化的黄油。
将混合物放入冰箱冷藏2小时。
将面糊倒入涂有黄油并撒有细砂糖的陶瓷盘中。
烤箱预热至180℃（温度调至6挡）。
将水果铺在面糊上。
将面糊放入烤箱烤制40分钟。出烤箱后自然冷却。
表面撒上糖霜。

> **埃迪小贴士**
> 制作樱桃克拉芙蒂蛋糕时，请不要去掉樱桃的果核，防止果汁在烘烤过程中溢出。

布列塔尼法荷蛋糕（Far breton）

6人份
所需用具：
• 直径22厘米的陶瓷烤盘1个
准备时间：20分钟
烤制时间：50分钟
腌制时间：1晚

所需食材

用于制作酒渍李子
• 去核李子200克
• 红酒250毫升
• 水100克
• 细砂糖35克
• ½个橙子的皮
• ½个柠檬的皮
• 肉桂1根

用于制作面糊
• 牛奶270毫升
• 面粉55克
• 细砂糖62克
• 鸡蛋125克（2.5个）
• 香草荚½根
• 朗姆酒½汤勺

制作步骤

酒渍李子
将除李子外的所有食材混合后煮沸。
关火后加入李子，浸泡1晚。

面糊
将牛奶加热。
将面粉和细砂糖混合。依次加入鸡蛋、从剖开的香草荚中刮下的香草籽和朗姆酒。
逐步加入面粉。
逐步加入热牛奶，其间不停搅拌。
烤箱预热至200℃（温度调至6—7挡）。
在烤盘内侧涂抹黄油，并撒上面粉。将面糊倒入烤盘，表面铺一层酒渍李子。
入烤箱烤制15分钟，随后将温度降到160℃（温度调至5—6挡），继续烤制35分钟。
自然冷却后装盘。

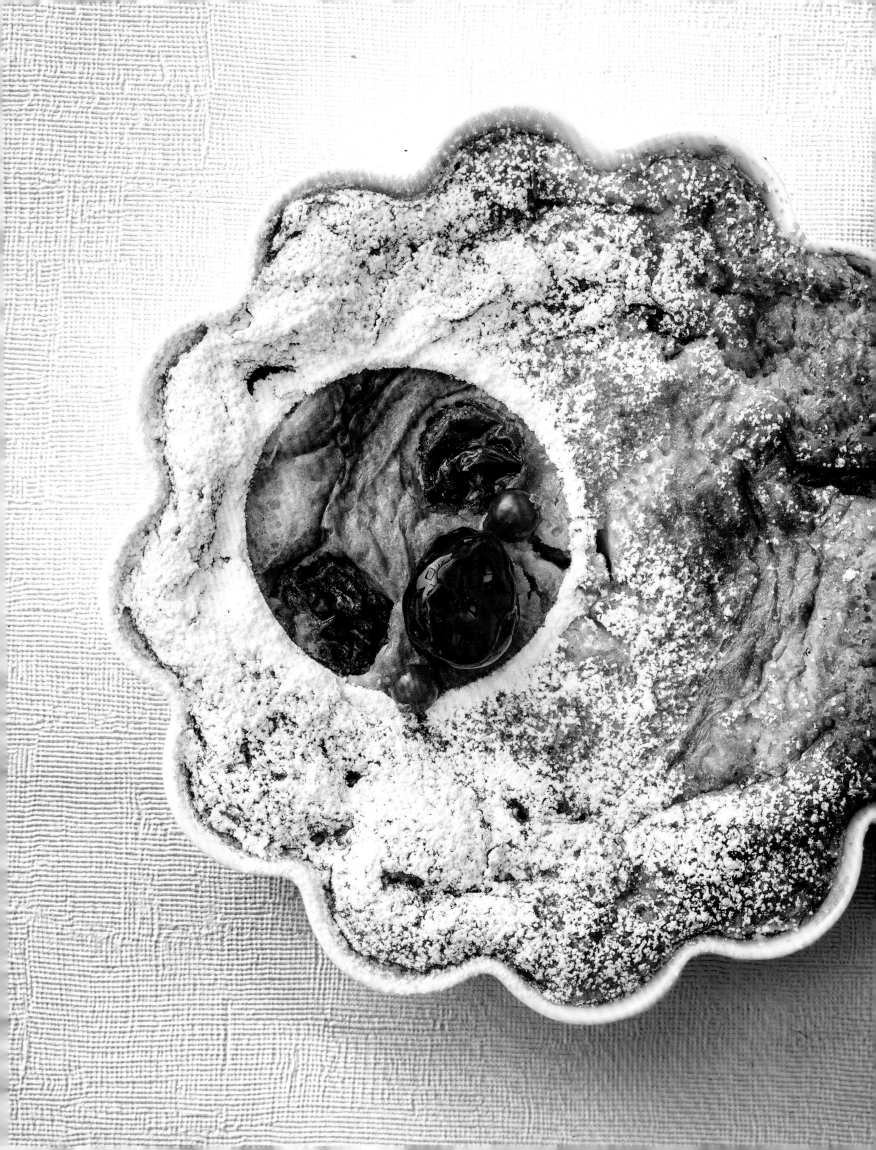

杏仁苹果克拉芙蒂蛋糕（Clafoutis aux amandes et pommes）

12个
所需用具:
- 直径6厘米、高4厘米的陶瓷模具12个

准备时间: 30分钟
烤制时间: 20分钟

所需食材

用于制作糖渍苹果
- 水1升
- 糖300克
- 香草荚3根
- 苹果（红香蕉苹果）12个

用于制作杏仁克拉芙蒂蛋糕
- 鸡蛋4个
- 蛋黄3个
- 糖260克（另需少许糖撒在模具上）
- 香草荚1根
- 布丁粉20克
- 杏仁粉225克
- 鲜奶油110克
- 黄油少许，涂抹模具
- 糖霜，装饰用

制作步骤

糖渍苹果
将水、糖和从剖开的香草荚中刮下的香草籽混合后煮沸，随后将苹果浸泡在糖水中。
小火慢煮35分钟。

杏仁克拉芙蒂蛋糕
烤箱预热至175℃（温度调至5—6挡）。
将鸡蛋、蛋黄、糖和从剖开的香草荚中刮下的香草籽混合。
加入布丁粉、杏仁粉和鲜奶油。
在每个模具内侧涂抹黄油并撒上糖，往模具中倒入克拉芙蒂蛋糕面糊，液面高度约为模具高度的一半，每个模具中央放1个糖渍苹果。
入烤箱烤制20分钟。
自然冷却后撒上糖霜即可装盘。

埃迪小贴士

制作这个食谱时，最好选用口味清淡的水果，如杏、桃、黄香李、葡萄等。

梨和杏仁果冻克拉芙蒂蛋糕（Clafoutis aux fruits rôtis, gelée poire-amande）

10人份
- 硅胶垫1张
- 糖用温度计1个
- 直径1厘米的半球形硅胶模具26个
- 直径2厘米的半球形硅胶模具26个
- 直径3厘米的半球形硅胶模具26个
- 半球形小勺子1个
- 直径20厘米的圆形切模

准备时间：1小时
静置时间：4小时
烤制时间：27分钟

所需食材

用于制作酥性面饼
- 面粉56克
- 杏仁粉26克
- 糖26克
- 化学酵母1克
- 黄油48克
- 盐1克
- 蛋黄1个

用于制作梨肉果冻
- 吉利丁片4克（2片）
- 梨肉300克

用于制作覆盆子果冻
- 覆盆子果肉150克
- 黄柠檬汁5毫升
- 转化糖浆10克
- 糖25克
- NH果胶4克

用于制作蜜卢顿梨球
- 鸡蛋2个
- 蛋黄1.5个
- 糖130克
- 布丁粉10克
- 杏仁粉113克
- 鲜奶油55克
- 香草荚1根
- 梨2个

用于组合食材
- 杏仁6颗
- 醋栗10颗
- 梨1个
- 糖霜10克
- 食用金箔少许

制作步骤

酥性面饼
用糕点专用电动搅拌器将除蛋黄外的所有食材混合，搅拌直至面团质地均匀，加入蛋黄。

盖上保鲜膜，放入冰箱冷藏。

烤箱预热至160℃（温度调至5—6挡）。

将面团擀成厚度为2毫米的面饼，用直径20厘米的圆形切模切割面饼，每个圆形面饼中央镂空。

将切割好的面饼放在铺有硅胶垫的烤盘上，入烤箱烤制10～12分钟，在烤架上自然冷却。

梨肉果冻
将吉利丁片在冷水中浸透，沥干水。

将1/3的梨肉倒入小锅中加热，加入吉利丁片溶解其中。加入剩余果肉，搅拌均匀。

将梨肉果冻倒入半球形硅胶模具中。

放入冰箱冷藏2小时。

将半球形梨肉果冻脱模，放入冰箱冷藏保存。

覆盆子果冻
将果肉、柠檬汁和转化糖浆倒入小锅中加热至45℃。

将糖和NH果胶混合，加入小锅中煮沸。

将覆盆子果冻倒入半球形硅胶模具中。

放入冰箱冷藏2小时。

将半球形覆盆子果冻脱模，两两组合成球形，放入冰箱冷冻保存。

蜜卢顿梨球
将香草荚剖开碾碎。

将鸡蛋、蛋黄和糖混合，加入布丁粉、杏仁粉、香草荚和鲜奶油。

烤箱预热至160℃（温度调至5—6挡）。

将混合好的食材倒入2种不同尺寸的半球形硅胶模具中，模具内侧事先涂抹黄油。

入烤箱烤制15分钟。

出烤箱后脱模，在烤架上自然冷却。

将2个梨去皮，用小勺子挖出2种不同尺寸的半球形果肉，半球形果肉大小和蜜卢顿半球大小一致。

组合食材
将环状酥性面饼放在盘中。

将不同尺寸的蜜卢顿半球交错放在酥性面饼上。

将每个蜜卢顿半球和梨肉果冻半球或鲜梨半球组合成球形。

用覆盆子果冻在半球之间粘连。

用杏仁、醋栗和新鲜梨块在表面装饰，撒上糖霜。

加几片食用金箔即可装盘。

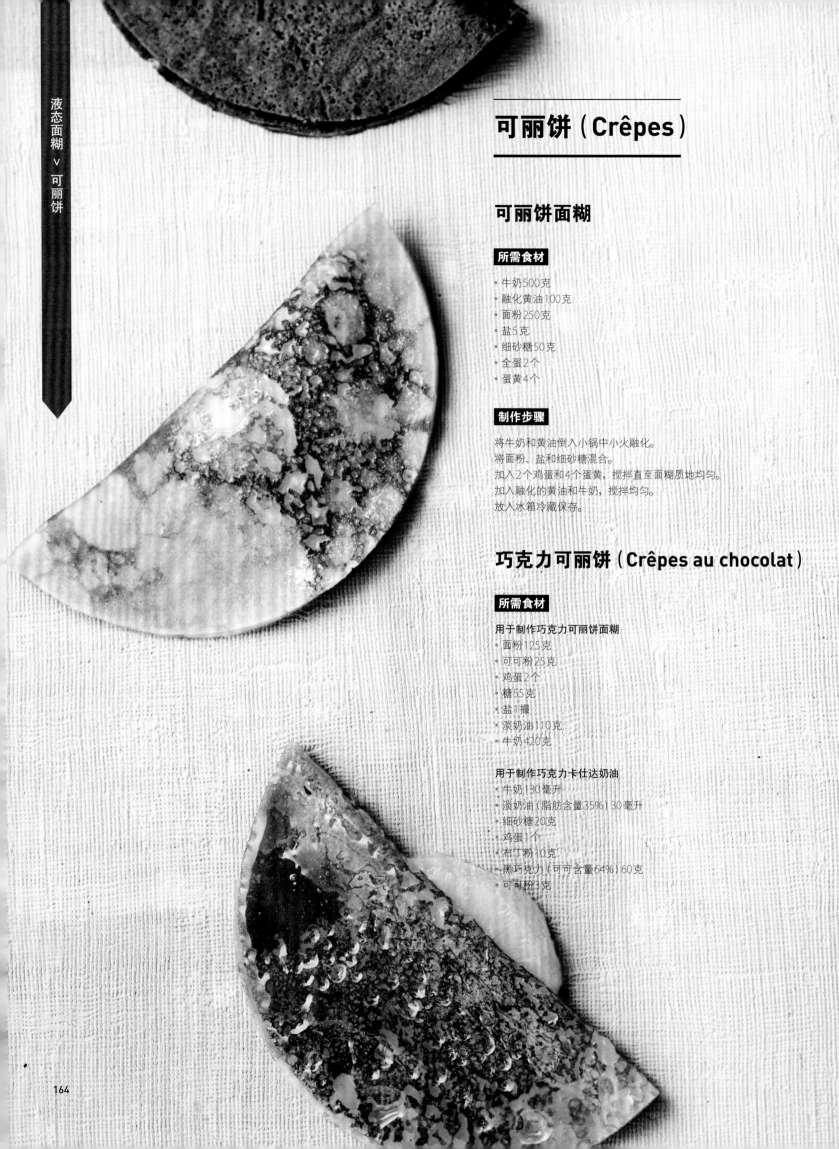

可丽饼（Crêpes）

可丽饼面糊

所需食材

- 牛奶500克
- 融化黄油100克
- 面粉250克
- 盐5克
- 细砂糖50克
- 全蛋2个
- 蛋黄4个

制作步骤

将牛奶和黄油倒入小锅中小火融化。

将面粉、盐和细砂糖混合。

加入2个鸡蛋和4个蛋黄，搅拌直至面糊质地均匀。

加入融化的黄油和牛奶，搅拌均匀。

放入冰箱冷藏保存。

巧克力可丽饼（Crêpes au chocolat）

所需食材

用于制作巧克力可丽饼面糊
- 面粉125克
- 可可粉25克
- 鸡蛋2个
- 糖55克
- 盐1撮
- 淡奶油110克
- 牛奶420克

用于制作巧克力卡仕达奶油
- 牛奶130毫升
- 淡奶油（脂肪含量35%）30毫升
- 细砂糖20克
- 鸡蛋1个
- 布丁粉10克
- 黑巧克力（可可含量64%）60克
- 可可粉3克

用于制作榛子酱
- 吉利丁片1片
- 无糖浓缩牛奶175克
- 转化糖浆16克
- 超苦巧克力50克
- 糖衣榛子58克
- 糖衣杏仁58克
- 榛子油25克

组合食材
- 巧克力碎若干

制作步骤

巧克力可丽饼面糊

将面粉和可可粉混合，加入鸡蛋。

加入剩余食材，搅拌均匀。

用不粘平底锅烹制可丽饼，锅底部涂一层榛子油，煎至半熟。
放好备用。

巧克力卡仕达奶油

将牛奶和淡奶油倒入小锅中煮沸，加入一半的细砂糖。

将剩余的细砂糖加入鸡蛋，用打蛋器打发，随后加入布丁粉。

将⅓煮沸的液体倒入鸡蛋和糖的混合物中。搅拌均匀后，
倒回锅内加热。煮沸后继续加热2分钟，其间不停搅拌。

加入切碎的黑巧克力和可可粉。盖上保鲜膜，放入冰箱冷藏2小时。

榛子酱

将吉利丁片在水中浸透。

将无糖浓缩牛奶和转化糖浆倒入小锅中加热。

加入巧克力，搅拌均匀。

加入沥干水的吉利丁片、糖衣榛子、糖衣杏仁和榛子油。

组合食材

将巧克力卡仕达奶油涂抹在可丽饼上。

将可丽饼对折，涂抹榛子酱。

表面撒一层巧克力碎。

叙泽特可丽饼（Crêpe Suzette）

所需食材

用于制作叙泽特糖浆
- 糖150克
- 柑曼怡酒50毫升
- 橙汁100毫升
- 黄油40克

可丽饼面糊（参照第164页）

制作步骤

叙泽特糖浆

制作干焦糖。

待焦糖变为棕色，加入橙汁，继续加热2～3分钟。加入黄油，将可丽饼
面糊倒入平底锅中煎制3分钟。加入柑曼怡酒，点燃后即可装盘。

> **埃迪小贴士**
>
> 您也可以在焦糖浆中加入柑曼怡酒，制成叙泽特糖浆。

香橙舒芙蕾可丽饼（Crêpes soufflées à l'orange）

所需食材

- 橙汁125克
- 1个橙子的皮
- 玉米淀粉12克
- 蛋清8个
- 细砂糖100克
- 柑曼怡酒10克（20毫升）

可丽饼面糊（参照第164页）

制作步骤

将橙汁、橙子皮和玉米淀粉倒入小锅，中火加热。

搅拌直至橙汁质地黏稠。

关火，加入柑曼怡酒。

用装有打蛋头的糕点专用电动搅拌器打发蛋清，其
间逐步加入细砂糖。

将¼打发的蛋白倒入加工好的橙汁中，随后用橡胶
刮刀逐步加入剩余的蛋白。

将混合好的食材装入裱花袋，挤在可丽饼上，将可
丽饼对折，放入烤盘，表面刷一层黄油，入烤箱以
200℃烤制5分钟。

可立即食用。

> **埃迪小贴士**
>
> 可用电动搅拌器制作可丽饼。

柠檬乳酪薄饼（Pancakes lemon ricotta）

25张
准备时间：30分钟
静置时间：1小时
烤制时间：每个薄饼6分钟

所需食材

- 鸡蛋6个
- 融化黄油113克
- 乳酪375克
- 糖68克
- 1个柠檬的皮
- 面粉50克
- 黄油少许，用于涂抹平底锅

制作步骤

将蛋黄和蛋清分离。
将蛋黄、融化黄油、乳酪、一半的糖和柠檬皮混合。
加入面粉。
用剩余的糖将蛋清打发，并将打发好的蛋白逐步加入混合好的食材中。
在小号平底锅里轻刷一层黄油，将面糊倒入锅中煎制。
轻轻转动平底锅，让面糊均匀覆盖锅底。薄饼煎至两面上色即可装盘。

埃迪小贴士
薄饼的质地非常松软。
薄饼可充当甜品的基底。

油煎糖糕及油炸糖酥（Pâte à beignets et bugnes）

油煎糖糕（Pâte à Beignets）

可制作1千克
所需用具：
• 直径5厘米的圆形模具1个
• 装有裱花嘴的裱花袋1个
准备时间：25分钟
静置时间：1小时（发酵）
烤制时间：炸至面团上色

所需食材

用于制作面团
• T55面粉500克
• 鸡蛋5个
• 盐12克
• 糖75克
• 化学酵母20克
• 黄油250克
• 牛奶100毫升

用于收尾工序
• 食用油70毫升
• 糖霜50克

用糕点专用电动搅拌器将面粉、糖和盐混合。

让化学酵母在牛奶中溶解。加入鸡蛋，用搅拌器中速搅拌5分钟。

继续用搅拌器快速搅拌10分钟。面团的质地变得更加紧实，延展性更强。

加入黄油，用搅拌器中速搅拌至面团质地光滑且延展性强。

将面团揉成球形，让其自然发酵1小时。随后再次揉面，将面团放入冰箱冷藏。

用擀面杖将油煎糖糕面团擀成厚度为5毫米的面饼，静置发酵，直至面饼体积膨大1倍。

将食用油加热至不超过180℃。将切割好的圆形面饼放入油中炸至上色。

将煎好的糖糕放在吸油纸上吸干油。在油煎糖糕表面撒一层糖霜。

油炸糖酥 (Pâte à Bugnes)

30 ～ 35个
准备时间: 30分钟
烤制时间: 炸至面团上色
静置时间: 1小时

所需食材

- 过筛面粉250克
- 细砂糖30克
- 黄油膏50克
- 鸡蛋100克 (2个)
- 盐1撮
- 食用油 (花生油)
- 糖霜
- 化学酵母10克

用电动搅拌器将面粉、化学酵母、细砂糖、黄油膏和盐混合。

加入鸡蛋,慢速搅拌。

搅拌直至面团质地均匀。将面团放入冰箱冷藏1小时。

将面团擀成厚度为2毫米的面饼。用滚轮将面饼切成菱形。在每个菱形面饼中间切一道小口。

将菱形面饼的一端从小口中间穿过,做出造型。

将食用油加热至180℃。将糖酥放入油中炸制。其间不时翻面,让糖酥均匀上色,随后用漏勺捞出,在吸油纸上吸干油。表面撒上糖霜即可装盘。

埃迪小贴士

2份不同食谱: 一份加入了酵母,口感更加醇厚;另一份做法更经典,口味也更清淡。
待糖糕面团表面变硬后再煎制,可以减少糖糕中的油。

油煎夹心糖糕（Beignets garnis）

可制作1千克

所需用具：
- 直径5厘米的圆形模具1个
- 装有裱花嘴的裱花袋1个

准备时间：25分钟

静置时间：1小时（发酵）

覆盆子果酱夹心糖糕（Beignets au confit de framboises）

所需食材

用于制作面团
- T45面粉500克
- 鸡蛋5个
- 盐12克
- 糖75克
- 化学酵母20克
- 黄油250克
- 牛奶100毫升

用于收尾工序
- 食用油70毫升
- 糖霜50克

用于制作覆盆子果酱
- 覆盆子果肉300克
- 黄柠檬汁10毫升
- 转化糖浆20克
- 糖50克
- NH果胶8克

制作步骤

面团

用糕点专用电动搅拌器将面粉、糖和盐混合。

将化学酵母溶解于牛奶。加入鸡蛋，用搅拌器中速搅拌5分钟。

继续用搅拌器快速搅拌10分钟。面团的质地变得更加紧实，延展性更强。

加入黄油，用搅拌器中速搅拌至面团质地光滑且延展性强。

将面团揉成球形，让其自然发酵1小时。随后再次揉面，将面团放入冰箱冷藏。

用擀面杖将油煎糖糕面团擀成厚度为5毫米的面饼，静置发酵，直至面饼体积膨大1倍。

将食用油加热至不超过180℃。

将切割好的圆形面饼放入油中炸至面饼上色。

将煎好的糖糕放在吸油纸上吸干油。

在油煎糖糕表面撒一层糖霜。

覆盆子果酱

将覆盆子果肉、柠檬汁和转化糖浆倒入小锅中加热至45℃。

将糖和NH果胶混合，加入小锅中煮沸。将果酱装入裱花袋。

趁热将果酱挤入刚做好的油煎糖糕中。

在糖糕表面撒上糖霜。

巧克力油煎糖糕（Beignets au chocolat）

所需食材

用于制作油煎糖糕（参照第168页）

用于制作巧克力卡仕达奶油
- 牛奶130毫升
- 淡奶油（脂肪含量35%）30毫升
- 细砂糖20克
- 蛋黄26克（1个蛋黄）
- 鸡蛋16克（½个鸡蛋）
- 布丁粉10克
- 黑巧克力（可可含量64%）60克
- 可可粉3克

制作步骤

油煎糖糕（参照第168页）

巧克力卡仕达奶油

将牛奶和淡奶油倒入小锅中煮沸，加入一半的细砂糖。

将剩余的细砂糖加入鸡蛋和蛋黄中，用打蛋器打发，随后加入布丁粉。

将⅓煮沸的液体倒入鸡蛋和糖的混合物中。搅拌均匀后，将混合物倒回锅内加热。煮沸后继续加热2分钟，其间不停搅拌。

加入切碎的黑巧克力和可可粉。盖上保鲜膜，放入冰箱冷藏2小时。

趁热将卡仕达奶油挤入刚做好的油煎糖糕中。

樱桃杏仁香料油煎糖糕（Beignets épicés à la cerise et à l'amande）

可制作1千克
所需用具：
准备时间：1小时
静置时间：1小时（发酵）

所需食材

用于制作面团
- T45面粉500克
- 鸡蛋5个
- 盐12克
- 糖75克
- 化学酵母20克
- 黄油250克
- 牛奶100毫升

用于收尾工序
- 食用油70毫升
- 糖霜50克

用于制作巴旦杏仁尚蒂伊奶油
- 淡奶油（脂肪含量35%）300毫升
- 马斯卡彭奶酪150克
- 巴旦杏仁糖浆45毫升

用于制作糖衣樱桃
- 樱桃200克
- 红糖50克
- 肉桂粉1撮
- 五香粉1撮
- 黄油20克
- 糖衣果仁若干（装饰用）

制作步骤

油煎糖糕
用糕点专用电动搅拌器将面粉、糖和盐混合。
将化学酵母在牛奶中溶解。加入鸡蛋，用搅拌器慢速搅拌5分钟。
继续用搅拌器快速搅拌10分钟。面团的质地变得更加紧实，延展性更强。
加入黄油，用搅拌器中速搅拌至面团质地光滑且延展性强。
将面团揉成球形，让其自然发酵1小时。随后再次揉面，放入冰箱冷藏。
用擀面杖将面团擀成厚度为5毫米的面饼，静置发酵，直至面饼体积膨大1倍。
将食用油加热至不超过180℃。
将切割好的圆形面饼放入油中煎制，直到面饼上色。
将煎好的糖糕放在吸油纸上吸干油。
在油煎糖糕表面撒一层糖霜。

巴旦杏仁尚蒂伊奶油（需提前1天制作）
提前1晚将所有食材混合，盖上保鲜膜，放入冰箱冷藏。
制作甜点时，用糕点专用电动搅拌器将尚蒂伊奶油打发。

糖衣樱桃
将樱桃去核，切成两半。
将红糖倒入小锅中火加热，直至红糖变为焦糖。
加入樱桃，搅拌直至樱桃被焦糖包裹。
最后加入肉桂粉、五香粉和黄油，搅拌均匀。

组合食材
将巴旦杏仁尚蒂伊奶油打发。
在盘中摆放几颗糖衣樱桃。
将尚蒂伊奶油挤入盘中，摆放几个油煎糖糕。
表面撒上糖衣果仁。

可露丽

可露丽（Cannelés）

40个
所需用具
• 可露丽模具若干
准备时间：20分钟
烤制时间：1小时
静置时间：1晚

所需食材

• 牛奶335毫升
• 细砂糖165克
• 黄油35克
• 香草荚1根
• 面粉85克
• 盐1撮
• 蛋黄40克（2个）
• 鸡蛋50克（1个）
• 棕色朗姆酒30毫升

将牛奶、细砂糖、黄油、从剖开的香草荚中刮
下的香草籽倒入小锅中。
煮沸后关火。
室温自然冷却。

加入面粉、盐、鸡蛋、蛋黄和朗姆酒。搅拌均
匀，但不要打发。
盖上保鲜膜，放入冰箱冷藏1晚。

将面糊提前1小时从冰箱取出，让其恢复到室温。
烤箱预热至220℃（温度调至7—8挡）。
将模具放在烤盘上，入烤箱烤制30分钟。用小刷子在加热好的模具内侧
刷一层融化的黄油，或刷一层用小锅提前加热成液体的蜂蜡。
将模具摆回烤盘。
将可露丽面糊搅拌均匀，倒入模具，液面高度距离模具外沿1厘米。
将装有面糊的模具按梅花形状摆在烤盘上。

入烤箱烤制30分钟。
可露丽出烤箱后趁热脱模。

埃迪小贴士

出烤箱后在可露丽表面浇一层朗姆酒再点燃。

华夫饼（Gaufres）

液态面糊华夫饼（Gaufres liquides）

20 ～ 25份
所需用具：
• 华夫饼铁制模具
准备时间：20分钟
静置时间：30分钟
烤制时间：加热至面糊上色

所需食材

• T55面粉250克
• 盐2克
• 细砂糖50克
• 牛奶225毫升
• 水150毫升
• 鸡蛋150克（3个）
• 室温融化黄油65克

将面粉过筛。
加入盐、细砂糖、牛奶和水。
用打蛋器搅拌均匀，逐个加入鸡蛋，其间不停搅拌。
最后加入融化的黄油。

将面糊静置30分钟。
将面糊倒入华夫饼模具。

加热至面糊上色。

固态面糊华夫饼（Gaufres à pâte dure）

30份
所需用具：
• 华夫饼模具
准备时间：20分钟
静置时间：30分钟
烤制时间：加热至面糊上色

所需食材

• T55面粉270克
• 牛奶250毫升
• 水85毫升
• 黄油270克
• 香草荚2根
• 盐2撮
• 蛋清100克
• 细砂糖42克

将面粉过筛。
将牛奶、水、切成小块的黄油、剖开的香草荚和盐倒入小锅中煮沸。

待液体降至室温，用打蛋器加入过筛的面粉。
用糕点专用电动搅拌器将蛋清打发，随后加入细砂糖。
打发直至蛋白能用打蛋器拉出尖角。
逐步将打发的蛋白加入此前混合好的食材，随后用橡胶刮刀搅拌均匀。
放入冰箱冷藏30分钟。

用勺子将面糊舀入华夫饼模具。

以180℃加热至面糊上色。

埃迪小贴士

除蛋白之外的食材可提前1晚准备，华夫饼的质地会更加柔软。
我倾向于使用固态面糊制作华夫饼，这样会更有韧性。做好的面糊可冷藏保存2天。

酥脆华夫饼（Gaufres croustillantes）

30份

所需用具：

• 华夫饼模具
• 硅胶垫1张

准备时间：**20分钟**
静置时间：**30分钟**
烤制时间：**加热至面糊上色+7分钟烤制杏仁糖酥**

所需食材

用于制作面糊

• 牛奶250毫升
• 水85毫升
• 黄油270克
• 盐2撮
• 香草荚2根
• 面粉270克
• 蛋清100克（3.5个鸡蛋的蛋清）
• 糖42克

用于制作杏仁糖酥

• 杏仁片或杏仁碎60克
• 糖130克
• 葡萄糖55克

用于组合食材

• 麦芽糖100克

制作步骤

华夫饼

将牛奶、水、黄油、盐和碾碎的香草荚倒入小锅中煮沸。

将混合物冷却至室温，加入面粉。

将蛋清加糖打发，用橡胶刮刀将其逐渐加入此前混合好的食材。

杏仁糖酥

烤箱预热至170℃（温度调至5—6挡）。

将杏仁撒在铺有烘焙纸的烤盘上，入烤箱烤制7分钟，直至杏仁烤熟。

将糖倒入小锅溶化。糖变为金色后，加入葡萄糖。加热直至焦糖质地黏稠。

加入杏仁片或杏仁碎，用木勺搅拌均匀后，倒在硅胶垫上。用刮刀翻搅杏仁片直至冷却。

当杏仁糖酥变硬后，用擀面杖将杏仁糖酥擀成厚度为2毫米的糖饼。

自然冷却后，用擀面杖将糖饼擀碎。

组合食材

将华夫饼面糊分为两等份。

烹制时在一半的面糊中加入杏仁糖酥，另一半加入麦芽糖。

将面糊倒入华夫饼模具，加热至面糊上色。

红浆果焦糖华夫饼（Gaufres et caramel aux fruits rouges）

8～10人份
所需用具：
• 糖用温度计1个
准备时间：15分钟
烤制时间：25分钟

所需食材

用于制作华夫饼面糊
• 牛奶250毫升
• 水85毫升
• 黄油270克
• 盐2撮
• 香草荚2根
• 面粉270克
• 蛋清3个
• 糖42克

用于制作红浆果焦糖
• 糖120克
• 淡奶油（脂肪含量35%）25毫升
• 覆盆子果肉50克
• 黑加仑果肉30克
• 黄柠檬汁20毫升
• 葡萄糖15克
• 可可脂27克
• 百里香5枝
• 草莓250克

用于组合食材
• 覆盆子100克
• 糖霜10克

制作步骤

华夫饼面糊
将牛奶、水、黄油、盐和从剖开的香草荚中刮下的香草籽倒入小锅中煮沸。
将混合物冷却至室温，加入面粉。
将蛋清加糖打发，用橡胶刮刀将打发的蛋白逐步加入此前混合好的食材。
将面糊倒入华夫饼模具，加热至面糊上色，放好备用。

红浆果焦糖
将糖、淡奶油、覆盆子果肉、黑加仑果肉、柠檬汁和葡萄糖倒入小锅，加热至106℃，其间不停搅拌。
关火，加入可可脂，搅拌均匀。
将少许红浆果焦糖倒入烧热的平底锅内，剩余焦糖备用。
加入百里香、去梗的整颗草莓，小火加热2～3分钟，制成焦糖草莓。

组合食材
将少许焦糖滴入盘中。
华夫饼表面撒糖霜，摆放数颗焦糖草莓和若干覆盆子。
用百里香叶装饰，即可装盘。

泡芙面团

（Pâte à choux）

泡芙（Choux）·······························184

泡芙 (Choux)

30份

所需用具:

- 装有直径8毫米裱花嘴的裱花袋1个
- 硅胶垫1张
- 直径6厘米的圆形模具1个

准备时间: 25分钟

烤制时间: 40分钟

冷冻时间: 1小时

所需食材

用于制作脆饼干

- 过筛面粉60克
- 红糖80克
- 黄油膏80克
- 杏仁粉40克

用于制作泡芙面团

- 牛奶100毫升
- 水100毫升
- 黄油90克
- 盐2撮
- 细砂糖15克
- 过筛T45面粉115克
- 鸡蛋180克 (3.5个)

埃迪小贴士

泡芙面团充分脱水后，将其从小锅挪到其他容器内搅拌，无需用鸡蛋液涂抹表面上色。您可以在泡芙表面撒上可可粉，或涂抹黄油上色。加脆饼的泡芙可用通风炉烤制。

制作脆饼干

将面粉、红糖和黄油膏在容器中混合。

搅拌直至面团成型。

将面团放在2张烘焙纸中间，擀成薄片，放入冰箱冷冻1小时。

制作泡芙面团。

烤箱预热至250℃ (温度调至8—9挡)。

将牛奶、水、切成块的黄油、盐和细砂糖倒入小锅中。

煮沸后关火。一次性加入面粉，快速搅拌。

开小火，不时搅拌让面团脱水，直至面团与锅壁分离。

将面团转移到容器中。
鸡蛋打成蛋液，将蛋液逐步加入面团，搅拌至面团光滑柔软。

将泡芙面团装入裱花袋。
在铺有烘焙垫的烤盘上挤出直径3厘米的圆面团。

将脆饼干面团从冰箱中取出。
用圆形模具切割饼皮。

将饼皮摆在泡芙面团上。
放入烤箱后立即关闭电源。用余温烤制20分钟后，将烤箱温度设定为180℃，继续烤制20分钟。
打开烤箱门，让潮气散出。泡芙上色且表面变硬。
让泡芙在烤架上自然冷却。

酥脆泡芙（Pâte à choux croustillante）

30份

所需用具：

- 直径3厘米的圆形模具1个
- 装有10号裱花嘴的裱花袋1个
- 糖用温度计1个
- 硅胶垫1张
- 直径5厘米的半球形硅胶模具若干

准备时间：40分钟

静置时间：2小时30分钟

烤制时间：40分钟

巧克力泡芙（Choux au chocolat）

所需食材

用于制作泡芙面团（参照第184页）

用于制作巧克力脆饼干

- 过筛面粉60克
- 红糖80克
- 黄油膏80克
- 杏仁粉40克
- 可可粉20克

用于制作巧克力卡仕达奶油（参照第359页）

- 牛奶200毫升
- 淡奶油（脂肪含量35%）50毫升
- 糖30克
- 蛋黄2个
- 鸡蛋½个
- 布丁粉15克
- 黑巧克力（可可含量64%）90克
- 可可粉5克

用于制作巧克力软糖浆

- 软糖250克
- 30° B糖浆55毫升
- 黑巧克力120克

制作步骤

巧克力脆饼干及泡芙面团（参照第184页）

提前1晚制作脆饼干及泡芙面团。

在铺有烘焙纸的烤盘上挤出直径3厘米的圆面团。

用圆形模具将脆饼干面皮切割成直径3厘米的圆形，随后将切割好的饼皮摆在泡芙面团上。

入烤箱烤制40分钟，烤好后的泡芙放在烤架上自然冷却。

巧克力卡仕达奶油

将牛奶和淡奶油倒入小锅中煮沸，加入一半的糖。

将剩余的糖加入鸡蛋和蛋黄，用打蛋器打发。

加入布丁粉。

将⅓煮沸的液体倒入鸡蛋和糖的混合物中。搅拌均匀后，将其倒回锅内加热。

煮沸后继续中火加热2分钟。

加入切碎的黑巧克力和可可粉，搅拌均匀。

将混合物倒入盘中，盖上保鲜膜，放入冰箱冷藏2小时。

巧克力软糖浆

将软糖倒入小锅用小火加热，加入融化的巧克力和糖浆，加热至37℃。

将一部分软糖浆倒入半球形硅胶模具中，随后将泡芙头朝下翻转放入模具中，用手轻轻压实。

放入冰箱冷藏30分钟，使巧克力软糖浆变硬。

脱模后即可装盘。

埃迪小贴士

在泡芙表面可以淋上各种食材：软糖浆、甘纳许、糖衣杏仁、焦糖、果冻等。

咖啡泡芙（Choux au café）

所需食材

用于制作泡芙面团（参照第184页）

用于制作咖啡脆饼干
- 过筛面粉60克
- 红糖80克
- 黄油膏80克
- 杏仁粉40克
- 咖啡粉5克

用于制作咖啡卡仕达奶油
- 牛奶150毫升
- 雀巢咖啡5克
- 糖30克
- 鸡蛋1个
- 布丁粉15克（或Maïzena牌玉米淀粉）
- 黄油20克
- 浓缩咖啡液50毫升

用于制作咖啡软糖浆
- 软糖250克（市场购买）
- 金色巧克力95克
- 可可脂15克
- 浓缩咖啡液2克
- 30° B糖浆40毫升
- 咖啡粉2克

制作步骤

脆饼干及泡芙面团（参照第184页）
提前1晚制作脆饼干及泡芙面团。
在铺有烘焙纸的烤盘上挤出直径3厘米的圆面团。
用圆形模具将脆饼干面皮切割成直径3厘米的圆形，随后将切割好的饼皮摆在面团上。
入烤箱烤制40分钟，烤好后的泡芙放在烤架上自然冷却。

咖啡卡仕达奶油
将牛奶和雀巢咖啡倒入小锅中煮沸，加入一半的糖。
将剩余的糖加入鸡蛋中，用打蛋器打发，随后加入布丁粉。
将1/3煮沸的液体倒入鸡蛋和糖的混合物中。搅拌均匀后，将其倒回锅内加热。
煮沸后继续中火加热2分钟。关火，加入黄油和浓缩咖啡液，搅拌均匀。
将混合物倒入盘中，盖上保鲜膜，放入冰箱冷藏2小时。

咖啡软糖浆
将软糖倒入小锅用小火加热，加入融化的巧克力、可可脂、浓缩咖啡液、糖浆和咖啡粉。加热至37℃。
将一部分软糖浆倒入半球形硅胶模具中，随后将泡芙头朝下翻转放入模具中，用手轻轻压实。
放入冰箱冷藏30分钟，使咖啡软糖浆变硬。
脱模后即可装盘。

香草泡芙（Choux à la vanille）

所需食材

用于制作泡芙面团（参照第184页）

用于制作香草脆饼干
- 过筛面粉60克
- 红糖80克
- 黄油膏80克
- 杏仁粉40克
- 香草粉10克

用于制作香草卡仕达奶油
- 全脂牛奶250毫升
- 蛋黄3个
- 糖60克
- 奶油粉/布丁粉25克
- 黄油25克
- 香草荚½根

用于制作香草软糖浆
- 软糖250克（市场购买）
- 白巧克力60克
- 可可脂25克
- 30° B糖浆35毫升
- 香草荚1根

制作步骤

香草脆饼干及泡芙面团（参照第184页）
提前1晚制作脆饼干及泡芙面团。
在铺有烘焙纸的烤盘上挤出直径3厘米的圆面团。
用圆形模具将脆饼干面皮切割成直径3厘米的圆形，随后将切割好的饼皮摆在泡芙面团上。
入烤箱烤制40分钟，烤好后的泡芙放在烤架上自然冷却。

香草卡仕达奶油
将牛奶和碾碎的香草荚倒入小锅中煮沸，加入一半的糖。
将剩余的糖和蛋黄混合。
快速搅拌，直至蛋黄变为白色。
加入奶油粉，快速打发，防止结块。
逐渐将煮沸的牛奶倒入蛋黄和糖的混合物中，用打蛋器搅拌均匀后，将其倒回锅内加热，其间不停搅拌。待奶油质地浓稠后关火。加入黄油，搅拌均匀。
将奶油倒入盘中，盖上保鲜膜，放入冰箱冷藏2小时。

香草软糖浆
将软糖倒入小锅用小火加热，加入融化的白巧克力、可可脂、糖浆和香草籽。加热至37℃。
将一部分软糖浆倒入半球形硅胶模具中，随后将泡芙头朝下翻转放入模具中，用手轻轻压实。
放入冰箱冷藏30分钟，使香草软糖浆变硬。
脱模后即可装盘。

柠檬泡芙（Choux au citron）

所需食材

用于制作泡芙面团（参照第184页）

用于制作柠檬脆饼干

- 过筛面粉60克
- 红糖80克
- 黄油膏80克
- 杏仁粉40克
- 1个黄柠檬的皮
- 黄色食用色素3～4滴

用于制作柠檬奶油

- 吉利丁片7克（3.5片）
- 牛奶80毫升
- 糖50克
- 鸡蛋3个
- 黄柠檬汁70毫升
- 青柠檬汁40毫升
- ½个有机黄柠檬的皮
- ½个有机青柠檬的皮
- 白巧克力（可可含量35%）130克
- 可可脂10克

用于制作柠檬软糖浆

- 软糖250克（市场购买）
- 白巧克力（Opalys牌）60克
- 可可脂25克
- 30° B糖浆35毫升
- 黄色食用色素2～3滴
- 1个黄柠檬的皮

制作步骤

柠檬脆饼干及泡芙面团（参照第184页）

提前1晚制作脆饼干及泡芙面团。

在铺有烘焙纸的烤盘上挤出直径3厘米的圆面团。

用圆形模具将脆饼干面皮切割成直径3厘米的圆形，随后将切割好的饼皮摆在面团上。

入烤箱烤制40分钟，将泡芙烤好后放在烤架上自然冷却。

柠檬奶油

将吉利丁片放入冷水中浸透。

将牛奶、糖、鸡蛋液、柠檬汁和柠檬皮倒入小锅中混合。

小火加热，不停搅拌至质地浓稠，且温度达到82℃。

加入沥干水的吉利丁片、白巧克力和可可脂。

将奶油倒入盘中，盖上保鲜膜，放入冰箱冷藏2小时。

柠檬软糖浆

将软糖倒入小锅加热，加入融化的白巧克力、可可脂、糖浆、食用色素和柠檬皮。加热至37℃。

将一部分软糖浆倒入半球形硅胶模具中，随后将泡芙头朝下翻转放入模具中，用手轻轻压实。

放入冰箱冷藏30分钟，使咖啡软糖浆变硬。

脱模后即可装盘。

香橙泡芙（Choux à l'orange）

所需食材

用于制作泡芙面团（参照第184页）

用于制作香橙脆饼干

- 过筛面粉60克
- 红糖80克
- 黄油膏80克
- 杏仁粉40克
- 1个橙子的皮
- 橙色食用色素3～4滴

用于制作橙子卡仕达奶油

- 吉利丁片4克（2片）
- 鸡蛋3个
- 糖110克
- 橙汁160毫升
- 2个有机橙子的皮
- 室温黄油145克

用于制作橙子软糖浆

- 软糖250克（市场购买）
- 白巧克力（Opalys牌）60克
- 可可脂25克
- 30° B糖浆35毫升
- 橙色食用色素2～3滴
- ½个橙子的皮

制作步骤

香橙脆饼干及泡芙面团（参照第184页）

提前1晚制作脆饼干及泡芙面团。

在铺有烘焙纸的烤盘上挤出直径3厘米的圆面团。

用圆形模具将脆饼干面皮切割成直径3厘米的圆形，随后将切割好的饼皮摆在泡芙面团上。

入烤箱烤制40分钟，泡芙烤好后放在烤架上自然冷却。

橙子卡仕达奶油

将吉利丁片在冷水中浸泡20分钟。

将鸡蛋、糖、橙子皮和橙汁倒入小锅，加热至质地浓稠，其间不停搅拌。

关火，加入沥干水的吉利丁片和切成块的黄油。

用搅拌器搅拌2分钟。

将奶油倒入盘中，盖上保鲜膜，放入冰箱冷藏2小时。

橙子软糖浆

将软糖倒入小锅用小火加热，加入融化的白巧克力、可可脂、糖浆、食用色素和橙子皮。加热至37℃。

将一部分软糖浆倒入半球形硅胶模具中，随后将泡芙头朝下翻转放入模具中，用手轻轻压实。

放入冰箱冷藏30分钟，使橙子软糖浆变硬。

脱模后即可装盘。

咖啡榛子泡芙（Choux café-noisette）

30个

所需用具：
- 装有8号裱花嘴的裱花袋1个
- 装有10号裱花嘴的裱花袋2个
- 硅胶垫1张
- 直径6厘米的圆形模具1个

准备时间：2小时
静置时间：24小时+1小时（冷冻）
烤制时间：30分钟

所需食材

牛奶巧克力圆片（参照第537页）

用于制作泡芙面团
- 牛奶100毫升
- 水100毫升
- 黄油90克
- 盐2撮
- 细砂糖15克
- 过筛T45面粉115克
- 鸡蛋180克（3.5个）

用于制作脆饼干
- 过筛面粉60克
- 红糖80克
- 黄油膏80克
- 杏仁粉40克

用于制作咖啡卡仕达奶油
- 牛奶150毫升
- 雀巢咖啡5克
- 糖30克
- 鸡蛋1个
- 布丁粉15克（或Maïzena牌玉米淀粉）
- 黄油20克
- 浓缩咖啡液50毫升

用于制作意式咖啡奶冻（需提前1天制作）
- 吉利丁片6克（3片）
- 牛奶150毫升
- 淡奶油（脂肪含量35%）150毫升
- 速溶咖啡1克
- 咖啡粉7克
- 马斯卡彭奶酪50克
- 金色巧克力（Dulcey牌）125克

用于制作咖啡榛子酱
- 吉利丁片3克（1.5片）
- 无糖浓缩牛奶260毫升
- 咖啡粉1.5克
- 转化糖浆（Trimoline牌）25克
- 苦味黑巧克力75克
- 糖衣榛子88克
- 糖衣杏仁88克
- 榛子油37毫升

用于装饰
- 牛奶巧克力片若干
- 咖啡豆若干
- 食用金粉1克

制作步骤

牛奶巧克力圆片（参照第537页）

泡芙面团（参照第184页）

脆饼干
将面粉、红糖和黄油膏在工作台上混合。
将面团揉成球形。
将面团放在2张硫酸纸中间，擀成薄片，放入冰箱冷冻1小时。
将面饼切割成圆形，面饼直径约和泡芙直径相同。
烤箱预热至250℃。
将泡芙放入烤箱后立即关闭电源。用余温烤制20分钟后，将烤箱设定为180℃（温度调至6挡），继续烤制10分钟。
打开烤箱门，让潮气散出。
泡芙上色且表面变硬。让泡芙在烤架上自然冷却。

咖啡卡仕达奶油
将牛奶和速溶咖啡倒入小锅中煮沸，加入一半的糖。
将剩余的糖和鸡蛋混合，随后加入布丁粉。搅拌直至鸡蛋质地光滑。
将1/3煮沸的液体倒入鸡蛋和糖的混合物中。用打蛋器搅拌均匀后，倒回锅内加热。
煮沸后继续中火加热2分钟。关火，加入切成块的黄油和浓缩咖啡液。
用打蛋器搅拌均匀。
将奶油倒入盘中，盖上保鲜膜，放入冰箱冷藏。

意式咖啡奶冻（需提前1天制作）
将吉利丁片在冷水中浸透。
将牛奶、淡奶油、速溶咖啡和咖啡粉倒入小锅中加热。
关火后加入沥干水的吉利丁片，随后加入切碎的巧克力。
用搅拌器搅拌均匀，自然冷却。
加入马斯卡彭奶酪，再次搅拌后，放入冰箱冷藏。

咖啡榛子酱
将吉利丁片在冷水中浸透。
将浓缩牛奶、咖啡粉和转化糖浆倒入锅中煮沸。
将煮沸的牛奶倒入巧克力中，搅拌均匀，随后加入沥干水的吉利丁片、糖衣坚果和榛子油。搅拌均匀备用。

组合食材
制作泡芙时，用装有打蛋头的糕点专用电动搅拌器打发意式咖啡奶冻。
将奶冻装入配有10号裱花嘴的裱花袋，放入冰箱冷藏。
用打蛋器搅拌冷藏好的咖啡卡仕达奶油，装入配有10号裱花嘴的裱花袋中。
在泡芙内挤入咖啡卡仕达奶油，随后挤入意式咖啡奶冻。
用叉子叉起泡芙，浸入咖啡榛子酱中。
在每个泡芙上摆一片牛奶巧克力（参照第537页），表面装饰一颗撒有食用金粉的咖啡豆。
放入冰箱冷藏保存，可随时取用装盘。

圣多诺黑泡芙（Le Saint-Honoré）

6 ～ 8 人份
所需用具：
- 硅胶垫1张
- 裱花袋1个+8号裱花嘴1个+圣多诺黑裱花嘴1个
- 直径5厘米的半球形模具1个

准备时间：2小时
静置时间：24小时

所需食材

用于制作草莓百香果奶油（需提前1天制作）
- 吉利丁片6克（3片）
- 淡奶油（脂肪含量35%）150毫升
- 白巧克力125克
- 草莓果肉75克
- 百香果果肉75克
- 马斯卡彭奶酪50克

用于制作覆盆子玫瑰果酱（需提前1天制作）
- 吉利丁片4克（2片）
- 覆盆子果肉300克
- 黄油50克
- 玫瑰浓缩液4 ～ 5滴

用于制作酥性面饼
- 黄油112克
- 盐1.5克
- 糖60克
- 转化糖浆7克
- 香草粉1撮
- T55面粉157克
- 黑麦面粉22克
- 化学酵母4克

用于制作玫瑰茉莉马斯卡彭尚蒂伊奶油
- 马斯卡彭奶酪123克
- 淡奶油（脂肪含量35%）180克
- 糖23克
- 玫瑰浓缩液1滴
- 茉莉浓缩液1滴
- 波旁香草荚（Vanille bourbon）½根

用于制作泡芙面团（参照第184页）

用于制作脆饼干（参照第184页）

用于制作焦糖
- 糖225克
- 水50毫升
- 葡萄糖15克
- 红色食用色素2 ～ 3滴

用于制作白巧克力片（参照第537页）

用于组合食材
- 覆盆子若干
- 蛋糕淋面适量
- 食用玫瑰花瓣若干

制作步骤

草莓百香果奶油（需提前1天制作）
将吉利丁片在冷水中浸透。
将淡奶油加热，倒入切碎的白巧克力和沥干水的吉利丁片，搅拌均匀。自然冷却后加入果肉和马斯卡彭奶酪，再次搅拌。放入冰箱冷藏24小时。
用搅拌器中速打发草莓百香果奶油，直至奶油呈慕斯质地。

覆盆子玫瑰果酱（需提前1天制作）
将吉利丁片在冷水中浸透，沥干水。
将⅓的果肉加热，将吉利丁片溶解其中。
加入剩余果肉、黄油和玫瑰浓缩液。
搅拌均匀。
放入冰箱冷藏保存。

酥性面饼
用糕点专用电动搅拌器搅拌黄油。
加入盐、糖、转化糖浆和香草粉。搅拌均匀后加入面粉和化学酵母。
将面团擀成面饼，切割成10厘米×4厘米的方形。放好备用。

玫瑰茉莉马斯卡彭尚蒂伊奶油
用搅拌器将所有食材混合。
用搅拌器打发。

泡芙面团（参照第184页）

脆饼干（参照第184页）

焦糖
将水、糖和葡萄糖倒入小锅中加热。当糖变为浅棕色，关火，滴入2 ～ 3滴红色食用色素。

组合食材
用装有8号裱花嘴的裱花袋装入草莓百香果奶油，将草莓百香果奶油从底部挤入泡芙。
再用裱花袋将覆盆子玫瑰果酱挤入泡芙。
将焦糖浇在每个夹心泡芙上，随后将泡芙头朝下翻转放入半球形模具中。
让泡芙在室温静置5分钟，让焦糖变硬。
当焦糖变硬后将泡芙从模具中取出，粘在酥性面饼上。
在饼干上各摆1片白巧克力。
用装有圣多诺黑裱花嘴的裱花袋将玫瑰茉莉马斯卡彭尚蒂伊奶油挤在白巧克力片上。
用食用玫瑰花瓣和新鲜覆盆子装饰。
在玫瑰花瓣上滴中性蛋糕淋面。

饼干及蛋糕面团

（Les pâtes à biscuits）

兰斯饼干（Biscuits de Reims） ················· 196

手指饼干（Biscuits à la cuillère） ··············· 198

海绵蛋糕（Génoise） ·························· 204

达克瓦兹蛋糕（Dacquoise） ···················· 210

巧克力蛋糕（Biscuit chocolat） ·················· 218

泡芙蛋糕卷（Biscuit pâte à choux） ··············· 224

法式杏仁海绵蛋糕（Biscuit Jonconde） ············· 230

兰斯饼干（Biscuits de Reims）

兰斯饼干（Biscuits de Reims）

35份
所需用具：
• 装有10号裱花嘴的裱花袋1个
• 11厘米×3厘米的硅胶模具1组
准备时间：30分钟
静置时间：20分钟
烤制时间：20分钟

所需食材

• 鸡蛋4个
• 糖180克
• 香草糖20克
• 红色食用色素2～3滴
• 面粉185克
• 玉米淀粉90克（另需少许撒在模具上）
• 发酵粉10克
• 黄油20克（涂抹模具）
• 糖霜50克（另需少许撒在模具上）

制作步骤

烤箱预热至180℃（温度调至6挡）。
将蛋清和蛋黄分离。
用糕点专用电动搅拌器将蛋黄、糖和香草糖中速搅拌5～6分钟。
加入蛋清，继续打发2分钟。
加入红色食用色素。
将面粉、玉米淀粉和化学酵母过筛，用橡胶刮刀将其逐步加入鸡蛋和糖混合物中，搅拌直至面糊质地光滑而均匀。
在模具内侧涂抹黄油，再撒上混合好的糖霜和玉米淀粉。
将面糊装入裱花袋，挤在模具内。
将模具室温静置10分钟风干水分。
在饼干上撒上糖霜，继续静置10分钟风干。
入烤箱烤制20分钟，自然冷却后脱模。

埃迪小贴士
将饼干表层风干水分，可让烤好的松饼外壳清晰。

手指饼干（Biscuits à la cuillère）

手指饼干（Biscuits à la cuillère）

40份
所需用具：
• 一次性裱花袋
• 12号裱花嘴

准备时间：20分钟
准备时间：10 ～ 12分钟
静置时间：10分钟

所需食材

• T55面粉80克
• 蛋黄160克（8个）
• 蛋清120克（4个蛋清）
• 细砂糖110克
• 糖霜

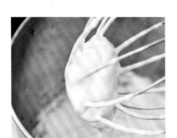

烤箱预热至220℃（温度调至7—8挡）。
将面粉过筛。
将蛋黄和60克细砂糖混合后打发，直至蛋黄变为白色，且体积膨大1倍。

将蛋清和剩余的细砂糖混合，用装有打蛋头的糕点专用电动搅拌器打发。

先将一部分打发的蛋白倒入蛋黄中，混合均匀后再用橡胶刮刀加入剩余蛋白。

逐步加入面粉。

将面糊装入配有12号裱花嘴的裱花袋，在烤盘上挤出手指饼干。

用细筛在手指饼干上撒一层糖霜，静置10分钟让其表面变硬，随后入烤箱烤制10 ～ 12分钟。

手指饼干出烤箱后，放在烤架上自然冷却。

埃迪小贴士

在蛋清中加入少许蛋白粉，能让打发的蛋白维持更久。
撒2遍糖霜，可以让松饼表面的糖结晶。

巧克力夏洛特（Charlotte au chocolat）

6～8人份
所需用具：
- 装有10号裱花嘴的裱花袋1个
- 硅胶垫1张
- 温度计1个
- 直径20厘米×高4.5厘米的圆形不锈钢模具1个
- 塑料围边

准备时间：1小时30分钟
静置时间：5分钟+4小时（冷冻）
烤制时间：16分钟

所需食材

用于制作手指饼干
- 蛋清110克（3.5个蛋清）
- 糖60克
- 盐1撮
- 蛋黄60克（3个蛋黄）
- 面粉40克
- 玉米淀粉20克
- 糖霜少许

用于制作可可松饼
- 蛋清120克（8个蛋清）
- 糖70克
- T45面粉20克
- 可可粉20克
- 玉米淀粉40克
- 蛋黄68克（3.5个蛋黄）

用于制作千层酥淋面
- 牛奶16毫升
- 淡奶油（脂肪含量35%）75毫升
- 糖113克
- 可可粉11克
- 牛奶巧克力29克
- 金色蛋糕淋面58克
- 水16毫升
- 吉利丁片4克（2片）
- 中性蛋糕淋面37克
- 红色食用色素2滴

用于制作香草奶油（需提前1天制作）
- 吉利丁片6克（3片）
- 牛奶150毫升
- 大溪地香草荚1根
- 白巧克力125克
- 淡奶油（脂肪含量35%）150毫升
- 马斯卡彭奶酪50克

用于制作巧克力慕斯
- 蛋黄80克（4个蛋黄）
- 30° B糖浆100克
- 吉利丁片4克（2片）
- 淡奶油（脂肪含量35%）270毫升
- 全脂牛奶75毫升
- 黑巧克力（可可含量66%）220克

用于装饰
- 食用金箔

制作步骤

手指饼干
将蛋清、糖和盐混合打发，直至蛋白可以用打蛋器拉出尖角。用刮刀逐步加入蛋黄、过筛的面粉和玉米淀粉。
烤箱预热至200℃（温度调至6—7挡）。
将面糊装入配有10号裱花嘴的裱花袋中，在铺有硅胶垫的烤盘上挤出若干大小相同的条形手指饼干。
在手指饼干表面撒一层糖霜，静置5分钟后再撒一层，入烤箱烤制8分钟。
自然冷却。

可可松饼
烤箱预热至200℃（温度调至6—7挡）。
用装有打蛋头的糕点专用电动搅拌器打发蛋清，其间逐步加入糖。
将面粉、可可粉和玉米淀粉过筛。
用橡胶刮刀逐步加入蛋黄、面粉、可可粉和玉米淀粉。
将面糊装入裱花袋，挤出3个直径为18厘米的圆形面饼。
立即放入烤箱烤制6～8分钟。
将松饼放在铺有硅胶垫的烤架上自然冷却。

千层酥淋面
将吉利丁片在冷水中浸透。
将牛奶、淡奶油、糖、可可粉和牛奶巧克力倒入小锅中加热至104℃。
另取一小锅，将金色蛋糕淋面加水加热后，倒入此前混合好的食材中。
关火，加入沥干水的吉利丁片、中性蛋糕淋面和红色食用色素，用搅拌器搅拌均匀，自然冷却至37℃。

香草奶油（需提前1天制作）
将吉利丁片在冷水中浸透。
将牛奶和剖开的香草荚混合后加热。
将牛奶用细筛过滤，加入切碎的白巧克力和沥干水的吉利丁片。
用搅拌器搅拌均匀，自然冷却。
加入淡奶油和马斯卡彭奶酪，继续搅拌，随后将香草奶油倒入直径18厘米的硅胶模具中。

巧克力慕斯
将蛋黄和30° B糖浆倒入锅中小火加热至82℃，其间不停搅拌。
用糕点专用电动搅拌器将加热好的蛋黄糖浆混合物以中速打发至冷却。
将吉利丁片在冷水中浸透。
将淡奶油打发至尚蒂伊奶油质地。
加热牛奶，关火后加入沥干水的吉利丁片。
将牛奶和吉利丁片的混合物倒入切碎的黑巧克力中，搅拌均匀。
用橡胶刮刀在混合物中加入打发的奶油和蛋黄糖浆。

组合食材

沿圆形不锈钢模具内壁装入一圈塑料围边。

在模具中央铺食品包装纸，放入1片可可松饼，在松饼上涂抹1层巧克力慕斯。

上方摆入第2片可可松饼，涂抹1层巧克力慕斯和香草奶油。

上方摆入最后1片可可松饼，涂抹1层巧克力慕斯。用刮刀抹平，放入冰箱冷冻4小时。

将糕点脱模，放在烤架上，烤架下摆一个圆盘。将千层酥淋面均匀地浇在糕点表面。

在糕点侧面粘贴一圈手指饼干，表面装饰少许食用金箔。

橙花奶油手指饼干（Biscuits à la cuillère, finger à la crème fleur d'oranger）

12份
所需用具：
- 温度计1个
- 装有10号裱花嘴的裱花袋1个
- 硅胶垫1张

准备时间：35分钟
烤制时间：6 ～ 8分钟

所需食材

用于制作手指饼干
- 蛋清110克（3.5个鸡蛋的蛋清）
- 糖60克
- 盐1撮
- 蛋黄60克（3个鸡蛋的蛋黄）
- 面粉40克
- 玉米淀粉20克
- 糖霜少许

用于制作橙花奶油
- 吉利丁片4.5克
- 牛奶130毫升
- 白巧克力157克
- 可可脂13克
- 淡奶油（脂肪含量35%）215克
- 橙花水7毫升

用于收尾工序
- 糖霜10克
- 草莓250克

制作步骤

手指饼干
用装有打蛋头的糕点专用电动搅拌器将蛋清、糖和盐混合打发，直至蛋白可以用打蛋器拉出尖角。
用刮刀逐步加入蛋黄、过筛的面粉和玉米淀粉。
烤箱预热至180℃（温度调至6挡）。
将面糊装入配有10号裱花嘴的裱花袋中，在铺有硅胶垫的烤盘上挤出大小相同的条形手指饼干。
在手指饼干表面撒一层糖霜。
入烤箱烤制6 ～ 8分钟。

橙花奶油
将吉利丁片在冷水中浸透。
将牛奶煮沸，关火后加入吉利丁片，搅拌均匀。
将牛奶加入切碎的白巧克力和可可脂中，用搅拌器再次搅拌均匀。
用装有打蛋头的糕点专用电动搅拌器打发淡奶油。将此前混合好的食材冷却至35℃，用橡胶刮刀将打发的奶油和橙花水加入其中。

组合食材
将手指饼干两两组合，中间用橙花奶油粘连。
在奶油上装饰草莓片，用糖霜装饰。

焦糖咖啡提拉米苏（Tiramisu minute caramel-café）

12份
所需用具：
- 温度计1个
- 硅胶垫1张
- 装有10号裱花嘴的裱花袋1个
- 真空瓶1个

准备时间：1小时
静置时间：2小时

所需食材

用于制作手指饼干（参照左侧食谱）

用于制作咖啡奶油
- 吉利丁片6克
- 牛奶150毫升
- 淡奶油（脂肪含量35%）150毫升
- 咖啡粉7克
- 雀巢咖啡或速溶咖啡2克
- 金色巧克力（Dulcey牌或Tanariva牌）125克
- 马斯卡彭奶酪50克

用于制作咖啡焦糖
- 淡奶油（脂肪含量35%）185毫升
- 糖205克
- 葡萄糖95克
- 半盐黄油45克
- 咖啡粉7克

用于制作提拉米苏慕斯
- 蛋清4个
- 蛋黄4个
- 糖50克
- 马斯卡彭奶酪500克

用于收尾工序
- 可可粉10克

制作步骤

手指饼干（参照左侧食谱）

咖啡奶油
将吉利丁片在冷水中浸透。
将牛奶和奶油倒入小锅中煮沸。
关火后加入咖啡粉和雀巢咖啡（或速溶咖啡），将吉利丁片溶解其中，随后加入切碎的巧克力。
用搅拌器搅拌均匀。自然冷却。
加入马斯卡彭奶酪，再次搅拌均匀，放好备用。

咖啡焦糖

将淡奶油和咖啡粉倒入小锅中煮沸。

将糖和葡萄糖倒入另一个小锅，加热至165℃。

加入煮沸的奶油，再次加热至108℃。

关火，加入切成块的黄油，搅拌均匀。

提拉米苏慕斯

将所有食材混合。

将混合好的食材装入真空瓶，注入空气，将真空瓶用力摇晃后，头朝下放入冰箱冷藏2小时。

组合食材

用裱花袋将咖啡奶油挤入杯底。

加入咖啡焦糖、手指饼干，最后用真空瓶挤一层提拉米苏慕斯。

表面撒一层可可粉装饰。

海绵蛋糕（Génoise）

海绵蛋糕（Génoise）

12人份
所需用具：
• 圆形活底蛋糕模具1个
准备时间：**10分钟**
烤制时间：**25分钟**

所需食材

• 鸡蛋400克（8个）
• 糖240克
• 面粉240克

烤箱预热至180℃（温度调至6挡）。
用糕点专用电动搅拌器将鸡蛋和糖混合打发。

搅拌直至鸡蛋体积膨大1倍。

最后用橡胶刮刀逐步加入面粉。

将面糊倒入涂有黄油并撒有面粉的模具中。
入烤箱烤制25分钟。脱模后将蛋糕放在烤架上
自然冷却。

埃迪小贴士

无须用小火加热鸡蛋。鸡蛋
加糖，花时间耐心打发。
这种糕点的做法很简单，口
味清淡，值得用心琢磨。
烤制后的海绵蛋糕质地柔
软，一出烤炉即可脱模。

小泡芙蛋糕（Des petits choux）

6～8人份
所需用具：
- 20厘米×20厘米的方形活底模具1个
- 装有6号裱花嘴的裱花袋1个
- 直径5厘米的半球形硅胶模具若干
静置时间： 1小时30分钟

所需食材

用于制作原味海绵蛋糕（参照第204页）

用于制作香草糖浆
- 水500毫升
- 糖150克
- 香草荚2根

用于制作泡芙面团（参照第184页）

用于制作脆饼干（参照第184页）

用于制作巧克力卡仕达奶油
- 牛奶200毫升
- 淡奶油（脂肪含量35%）50毫升
- 糖30克

- 蛋黄40克（4个）
- 鸡蛋½个
- 布丁粉15克
- 可可粉50克
- 黑巧克力（可可含量64%）90克

用于制作巧克力甘纳许球
- 淡奶油（脂肪含量35%）150毫升
- 转化糖浆25克
- 黑巧克力（可可含量64%）250克

用于制作黄油奶油（英式奶油+意式蛋白霜）
- 牛奶90毫升
- 蛋黄75克（4个）
- 糖90克（45克+45克）
- 水30毫升
- 糖130克
- 蛋清70克（2个室温的蛋清）
- 室温黄油410克
- 浓缩咖啡液5克

用于收尾工序
- 巧克力颗粒若干

制作步骤

原味海绵蛋糕（参照第204页）

香草糖浆
将所有食材倒入小锅中煮沸，过滤后搅拌均匀。
放好备用。

泡芙面团（参照第184页）

脆饼干（参照第184页）

巧克力卡仕达奶油（参照第359页）
用裱花袋将巧克力卡仕达奶油从底部挤入泡芙。

巧克力甘纳许球
将淡奶油和转化糖浆倒入小锅中煮沸。
加入切碎的巧克力。
用刮刀从内向外画圈搅拌均匀，注意不要混入气泡。
盖上保鲜膜，放好备用。
将一部分甘纳许倒入半球形模具底部。
其余甘纳许放好备用。
将泡芙头朝下翻转放入模具中，放入冰箱冷藏1小时。待甘纳许变硬后脱模。

黄油奶油
制作黄油奶油（参照第388页）。

组合食材
用锯齿刀将海绵蛋糕横向切成三等份。
将第一块海绵蛋糕放进不锈钢模具内，用镊子将蛋糕浸入香草糖浆中。
涂抹一层黄油奶油，随后重复该步骤2次，一层蛋糕一层奶油。
将蛋糕放入冰箱冷藏30分钟。
将剩余的巧克力甘纳许均匀浇在蛋糕表面。
用巧克力碎屑装饰蛋糕侧面。
最后将9个巧克力泡芙装饰在蛋糕表面。

摩卡杏仁蛋糕（Moka amande）

6～8人份
所需用具：
• 直径20厘米的圆形活底模具1个
准备时间：1小时30分钟
烤制时间：25分钟
静置时间：30分钟

用于制作原味海绵蛋糕（参照第204页）

用于制作香草糖浆（参照上文）

用于制作黄油奶油（参照上文）

用于制作咖啡软糖浆
• 牛奶巧克力95克
• 可可脂15克
• 软糖250克
• 30° B糖浆240毫升
• 咖啡粉2克
• 浓缩咖啡液2克

用于收尾工序
• 杏仁膏120克
• 焦糖杏仁片80克

制作步骤

原味海绵蛋糕（参照第204页）

香草糖浆（参照左侧食谱）

黄油奶油（参照左侧食谱）

咖啡软糖浆
将巧克力和可可脂融化，倒入加热好的软糖中。
加入糖浆、咖啡粉和浓缩咖啡液。

组合食材
用锯齿刀将海绵蛋糕横向切成三等份。
用镊子将蛋糕浸入香草糖浆中。
在一片海绵蛋糕上涂抹一层黄油奶油，然后重复该步骤2次，一层蛋糕一层奶油叠放。
将黄油奶油涂抹于蛋糕表面及侧面。
放入冰箱冷藏30分钟。
将杏仁膏擀成厚度为2毫米的面饼，并用面饼将蛋糕完全包裹住（参照第560页）。
将咖啡软糖浆浇在蛋糕表面，随后用焦糖杏仁片装饰蛋糕侧面。
放入冰箱冷藏保存，可随时取用装盘。

甘薯先生（Mister Patate）

20份
所需用具：
• 厨房温度计1个
• 装有8号裱花嘴的裱花袋1个
准备时间：1小时
烤制时间：10分钟

所需食材

用于制作手指饼干
• 蛋黄3个
• 糖60克
• 蛋清4个
• 玉米淀粉50克
• 面粉40克

用于制作红色果酱
• 覆盆子果泥200克
• 草莓果泥100克
• 转化糖浆20克
• 糖50克
• NH果胶8克
• 黄柠檬汁10克

用于制作黄油奶油
英式奶油
• 牛奶90毫升
• 蛋黄4个
• 细砂糖90克
• 黄油膏410克

意式蛋白霜
• 水30毫升
• 细砂糖130克
• 蛋清70克（约2个蛋清）

用于收尾工序
• 红色果酱100克
• 杏仁膏500克
• 糖霜200克
• 可可粉100克
• 白色糖面团100克
• 蓝色糖面团50克
• 红色糖面团50克

制作步骤

手指饼干
用装有打蛋头的糕点专用电动搅拌器将蛋黄和20克糖混合，搅拌直至蛋黄变为绵密的泡沫质地。
将剩余的糖加入蛋清中打发，随后用橡胶刮刀逐步加入过筛的玉米淀粉、打发的蛋黄和过筛的面粉。
烤箱预热至180℃。
将面糊倒入装有10号裱花嘴的裱花袋中。
在铺有硅胶垫的烤盘上挤出直径约3厘米的圆面团若干。
入烤箱烤制8～10分钟，直至面团上色。
自然冷却。

红色果酱
将果泥、柠檬汁和转化糖浆倒入小锅中加热至45℃。
将糖和NH果胶混合，随后加入小锅搅拌。煮沸后放好备用。

黄油奶油
英式奶油
将牛奶和一半的细砂糖倒入小锅中煮沸。
将剩余的细砂糖加入蛋黄打发，直至蛋黄变为白色。
将煮沸的牛奶倒入蛋黄中，用打蛋器搅拌均匀，随后将其倒回小锅继续加热至82℃，其间不停搅拌。
用糕点专用电动搅拌器打发混合好的食材，直至奶油冷却。
加入黄油膏。继续搅拌，直至奶油质地均匀细腻。

意式蛋白霜
将水和糖倒入小锅中加热至118℃。
加热至115℃时开始用糕点专用电动搅拌器打发蛋清。温度到达118℃后，关火加入打发的蛋白，中速打发直至冷却。
最后用橡胶刮刀将意式蛋白霜加入黄油奶油中。

组合食材
用球形小勺将圆形手指饼的中心挖空。
将黄油奶油倒入装有8号裱花嘴的裱花袋中，将黄油奶油挤入一半的圆形手指饼中。
用同样的方式将红色果酱挤入剩余的圆形手指饼干中。
将两种圆形手指饼两两组合成球形。
将剩余的红色果酱加热，涂抹在球形饼干表面。
将杏仁膏擀成厚度为2毫米的面饼。将面饼切割成足够的大小，以包裹球形饼干。
用锯齿刀切掉多余的杏仁面饼，用手将球形饼搓成漂亮的椭圆形。在椭圆形手指饼表面裹一层可可粉。
用糖面团制作甘薯先生的其他部分，粘贴组合。

达克瓦兹蛋糕（Dacquoise aux amandes）

杏仁达克瓦兹蛋糕（Dacquoise aux amandes）

可制作900克
• 3厘米×12厘米的椭圆形镂空模具1组

准备时间：20分钟

烤制时间：6 ～ 8分钟

所需食材

• 蛋清10个
• 细砂糖125克
• 面粉55克
• 杏仁粉240克
• 糖霜190克

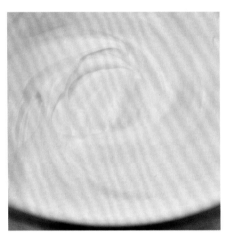

将蛋清打发至质地紧实，其间逐步加入细砂糖。

将面粉、杏仁粉和糖霜混合后过筛。

用橡胶刮刀逐步将过筛的食材加入打发好的蛋白中。

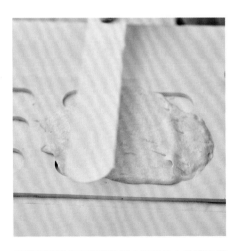

用鹅颈刮刀将面糊装进铺在硅胶垫上的镂空模具中，制成达克瓦兹蛋糕。

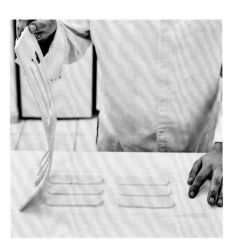

小心脱模。

将成形的蛋糕面糊放入预热180℃的烤箱烤制6 ～ 8分钟。

埃迪小贴士

请使用室温食材制作达克瓦兹蛋糕。

榛子达克瓦兹蛋糕（Dacquoise aux noisettes）

12份
所需用具：
- 装有10号裱花嘴的裱花袋1个
- 13厘米×5厘米的椭圆形硅胶模具12个
- 糖用温度计1个

准备时间：40分钟
静置时间：3小时
烤制时间：8～10分钟

所需食材

用于制作榛子达克瓦兹蛋糕
- 面粉27克
- 杏仁粉75克
- 榛子粉45克
- 糖霜95克
- 蛋清5个
- 糖75克

用于制作红色果酱
- 覆盆子果肉200克
- 草莓果肉100克
- 黄柠檬汁10毫升
- 转化糖浆20克
- 糖50克
- NH果胶8克

用于制作杏仁尚蒂伊奶油
- 淡奶油（脂肪含量35%）300毫升
- 马斯卡彭奶酪150克
- 巴旦杏仁糖浆45毫升

用于收尾工序
- 中性蛋糕淋面50克
- 草莓12颗
- 覆盆子12颗
- 杏仁12颗

制作步骤

榛子达克瓦兹蛋糕
将面粉、杏仁粉、榛子粉和糖霜混合后过筛。
在蛋清中逐步加入糖打发，直至蛋白质地紧实。用刮刀逐步加入过筛的食材。
烤箱预热至165℃（温度调至5—6挡）。
将达克瓦兹蛋糕面糊装入裱花袋。
将面糊挤入硅胶模具，液面距离模具边缘5毫米。
入烤箱烤制8～10分钟，不要脱模。

红色果酱
将果肉、柠檬汁和转化糖浆倒入小锅中加热至45℃。
将糖和果胶混合后加入锅中，煮沸后放好备用。
加入2滴糖果香精。
在每个达克瓦兹蛋糕表面薄涂一层果酱。
放入冰箱冷藏1小时后脱模。

杏仁尚蒂伊奶油
将3种食材混合。
制作蛋糕时用打蛋器打发。

组合食材
在制作达克瓦兹蛋糕的模具中涂抹一层厚度为5毫米的杏仁尚蒂伊奶油。
将达克瓦兹蛋糕放入模具，红色果酱一面朝下。
放入冰箱冷冻2小时。
在小锅中加热融化中性蛋糕淋面。
将达克瓦兹蛋糕脱模，用小刷子在蛋糕表面刷一层淋面，随后用草莓、覆盆子和切开的杏仁装饰。

埃迪小贴士

将蛋白打发至质地紧实，但不要变脆。
您可以先将果仁粉炒制一遍，这样可以使糕点口感更丰富，风味更独特。

酥脆坚果达克瓦兹蛋糕（Dacquoise croustillantes au praliné）

30 ～ 40份
所需用具：
• 8厘米 ×4厘米的长方形镂空模具1组
• 硅胶垫1张
准备时间：**20分钟**
烤制时间：**7分钟**

所需食材

• 融化黄油12克
• 杏仁粉90克
• 糖霜50克
• 蛋清60克（2个蛋清）
• 糖35克
• 面粉40克

用于收尾工序
• 山核桃仁50克
• 糖衣果仁碎
• 榛子
• 椰蓉
• 巧克力碎
• 糖纸

制作步骤

将去皮的榛子、山核桃和糖衣果仁切碎，放好备用。
烤箱预热至150℃（温度调至5挡）。
将面粉、杏仁粉和糖霜混合后过筛。
在蛋清中逐步加入糖打发，直至蛋白质地紧实。用橡胶刮刀在蛋白中逐步加入过筛的食材。
用鹅颈刮刀将面糊装进铺在硅胶垫上的镂空模具中，制成达克瓦兹蛋糕。
在蛋糕表面分别撒上山核桃碎、糖衣果仁碎、榛子碎、椰蓉和巧克力碎。
入烤箱烤制5 ～ 7分钟。

收尾工序

出烤箱后立即将一部分达克瓦兹蛋糕脱模，撒上糖衣榛子（参照第534页），并将蛋糕卷起来，用糖纸包好。
在其余达克瓦兹蛋糕的表面撒上糖衣果仁（可自制或市场购买）。

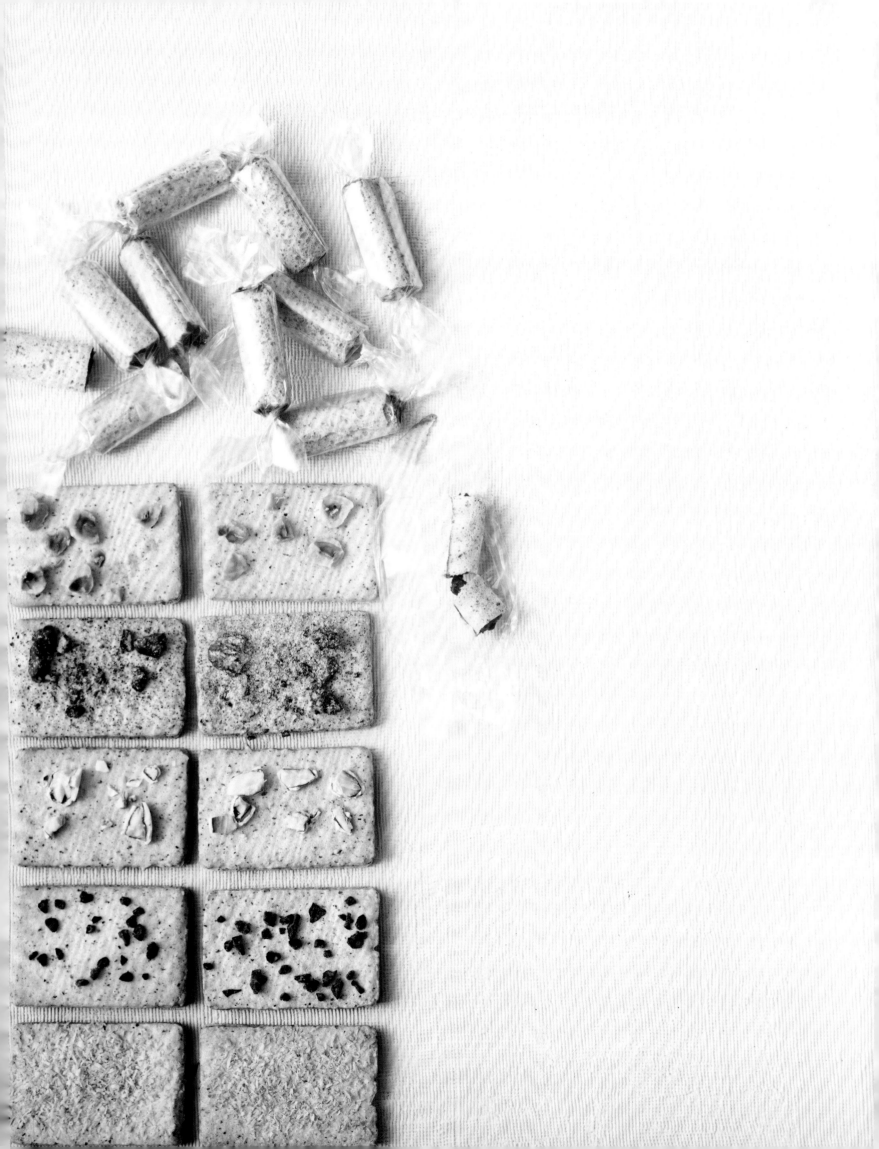

榛子白巧克力草莓蛋糕 (Fraisier à la noisette et au chocolat blanc)

6 ～ 8人份
所需用具:
· 20厘米×20厘米的不锈钢框架模具1个
准备时间: 2小时
烤制时间: 10 ～ 12分钟

所需食材

用于制作榛子达克瓦兹蛋糕
· 蛋清160克 (10 ～ 11个蛋清)
· 细砂糖60克
· 糖霜95克
· 杏仁粉75克
· 榛子粉45克
· 面粉25克

用于制作白巧克力青柠慕斯
· 牛奶90毫升
· 香草荚½根
· 糖9克
· 蛋黄1个
· 奶油粉6克
· 吉利丁片5克 (2.5片)
· 白巧克力90克
· 淡奶油 (脂肪含量35%) 215克
· ½个青柠檬的皮

草莓
· 草莓500克

用于装饰
· 杏仁膏 (杏仁粉含量22%) 150克
· 草莓5个
· 覆盆子5个

制作步骤

榛子达克瓦兹蛋糕
将面粉、杏仁粉、榛子粉和糖霜混合后过筛。将蛋清打发, 其间逐步加入细砂糖。
将蛋白打发至质地紧实, 用刮刀逐步加入过筛的食材。
烤箱预热至165℃。
将面糊涂抹在铺有硫酸纸的烤盘上。
入烤箱烤制10 ～ 12分钟。将蛋糕放在烤架上自然冷却。

白巧克力青柠慕斯
将吉利丁片放在冷水中浸透。
用装有打蛋头的糕点专用电动搅拌器将淡奶油打发至慕斯质地。
将牛奶、一半的糖和剖开的香草荚倒入小锅中煮沸。
将剩余的糖加入蛋黄中, 在碗中打发至白色。加入奶油粉, 搅拌直至质地光滑, 避免结块。
将蛋黄和牛奶混合后加热, 制成卡仕达奶油。
将热卡仕达奶油倒入切碎的白巧克力中, 随后加入沥干水的吉利丁片。用搅拌器搅拌均匀。
加入青柠檬皮, 逐步加入打发成慕斯质地的奶油。搅拌均匀后放好备用。

组合食材
将不锈钢框架模具放在硅胶垫上。在模具中放1片方形达克瓦兹蛋糕。
将草莓洗净去梗。在模具中倒入一半的白巧克力青柠慕斯, 随后将整颗草莓插入慕斯。
将巧克力慕斯抹在草莓上 (保留一部分慕斯用于收尾工序)。
用刮刀将巧克力慕斯抹平, 放入第二片达克瓦兹蛋糕。将剩余巧克力慕斯抹在蛋糕表面。
放入冰箱冷藏约2小时。
将杏仁膏擀成厚度为1.5毫米的面饼。
将草莓蛋糕脱模。将杏仁面饼切割成与蛋糕尺寸相同的方形面饼, 放在蛋糕表面。
用草莓和覆盆子装饰。
放入冰箱冷藏保存, 可随时取用装盘。

埃迪小贴士

白巧克力慕斯能让草莓蛋糕的质地更加松软轻盈。

巧克力蛋糕（Biscuit au chocolat sans farine）

无面粉巧克力蛋糕（Biscuit au chocolat sans farine）

可制作450克
所需用具：
• 40厘米×30厘米的硅胶垫1张
• 鹅颈刮刀1个
• 不锈钢框架模具1把

准备时间：20分钟

所需食材
• 细砂糖160克
• 可可粉50克
• 蛋清150克（5个蛋清）
• 蛋黄100克（5个蛋黄）

将110克细砂糖和可可粉混合。
烤箱预热至160℃（温度调至5—6挡）。
将剩余的细砂糖和蛋清混合，用装有打蛋头的
糕点专用电动搅拌器打发至质地紧实。

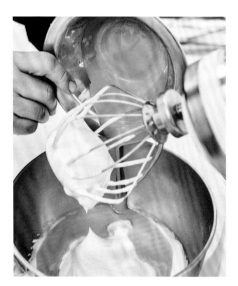

用橡胶刮刀逐步加入蛋黄。

逐步加入细砂糖和可可粉的混合物。

用鹅颈刮刀将面糊均匀涂抹在铺有硅胶垫的工
作台上。

用不锈钢框架模具切割面糊，在面糊上挤入甘
纳许奶油。

用刮刀抹平蛋糕表面，放入冰箱冷藏保存。

牛奶巧克力甘纳许蛋糕（Biscuit au chocolat et ganache au chocolat au lait）

18个
所需用具：
• 直径6厘米的圆形模具1个
• 直径6厘米×高2厘米的硅胶模具18个
• 硅胶垫1张
准备时间：1小时30分钟
静置时间：2小时
烤制时间：8分钟

所需食材

用于制作无面粉巧克力蛋糕（参照第218页）

用于制作黑色蛋糕淋面（参照第558页）

用于制作牛奶巧克力巴伐利亚蛋糕（参照第454页）

用于组合食材
• 食用金箔

制作步骤

无面粉巧克力蛋糕
制作无面粉巧克力蛋糕（参照第218页）。
烤箱预热至165℃（温度调至5—6挡）。
将面糊均匀涂抹在铺有硅胶垫的烤盘上。
入烤箱烤制8分钟，在烤架上自然冷却后脱模。
用圆形模具将巧克力蛋糕切割成12个直径6厘米的圆蛋糕片，放好备用。

黑色蛋糕淋面
制作黑色蛋糕淋面（参照第558页），室温保存。

牛奶巧克力巴伐利亚蛋糕
制作牛奶巧克力巴伐利亚蛋糕（参照第454页）。
将面糊倒入硅胶模具，液面距离模具边缘5毫米。
在每个模具内放1片无面粉巧克力蛋糕。
放入冰箱冷藏2小时。

组合食材
冷藏后脱模，将牛奶巧克力甘纳许蛋糕放在烤架上，烤架下放一个盘子。
在蛋糕表面浇一层黑色蛋糕淋面。轻轻抖动烤架，去掉多余的淋面。
在表面装饰1片食用金箔，放入冰箱冷藏保存，可随时取用装盘。

巧克力软蛋糕 (Tarte fondante au chocolat)

6 ～ 8人份
所需用具:
• 硅胶垫1张
• 27厘米×9厘米的方形硅胶模具1个
准备时间: 1小时30分钟
静置时间: 1小时
烤制时间: 20分钟

所需食材

用于制作无面粉巧克力松饼 (参照第218页)

用于制作巧克力酥饼
• 糖霜85克
• 杏仁粉25克
• 软化黄油130克
• 盐2克
• 鸡蛋1个
• 面粉195克
• 可可粉15克

用于制作青柠甘纳许
• 淡奶油115克
• 转化糖浆10克
• 黑巧克力 (可可含量64%) 215克
• 牛奶巧克力130克
• 青柠檬汁80克
• 青柠檬皮5克
• 黄油60克

用于组合食材
• 黑色蛋糕淋面 (参照第558页)
• 巧克力装饰 (参照第537页)

制作步骤

无面粉巧克力松饼
制作无面粉巧克力松饼 (参照第218页)
烤箱预热至165℃ (温度调至5—6挡)。
将面糊涂抹在铺有硅胶垫的烤盘上。
入烤箱烤制8分钟,自然冷却后小心脱模。
将松饼切割成27厘米×9厘米的长方形,放好备用。

巧克力酥饼
制作巧克力酥饼。将糖霜过筛,加入杏仁粉、黄油和盐。加入鸡蛋、过筛的面粉和可可粉。
用保鲜膜将酥饼盖好,放入冰箱冷藏1小时。
烤箱预热至160℃ (温度调至5—6挡)。
将酥性面团擀成厚度为2毫米的面饼,切割为30厘米×10厘米的长方形。
入烤箱烤制10 ～ 12分钟,在烤架上自然冷却。

巧克力装饰
制作巧克力装饰造型 (参照第537页)。

黑色蛋糕淋面
制作黑色蛋糕淋面 (参照第558页)。
室温保存备用。

青柠甘纳许
制作青柠甘纳许。
将甘纳许倒入长方形硅胶模具中。
液面高度距离模具边缘5毫米。
将无面粉巧克力松饼放入模具中。
放入冰箱冷藏1小时。

组合食材
将巧克力软蛋糕脱模放在烤架上,烤架下方摆放一个盘子,在蛋糕表面浇一层黑色蛋糕淋面。轻轻抖动烤架,抖掉多余的淋面,随后将巧克力软蛋糕放在巧克力酥饼上。
将黑巧克力藤蔓造型装饰在蛋糕表面。
放入冰箱冷藏保存,可随时取用装盘。

埃迪小贴士

在巧克力酥饼上涂抹一层柠檬果酱,能让巧克力的味道更浓郁。

覆盆子巧克力蛋糕（Chocolat framboise）

6～8人份
所需用具：
• 硅胶垫1张
• 温度计1个
准备时间：1小时30分钟
静置时间：2小时
烤制时间：10分钟

所需食材

用于制作无面粉巧克力松饼
• 糖160克
• 可可粉50克
• 蛋清160克（5.5个蛋清）
• 蛋黄100克（5个蛋黄）

用于制作覆盆子果酱
• 覆盆子果泥300克
• 黄柠檬汁10毫升
• 转化糖浆20克
• 糖50克
• NH果胶8克

用于制作巧克力甘纳许
• 覆盆子果肉250克
• 转化糖浆106克
• 黑巧克力（可可含量70%）355克
• 黄油100克

用于收尾工序
• 巧克力装饰（参照第537页）
• 覆盆子若干

用于制作歌剧院蛋糕淋面
• 黑色蛋糕淋面270克
• 黑巧克力（可可含量70%）75克
• 葵花籽油60毫升

制作步骤

无面粉巧克力松饼
烤箱预热至160℃（温度调至5—6挡）。
将110克糖和可可粉混合。
将剩余的糖和蛋清混合，用打蛋器打发，直至蛋白质地紧实。用刮刀在蛋白中逐步加入蛋黄及糖和可可粉的混合物。
将面糊涂抹在铺有硅胶垫的烤盘上。
入烤箱烤制10分钟。
自然冷却，将巧克力松饼切成大小相等的5块。
放好备用。

覆盆子果酱
将果泥、柠檬汁和转化糖浆倒入小锅中加热至45℃。
将糖和NH果胶混合。
将糖和NH果胶混合物加入锅中煮沸，其间不停搅拌。
放好备用。

巧克力甘纳许
将果肉和转化糖浆倒入小锅中加热。
将巧克力切碎，取一部分倒入加热好的液体中，从内到外画圈搅拌均匀。
加入剩余的巧克力碎，搅拌均匀。
加入切成块的黄油，搅拌均匀。
室温保存。

组合食材
将覆盆子果酱涂抹在每块松饼表面。
将一块涂有覆盆子果酱的松饼放在烘焙纸上，涂抹一层巧克力甘纳许，随后重复上述步骤，将涂有覆盆子果酱和巧克力甘纳许的松饼叠放。
放入冰箱冷藏1小时。

装饰
将糕点放在烤架上，将剩余的甘纳许浇在糕点表面。放入冰箱冷藏1小时。
冷藏后表面再浇一层歌剧院蛋糕淋面。
用巧克力造型在蛋糕表面装饰（参照第537页）。

埃迪小贴士

您可以将覆盆子果酱替换为桑葚覆盆子果酱，也可以用茶香甘纳许替代巧克力甘纳许。果酱和甘纳许可提前1天制作。

泡芙蛋糕卷（Biscuit pâte à choux）

泡芙蛋糕卷（Biscuit pâte à choux）

可制作345克蛋糕卷1份
所需用具：
- 30厘米×40厘米的硅胶垫1张
- 鹅颈刮刀1个

准备时间：30分钟
烤制时间：10 ～ 12分钟

所需食材

- 全脂牛奶70毫升
- 室温黄油50克
- 过筛T55面粉70克
- 蛋黄4个
- 全蛋1个
- 蛋清4个
- 细砂糖60克

烤箱预热至155℃（温度调至5—6挡）。将牛奶和切成块的黄油倒入小锅中煮沸。

将小锅从炉上移开，一次性加入面粉，随后放回炉上用刮刀快速搅拌2 ～ 3分钟，让面团脱水。

将面团倒入大碗，用装有打蛋头的糕点专用电动搅拌器继续搅拌1分钟，随后逐步加入蛋黄和全蛋，搅拌均匀。

将蛋清和细砂糖混合，用装有打蛋头的糕点专用电动搅拌器打发至紧致且可以拉出尖角。将一部分打发的蛋白加入面团中搅拌均匀。

用橡胶刮刀将剩余蛋白加入面团。

搅拌直至面团质地均匀。

将面糊用鹅颈刮刀涂抹在铺有硅胶垫的烤盘上，表面刮平。入烤箱烤制10～12分钟。

出烤箱后，用裱花袋将栗子奶油以平行的条状挤在蛋糕表面。

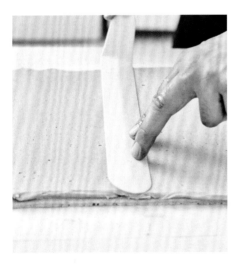

用鹅颈刮刀将松饼表面的栗子奶油抹平。

将蛋糕卷起，用烘焙纸轻轻挤压，让蛋糕卷紧实并且保持外形规整。

埃迪小贴士
松饼蛋糕卷的质地非常柔软，不需要表面浇汁。

水果夏洛特（Charlottes aux fruits）

12份

所需用具：

- 硅胶垫1张
- 裱花袋1个
- 塑料慕斯围边1张
- 直径6厘米×高6厘米的不锈钢圆形模具12个

准备时间：1小时

静置时间：24小时

烤制时间：10～12分钟

所需食材

用于制作蛋糕基底

- 全脂牛奶70毫升
- 黄油50克
- 面粉70克
- 蛋黄4个
- 全蛋1个
- 蛋清4个
- 糖25克
- 红色食用色素2滴

用于制作红色果酱

- 覆盆子果泥200克
- 草莓果泥100克
- 黄柠檬汁10毫升
- 转化糖浆20克
- 糖50克
- NH果胶8克

用于制作草莓奶油（需提前1天制作）

- 吉利丁片6克（3片）
- 淡奶油（脂肪含量35%）100毫升
- 白巧克力125克
- 马斯卡彭奶酪100克
- 草莓果肉150克
- 糖果香精3克

用于组合食材

- 草莓12颗
- 覆盆子12颗
- 醋栗12颗
- 软糖12块

制作步骤

蛋糕基底

烤箱预热至155℃（温度调至5—6挡）。

将牛奶和黄油倒入小锅中煮沸。

将小锅从炉上移开，加入过筛的面粉，随后放回炉上搅拌2～3分钟，让面团脱水。

将面团倒入大碗，用装有打蛋头的糕点专用电动搅拌器继续搅拌1分钟，随后逐步加入蛋黄和全蛋，搅拌均匀。

将蛋清和糖混合后打发，随后加入食用色素。用刮刀将打发的蛋白加入面团中搅拌均匀。

将面糊倒在硅胶垫上，用刮刀抹平。

入烤箱烤制10～12分钟。

将烤好的蛋糕放在烘焙纸上，自然冷却。

用模具切割出12个6厘米宽的条状蛋糕和12个直径6厘米的圆形蛋糕。

红色果酱

将果泥、柠檬汁和转化糖浆倒入小锅中加热至45℃。将糖和NH果胶混合，加入锅中，煮沸后放好备用。

草莓奶油（需提前1天制作）

将吉利丁片在冷水中浸透。

将淡奶油加热，倒入切碎的白巧克力，加入沥干水的吉利丁片。

加入马斯卡彭奶酪、草莓果肉和糖果香精，搅拌均匀后放入冰箱冷藏保存。

第2天，用打蛋器将混合物打发至慕斯质地。

将草莓奶油装入塑料裱花袋中。

组合食材

沿圆形模具内壁装入一圈塑料慕斯围边。

将条状蛋糕沿模具内壁装入。

在模具底部放一块圆形蛋糕。

在松饼上挤入草莓奶油，液面高度距离模具上缘1.5厘米。

加入一层红色果酱，脱模，去掉塑料慕斯围边。

在夏洛特蛋糕表面装饰红色水果（草莓、覆盆子、醋栗）和1颗软糖。

放入冰箱冷藏保存，可随时取用装盘。

栗子蛋糕卷 (Biscuit roulé aux marrons)

6 ～ 8人份

所需用具：
• 温度计1个
• 硅胶垫1张

准备时间：45分钟
静置时间：1小时

所需食材

用于制作蛋糕基底 (参照第226页)

用于制作栗子慕斯
• 吉利丁片4克 (2片)
• 栗子奶油92克
• 栗子膏92克
• 威士忌6毫升
• 30° B糖浆45克 (50克糖+50克水)
• 蛋黄30克 (3个)
• 淡奶油 (脂肪含量35%) 280毫升

用于组合食材
• 栗子奶油200克
• 冰糖栗子若干

制作步骤

蛋糕基底 (参照第226页)

栗子慕斯
将吉利丁片在冷水中浸透，沥干水。
将栗子奶油、栗子膏和威士忌混合。
制作30° B糖浆：将糖和水混合后煮沸。
将30° B糖浆和蛋黄混合后小火加热至80℃。
用装有打蛋头的糕点专用电动搅拌器将淡奶油打发至冷却，制成萨芭雍奶油。
用微波炉融化吉利丁片，和一部分萨芭雍奶油混合均匀，随后加入剩余奶油。
将栗子膏和打发的奶油混合。

组合食材
将栗子慕斯装入裱花袋，以平行的条状挤在蛋糕表面。
用鹅颈刮刀将蛋糕表面的栗子慕斯抹平。
将蛋糕卷起，用烘焙纸轻轻挤压，让蛋糕卷紧实规整。
用冰糖栗子碎装饰。
放入冰箱冷藏保存，可随时取用装盘。

荷包蛋松塔（Comme un œuf au plat）

8份
所需用具：
- 直径2厘米的半球形硅胶模具8个
- 硅胶垫1张
- 直径10厘米的蛋挞模具8个
- 温度计1个

准备时间：2小时
烤制时间：10 ～ 12分钟
静置时间：3小时

所需食材

用于制作梨肉柑橘果冻
- 柑橘果肉200克
- 梨肉100克
- 吉利丁片4克（2片）

用于制作橙子柑橘果酱
- 糖渍橙子125克
- 糖渍柑橘125克
- 百香果果泥100克
- 柑橘果泥25克

用于制作松塔基底
- 全脂牛奶70毫升
- 室温黄油50克
- 过筛T55面粉70克
- 蛋黄4个
- 全蛋1个
- 蛋清4个
- 糖25克

用于制作低脂柠檬柑橘慕斯
- 吉利丁片4克（2片）
- 牛奶70毫升
- 白巧克力（可可含量35%）130克
- 黄柠檬汁25毫升
- 柑橘果肉25克
- 淡奶油（脂肪含量35%）250毫升

用于组合食材
- 椰蓉
- 菠萝叶
- 中性蛋糕淋面

制作步骤

梨肉柑橘果冻

将吉利丁片在冷水中浸透。
沥干水。加热梨肉，加入吉利丁片。搅拌均匀后加入柑橘果肉。
将混合好的食材倒入半球形硅胶模具中。
放入冰箱冷藏2小时以上。

橙子柑橘果酱

将所有食材放入碗中混合均匀，盖上保鲜膜，放入微波炉加热8分钟。
搅拌均匀，放好备用。

松塔基底

将牛奶和切成块的黄油倒入小锅中煮沸。将小锅从炉上移开，一次性加入面粉，放回炉上用刮刀快速搅拌2 ～ 3分钟，让面团脱水。
将面团倒入碗中。用装有打蛋头的糕点专用电动搅拌器继续搅拌1分钟，随后逐步加入蛋黄和全蛋，搅拌均匀。
烤箱预热至155℃（温度调至5—6挡）。
将蛋清和糖混合，用装有打蛋头的糕点专用电动搅拌器打发至紧致且可以拉出尖角。
用橡胶刮刀将打发的蛋白逐步加入面团。
将面糊倒在铺有硅胶垫的烤盘上，用刮刀抹平。
入烤箱烤制10 ～ 12分钟。
在烤架上自然冷却，随后将橙子柑橘果酱涂抹在松塔表面。

低脂柠檬柑橘慕斯

将吉利丁片在水中浸透，沥干水。
将牛奶倒入小锅中煮沸，加入吉利丁片搅拌均匀，随后将热牛奶倒入切碎的巧克力中。
加入柠檬汁和柑橘果肉。
用打蛋器打发淡奶油，待巧克力和果肉混合物的温度冷却至35℃，加入打发的奶油。

组合食材

将松塔基底切成条状的面饼，面饼宽度需和蛋挞模具高度一致。将条状面饼沿模具内壁装入。
模具中间放入一个半球形梨肉柑橘果冻，平滑一面朝下。
将低脂柠檬柑橘慕斯倒入模具，液面高度与模具外沿平齐，放入冰箱冷冻1小时后脱模。
表面浇一层中性蛋糕淋面。
在点心侧面撒一层椰蓉，用一小片菠萝叶在表面装饰。

法式杏仁海绵蛋糕（Biscuit Joconde）

法式杏仁海绵蛋糕（Biscuit Joconde）

可制作850克
所需用具：
- 30厘米×40厘米的硅胶垫1张
- 鹅颈刮刀

准备时间：20分钟
烤制时间：8 ～ 10分钟
静置时间：45分钟

所需食材
- 全蛋4个
- 蛋清8个
- 糖霜130克

- 杏仁粉130克
- 面粉40克
- 黄油40克
- 细砂糖70克

用装有打蛋头的糕点专用电动搅拌器将鸡蛋、糖霜和杏仁粉混合，搅拌直至鸡蛋体积膨大1倍。

用橡胶刮刀逐步加入面粉。

将黄油融化。将1/3的鸡蛋、糖霜、杏仁粉和面粉的混合物倒入黄油中，随后加入所有混合好的食材，用电动搅拌器搅拌均匀。

烤箱预热至220℃（温度调至6—7挡）。将蛋清和细砂糖混合，打发至质地紧实，可拉出尖角。

用橡胶刮刀将打发的蛋白和面团混合。

用鹅颈刮刀将面糊均匀涂抹在铺有硅胶垫的烤盘上。
入烤箱烤制8 ～ 10分钟。出烤箱后，将海绵蛋糕移到铺有烘焙纸的烤架上。

歌剧院蛋糕组装步骤（Le montage de l'Opéra）

在杏仁海绵蛋糕中切割出3个正方形。
将方形海绵蛋糕浸入咖啡酱汁中。

在第一片海绵蛋糕上涂抹一层咖啡奶油，放入
冰箱冷藏15分钟。

上方摆放第二片海绵蛋糕。
浸入过咖啡酱汁后，在表面涂抹一层黑巧克力
奶油，放入冰箱冷藏15分钟。

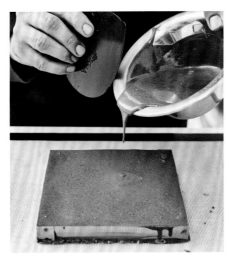

上方摆放第三片海绵蛋糕，浸入过咖啡酱汁
后，在表面涂抹一层咖啡奶油，放入冰箱冷藏
15分钟。
在蛋糕表面浇一层歌剧院蛋糕淋面，放入冰箱
冷藏保存至食用。

歌剧院蛋糕（Opéra）

12人份
所需用具：
- 22厘米×22厘米的不锈钢框架模具1个
- 硅胶垫1张

准备时间：1小时30分钟
静置时间：45分钟
烤制时间：6分钟

所需食材

用于制作咖啡杏仁海绵蛋糕
- 糖霜112克
- 杏仁粉112克
- 鸡蛋3个
- 蛋清100克（3.5个）
- 糖18克
- 蛋白粉1克
- 核桃油4毫升
- 咖啡浓缩液25毫升（或速溶咖啡）
- 面粉30克

用于制作咖啡酱汁
- 水260毫升
- 咖啡粉50克
- 30° B糖浆75毫升

用于制作咖啡奶油
- 咖啡豆50克
- 淡奶油（脂肪含量35%）177毫升
- 牛奶177毫升
- 吉利丁片4克（2片）
- 咖啡粉43克
- 蛋黄85克（4个）
- 糖36克
- 牛奶巧克力（Jivara牌）141克
- 黄油113克

用于制作巧克力奶油
- 牛奶114毫升
- 淡奶油（脂肪含量35%）114毫升
- 蛋黄45克（2个）
- 糖22克
- 黑巧克力（Alpaco牌）114克

用于制作歌剧院蛋糕淋面
- 蛋糕淋面270克
- 黑巧克力（可可含量70%）75克
- 葵花籽油60毫升

制作步骤

咖啡杏仁海绵蛋糕
用糕点专用电动搅拌器将糖霜、杏仁粉和鸡蛋混合。
将蛋清、糖和蛋白粉混合，用糕点专用电动搅拌器打发。
将核桃油、浓缩咖啡液和面粉加入糖霜、杏仁粉和鸡蛋的混合物中，随后逐步加入打发的蛋白。
烤箱预热至220℃（温度调至7—8挡）。
将面糊均匀地涂抹在铺有硅胶垫的烤盘上，入烤箱烤制5～6分钟。将蛋糕放在烤架上自然冷却。

咖啡酱汁
将水煮沸。关火，倒入咖啡粉浸泡10分钟。
过滤，将液体重新称重。若重量不足可根据需要补充水分，随后加入30° B糖浆。

咖啡奶油
提前24小时将咖啡豆放入装有淡奶油和牛奶的密封容器中浸泡。
将吉利丁片在冷水中浸透。
将奶油和牛奶过滤后加热，随后加入咖啡粉浸泡10分钟，再次过滤并称重。若重量不足可根据需要补充牛奶和奶油。
将过滤好的牛奶和奶油倒入小锅中煮沸。
将蛋黄和糖在碗中混合，随后倒入小锅加热至82℃，其间不停搅拌。
关火，加入沥干水的吉利丁片，随后逐步加入巧克力。待液体温度冷却至40℃，加入黄油，用搅拌器搅拌均匀。
盖上保鲜膜，放入冰箱冷藏保存。

巧克力奶油
将牛奶和淡奶油倒入小锅中煮沸。
将蛋黄和糖混合，随后参照制作咖啡奶油的步骤制成英式奶油。
将奶油倒入黑巧克力中，制成巧克力甘纳许。

歌剧院蛋糕淋面
水浴法以37℃加热所有食材，将所有食材融化。

组合食材
用不锈钢框架模具在海绵蛋糕中切割出三个正方形。
将方形海绵蛋糕浸入咖啡酱汁中。
在第一片海绵蛋糕上涂抹咖啡奶油，放入冰箱冷藏15分钟。
在上方摆放第二片方形海绵蛋糕，表面涂抹巧克力奶油。放入冰箱冷藏15分钟。
在上方摆放第三片方形海绵蛋糕，浸入过咖啡酱汁后，在表面涂抹一层咖啡奶油。放入冰箱冷藏15分钟。
在蛋糕表面浇一层歌剧院蛋糕淋面。放入冰箱冷藏保存，可随时取用装盘。

开心果覆盆子歌剧院蛋糕（Opéra pistache-framboise）

12人份
所需用具：
- 硅胶垫1张
- 温度计1个

准备时间：1小时
静置时间：2小时
烤制时间：8分钟

所需食材

用于制作杏仁海绵蛋糕
- 鸡蛋2个
- 糖霜65克
- 杏仁粉65克
- 面粉20克
- 黄油20克
- 蛋清4个
- 糖35克

用于制作覆盆子果酱
- 覆盆子果泥300克
- 黄柠檬汁10毫升
- 转化糖浆20克
- 糖50克
- NH果胶8克
- 黄油35克

用于制作开心果奶油
英式奶油
- 牛奶45毫升
- 糖45克
- 蛋黄2个
- 黄油205克
- 开心果膏20克

意式蛋白霜
- 水15毫升
- 糖65克
- 蛋清1个

用于制作白巧克力甘纳许
- 淡奶油（脂肪含量35%）120毫升
- 转化糖浆45克
- 白巧克力（可可含量35%）322克
- 黄油67克

用于装饰
- 开心果50克
- 巧克力片

制作步骤

杏仁海绵蛋糕
烤箱预热至220℃（温度调至6—7挡）。
将鸡蛋、糖霜和杏仁粉混合，用装有打蛋头的糕点专用电动搅拌器打发。
逐步加入面粉，将黄油融化，将一部分混合好的食材倒入融化的黄油中，搅拌均匀后加入剩余混合好的食材，用电动搅拌器搅拌均匀。
将蛋清和糖混合，用打蛋器打发，随后将打发好的蛋白加入面团中。
将面糊涂抹在铺有硅胶垫的烤盘上，入烤箱烤制8分钟。

覆盆子果酱
将果泥、柠檬汁和转化糖浆倒入小锅中加热至45℃。
将糖和NH果胶混合，倒入小锅中。
煮沸后关火，加入黄油，放好备用。

开心果奶油
英式奶油
将牛奶和一半的糖倒入小锅中煮沸。
将剩余的糖和蛋黄混合，打发至蛋黄变为白色。
将煮沸的牛奶倒入蛋黄中，用打蛋器搅拌均匀，随后倒回锅中继续加热至82℃，其间不停搅拌。
将做好的英式奶油倒入碗中，用糕点专用电动搅拌器打发至冷却。
加入黄油，继续搅拌，直至奶油质地均匀细腻。
最后加入开心果膏。

意式蛋白霜
将水和糖倒入小锅中煮沸，加热至118℃。
糖水加热至115℃时开始打发蛋白。当糖水温度达到118℃，将糖水加入蛋白中，以中速不停搅拌至冷却。
将做好的意式蛋白霜和英式奶油混合。

白巧克力甘纳许
将淡奶油和转化糖浆倒入小锅中煮沸。
用水浴法融化巧克力。
将⅓的热奶油倒入巧克力中，用橡胶刮刀从内向外画圈搅拌均匀。
逐步加入剩余的奶油，其间不停搅拌，直至奶油质地光滑而均匀。
加入切成小块的黄油，用搅拌器搅拌均匀，注意不要混入气泡。
室温保存。

组合食材
将海绵蛋糕横向切割成五等份。
用鹅颈刮刀在其中2片蛋糕上涂抹覆盆子果酱，在另外2片蛋糕上涂抹开心果奶油。
将覆盆子果酱蛋糕和开心果奶油蛋糕交错叠放，最后在上方摆放1片海绵蛋糕。
放入冰箱冷藏1小时。
将蛋糕放在烤架上，表面浇一层白巧克力甘纳许，放入冰箱冷藏1小时。
在蛋糕侧面用整颗开心果装饰，表面装饰巧克力片。

可可榛子歌剧院蛋糕（Opéra choco-noisette）

12人份
所需用具：
• 硅胶垫1张
• 温度计1个
准备时间：1小时
静置时间：2小时
烤制时间：8分钟

所需食材

用于制作杏仁海绵蛋糕
• 鸡蛋2个
• 糖霜65克
• 杏仁粉65克
• 面粉20克
• 黄油20克
• 蛋清4个
• 糖35克

用于制作榛子甘纳许
• 吉利丁片3克（1.5片）
• 浓缩牛奶260毫升
• 转化糖浆25克
• 超苦巧克力75克
• 糖衣榛子90克
• 糖衣杏仁85克
• 榛子油35毫升

用于制作黄油奶油
英式奶油
• 牛奶45毫升
• 糖45克
• 蛋黄2个
• 黄油205克

意式蛋白霜
• 水15毫升
• 糖65克
• 蛋清1个

用于制作黑巧克力甘纳许
• 淡奶油（脂肪含量35%）120毫升
• 转化糖浆21克
• 黑巧克力（可可含量64%）165克
• 黄油40克

用于组合食材
• 榛子50克
• 巧克力片若干

制作步骤

杏仁海绵蛋糕
烤箱预热至220℃（温度调至6—7挡）。
用装有打蛋头的糕点专用电动搅拌器将鸡蛋、糖霜和杏仁粉混合搅拌。
逐步加入面粉，将黄油融化，将一部分混合好的食材倒入融化的黄油中搅拌均匀，随后加入所有鸡蛋、糖霜、杏仁粉和面粉的混合物，揉成面团。
将蛋清打发，加入面团中。
将面糊涂抹在铺有硅胶垫的烤盘上，入烤箱烤制8分钟。

榛子甘纳许
将吉利丁片在冷水中浸透。
将浓缩牛奶和转化糖浆混合后加热。
加入巧克力、沥干水的吉利丁片、糖衣榛子、糖衣杏仁和榛子油，搅拌均匀。

黄油奶油
英式奶油
将牛奶和一半的糖倒入小锅中煮沸。
将剩余的糖和蛋黄混合，打发至蛋黄变为白色。
将煮沸的牛奶倒入蛋黄中，用打蛋器搅拌均匀，随后倒回小锅中加热至82℃，其间不停搅拌，制成英式奶油。
用糕点专用电动搅拌器将英式奶油搅拌至冷却。
加入黄油，继续搅拌直至奶油质地均匀细腻。

意式蛋白霜
将水和糖倒入小锅中加热至118℃。
糖水加热至115℃时开始打发蛋清。当糖水温度达到118℃，将糖水加入蛋清中，以中速不停搅拌至冷却。
将做好的意式蛋白霜和黄油奶油混合。

黑巧克力甘纳许
将淡奶油和转化糖浆倒入小锅中煮沸。
小火融化巧克力。
将⅓的热奶油倒入巧克力中，用橡胶刮刀从内向外画圈搅拌均匀。
逐步加入剩余的奶油，其间不停搅拌，直至奶油质地光滑而均匀。
加入切成小块的黄油，用搅拌器搅拌均匀，注意不要混入气泡。室温保存。

组合食材
将海绵蛋糕横向切割成五等份。
用鹅颈刮刀在其中2片蛋糕上涂抹榛子甘纳许，在另外2片蛋糕上涂抹黄油奶油。
将榛子甘纳许蛋糕和黄油奶油蛋糕交错叠放，最后在上方摆放一片海绵蛋糕。
放入冰箱冷藏1小时。
将蛋糕放在烤架上，表面浇一层黑巧克力甘纳许，放入冰箱冷藏1小时。
在蛋糕侧面用榛子作装饰，表面装饰巧克力片。

挪威柠檬蛋糕（Omelette norvégienne citron）

8～10人份

所需用具：
- 硅胶垫1张
- 糖用温度计1个
- 裱花袋1个
- 直径18厘米×高12厘米的圆形模具1个
- 塑料慕斯围边1张

准备时间：20分钟+15分钟
静置时间：3小时
烤制时间：10分钟

所需食材

用于制作杏仁海绵蛋糕
- 鸡蛋4个
- 糖霜65克
- 杏仁粉65克
- 面粉20克
- 黄油20克
- 蛋清4个
- 糖35克

用于制作柠檬果酱
- 糖渍柠檬块200克
- 青苹果泥100克
- 柚子汁10毫升
- 百香果果肉10克
- 30° B糖浆20毫升

用于制作柠檬奶油
- 吉利丁片15克（7.5片）
- 牛奶160毫升
- 糖100克
- 鸡蛋300克（6个）
- 黄柠檬汁130毫升
- 青柠檬汁80毫升
- 1个青柠檬的皮
- 1个黄柠檬的皮
- 白巧克力（可可含量35%）260克
- 可可脂20克

用于制作意式蛋白霜
- 水45毫升
- 糖140克
- 蛋清3个

制作步骤

杏仁海绵蛋糕
用装有打蛋头的糕点专用电动搅拌器将鸡蛋、糖霜和杏仁粉混合搅拌，直至鸡蛋体积膨大1倍。用橡胶刮刀逐步加入面粉。
将黄油融化。
将⅓混合好的食材倒入融化的黄油中搅拌均匀，随后加入所有鸡蛋、糖霜、杏仁粉和面粉的混合物。
烤箱预热至180℃（温度调至6挡）。
将蛋清加糖打发，直至蛋白质地紧实，可以拉出尖角。
用橡胶刮刀将打发的蛋白加入面团中，搅拌均匀。
用鹅颈刮刀将面糊均匀涂抹在铺有硅胶垫的烤盘上。
入烤箱烤制8～10分钟。
出烤箱后，将海绵蛋糕移到铺有烘焙纸的烤架上，自然冷却。
将蛋糕切割出8个直径为16厘米的蛋糕饼。放好备用。

柠檬果酱
将所有食材倒入塑料或玻璃容器中混合，盖上保鲜膜，放入微波炉。
微波炉加热8分钟，其间不时搅拌。
搅拌直至食材质地光滑。
在8片蛋糕饼上分别涂抹少许果酱。

柠檬奶油
将吉利丁片在冷水中浸透。
将牛奶、糖、鸡蛋、柠檬汁和柠檬皮混合。
小火加热，不停搅拌加热至82℃。
加入沥干水的吉利丁片、白巧克力和可可脂。用搅拌器搅拌2分钟。将柠檬奶油放入冰箱冷藏保存。

意式蛋白霜
将水和糖倒入小锅中加热至118℃。
加热同时，用装有打蛋头的糕点专用电动搅拌器打发蛋清。将热糖浆加入打发的蛋白中，继续中速搅拌直至食材彻底冷却。

组合食材
沿圆形模具内壁装入一圈塑料慕斯围边。
在模具底部铺烘焙纸，将第一片涂有柠檬果酱的蛋糕饼放入模具。
表面用裱花袋挤一层柠檬奶油，随后放入第二片蛋糕饼。
重复上述步骤，放入剩余蛋糕饼。放入冰箱冷冻3小时。
将蛋糕脱模。用刮刀在表面和侧面涂抹意式蛋白霜。
用厨房喷枪将蛋白霜表面灼烧至上色。可立即食用。

千层酥皮

(Les pâtes feuilletées)

千层酥皮 (Pâtes feuilletées) ·· 242

衍生千层酥 (Feuilletage inversé) ··· 244

千层酥皮（Pâtes feuilletées）

经典千层酥（Feuilletage classique）

可制作1千克
准备时间：2小时
静置时间：10小时

所需食材

- 黄油94克
- 盖朗德盐（Guérande）15克
- 冷水280毫升
- T55面粉188克
- T45面粉435克
- 固态黄油500克

将黄油融化。
将盐和水混合。

将面粉和黄油、盐、水混合。
用糕点专用电动搅拌器搅拌至质地均匀。将生面团揉成方形，用保鲜膜将面团包好，放入冰箱冷藏2小时。

将固态黄油表面涂抹少许面粉，压成方形。在工作台上撒少许面粉，用擀面杖将生面饼擀成厚度约为1厘米的方形面饼。将黄油放在面饼中央。

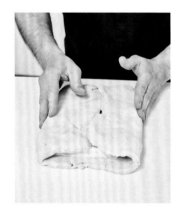

将生面饼边缘内折，做成方形。

用擀面杖将生面饼擀成长方形，长为宽的3倍。

像叠信封一样将面饼三折。

完成第一轮操作。

将生面饼旋转90度，擀成原来大小的长方形。

像刚才一样将面饼三折。

将面饼放入冰箱冷藏1小时。完成第二轮操作。

用擀面杖将生面饼擀成长方形，长为宽的3倍。

像叠信封一样将面饼三折。

完成第三轮操作。
重复上述步骤，完成第四轮操作，将面饼放入冰箱冷藏24小时。
重复上述步骤，完成第五轮和第六轮操作。
将面饼放入冰箱冷藏保存，可随时取用。

埃迪小贴士

建议使用优质面粉，依照规定步骤完成第五轮和第六轮操作，做好的面饼需尽快用完。这是一份经典食谱，用途广泛。
做出的千层酥非常松脆，质地柔软，汁水较少。

衍生食谱

巧克力千层酥（Feuilletage au chocolat）

所需食材

- 面粉250克
- 可可粉30克
- 冷水130毫升
- 黄油45克
- 盐之花5克
- 固态黄油170克

制作步骤

将黄油融化。面粉和可可粉过筛。
将面粉、可可粉逐步和水、融化的黄油、盐之花和糖混合。
搅拌至面团质地均匀。
将生面团揉成方形，放入冰箱冷藏2小时。
在固态黄油表面涂抹少许面粉，压成方形。在工作台上撒少许面粉，用擀面杖将面饼擀成厚度约为1厘米的方形。将黄油放在面饼中央，面饼边缘内折，做成方形。
用擀面杖将生面饼擀成长方形，长为宽的3倍。像叠信封一样将生面饼三折：完成第一轮操作。放入冰箱冷藏10分钟。
将生面饼旋转90度，擀成原来大小的长方形，像刚才一样将面饼三折，完成第二轮操作。将面饼放入冰箱冷藏2小时以上。重复上述步骤，完成前五轮操作，放入冰箱冷藏1小时。将面饼放入冰箱冷藏保存，可随时取用。

衍生千层酥（Feuilletage inversé）

衍生千层酥（Feuilletage inversé）

可制作1.5千克
准备时间：1小时
静置时间：10小时

所需食材

用于制作黄油面团
- T55面粉90克
- T45面粉90克
- 固态黄油450克

用于制作油性面团
- T55面粉420克
- 盐18克
- 水180克
- 融化黄油135克

制作步骤

黄油面团
将2种面粉和固态黄油混合，做成方形黄油面饼。

油性面团
将盐在冷水中溶化。
用糕点专用电动搅拌器将面粉、水和盐混合后搅拌成柔软的面团。加入融化的黄油。
将面团做成方形，用保鲜膜将面团包好，放入冰箱冷藏30分钟。

组合食材
在工作台上撒少许面粉，用擀面杖将油性面团擀成厚度为1厘米的面饼，将其放在方形黄油面饼的中央。
将生黄油面饼边缘内折，做成方形。
完成第一轮制作：将生面饼擀成长方形，长为宽的3倍，随后将长方形面饼三折。面饼应呈规整的方形，用保鲜膜将面团包好，放入冰箱冷藏10分钟。
将生面饼旋转90度，完成第二轮操作。放入冰箱冷藏2小时以上。
重复上述步骤，再完成第三轮操作，每一轮都将生面饼旋转90度，擀成长方形之后三折。每轮结束后用保鲜膜将生面饼包好，放入冰箱冷藏1小时。总共需要完成五轮操作。
将面饼用保鲜膜将面团包好，放入冰箱冷藏保存，可随时取用。

埃迪小贴士
制作此种千层酥的技巧性很强，此种千层酥多汁且酥脆。

快手千层酥（Feuilletage rapide）

可制作1千克
准备时间：2小时
静置时间：3小时

所需食材

- 面粉400克
- 固态黄油500克
- 盐8克
- 冷水180毫升
- 糖16克

制作步骤

将黄油切成块。

将盐溶解于水，用糕点专用电动搅拌器将面粉、黄油块、糖和盐水混合。

搅拌直至面团呈沙粒质地。

当面团质地均匀后，将其揉成球形，用保鲜膜将面团包好，放入冰箱冷藏15分钟。

在工作台上撒少许面粉，用擀面杖将生面团擀成厚度约为1厘米的方形面饼。

像叠信封一样将面饼三折。

将生面饼擀成长方形，长为宽的3倍。

将生面饼盖上保鲜膜，放入冰箱冷藏30分钟。

重复上述步骤两轮，每轮操作结束后放入冰箱冷藏10分钟。

将面团放入冰箱冷藏保存，可随时取用。

埃迪小贴士

此种千层酥质地紧实，适合做蛋挞挞底。

千层酥卷（Arlettes）

40份
所需用具：
· 硅胶垫1张

准备时间：45分钟
静置时间：1晚（完成5轮操作的千层酥皮）+1小时
烤制时间：15分钟

所需食材

· 千层酥皮200克（需提前1天制作经典千层酥皮）
· 糖35克
· 香草粉3克
· 五香粉1撮
· 融化黄油40克

将糖、香草粉和五香粉混合。
将千层酥皮擀成厚度为2毫米的长方形面饼。
在面饼表面撒一层糖、香草粉和五香粉的混合物。

将面饼卷起。
用保鲜膜包好，放入冰箱冷藏1小时。

烤箱预热至180℃（温度调至6挡）。
将千层酥皮卷切成薄片。

用擀面杖将薄片擀成长条形。
将长条形千层酥卷放在铺有硅胶垫或烘焙纸的烤盘上。
入烤箱烤制15分钟。
将烤好的千层酥饼放在烤架上自然冷却。

蝴蝶酥（Palmiers）

可制作40份
准备时间：20分钟
静置时间：1晚（完成3轮操作的千层酥皮）+1小时
烤制时间：15分钟

所需食材

· 千层酥皮200克（需提前1天制作经典千层酥皮）
· 糖125克
· 将少许油涂抹于烤盘上

在工作台上撒少许糖霜，完成千层酥皮的后两轮操作。
将面饼擀成30厘米×10厘米的长方形，厚度为4毫米。

将面饼两端向内折叠5厘米。
重复上述步骤。

将面饼从两端叠至中间。
将面饼静置1小时。

将千层酥皮卷放入冰箱冷藏10分钟。
烤箱预热至200℃（温度调至6—7挡）。
将千层酥皮卷切成厚度为1厘米的面片，放在涂有食用油的烤盘上，面片之间预留足够的空隙。
入烤箱烤制15分钟，中途翻面一次。
将烤好的蝴蝶酥放在烤架上自然冷却。

埃迪小贴士

您也可以直接取用已完成五轮操作的千层酥皮，在撒有糖霜的工作台上擀面并制作蝴蝶酥。

波浪形酥皮（Zigzags）

40份
所需用具：
• 硅胶垫1张
准备时间：20分钟
静置时间：1晚（完成五轮操作的千层酥皮）
烤制时间：12～13分钟

所需食材

• 千层酥皮200克（需提前1天制作经典千层酥皮）
• 糖霜50克

烤箱预热至180℃（温度调至6挡）。
将千层酥皮擀成25厘米×5厘米的方形面饼，确保所有波浪形酥皮的大小一致。

将面饼沿25厘米的长边切割，切成宽度为5毫米的细条。

将细条形面饼放在铺有硅胶垫或烘焙纸的烤盘上，做成波浪形。
入烤箱烤制10分钟后移出烤箱。
将烤箱温度升至220℃（温度调至7—8挡）。
在波浪形酥皮表面撒上糖霜，入烤箱继续烤制2～3分钟，让表面的糖霜变为焦糖。
将波浪形酥皮放在烤架上自然冷却。

> **埃迪小贴士**
> 做好的波浪形酥皮质地酥脆。

螺旋千层酥（Sacristains）

40份
所需用具：
• 硅胶垫1张

准备时间：20分钟
静置时间：1晚（完成5轮操作的千层酥皮）+30分钟
烤制时间：12分钟

所需食材

• 千层酥皮200克（需提前1天制作经典千层酥皮）
• 糖35克
• 香草粉3克
• 融化黄油40克

烤箱预热至180℃（温度调至6挡）。
将糖和香草粉混合。
将千层酥皮擀成边长15厘米，厚度为2毫米的方形。
在酥皮表面撒上糖和香草粉的混合物。

将面饼切割成宽度为1厘米的条形，放在烤盘上。
将面饼放入冰箱冷藏30分钟。

将条形面皮扭成螺旋形，放在硅胶垫上。
入烤箱烤制12分钟。
将烤好的螺旋千层酥放在烤架上自然冷却。

焦糖千层酥（Pailles caramélisées）

40份
所需用具：
准备时间：20分钟
静置时间：1晚（完成5轮操作的千层酥皮）+10分钟
烤制时间：20分钟

所需食材

• 千层酥皮200克（需提前1天制作经典千层酥皮）
• 糖120克
• 将少许油涂抹于烤盘上

  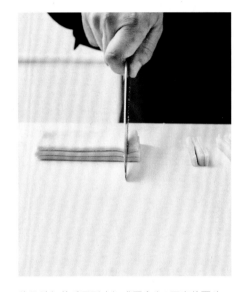

烤箱预热至200℃（温度调至6—7挡）。
将千层酥皮擀成厚度为2毫米的长方形。
将酥皮切割出4个宽度为8厘米的面饼。

将4张面饼叠放。
放入冰箱冷藏10分钟。

将叠放好的千层酥皮切成厚度为1厘米的面片。
将面片放在硅胶垫上。
入烤箱烤制20分钟，中途翻面一次。
将烤好的焦糖千层酥放在烤架上自然冷却。

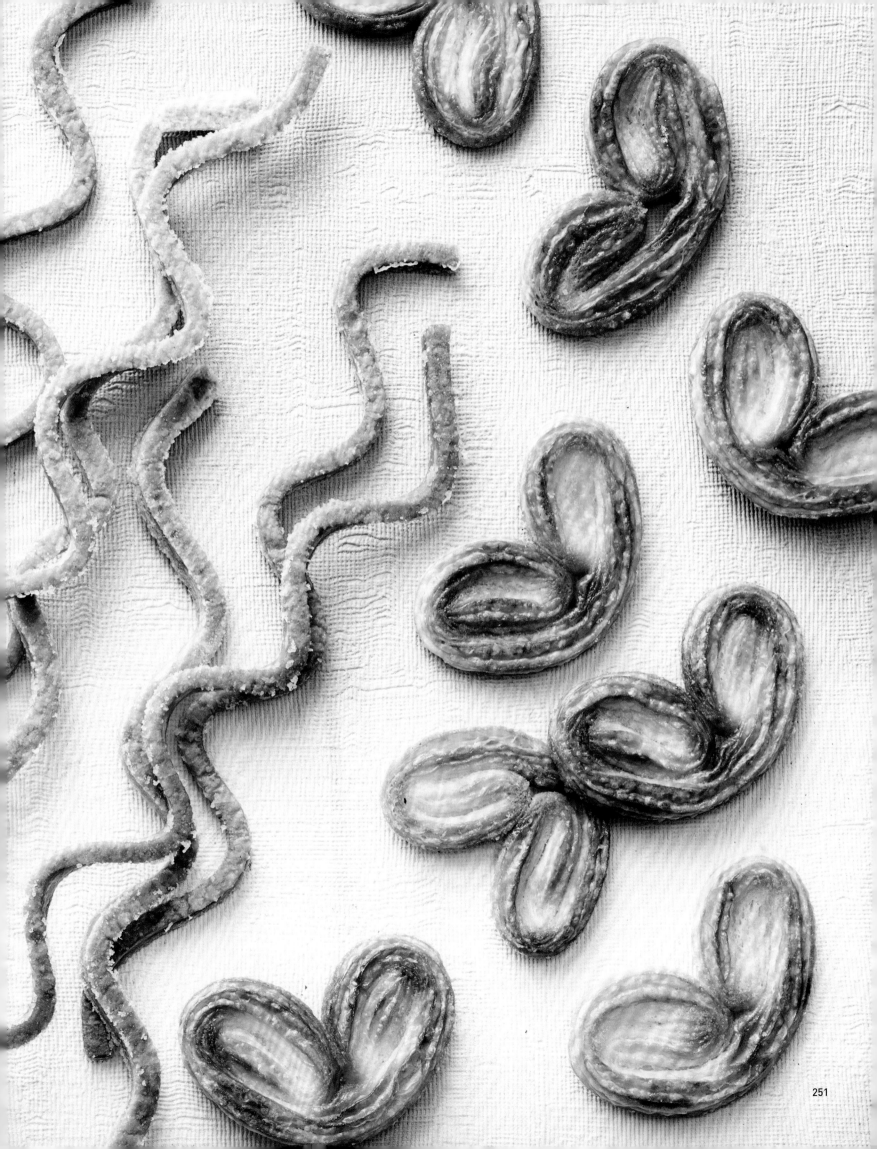

蛋白霜千层酥（Jésuites）

20份
所需用具：
• 硅胶垫1张
准备时间：35分钟
静置时间：1晚（完成5轮操作的千层酥皮）+30分钟
烤制时间：12～15分钟

所需食材

提前1天制作200克经典千层酥皮。

用于制作皇室蛋白霜
• 糖霜250克
• 蛋清2个

制作步骤

皇室蛋白霜
用糕点专用电动搅拌器将糖霜和蛋清混合搅拌5分钟。
加水。

组合食材
将千层酥皮擀成厚度为3毫米的方形。
将皇室蛋白霜倒在酥皮表面。

用刮刀将皇室蛋白霜涂抹于千层酥皮上。

将涂有皇室蛋白霜的千层酥皮放在铺有硅胶垫
的烤盘上，用蘸水的刀切割成三角形。
将三角形酥皮放入冰箱冷藏30分钟，以风干
水分。
烤箱预热至180℃（温度调至6挡），入烤箱烤制
12～15分钟。出烤箱后将蛋白霜千层酥放在烤
盘上自然冷却。

埃迪小贴士

在烤制前必须风干水分。您可以将蛋白
霜千层酥做成其他形状，如细条形，然
后在其表面可涂抹一层卡仕达奶油。

酥皮苹果馅饼（Chaussons sucrés）

12份
所需用具：
• 花边模具1个或花边滚轮1个
准备时间：1晚（完成五轮或六轮操作的千层酥皮）+30分钟
静置时间：1晚+30分钟
烤制时间：50分钟

所需食材

用于制作千层酥皮
• 千层酥皮500克

用于制作苹果馅
• 金冠苹果6个
• 水100毫升
• 糖60克
• 肉桂5克
• 青苹果（澳洲青苹果）2个

用于组合食材
• 糖霜20克

制作步骤

千层酥皮（可取用各种千层酥皮）

苹果馅
烤箱预热至120℃（温度调至4挡）。
将金冠苹果削皮、去核、切成小块。
将金冠苹果、水、糖和肉桂放入锅中小火加热15分钟。
将煮过的黄苹果放入烤箱烤制20分钟以风干水分。
出烤箱后，加入切成小丁的青苹果，搅拌均匀。

组合食材
将千层酥皮擀成厚度为2毫米的面饼。
用花边模具或花边滚轮将面饼切割为20厘米×10厘米的方形。
在每块方形面饼的半边涂抹苹果馅。用蘸湿水的小刷子轻轻涂抹面饼边缘，将馅饼包起来。
放入冰箱冷藏30分钟。
烤箱预热至160℃（温度调至5—6挡）。
将酥皮馅饼放在铺有烘焙纸的烤盘上，入烤箱烤制25～30分钟。
在馅饼一侧用糖霜装饰。

薄皮苹果挞（Tarte fine aux pommes）

8～10人份
所需用具：
• 硅胶垫1张
• 直径30厘米的不锈钢圆形模具1个
准备时间：15分钟
静置时间：1晚（完成5—6轮操作的千层酥皮）+30分钟
烤制时间：30分钟

所需食材

用于制作千层酥皮
• 千层酥皮200克

用于制作馅料
• 苹果（澳洲青苹果）4个
• 融化黄油100克
• 糖60克

用于组合食材
• 应季水果：草莓、杧果、菠萝、醋栗、澳洲青苹果

制作步骤

千层酥皮（可取用各种千层酥皮）

组合食材
将千层酥皮擀成厚度为2毫米的面饼。
将面饼切割出一个直径为30厘米的圆。
放入冰箱冷藏30分钟。
将苹果削皮去核，切成薄片。
烤箱预热至170℃（温度调至5—6挡）。
将苹果片沿圆形排列在挞皮中。
将融化的黄油涂抹在苹果片表面。
将苹果放在铺有硅胶垫的烤盘上烤制20～25分钟。
在苹果表面撒糖霜，翻转苹果挞，入烤继续烤制5分钟。
出烤箱后将苹果挞翻转，移除硅胶垫。
将苹果挞放在烤架上自然冷却。
在苹果挞中央装饰新鲜水果。

埃迪小贴士

苹果可选用澳洲青苹果或红香蕉苹果。在烤盘上翻转苹果挞，能够在烘烤挞皮的同时，让苹果在糖中充分入味。

香草千层酥（Millefeuille à la vanille）

6～8人份

所需用具：
• 不锈钢框架模具若干
• 装有10号裱花嘴的裱花袋1个

准备时间：2小时
静置时间：1晚（千层酥皮和意式奶冻）
烤制时间：51分钟（其中28分钟用于制作千层酥皮）+15分钟（薄酥饼造型）
+8分钟（焦糖山核桃）

所需食材

用于制作香草奶油意式奶冻（需提前1天制作）
• 吉利丁片6克（3片）
• 牛奶150毫升
• 淡奶油（脂肪含量35%）150毫升
• 香草荚2根
• 白巧克力125克
• 马斯卡彭奶酪50克

用于制作千层酥皮
• +少许糖霜

用于制作薄酥饼造型
• 薄酥饼3片
• 黄油50克（另需少许黄油涂抹模具）
• 香草糖40克

用于制作焦糖山核桃
• 山核桃125克
• 水15毫升
• 糖37.5克

用于组合食材
• 糖霜10克

制作步骤

香草奶油意式奶冻（需提前1天制作）
将吉利丁片在冷水中浸透。
将牛奶和淡奶油倒入小锅中，加入剖开的香草荚煮沸。
将吉利丁片沥干水，牛奶和奶油过滤后加入切碎的白巧克力。
将吉利丁片溶解其中，加入马斯卡彭奶酪。
搅拌均匀，放入冰箱冷藏1晚。

千层酥皮（经典千层酥皮或衍生千层酥皮）
烤箱预热至170℃（温度调至5—6挡）。
用擀面杖将千层酥皮擀成厚度为2毫米的面饼，并切割出2张15厘米×2厘米的面饼。
将面饼放在铺有烘焙纸的烤盘上。
在表面覆盖第二张烘焙纸，再取一个烤盘盖住。
入烤箱烤制20分钟，去掉上方的烤盘和烘焙纸，继续烤制6分钟。
将烤箱温度调高至230℃（温度调至7—8挡），在面饼表面撒一层糖霜。
继续烤制2分钟，让表面的糖霜变为焦糖，自然冷却。

薄酥饼造型
烤箱预热至180℃（温度调至6挡）。
将黄油融化，用小刷子将黄油刷在薄酥饼表面，并撒上香草糖。
将薄酥饼切成三角形的薄片，缠绕在涂有黄油的不锈钢框架模具上，做成环状造型。
将环形薄酥饼片放在烤盘上，入烤箱烤制15分钟。
自然冷却。

焦糖山核桃
烤箱预热至170℃（温度调至5—6挡）。
将山核桃铺在烤盘上。
入烤箱烤制8分钟。
将水和糖倒入小锅中煮沸。当温度达到118℃，倒入烤过的山核桃，不停搅拌。在山核桃外层均匀包裹一层焦糖。
将焦糖山核桃铺在烘焙纸上。
自然冷却。
保留几个用于最后装饰。

组合食材
用装有打蛋头的糕点专用电动搅拌器将香草意式奶冻打发，装入裱花袋。
在第一片千层酥皮上挤出一条意式奶冻。
将第二片千层酥皮放在意式奶冻上方。
将夹心千层酥侧面朝上，在其中央挤一条意式奶冻。
将焦糖山核桃撒在表面，用薄酥饼造型装饰，表面撒糖霜。

发酵面团
（Les pâtes levées）

布里欧修面包（Pâte à brioche）⋯⋯⋯⋯⋯⋯⋯⋯⋯⋯⋯⋯ 260

布里欧修千层面包（Pâte à brioche feuilletée）⋯⋯⋯⋯ 268

牛角面包（Pâte à croissants）⋯⋯⋯⋯⋯⋯⋯⋯⋯⋯⋯⋯ 272

巴巴面包（Pâte à baba）⋯⋯⋯⋯⋯⋯⋯⋯⋯⋯⋯⋯⋯⋯⋯ 278

庞多米面包（Pâte à pain de mie）⋯⋯⋯⋯⋯⋯⋯⋯⋯⋯ 284

布里欧修面包（Pâte à brioche）

布里欧修小面包（Brioches individuelles）

可制作1.5千克（30个）
所需用具：
• 布里欧修面包不粘模具30个
准备时间：25分钟
静置时间：3小时
烤制时间：20分钟

所需食材

用于制作布里欧修面包
• 精白面粉500克
• 糖75克

• 盐12克
• 鲜酵母20克
• 牛奶25毫升
• 黄油300克
• 鸡蛋325克（6个大鸡蛋）

用于涂抹表层
• 鸡蛋1个
• 砂糖100克

用糕点专用电动搅拌器将面粉、糖和盐混合。

将化学酵母溶解于牛奶中，再将其倒入面粉中。加入鸡蛋，用装有搅拌钩的电动搅拌器以中速揉面5分钟。

快速揉面10分钟，直至面团与容器壁分离。加入切成块的黄油。

将面团室温静置发酵1小时，直至面团体积膨大1倍。将面团放在铺有烘焙纸的托盘内，盖上保鲜膜，放入冰箱冷藏。

将生面团分为若干等份。

再将面团搓成30个重量约为50克的小面团。

将小面团放入涂有黄油的模具中。

在25℃的环境下静置发酵2小时（或盖上保鲜膜室温静置1晚）。
烤箱预热至180℃（温度调至6挡）。用小刷子将蛋液涂抹在面包表面，撒一层砂糖。
入烤箱烤制20分钟。待面包脱模后放在烤架上自然冷却。

阿尔萨斯奶油圆面包（Kouglof）

8 ～ 10人份
所需用具：
• 阿尔萨斯奶油圆面包模具1个
准备时间：45分钟
静置时间：30分钟（酵母发酵）+2小时（第一轮发酵）=2小时30分钟
烤制时间：20 ～ 25分钟

所需食材

用于表层调味
• 葡萄干100克
• 朗姆酒4汤勺

用于制作发酵面团
• 常温水40毫升
• 鲜酵母11克
• T45面粉55克

用于制作阿尔萨斯奶油圆面包
• T45面粉225克
• 鸡蛋1个
• 糖38克
• 盐1茶匙
• 1个柠檬的皮
• 1个橙子的皮
• 黄油70克（另需少许黄油涂抹模具）
• 牛奶125毫升

用于装饰
• 整颗杏仁100克
• 糖霜20克

制作步骤

表层调味
将朗姆酒倒入小锅中加热。关火加入葡萄干浸泡。

发酵面团
将水和鲜酵母混合，用打蛋器手动搅拌。
加入面粉，用装有搅拌钩的糕点专用电动搅拌器揉面。
将面团揉成球形，室温发酵30分钟。

阿尔萨斯奶油圆面包
在发酵面团中加入制作阿尔萨斯奶油圆面包的食材：面粉、鸡蛋、糖、盐、柠檬皮、橙子皮、切成块的黄油和牛奶。
慢速揉面10分钟，直至面团与容器壁分离，随后加入沥干水的葡萄干。
继续搅拌1分钟，从碗中取出柔软的面团，揉成球形。
用小刷子在面包模具内涂抹一层黄油。
将整颗杏仁放在模具底部。
将面团轻压入模具，室温发酵2小时。
烤箱预热至170℃（温度调至5—6挡），入烤箱烤制20 ～ 25分钟。
脱模后将面包放在烤架上自然冷却。
在面包表面撒上糖霜。

埃迪小贴士

您可用布里欧修面包面团制作阿尔萨斯奶油圆面包。出烤箱后，可在面包表面浇一层橙花黄油糖浆，随后裹一层糖霜。

水果布里欧修小面包（Brioches individuelles aux fruits）

30份
所需用具：
• 布里欧修面包不粘模具30个

准备时间：25分钟
静置时间：4小时30分钟
烤制时间：20分钟

所需食材

用于制作布里欧修面包
• 精白面粉500克
• 糖75克
• 盐12克
• 鲜酵母20克
• 牛奶25毫升
• 黄油300克（另需少许黄油涂抹模具）
• 鸡蛋325克（6个大鸡蛋）

用于制作卡仕达奶油
• 全脂牛奶500毫升
• 香草荚1根
• 糖120克
• 蛋黄6个
• 玉米淀粉50克
• 黄油50克

用于组合食材
• 蛋黄1个
• 杏仁片50克
• 新鲜水果（桃子、草莓、醋栗）或糖霜

制作步骤

布里欧修面包
用糕点专用电动搅拌器将面粉、糖和盐混合。
将鲜酵母溶解于牛奶，倒入面粉中。加入鸡蛋，用装有搅拌钩的电动搅拌器，以中速揉面5分钟。
加入切成块的黄油。揉面直至面团与容器壁分离。
室温静置1小时。
将面团放在铺有烘焙纸的托盘内。
盖上保鲜膜，放入冰箱冷藏至次日。

卡仕达奶油
将牛奶、从剖开的香草荚中刮下的香草籽和一半的糖倒入小锅中。
将剩余的糖和蛋黄混合，快速打发至蛋黄变为白色。
加入玉米淀粉，再次打发，避免结块。
将一部分煮沸的牛奶倒入打发的蛋黄中，用打蛋器搅拌均匀。
将全部食材倒回小锅，继续中火加热，其间不停搅拌。待奶油质地变得黏稠，关火，加入黄油搅拌均匀。
将奶油装入盘中，盖上保鲜膜，放入冰箱冷藏1小时30分钟以上。
将布里欧修面团搓成30个重量约为50克的小面团。
将小面团放入涂有黄油的模具中。
室温发酵2小时。
烤箱预热至180℃（温度调至6挡）。在每个布里欧修面包中间用拇指压一个洞，入烤箱前在洞中挤入卡仕达奶油。
用小刷子将蛋黄液涂抹在面包表面，撒一层杏仁片。
入烤箱烤制20分钟。
脱模后将面包放在烤架上自然冷却。
用新鲜水果装饰。

圣特佩罗面包 (La brioche tropézienne)

30份
所需用具:
• 布里欧修面包不粘模具30个
准备时间: 25分钟
静置时间: 1晚+4小时30分钟
烤制时间: 32分钟

所需食材

用于制作布里欧修面包
• 精白面粉500克
• 糖75克
• 盐12克
• 鲜酵母20克
• 牛奶25毫升
• 黄油300克 (另需少许黄油涂抹模具)
• 鸡蛋325克 (6个大鸡蛋)

用于制作佛罗伦萨糖饼
• 糖225克
• NH果胶5克
• 葡萄糖75克
• 黄油188克
• 杏仁碎100克

用于制作慕斯奶油
• 全脂牛奶500毫升
• 糖120克
• 香草荚2根
• 蛋黄6个
• 玉米淀粉50克
• 黄油膏330克

用于组合食材
• 红糖40克
• 黄油20克

制作步骤

布里欧修面包
用糕点专用电动搅拌器将面粉、糖和盐混合。
将鲜酵母溶解于牛奶,倒入面粉中。加入鸡蛋,用装有搅拌钩的电动搅拌器,以中速揉面5分钟。
加入切成块的黄油。揉面直至面团与容器壁分离。
室温静置1小时。
将面团放在铺有烘焙纸的托盘内。
盖上保鲜膜,放入冰箱冷藏至次日。
将生面团分为若干等份。
将面团搓成30个重量约为50克的小面团。
将小面团放入涂有黄油的模具中。
在25℃的环境下静置发酵2小时 (或盖上保鲜膜室温静置1晚)。
烤箱预热至180℃ (温度调至6挡)。
用小刷子将蛋液涂抹在面包表面。
入烤箱烤制20分钟。
面包脱模后放在烤架上自然冷却。

佛罗伦萨糖饼
将糖和NH果胶混合。
将葡萄糖和黄油煮沸,随后倒入糖和NH果胶的混合物,搅拌均匀,煮沸后关火。
将佛罗伦萨糖浆倒在铺有烘焙纸的烤盘上,表面再盖一层烘焙纸,放入冰箱冷藏保存。
烤箱预热至180℃ (温度调至6挡)。
将佛罗伦萨糖饼从冰箱中取出,揭去上层的烘焙纸。在糖饼表面撒一层杏仁碎,入烤箱烤制10~12分钟。出烤箱后将糖饼切割为直径6厘米的圆饼,自然冷却后放好备用。

慕斯奶油
将牛奶、一半的糖和剖开的香草荚倒入小锅中煮沸。
将剩余的糖和蛋黄混合,用打蛋器搅拌至蛋黄变为白色。加入玉米淀粉,搅拌直至质地光滑。
在蛋黄中逐步加入煮沸的牛奶,用打蛋器搅拌均匀,捞去香草荚。
将混合好的食材全部倒回锅中,中火继续加热,其间不停搅拌,直至奶油质地变得黏稠。关火,加入50克黄油膏,搅拌均匀。将制成的卡仕达奶油倒入盘中,盖上保鲜膜,放入冰箱冷藏1小时30分钟。
用糕点专用电动搅拌器将卡仕达奶油搅拌至质地光滑。
加入剩余的黄油膏,搅拌直至奶油呈慕斯质地。放好备用。

组合食材
将每个布里欧修面包横向切成两半。
在第一片布里欧修面包上涂抹慕斯奶油,随后盖上第二片面包。用佛罗伦萨糖饼在表面装饰。

博斯托克面包（Le Bostock）

30份
所需用具：
- 布里欧修面包不粘模具30个

准备时间：25分钟
静置时间：3小时+1晚
烤制时间：32分钟

所需食材

用于制作布里欧修面包
- 精白面粉500克
- 糖75克
- 盐12克
- 鲜酵母20克
- 牛奶25毫升
- 黄油300克（另需少许黄油涂抹模具）
- 鸡蛋325克（6个大鸡蛋）

用于制作杏仁奶油
- 黄油100克
- 糖100克
- 杏仁粉100克
- 鸡蛋2个

用于制作橙花糖浆
- 水500毫升
- 糖250克
- 橙花水75毫升

制作步骤

布里欧修面包
用糕点专用电动搅拌器将面粉、糖和盐混合。
将鲜酵母溶解于牛奶，倒入面粉中。加入鸡蛋，用装有搅拌钩的电动搅拌器，以中速揉面5分钟。
加入切成块的黄油，揉面直至面团与容器壁分离。
室温静置1小时。
将面团放在铺有烘焙纸的托盘内。
盖上保鲜膜，放入冰箱冷藏至次日。
将生面团分为若干等份。
将面团搓成30个重量约为50克的小面团。
将小面团放入涂有黄油的模具中。
在25℃的环境下静置发酵2小时（或盖上保鲜膜室温静置1晚）。
烤箱预热至180℃（温度调至6挡）。
用小刷子将蛋液涂抹在面包表面。
入烤箱烤制20分钟。
面包脱模后在放烤架上自然冷却。

杏仁奶油
用装有打蛋头的糕点专用电动搅拌器将黄油和糖混合。
加入杏仁粉和鸡蛋。

橙花糖浆
将水和糖混合，煮沸后关火，加入橙花水。

组合食材
将布里欧修面包横向切割，切去顶端约1厘米厚的面包。将被切去的面包浸入橙花糖浆中。
在面包表面涂抹杏仁奶油，撒一层杏仁碎。
放入预热至180℃（温度调至6挡）的烤箱中烤制10～12分钟。
自然冷却，在面包表面撒上糖霜。

软心法式吐司（Le pain perdu）

30份
所需用具：
• 布里欧修面包不粘模具30个
准备时间：25分钟
静置时间：3小时
烤制时间：20分钟

所需食材

用于制作布里欧修面包
• 精白面粉500克
• 糖75克
• 盐12克
• 鲜酵母20克
• 牛奶25毫升
• 黄油300克（另需少许黄油涂抹模具）
• 鸡蛋325克（6个大鸡蛋）

用于制作英式奶油
• 鲜牛奶170毫升
• 淡奶油（脂肪含量35%）200毫升
• 蛋黄4个
• 糖80克

组合食材
• 红糖40克
• 黄油20克

制作步骤

布里欧修面包
用糕点专用电动搅拌器将面粉、糖和盐混合。
将鲜酵母溶解于牛奶，倒入面粉中。加入鸡蛋，用装有搅拌钩的电动搅拌器，以中速揉面5分钟。
加入切成块的黄油，揉面直至面团与容器壁分离。
室温静置1小时。
将面团放在铺有烘焙纸的托盘内。
盖上保鲜膜，放入冰箱冷藏至次日。
将生面团分为若干等份。
将面团搓成30个重量约为50克的小面团。
将小面团放入涂有黄油的模具中。
在25℃的环境下静置发酵2小时（或盖上保鲜膜室温静置1晚）。
烤箱预热至180℃（温度调至6挡）。
用小刷子将蛋液涂抹在面包表面。入烤箱烤制20分钟。

英式奶油
将牛奶、淡奶油和一半的糖倒入小锅中煮沸。
将剩余的糖和蛋黄混合，用打蛋器打发至蛋黄变为白色。将一半煮沸的牛奶倒入蛋黄中，搅拌均匀后全部倒回锅内。继续加热至82℃，其间不停搅拌。
用细筛过滤奶油至盘中，盖上保鲜膜，放入冰箱冷藏保存。

组合食材
小火预热平底锅，在锅底撒一层红糖。红糖溶化后，加入一块榛子大小的黄油。
将布里欧修面包放入锅中，每面加热2分钟，使其沾满焦糖。
加入3汤勺的英式奶油，继续加热1分钟。可立即装盘。

> **埃迪小贴士**
> 若想节省时间，可直接从面包店购入优质的布里欧修面包。

布里欧修千层面包（Pâte à brioche feuilletée）

布里欧修千层（Brioche feuilletée）

可制作1.5千克
所需用具：
• 布里欧修面包不粘模具30个
准备时间：1小时30分钟
静置时间：5小时
烤制时间：25分钟

所需食材

用于制作布里欧修面包
• 精白面粉500克　　• 盐12克　　• 糖75克　　• 鲜酵母20克
• 鸡蛋250克（5个）　　• 牛奶50毫升
• 黄油250克（另需少许黄油涂抹模具）　　• 固态黄油300克

用装有搅拌钩的糕点专用电动搅拌器将面粉、盐、糖和酵母混合。
逐个加入鸡蛋，慢速揉面，直至面团质地均匀。
逐步加入切成块的黄油，中速揉面，直至面团与容器壁分离。
用布盖住容器，室温静置发酵30分钟。
再次揉面，将面擀成长方形的面饼。
用保鲜膜将面饼包好，放入冰箱冷藏2小时。
将固态黄油裹少许面粉，擀成正方形。
将黄油放在长方形面饼中央。

将面饼内折，用手轻压，让面饼将黄油完全包裹住。

将生面饼擀成长方形，长边是短边的4倍。将面饼四折。随后将面饼再次擀成长方形，长边是短边的3倍，将面饼三折，完成一轮操作。
用保鲜膜将生面饼包好，放入冰箱冷藏30分钟。

将面饼擀成宽30厘米宽的长方形。

将面饼卷起，做成面包卷。

将面包卷切成3厘米厚的小面包。

将小面包放入涂有黄油的布里欧修面包模具里。

在25℃的环境下将面包静置发酵2小时，直至面团体积膨大1倍（或盖上保鲜膜室温静置1晚）。

烤箱预热至165℃（温度调至5—6挡），入烤箱烤制25分钟。
脱模后自然冷却。

柠檬/覆盆子/原味布里欧修千层面包（Brioches feuilletées citron, framboise et nature）

30份
所需用具：
• 布里欧修面包不粘模具30个
准备时间：1小时30分钟
静置时间：2小时+1晚
烤制时间：30分钟

所需食材

用于制作布里欧修千层面包（参照第268页）

用于制作馅料
• 红色果酱300克
• 柠檬果酱300克

用于组合食材
• 红色果酱20克（参照第510页）
• 糖霜20克

制作步骤

布里欧修千层面包（参照第268页）
将面饼擀成30厘米宽的长方形，切成三等份。
在第1片长方形面饼上涂抹红色果酱，随后将面饼卷起，做成红色果酱面包卷。
在第2片长方形面饼上涂抹柠檬果酱，随后将面饼卷起，做成柠檬果酱面包卷。
将最后1片长方形面饼卷起，做成原味面包卷。
将3种面包卷分别切成厚度为3厘米的小面包。
将小面包放入涂有黄油的布里欧修面包模具中。
在25℃的环境下静置发酵2小时，或盖上保鲜膜室温静置1晚。
烤箱预热至160℃（温度调至5—6挡），入烤箱烤制30分钟。
脱模后自然冷却。

组合食材
在覆盆子布里欧修面包表面涂抹红色果酱，在原味布里欧修面包表面撒糖霜，在柠檬布里欧修面包表面涂抹柠檬果酱。

牛角面包（Pâte à croissants）

可制作1千克
准备时间：2小时
静置时间：2小时30分钟
烤制时间：18～20分钟

所需食材

用于制作牛角面包
• 黄油块80克
• 精白面粉500克
• 水150毫升

• 牛奶150毫升
• 面包酵母20克
• 糖60克
• 蜂蜜20克
• 盐12克

用于制作酥皮
• 固态黄油660克

用于涂抹表层
• 鸡蛋1个

准备所有食材。
将黄油融化成榛子的大小，自然冷却。

将酵母溶解于牛奶和水。

用糕点专用电动搅拌器将面粉、融化的黄油、溶解酵母的牛奶和水、蜂蜜、糖、盐混合，搅拌直至面团质地均匀。

将生面团用保鲜膜包好，放入冰箱冷藏2小时。

将固态黄油裹少许面粉，擀成正方形。
在工作台上撒少许面粉，用擀面杖将生面团擀成厚度约为1厘米的长方形面饼。
将黄油放在长方形面饼中央。

将面饼内折，擀成长方形，长度为宽度的4倍。

将面饼四折。
将面饼擀成长方形，随后三折。用保鲜膜将面团包好，放入冰箱冷藏30分钟。
完成一轮操作。

将面饼擀成厚度为2.5毫米的长方形，切割为28厘米×8厘米的三角形。

将每个三角形从底边轻轻卷起。

将面皮卷至顶端，用手指轻轻压平，防止烤制时牛角面包滚动。将牛角面包放在烤盘上。

在25℃的环境下静置发酵2小时，或盖上保鲜膜室温静置1晚。
将蛋黄液涂抹于牛角面包表层。
烤箱预热至170℃（温度调至5—6挡），入烤箱烤制18～20分钟，自然冷却。

埃迪小贴士

面团中的小块黄油能让牛角面包的口感更丰盈。

波兰酵头牛角面包（Croissant sur une base de poolish）

可制作1千克
所需用具:
准备时间: 2小时
静置时间: 3小时30分钟
烤制时间: 18～20分钟

所需食材

用于制作波兰酵头
- 20℃的牛奶250毫升
- 水200毫升
- 面包酵母20克
- 精白面粉450克

用于制作牛角面包
- 黄油块120克
- T55面粉550克
- 盐25克
- 糖130克
- 蜂蜜20克
- 面包酵母30克

用于制作酥皮
- 固态黄油660克

用于涂抹表层
- 鸡蛋1个

制作步骤

提前1晚将黄油融化成榛子的大小，自然冷却。
用装有打蛋头的糕点专用电动搅拌器将水、酵母和精白面粉搅拌均匀，静置发酵，直至面团体积膨大1倍。加入剩余食材，慢速揉面4分钟。
中速揉面8分钟。用保鲜膜将面团包好，放入冰箱冷藏1晚。
制作面包当天，用擀面杖搅打固态黄油，直至黄油和面团同样柔软。
将面团擀成长方形面饼，将固态黄油放在面饼中央。将面饼内折，让面饼完全包裹住黄油。
将面饼擀成长方形，随后按照制作千层酥皮的步骤完成一轮操作。静置1小时。
将面饼擀成长方形，三折，完成一轮操作。用保鲜膜将面团包好，放入冰箱冷藏30分钟。
将面饼擀成厚度为2.5毫米的长方形。
将面饼切割为28厘米×8厘米的三角形，将每个三角形从底边轻轻卷起。
将面皮卷至顶端，用手指轻轻压平，防止烤制时牛角面包滚动。将牛角面包放在烤盘上。
在25℃的环境下静置发酵2小时，或盖上保鲜膜室温静置1晚。
将蛋黄液涂抹于牛角面包表层。
烤箱预热至170℃（温度调至5—6挡），入烤箱烤制18～20分钟，自然冷却。

杏仁牛角面包（Croissants aux amandes）

30份

所需用具：
- 硅胶垫1张
- 裱花袋1个

准备时间：30分钟
静置时间：1晚（牛角面包）
烤制时间：32分钟

所需食材

用于制作杏仁馅
- 杏仁粉300克
- 糖霜150克
- 鸡蛋2个
- 牛奶50毫升
- 苦杏仁浓缩液1滴

用于制作焦糖杏仁片
- 杏仁片200克
- 30° B糖浆40克
- 橙花水20毫升

用于制作杏仁牛角面包（参照第272页）

用于收尾工序
- 糖霜20克

制作步骤

杏仁馅
用电动搅拌器将所有食材混合，搅拌直至面团质地均匀。
将杏仁馅装入裱花袋。

焦糖杏仁片
将杏仁片、糖浆和橙花水混合。
烤箱预热至170℃。
将杏仁片倒在铺有硅胶垫的烤盘上，入烤箱烤制10～12分钟。自然冷却。

杏仁牛角面包（参照第272页）
制作三角形牛角面包面饼：
在面饼表面涂抹一层杏仁馅，随后将每个三角形从底边轻轻卷起。
在25℃的环境下静置发酵2小时，或盖上保鲜膜室温静置1晚。
将蛋黄液涂抹于牛角面包表层。
撒一层杏仁片。
入烤箱烤制18～20分钟。在烤架上自然冷却。
撒上糖霜。

巧克力面包（Pains au chocolat）

30份
准备时间：30分钟
静置时间：1晚（牛角面包）+3小时
烤制时间：38分钟

所需食材

用于制作脆心面团
- 面粉100克
- 红糖100克
- 黄油膏100克
- 杏仁粉100克

用于制作牛角面包（参照第272页）

用于制作巧克力卡仕达奶油（参照第359页）

用于制作巧克力面包（参照第272页牛角面包食谱）

用于收尾工序
- 糖霜20克

制作步骤

脆心面团
将所有食材混合。
放入冰箱冷藏1小时。
用奶酪锉刀将面团锉成碎屑，放入冰箱冷藏保存。

牛角面包（参照第272页）
制作牛角面包面团。

巧克力卡仕达奶油（参照第359页）
制作巧克力卡仕达奶油。将奶油装入裱花袋，放入冰箱冷藏保存。

巧克力面包（参照第272页牛角面包食谱）
将面团擀成厚度为2.5毫米的面饼。
将面饼切割成长15厘米，宽8.5厘米的长方形。
在面饼表面涂抹一层巧克力卡仕达奶油，随后将面饼折叠。
在25℃的环境下静置发酵2小时，或盖上保鲜膜室温静置1晚。
将蛋黄液涂抹于巧克力面包表层。
将脆心面团碎入烤箱烤制15～18分钟，撒在面包表层。
入烤箱烤制18～20分钟。将面包放在烤架上自然冷却。
撒上糖霜。

埃迪小贴士

您可以将杏仁馅替换为卡仕达奶油，也可以将杏仁片替换为其他干果。

焦糖千层卷（Roulés au caramel）

30份

所需用具：

• 直径8厘米的模具30个

准备时间：15分钟

静置时间：1晚（牛角面包）+2小时

烤制时间：30分钟

所需食材

用于制作牛角面包（参照第272页）

用于制作焦糖

• 黄油膏100克
• 糖200克

制作步骤

制作牛角面包面团（参照第272页）。

将面团擀成厚度为2毫米的面饼，涂抹一层黄油膏，撒上糖。

将长方形面饼卷起，做成面包卷。

将面包卷切成厚度为2厘米的圆形小面包，放在模具中，在25℃的环境下静置发酵2小时。

烤箱预热至165℃（温度调至5—6挡），入烤箱烤制30分钟，将烤好的千层卷在烤架上自然冷却。

巴巴面包（Pâte à baba）

可制作1千克
所需用具：
• 直径8厘米的半球形硅胶模具8个
准备时间：20分钟
静置时间：1小时
烤制时间：10～15分钟

所需食材

用于制作巴巴面包
• 黄油120克（另需少许黄油涂抹模具）
• 面粉375克
• 盐7.5克

• 细砂糖15克
• 鲜酵母18克
• 鸡蛋225克
• 水200毫升

用于制作糖浆淋面
• 水500毫升
• 糖150克
• 香草荚1根
• 百香果果泥40克
• 新鲜生姜10克
• 香茅1根

将黄油融化，放好备用。
将面粉倒入电动搅拌桶中，随后在半边加入盐和糖，另外半边加入鲜酵母，酵母不要接触到盐和糖。

加入鸡蛋和水，慢速搅拌。

搅拌直至面团和容器壁分离，随后加入软化的黄油，继续搅拌至面团质地光滑而均匀。
用湿布或保鲜膜将容器盖住。将面团在室温静置发酵30分钟。

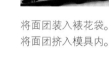

将面团装入裱花袋。
将面团挤入模具内。

将面团逐个挤入模具。

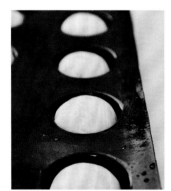

在面团表面喷一层水雾，以防止面团表面变硬，静置发酵30分钟，直至面团体积膨大1倍。
烤箱预热至160℃（温度调至5—6挡），将面团放入烤箱烤制10～15分钟，直至面团上色。
出烤箱后立即脱模。

糖浆淋面
将水、糖、剖开的香草荚、百香果果泥、生姜和香茅倒入小锅中煮沸。

将热糖浆浇在巴巴面包表面：巴巴面包会受热膨胀。
将巴巴面包脱模。

萨瓦兰面包（Pâte à savarin）

8～10人份
准备时间：20分钟
静置时间：1小时
烤制时间：20分钟

所需食材

用于制作朗姆酒面包
• 黄油50克（另需少许黄油涂抹模具）
• 面粉150克
• 盐4克
• 细砂糖8克
• 鲜酵母10克

• 鸡蛋2个
• 水12毫升

用于制作糖浆淋面
• 水500毫升
• 糖150克
• 香草荚1根
• 百香果果泥40克
• 新鲜生姜10克
• 香茅1根

将黄油融化，放好备用。
将面粉倒入电动搅拌桶中，随后在半边加入盐和糖，另外半边加入鲜酵母，酵母不要接触到盐和糖。

加入鸡蛋和水，慢速搅拌。

搅拌直至面团和容器壁分离，随后加入软化的黄油，继续搅拌至面团质地光滑而均匀。
用湿布或保鲜膜将容器盖住。将面团在室温静置发酵30分钟。

烤箱预热至160℃（温度调至5—6挡）。
入烤箱烤制20分钟，直至面团上色。出烤箱后将面包立即脱模。

糖浆淋面
将水、糖、剖开的香草荚、百香果果泥、生姜和香茅倒入小锅中煮沸。
将热糖浆浇在萨瓦兰面包表面，萨瓦兰面包会受热膨胀。
将萨瓦兰面包脱模。

将面团装入裱花袋。
将面团挤入萨瓦兰面包模具内。

在面包表面喷一层水雾，防止表面变硬，静置发酵30分钟，直至面团体积膨大1倍。

原味巴巴面包（Baba nature）

8份
所需用具：
- 直径8厘米的半球形硅胶模具8个
- 直径8厘米的圆形模具1个

准备时间：2小时
烤制时间：20分钟制作朗姆酒面包
静置时间：3小时

所需食材

用于制作300克巴巴面包（参照第278页）

用于制作糖浆淋面
- 水500克
- 糖150克
- 香草荚1根
- 百香果果泥40克
- 新鲜生姜10克
- 香茅1根

用于制作覆盆子果酱
- 覆盆子果泥200克
- 吉利丁片3克（1.5片）

用于制作杧果果酱
- 杧果果泥200克
- 吉利丁片3克（1.5片）

用于组合食材
- 梨1个
- 菠萝1个
- 杧果1个

制作步骤

巴巴面包（参照第278页）

糖浆淋面
将水、糖、剖开的香草荚、百香果果泥、生姜和香茅倒入小锅中煮沸。
将热糖浆浇在模具中的巴巴面包表面。

覆盆子果酱
加热1/3的覆盆子果泥，将浸透并沥干水的吉利丁片溶解其中，搅拌均匀后加入剩余果泥。

杧果果酱
加热1/3的杧果果泥，将浸透并沥干水的吉利丁片溶解其中，搅拌均匀后加入剩余果泥。

组合食材
将各种果酱涂抹在半球形硅胶模具底部，随后放入巴巴面包。
放入冰箱冷藏3小时。
将梨、菠萝和杧果切片，并用圆形模具切成和朗姆酒蛋糕同样直径的圆片。
将巴巴蛋糕放在水果片上，放入冰箱冷藏保存，可随时取用装盘。

尚蒂伊奶冻蛋白霜巴巴面包（Baba chantilly et meringue）

8份
所需用具：
- 直径8厘米的半球形硅胶模具8个

准备时间：2小时
烤制时间：20分钟制作朗姆酒面包+2小时制作蛋白霜
静置时间：1小时

所需食材

用于制作300克巴巴面包（参照第278页）

用于制作糖浆淋面（参照左侧食谱）

用于制作尚蒂伊奶冻
- 吉利丁片4克（2片）
- 淡奶油（脂肪含量35%）300毫升
- 糖40克
- 香草荚1根

用于制作法式蛋白霜
- 蛋清125克（4个）
- 糖250克

用于装饰
- 橙子皮20克

制作步骤

巴巴面包（参照第278页）

糖浆淋面（参照左侧食谱）

尚蒂伊奶冻（需提前1天制作）
将吉利丁片在冷水中浸透。
将1/5的奶油加热，将吉利丁片溶解其中。加入剩余的奶油、香草荚和糖。
将尚蒂伊奶油打发至慕斯质地。
将尚蒂伊奶油挤入直径8厘米的半球形硅胶模具内。
在模具中放入巴巴面包，放入冰箱冷藏1小时。

法式蛋白霜
用电动打蛋器将蛋清打发，逐步加入100克白糖。打发至蛋白体积膨大1倍，加入100克糖，继续打发直至蛋白质地光滑紧实。
将剩余的糖过筛加入蛋白，用刮刀搅拌均匀，装入裱花袋。
将蛋白霜挤入直径8厘米的模具中。
放入预热至90℃的烤箱烤制2小时（温度调至3挡）。自然冷却。

组合食材
装盘时将巴巴面包脱模，用尚蒂伊奶油将面包和蛋白霜粘在一起。
在每个面包表面装饰一块橙子皮。

椰林飘香萨瓦兰面包（Savarin façon Piña colada）

8 ～ 10人份
所需用具：
- 萨瓦兰面包模具1个
- 硅胶垫1张
- 裱花袋1个
- 温度计1个
- 直径22厘米的轮形硅胶模具1个

准备时间：2小时
静置时间：2小时
烤制时间：30分钟

所需食材

用于制作萨瓦兰面包（参照第279页）

用于制作糖浆淋面
- 水500毫升
- 糖150克
- 香草荚1根
- 百香果果泥45克
- 新鲜生姜10克
- 香茅1根

用于制作菠萝果酱
- 新鲜菠萝400克
- 1个青柠檬的皮
- 糖15克
- 糖渍生姜20克
- 黄原胶1克
- 香草荚1根

用于制作椰子慕斯
- 淡奶油（脂肪含量35%）320毫升
- 吉利丁片8克（4片）
- 椰子果泥220克
- 黄油75克
- 香草荚½根
- 鸡蛋180克（3.5个）
- 糖155克
- 马利宝酒（Malibu）18毫升

用于装饰
- 杧果½个
- 菠萝1块
- 鲜椰肉20克
- 白色蛋糕喷砂（参照第576页）

制作步骤

萨瓦兰面包（参照第279页）
制作萨瓦兰面包。
烤制完成后，去除顶部变硬结块的部分。

糖浆淋面
将所有食材倒入小锅中煮沸。
将热糖浆直接倒入装有萨瓦兰面包的模具中。
让萨瓦兰面包浸泡在糖浆中，放好备用。

菠萝果酱
将菠萝削皮，切成块，青柠檬去皮。
将所有食材混合，倒在铺有硅胶垫的烤盘上，入烤箱以120℃（温度调至2—3挡）烤制30分钟。
制作果酱，让果酱自然冷却。将果酱装入裱花袋备用。

椰子慕斯
将奶油打发备用。
将吉利丁片在冷水中浸透。
将椰子果泥、黄油、剖开的香草荚倒入小锅。加入鸡蛋和糖，加热至85℃，关火后加入马利宝酒。
搅拌均匀，将椰子奶油放在冰桶中冷却。
将吉利丁片溶解于一部分椰子奶油中。
将所有椰子奶油倒回小锅，加入打发的奶油。

组合食材
将可可慕斯倒入轮形模具中。
将浸透糖浆的萨瓦兰面包放入可可慕斯中。
用裱花袋将菠萝果酱挤入模具中。
用鹅颈刮刀将模具表面抹平。
放入冰箱冷冻2小时。
将萨瓦兰面包脱模。
在面包表面均匀喷洒一层白色蛋糕喷砂（参照第576页）。
用杧果片、菠萝块和椰肉碎装饰。

埃迪小贴士

在模具中用糖浆浸透萨瓦兰面包，可以防止面包变形。

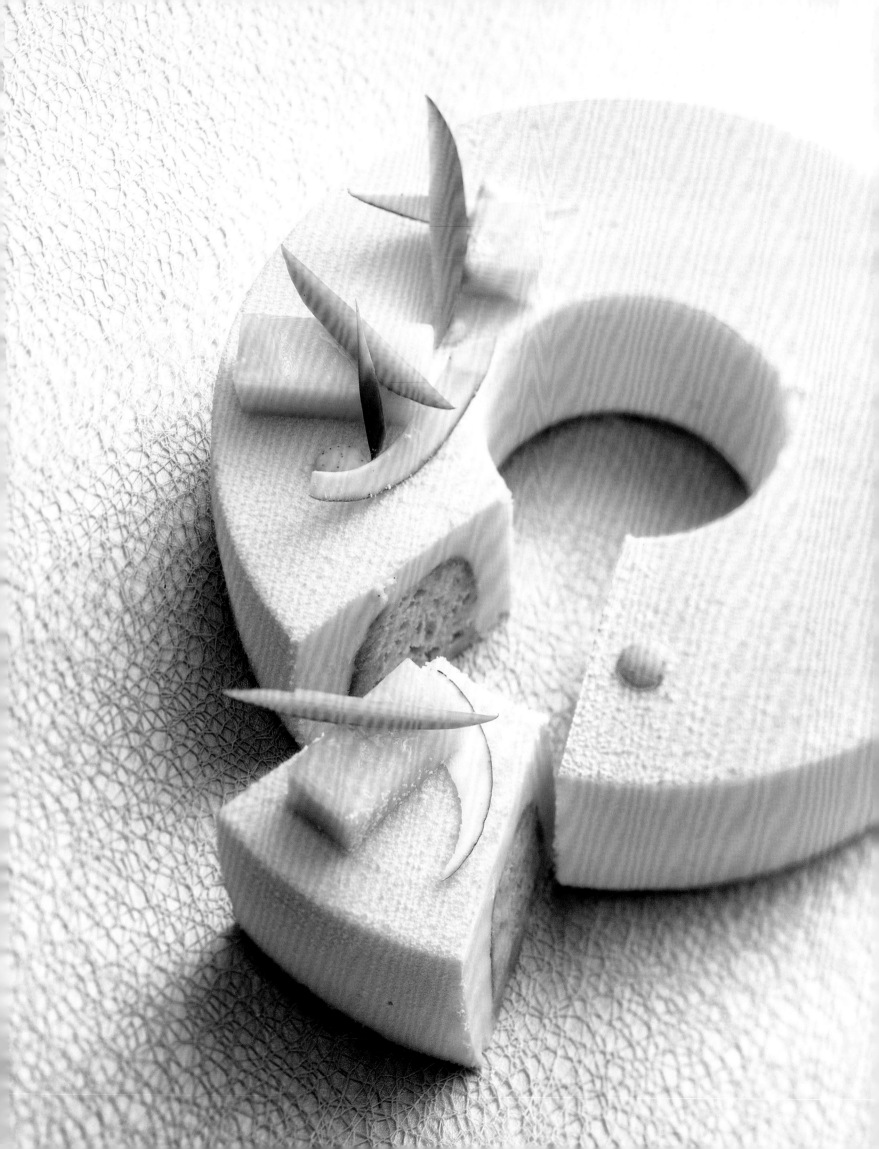

庞多米面包（Pâte à pain de mie）

可制作1千克
所需用具：
• 软面包模具
准备时间：20分钟
静置时间：2小时45分钟
烤制时间：20 ～ 25分钟

所需食材

• 鲜酵母18克
• 牛奶300毫升
• T45面粉500克（另需少许面粉撒在模具内和工作台上）
• 盐8克
• 细砂糖9克
• 黄油120克（另需少许黄油涂抹模具）

用装有搅拌钩的电动搅拌器将除黄油外的所有食材混合。

加入牛奶，慢速搅拌5分钟。

当面团与容器壁分离时，加入切成块的黄油。

搅拌直至面团质地均匀，用湿布盖住容器。

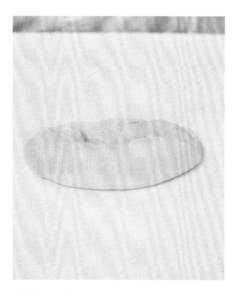

将面团室温静置发酵1小时，直至面团体积膨大1倍。
将面团从容器中取出。在工作台上撒少许面粉，用手掌挤压以去除面团内的空气，室温静置15分钟。

将面团做成与方形模具大小相当的面包卷。

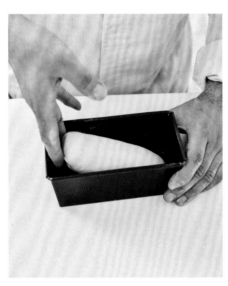 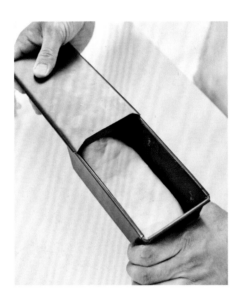 

将面包卷放入涂有黄油的模具中。
挤压面团，使面团与模具底部贴合。

再次室温静置发酵1小时30分钟。

烤箱预热至180℃（温度调至6挡）。
将模具盖好，入烤箱烤制20～25分钟。
趁热脱模，将面包放在烤架上自然冷却。

千层水果吐司（Toast melba comme un millefeuille）

6 ～ 8人份
所需用具：
• 方形软面包模具1个
准备时间：30分钟
静置时间：30分钟
烤制时间：8 ～ 10分钟

所需食材

用于制作吐司面包（需提前1天制作）（参照第284页）

用于制作外交官奶油（参照第372页）

用于收尾工序
• 草莓2颗
• 覆盆子3颗
• 糖霜20克

制作步骤

吐司面包（需提前1天制作）
制作吐司面包（参照第284页）。
烤箱预热至180℃（温度调至6挡）。
将面包沿长边纵向切成薄片，放在烤盘中。
用小刷子在面包片表面刷一层黄油，撒上糖霜。
在面包片表面铺一层烘焙纸，再盖一个烤盘。
入烤箱烤制8 ～ 10分钟上色。

外交官奶油（参照第372页）

组合食材
在第一片软面包上涂抹一层外交官奶油。
重复上述步骤2次，将涂有外交官奶油的面包片叠放，最后在上方放一片撒有糖霜的面包片。

收尾工序
用红色水果装饰，撒上糖霜。
可立即食用。

酥脆庞多米草莓奶香米饭（Riz au lait, croûtons et fraises fraîches）

6 ～ 8人份
所需用具：
• 方形软面包模具1个
• 玻璃杯8个
准备时间：30分钟
静置时间：30分钟
烤制时间：10分钟

所需食材

用于制作庞多米面包（需提前1天制作）（参照第284页）

用于制作奶香米饭（需提前1天制作）
• 牛奶560毫升
• 淡奶油（脂肪含量35%）320毫升
• 糖40克
• 盐1撮
• 香草荚2根
• 米饭90克
• 白巧克力40克

制作步骤

庞多米面包（需提前1天制作）
制作庞多米面包（参照第284页）。
烤箱预热至180℃（温度调至6挡）。
将面包切块，放在烤盘中。
入烤箱以160℃烤制10分钟，以风干水分并上色。放好备用。

奶香米饭
将牛奶、淡奶油、糖、盐和剖开的香草荚倒入小锅中。
煮沸后转小火，加入米饭并不时搅拌，直至米饭煮熟。关火，加入切碎的白巧克力，搅拌均匀。
放入冰箱冷藏保存。
装盘时取出香草荚。

组合食材
在玻璃杯中装入半杯奶香米饭。
用红色水果和酥脆庞多米块装饰。

小蛋糕及小饼干
(Les petits fours et cie)

杏仁小蛋糕 (Financiers) 290

软蛋糕 (Moelleux) 298

玛德琳蛋糕 (Madeleines) 302

杏仁点心 (Pâte d'amandes de base) 308

瓦片饼干 (Tuiles) 310

烟管饼干 (Cigarettes) 316

椰香蛋糕 (Rocher coco) 326

比利时饼干 (Spéculoos) 332

蛋白霜 (Meringues) 338

马卡龙 (Macarons) 342

杏仁小蛋糕（Financiers）

原味杏仁小蛋糕（Financiers nature）

60个
• 杏仁小蛋糕模具

准备时间：20分钟
烤制时间：15分钟

所需食材

用于制作原味杏仁小蛋糕面糊
• 黄油200克
• 面粉65克
• 糖霜220克
• 杏仁粉115克
• 蛋清7个

埃迪小贴士

将烧热的棕色黄油倒在面粉中，可以让黄油更快冷却。

您可以用一部分杏仁粉替换为榛子粉、开心果粉或核桃粉，以获取不同风味。

将黄油倒入小锅中，中火加热至棕色。过滤备用。

将面粉、糖霜和杏仁粉混合。

在面粉中倒入烧热的棕色黄油，搅拌均匀后加入蛋清。

搅拌至面糊质地均匀。
烤箱预热至210℃（温度调至7挡）。

在杏仁小蛋糕模具内侧涂抹黄油，挤入面糊。入烤箱烤制15分钟。

出烤箱后小心脱模。将烤好的杏仁小蛋糕放在烘焙纸上，自然冷却。

巧克力杏仁小蛋糕（Financiers au chocolat）

45个
所需用具：
• 杏仁小蛋糕模具
准备时间：20分钟
烤制时间：15分钟
静置时间：2小时

所需食材

• 黑巧克力（可可含量65%）112克
• 黄油112克
• 面粉90克
• 糖45克
• 杏仁粉75克
• 蛋清5个

制作步骤

小火融化巧克力。
将黄油倒入小锅，中火加热至棕色。过滤备用。
将面粉、糖、杏仁粉和烧热的棕色黄油混合，搅拌均匀后加入蛋清和融化的巧克力。
放入冰箱冷藏2小时。
烤箱预热至210℃（温度调至7挡）。
在杏仁小蛋糕模具内侧涂抹黄油，挤入面糊。
入烤箱烤制15分钟。
出烤箱后小心脱模，将烤好的巧克力杏仁小蛋糕放在烘焙纸上，自然冷却。

风味杏仁小蛋糕（Financiers parfumés）

10个
所需用具：
• 杏仁小蛋糕模具
准备时间：20分钟
烤制时间：15分钟

所需食材

用于制作杏仁小蛋糕面糊（参见上文食谱）

用于制作不同风味
• 110克原味杏仁小蛋糕面糊+10克咖啡粉
• 110克原味杏仁小蛋糕面糊+25克开心果面糊
• 110克原味杏仁小蛋糕面糊+10克抹茶粉
• 110克原味杏仁小蛋糕面糊+50克松子

制作步骤

烤箱预热至210℃（温度调至7挡）。
在咖啡杏仁小蛋糕面糊中加入咖啡粉，在开心果杏仁小蛋糕面糊中加入开心果面糊，在抹茶杏仁小蛋糕中加入抹茶粉。
在杏仁小蛋糕模具内侧涂抹黄油，挤入各式面糊。
将松子撒在原味杏仁小蛋糕表面。
入烤箱烤制15分钟。出烤箱后小心脱模，将烤好的风味杏仁小蛋糕放在烘焙纸上，自然冷却。

浓郁巧克力杏仁小蛋糕（Les financiers gourmands au chocolat）

45个
所需用具：
• 直径4厘米的萨瓦兰蛋糕硅胶模具
• 裱花袋1个
准备时间：35分钟
静置时间：2小时
烤制时间：12～15分钟

所需食材

用于制作400克杏仁小蛋糕面糊（参照第290页）
• 巧克力屑40克

用于制作牛奶巧克力甘纳许
• 淡奶油（脂肪含量35%）125毫升
• 转化糖浆37.5克
• 牛奶巧克力（可可含量40%）250克
• 黄油40克

用于收尾工序
• 巧克力喷砂（参照第576页）

制作步骤

制作杏仁小蛋糕面糊（参照第290页）。
烤箱预热至160℃（温度调至5—6挡）。
入烤箱前在面糊中加入巧克力屑，将面糊装入裱花袋。
将面糊挤入萨瓦兰蛋糕硅胶模具中，液面距离模具边缘5毫米。
入烤箱烤制12～15分钟，自然冷却后脱模。

制作牛奶巧克力甘纳许。
将淡奶油和转化糖浆倒入小锅中煮沸。
将巧克力切碎。
用橡胶刮刀将1/3的热奶油倒入巧克力中，从内向外画圈搅拌。
逐步加入剩余的奶油，搅拌直至奶油质地光滑。
加入切成小块的黄油。
搅拌均匀，注意不要混入气泡。
将牛奶巧克力甘纳许挤入硅胶模具内，放入冰箱冷冻2小时。
脱模后在表面喷洒一层巧克力喷砂，将巧克力甘纳许放在巧克力杏仁小蛋糕表面。

浓郁杏仁小蛋糕（Les financiers gourmands aux amandes）

45个
所需用具：
• 直径4厘米的萨瓦兰蛋糕硅胶模具
• 裱花袋1个
准备时间：35分钟
静置时间：2小时
烤制时间：12～15分钟

所需食材

用于制作400克杏仁小蛋糕面糊（参照第290页）
• 杏仁碎40克

用于制作杏仁尚蒂伊奶油
• 淡奶油（脂肪含量35%）300毫升
• 马斯卡彭奶酪150克
• 巴旦杏仁糖浆45毫升

用于收尾工序
• 装饰用杏仁
• 食用金箔
• 白巧克力喷砂（参照第576页）

制作步骤

制作杏仁小蛋糕面糊（参照第290页）。
烤箱预热至160℃（温度调至5—6挡）。
将面糊挤入萨瓦兰蛋糕硅胶模具，液面距离模具边缘5毫米。
加入切碎的杏仁，入烤箱烤制12～15分钟。
自然冷却后脱模。

制作杏仁尚蒂伊奶油
将3种食材混合。
制作蛋糕时用打蛋器将尚蒂伊奶油打发。
将奶油挤入硅胶模具中，放入冰箱冷冻2小时。
脱模后在表面喷洒一层白巧克力喷砂，将杏仁尚蒂伊奶油放在杏仁小蛋糕表面。
每个蛋糕用1颗杏仁和1片食用金箔装饰。

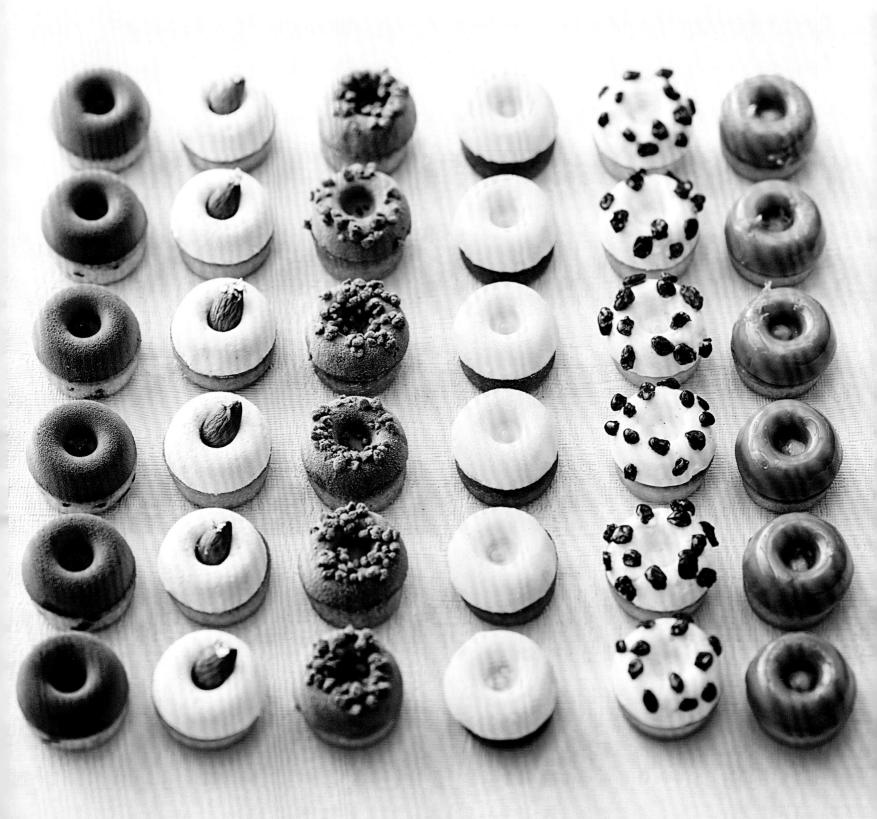

榛子杏仁小蛋糕（Les financiers gourmands aux noisettes）

45个
所需用具：
- 直径4厘米的萨瓦兰蛋糕硅胶模具
- 裱花袋1个

准备时间：35分钟
静置时间：2小时
烤制时间：12 ～ 15分钟

所需食材

用于制作400克杏仁小蛋糕面糊（参照第290页）
- 榛子碎40克

用于制作榛子奶油
- 吉利丁片3克（1.5片）
- 转化糖浆25克
- 无糖浓缩牛奶260毫升
- 苦味黑巧克力75克
- 糖衣榛子90克
- 糖衣杏仁85克
- 榛子油35毫升

用于收尾工序
- 巧克力喷砂（参照第576页）
- 焦糖榛子（用于装饰）

制作步骤

制作杏仁小蛋糕面糊（参照第290页）。
烤箱预热至160℃（温度调至5—6挡）。
将面糊挤入萨瓦兰蛋糕硅胶模具中，液面距离模具边缘5毫米。
加入切碎的榛子，入烤箱烤制12 ～ 15分钟。
自然冷却后脱模。

制作榛子奶油。
将吉利丁片在冷水中浸透。
将转化糖浆和无糖浓缩牛奶倒入小锅中煮沸，随后将煮沸的糖浆倒入巧克力中，加入糖衣榛子、糖衣杏仁和榛子油。
搅拌均匀，加入沥干水的吉利丁片，再次搅拌。
将奶油挤入硅胶模具中，放入冰箱冷冻2小时。
脱模后在蛋糕表面撒上焦糖榛子，喷洒一层巧克力喷砂，随后将榛子奶油放在杏仁小蛋糕表面。

抹茶杏仁小蛋糕（Les financiers gourmands au matcha）

45个
所需用具：
- 直径4厘米的萨瓦兰蛋糕硅胶模具
- 裱花袋1个

准备时间：35分钟
静置时间：2小时
烤制时间：12 ～ 15分钟

所需食材

用于制作400克杏仁小蛋糕面糊（参照第290页）
- 抹茶粉10克

用于制作百香果奶油
- 鸡蛋2个
- 糖50克
- 百香果果肉60克
- 热带水果果肉30克
- 青柠檬汁40毫升
- 黄油75克

用于收尾工序
- 黄色喷砂（参照第576页）

制作步骤

制作杏仁小蛋糕面糊（参照第290页）。
烤箱预热至160℃（温度调至5—6挡）。
将抹茶粉和杏仁小蛋糕面糊混合。
将面糊装入裱花袋，再挤入萨瓦兰蛋糕硅胶模具中，液面距离模具边缘5毫米。
入烤箱烤制12 ～ 15分钟。
自然冷却后脱模。

制作百香果奶油。
将除黄油之外的所有食材倒入小锅，搅拌加热至奶油质地浓稠。
将奶油过筛，加入切成块的黄油，搅拌均匀。
将奶油倒入硅胶模具中，放入冰箱冷冻2小时。
脱模，在蛋糕表面喷洒一层黄色喷砂，随后将百香果奶油放在抹茶杏仁小蛋糕表面。

朗姆杏仁小蛋糕（Les financiers gourmands au rhum）

45个

所需用具：
• 直径4厘米的萨瓦兰蛋糕硅胶模具
• 裱花袋1个

准备时间：35分钟
静置时间：2小时
烤制时间：12～15分钟

所需食材

用于制作400克杏仁小蛋糕面糊（参照第290页）

用于制作朗姆尚蒂伊奶油
• 淡奶油（脂肪含量35%）300毫升
• 马斯卡彭奶酪150克
• 棕色朗姆酒45毫升

用于收尾工序
• 葡萄干50克
• 水100毫升
• 糖50克
• 棕色朗姆酒25毫升

制作步骤

制作杏仁小蛋糕面糊（参照第290页）。
烤箱预热至160℃（温度调至5—6挡）。
将葡萄干浸入沸水中，浸泡15分钟后沥干水。
将水和糖混合，煮沸后自然冷却。
加入25毫升棕色朗姆酒和葡萄干，静置浸泡。
将面糊装入裱花袋，挤入萨瓦兰蛋糕硅胶模具，液面距离模具边缘5毫米。
在每个杏仁小蛋糕中加入浸泡过朗姆酒的葡萄干。
入烤箱烤制12～15分钟。自然冷却后脱模。

制作朗姆尚蒂伊奶油。
提前一天将三种食材混合，静置备用。
制作蛋糕时用打蛋器将奶油打发。
将尚蒂伊奶油挤入硅胶模具，放入冰箱冷冻2小时。
尚蒂伊奶油脱模，放在葡萄干杏仁小蛋糕表面。
用浸泡过朗姆酒的葡萄干装饰。

橙子杏仁小蛋糕（Les financiers gourmands à l'orange）

45个

所需用具：
• 直径4厘米的萨瓦兰蛋糕硅胶模具
• 裱花袋1个

准备时间：35分钟
静置时间：2小时
烤制时间：12～15分钟

所需食材

用于制作400克杏仁小蛋糕面糊（参照第290页）
• 1个橙子的皮
• 糖渍橙子40克
• 橙子利口酒70毫升

用于制作柑橘果冻
• 吉利丁片4克（2片）
• 杧果果肉100克
• 橘子果肉100克
• 橙子果肉100克

用于收尾工序
• 中性蛋糕淋面

制作步骤

制作杏仁小蛋糕面糊（参照第290页）。
烤箱预热至160℃（温度调至5—6挡）。
将橙子皮和杏仁小蛋糕面糊混合。
将面糊装入裱花袋，再挤入萨瓦兰蛋糕硅胶模具中，液面距离模具边缘5毫米。
加入一块糖渍橙子，入烤箱烤制12～15分钟。
出烤箱后在蛋糕表面浇一层橙子利口酒。
自然冷却后脱模。

制作柑橘果冻。
将吉利丁片在冷水中浸透。
将⅓的果肉倒入小锅中加热，加入沥干水的吉利丁片，搅拌均匀。
加入剩余果肉，再次搅拌。
将果酱挤入硅胶模具中，放入冰箱冷冻2小时。
脱模，将果冻放在橙子杏仁小蛋糕表面。

埃迪小贴士
高温烤制（200℃以上）的杏仁小蛋糕外皮酥脆，内部柔软。

榛子慕斯酥脆杏仁小蛋糕（Financiers croustillants aux noisettes et mousse pralinée）

18份
所需用具：
· 温度计1个
· 3厘米×8厘米的杏仁小蛋糕模具
准备时间：2小时
静置时间：1小时
烤制时间：30分钟

所需食材

用于制作杏仁小蛋糕
· 黄油100克
· 面粉33克
· 糖霜110克
· 杏仁粉54克
· 蛋清3.5个
· 榛子100克

用于制作糖衣榛子酥
· 牛奶巧克力50克
· 黄油20克
· 糖衣榛子100克
· 榛子面糊100克
· 千层酥脆片100克（可用Gavotte可丽饼或花边可丽饼替代）

用于制作糖衣榛子慕斯
· 牛奶100毫升
· 淡奶油（脂肪含量35%）230毫升
· 蛋黄40克（2个）
· 糖20克
· 吉利丁片4克（2片）
· 糖衣榛子100克

用于收尾工序
· 牛奶巧克力薄片
· 方形黑巧克力

制作步骤

杏仁小蛋糕
将黄油倒入小锅中，中火加热至棕色。过滤备用。
将面粉、糖霜和杏仁粉混合，加入蛋清和棕色黄油。
烤箱预热至220℃（温度调至7—8挡）。
将面糊倒入方形硅胶模具中。
加入大块榛子。
入烤箱烤制20分钟，自然冷却后脱模。

糖衣榛子酥
用水浴法融化巧克力和黄油。当巧克力和黄油的混合物温度达到40℃时，加入糖衣榛子、榛子面团并搅拌均匀。
加入千层酥脆片，将面糊涂抹在2张烘焙纸之间。
将榛子酥放入冰箱冷藏1小时。

糖衣榛子慕斯
将吉利丁片在冷水中浸透。
将牛奶和50毫升淡奶油倒入小锅中煮沸。
用打蛋器将蛋黄和糖混合打发，往其中倒入一部分煮沸的液体，搅拌均匀。
将混合好的食材全部倒回锅中，继续搅拌加热至82℃，加入吉利丁片和糖衣榛子。
自然冷却。
将剩余奶油打发，将其加入冷却的奶油中，用橡胶刮刀搅拌至奶油质地光滑。
将奶油倒入盘中，盖上保鲜膜，放入冰箱冷藏备用。

巧克力片和方形巧克力
制作牛奶巧克力薄片和方形黑巧克力。
放好备用。

组合食材
将糖衣榛子酥切割成杏仁小蛋糕的大小。
在小蛋糕表面放1片方形巧克力。
用浸入开水的汤勺，将糖衣榛子慕斯做成椭圆形。
将椭圆形糖衣榛子慕斯放在方形巧克力上。
用牛奶巧克力薄片装饰，放入冰箱冷藏保存至食用。

软蛋糕 (Moelleux)

杏仁软蛋糕 (Moelleux aux amandes)

40个
所需用具:
• 直径5厘米的硅胶模具

准备时间: 15分钟
烤制时间: 15分钟

所需食材
• 香草荚1根
• 全蛋4个
• 蛋黄3个
• 糖260克
• 布丁粉20克
• 杏仁粉225克
• 鲜奶油110克

埃迪小贴士
软蛋糕面糊可用作糕点或蛋挞的基底。

烤箱预热至160℃ (温度调至5—6挡)。
将香草荚剖开, 取出香草籽。
将鸡蛋、蛋黄和糖混合, 加入布丁粉、杏仁粉和鲜奶油。

将混合好的食材倒入直径5厘米的硅胶模具中。

入烤箱烤制15分钟。
自然冷却后脱模。

香草核桃软蛋糕 (Moelleux vanille-noix de pécan)

40个
所需用具:
• 普通裱花袋1个
• 装有锯齿状花嘴的裱花袋1个
• 直径5厘米的硅胶模具

准备时间: 30分钟
静置时间: 24小时
烤制时间: 30分钟

• 牛奶300毫升
• 淡奶油 (脂肪含量35%) 300毫升
• 白巧克力250克
• 马斯卡彭奶酪100克

用于收尾工序
• 山核桃仁300克
• 白色喷雾 (参照第576页)

所需食材

用于制作软蛋糕 (参照上文基础食谱)

用于制作意式香草奶冻 (需提前1天制作)
• 香草荚2根
• 吉利丁片12克 (6片)

制作步骤

意式香草奶冻
将吉利丁片在冷水中浸透。
将牛奶和奶油倒入小锅, 加入剖开的香草荚, 煮沸。
将加热后的牛奶和奶油过滤, 倒入白巧克力中, 加入沥干水的吉利丁片和马斯卡彭奶酪。

搅拌均匀，放入冰箱冷藏24小时。

软蛋糕（参照第298页的基础食谱）

入烤箱前，在每份软蛋糕面糊中放入焦糖山核桃粒。
软蛋糕烤制30分钟后自然冷却，脱模。

组合食材

用打蛋器打发意式香草奶冻。
将意式香草奶冻装入装有锯齿状花嘴的裱花袋中，在软蛋糕上挤出漂亮的玫瑰花造型装饰。

覆盆子软蛋糕（Moelleux à la framboise）

40个
所需用具：
- 普通裱花袋1个
- 装有锯齿状花嘴的裱花袋1个
- 直径5厘米的硅胶模具

准备时间：30分钟
静置时间：24小时
烤制时间：30分钟

所需食材

用于制作软蛋糕（参照第298页的基础食谱）

用于制作意式覆盆子奶冻（需提前1天制作）
- 吉利丁片12克（6片）
- 覆盆子果泥300毫升
- 淡奶油（脂肪含量35%）300毫升
- 白巧克力250克
- 马斯卡彭奶酪100克

用于收尾工序
- 覆盆子60颗
- 红色喷砂（参照第576页）

制作步骤

意式覆盆子奶冻
将吉利丁片在冷水中浸透。
将淡奶油倒入小锅中煮沸。
将煮沸的奶油倒入白巧克力中，加入沥干水的吉利丁片、马斯卡彭奶酪和覆盆子果泥。
搅拌均匀，放入冰箱冷藏24小时。

软蛋糕（参照第298页的基础食谱）
入烤箱前，在每份软蛋糕面糊中放入半颗覆盆子。
软蛋糕烤制30分钟后自然冷却，脱模。

组合食材
用打蛋器打发意式覆盆子奶冻。
将意式覆盆子奶冻装入装有锯齿状花嘴的裱花袋中。
在软蛋糕表面用意式覆盆子奶冻挤出玫瑰花形。
放入冰箱冷藏1小时。

装饰

在软蛋糕表面喷洒黄油可可红色喷砂。
在每个软蛋糕表面装饰1颗覆盆子。

香蕉软蛋糕（Moelleux à la banane）

40个
所需用具：
- 普通裱花袋1个
- 装有锯齿状花嘴的裱花袋1个
- 直径5厘米的硅胶模具

准备时间：30分钟
静置时间：24小时+1小时
烤制时间：30分钟

所需食材

用于制作软蛋糕（参照第298页的基础食谱）

用于制作意式香蕉奶冻（需提前1天制作）
- 吉利丁片12克（6片）
- 香蕉果泥300毫升
- 淡奶油（脂肪含量35%）300毫升
- 白巧克力250克
- 马斯卡彭奶酪100克

用于收尾工序
- 香蕉3根
- 黄色喷砂（参照第576页）

制作步骤

意式香蕉奶冻
将吉利丁片在冷水中浸透。
将奶油倒入小锅中煮沸。
将煮沸的奶油倒入白巧克力中，加入沥干水的吉利丁片、马斯卡彭奶酪和香蕉果泥。
搅拌均匀，放入冰箱冷藏24小时。

软蛋糕（参照第298页的基础食谱）
入烤箱前，在每份软蛋糕面团中放入1片香蕉。
软蛋糕烤制30分钟后自然冷却，脱模。

组合食材
用打蛋器打发意式香蕉奶冻。
将意式香蕉奶冻装入装有锯齿状花嘴的裱花袋中。
在软蛋糕表面用意式香蕉奶冻挤出玫瑰花形。
放入冰箱冷藏1小时。

装饰

在软蛋糕表面喷洒黄油可可黄色喷砂。
在每个软蛋糕表面装饰1片香蕉。

榛子软蛋糕（Moelleux aux noisettes）

40个
所需用具：
- 普通裱花袋1个
- 装有锯齿状花嘴的裱花袋1个
- 直径5厘米的硅胶模具

准备时间：30分钟
静置时间：24小时+1小时
烤制时间：30分钟

所需食材

用于制作软蛋糕（参照第298页的基础食谱）

用于制作意式榛子奶冻（需提前1天制作）
- 吉利丁片12克（6片）
- 牛奶200毫升
- 淡奶油（脂肪含量35%）350毫升
- 白巧克力250克
- 糖衣榛子150克

用于收尾工序
- 榛子300克
- 牛奶巧克力喷砂（参照第576页）

制作步骤

意式榛子奶冻
将吉利丁片在冷水中浸透。
将牛奶和淡奶油倒入小锅中煮沸。
将煮沸的牛奶和奶油倒入白巧克力中，加入沥干水的吉利丁片和糖衣榛子。
搅拌均匀，放入冰箱冷藏24小时。

软蛋糕（参照第298页的基础食谱）
入烤箱前，在每份软蛋糕面糊中放入焦糖榛子。
软蛋糕烤制30分钟后自然冷却，脱模。

组合食材
用打蛋器打发意式榛子奶冻。
将意式榛子奶冻装入装有锯齿状花嘴的裱花袋中，在软蛋糕表面挤出玫瑰花形。
放入冰箱冷藏1小时。

装饰
在软蛋糕表面喷洒牛奶巧克力喷砂。
在每个软蛋糕表面装饰1颗榛子。

草莓软蛋糕（Moelleux à la fraise）

40个
所需用具：
- 普通裱花袋1个
- 装有锯齿状花嘴的裱花袋1个
- 直径5厘米的硅胶模具

准备时间：30分钟
静置时间：24小时+1小时
烤制时间：30分钟

所需食材

用于制作软蛋糕（参照第298页的基础食谱）

用于制作意式草莓奶冻（需提前1天制作）
- 吉利丁片12克（6片）
- 草莓果泥300毫升
- 淡奶油（脂肪含量35%）300毫升
- 白巧克力250克
- 马斯卡彭奶酪100克

用于收尾工序
- 草莓60颗
- 粉色喷砂（参照第576页）

制作步骤

意式草莓奶冻
将吉利丁片在冷水中浸透。
将奶油倒入小锅中煮沸。
将煮沸的奶油倒入白巧克力中，加入沥干水的吉利丁片、马斯卡彭奶酪和草莓果泥。
搅拌均匀，放入冰箱冷藏24小时。

软蛋糕（参照第298页的基础食谱）
软蛋糕入烤箱前，在每份软蛋糕面糊中放入1片草莓。
烤制30分钟后自然冷却，脱模。

组合食材
用打蛋器打发意式草莓奶冻。
将意式草莓奶冻装入装有锯齿状花嘴的裱花袋中。
在软蛋糕表面用意式草莓奶冻挤出玫瑰花形。
放入冰箱冷藏1小时。

装饰
在软蛋糕表面喷洒黄油可可粉色喷砂。
在每个软蛋糕表面装饰1颗草莓。

草莓

榛子

香蕉

覆盆子

香草

玛德琳蛋糕（Madeleines）

24个
所需用具：
• 玛德琳蛋糕模具
• 装有10号裱花嘴的裱花袋
准备时间：20分钟
烤制时间：14分钟
静置时间：1小时

所需食材

• 鸡蛋3个
• 细砂糖200克
• 盐1撮
• 1个黄柠檬的皮
• 牛奶80毫升
• 面粉250克（另需少许面粉撒在模具上）
• 化学酵母8克
• 融化黄油125克（另需少许黄油涂抹模具）
• 五香粉4撮（可选）

用打蛋器将鸡蛋、细砂糖和盐混合打发鸡蛋至白色，加入柠檬皮。
逐步倒入牛奶。加入面粉和化学酵母。

加入五香粉。
搅拌直至面糊质地光滑而均匀。

加入温热的融化黄油。

将面糊放入冰箱冷藏1小时。
烤箱预热至240℃（温度调至8挡）。

在玛德琳模具内侧涂抹黄油、撒上面粉。用裱花袋将面糊挤入模具中。

入烤箱烤制6分钟，随后将温度降至170℃（温度调至5—6挡），继续烤制8分钟。
出烤箱后立即脱模，自然冷却。
可在蛋糕背面切口，挤入蜂蜜或焦糖。

黑糖玛德琳蛋糕（Madeleines au muscovado）

24个
所需用具：
• 玛德琳蛋糕模具
• 装有10号裱花嘴的裱花袋
准备时间：20分钟
烤制时间：14分钟
静置时间：1晚

所需食材

• 牛奶80毫升
• 蜂蜜80克
• 黄油250克（另需少许黄油涂抹模具）
• 黑糖80克
• 鸡蛋3个
• 细砂糖80克
• 面粉250克（另需少许面粉撒在模具上）
• 化学酵母12克
• 盐1撮
• 香料蛋糕粉2克

制作步骤

将牛奶、蜂蜜、黄油和黑糖煮沸。
将鸡蛋和细砂糖搅拌均匀。
将煮沸的液体倒入鸡蛋和细砂糖的混合物中，加入面粉、化学酵母、盐和香料蛋糕粉。
搅拌直至面糊质地光滑而均匀。
放入冰箱冷藏1晚。
烤箱预热至240℃（温度调至8挡）。
在玛德琳模具内侧涂抹黄油、撒上面粉。用裱花袋将面糊挤入模具中。
入烤箱烤制6分钟，随后将温度降至170℃（温度调至5—6挡），继续烤制8分钟。出烤箱后立即脱模，自然冷却。

蜂蜜玛德琳蛋糕（Madeleines au miel）

30个
所需用具：
• 玛德琳蛋糕模具
• 裱花袋
准备时间：20分钟
烤制时间：14分钟
静置时间：1小时

所需食材

• 鸡蛋150克（3个）
• 细砂糖130克
• 盐1撮
• 牛奶60毫升
• 蜂蜜30克
• T55面粉200克（另需少许面粉撒在模具上）
• 化学酵母10克
• 融化黄油200克（另需少许黄油涂抹模具）

制作步骤

将鸡蛋、细砂糖和盐混合，用打蛋器打发鸡蛋至白色。
加入牛奶，搅拌均匀后加入蜂蜜。加入面粉和化学酵母。搅拌直至面糊质地光滑而均匀。最后加入温热的融化黄油。
放入冰箱冷藏1小时。
烤箱预热至240℃（温度调至8挡）。
在玛德琳模具内侧涂抹黄油、撒上面粉。用裱花袋将面糊挤入模具中。
入烤箱烤制6分钟，随后将温度降至170℃（温度调至5—6挡），继续烤制8分钟。出烤箱后立即脱模，自然冷却。

埃迪小贴士

玛德琳蛋糕中央标志性"球体"的形成，主要归功于模具的形状和酵母的作用。烤制时，面糊从边缘向中央逐渐受热烤熟。推荐使用导热效果更好的生铁模具。

三味糖浆玛德琳蛋糕（Madeleines glacées aux trois parfums）

可制作12个传统玛德琳蛋糕和12个圆形玛德琳小蛋糕
所需用具：
• 玛德琳蛋糕模具12个
• 直径5厘米的圆形硅胶模具12个
准备时间：20分钟
静置时间：1小时
烤制时间：8～10分钟/12～14分钟（根据玛德琳蛋糕的大小而定）

所需食材

用于制作玛德琳蛋糕（参照第302页）

用于制作糖浆淋面
• 糖霜250克
• 水70毫升
• 佛手柑精油2～3滴
• 雀巢咖啡5克

用于组合食材
• 糖霜20克
• 覆盆子12颗
• 草莓12颗

制作步骤

玛德琳蛋糕
制作玛德琳蛋糕面糊（参照第302页）。
烤箱预热至240℃（温度调至8挡）。
将面糊分为两等份。
将第一份面糊挤入涂有黄油并撒有面粉的玛德琳蛋糕模具中，另一份面糊挤入圆形硅胶模具中。
烤制前，在每份圆形玛德琳蛋糕面糊中加入半颗覆盆子或半颗草莓。
传统玛德琳蛋糕入烤箱烤制6分钟，随后将温度降至170℃（温度调至5—6挡），继续烤制8分钟。
圆形玛德琳蛋糕入烤箱烤制8～10分钟。出烤箱后立即脱模，自然冷却。

糖浆淋面
将糖霜和水混合。
将糖浆分为三等份。
在其中一份糖浆中加入2～3滴佛手柑精油。
在第二份糖浆中加入雀巢咖啡，第三份糖浆保留原味。
将三种糖浆淋面分别浇在传统玛德琳蛋糕上。入烤箱以220℃烤制片刻，以风干糖浆。
在圆形玛德琳小蛋糕表面装饰覆盆子或草莓。
撒上糖霜。

椰林飘香玛德琳蛋糕（Madeleines piña colada）

24份
所需用具：
- 13厘米×5厘米的椭圆形硅胶模具
- 裱花袋1个
- 硅胶垫1张
- 温度计1个

准备时间：1小时
静置时间：5小时
烤制时间：40分钟

所需食材

用于制作玛德琳蛋糕（参照第302页）
- 鸡蛋3个
- 盐1撮
- 糖130克
- 牛奶60毫升
- 蜂蜜30克
- 面粉200克（另需少许面粉撒在模具上）
- 化学酵母10克
- 融化黄油200克（另需少许黄油涂抹模具）

用于制作菠萝果酱
- 新鲜菠萝400克
- 糖15克
- 生姜20克
- 青柠檬1个
- 黄原胶1克
- 香草荚1根

用于制作椰香慕斯
- 吉利丁片4克（2片）
- 椰子果肉105克
- 黄油30克
- 香草荚½根
- 鸡蛋2个
- 淡奶油（脂肪含量35%）165毫升
- 棕色朗姆酒10毫升
- 糖80克

用于组合食材
- 1个青柠檬的皮

制作步骤

玛德琳蛋糕（参照第302页）

菠萝果酱
将菠萝去皮切块。
将所有食材混合，青柠削皮，铺在硅胶垫上，入烤箱以80℃（温度调至2—3挡）烤制40分钟。
放好备用。

椰香慕斯
将吉利丁片在冷水中浸透。
将椰子果肉、切成块的黄油和剖开的香草荚倒入小锅中煮沸。
用打蛋器将鸡蛋和糖混合，倒入小锅，加热至85℃。
关火，加入沥干水的吉利丁片和朗姆酒。
用搅拌器搅拌均匀，放入冰箱冷藏降温。
用糕点专用电动搅拌器将淡奶油打发至慕斯质地。
将打发的奶油加入此前混合好的食材，制成椰香慕斯，装入裱花袋，挤入模具，液面高度约为1厘米。
在每个模具中放入一个玛德琳蛋糕，随后放入冰箱冷藏4小时。

组合食材
将玛德琳蛋糕脱模，表面涂抹菠萝果酱，撒上青柠檬皮。

杏仁点心（Pâte d'amandes de base）

可制作330克
准备时间：5分钟

所需食材

- 杏仁粉150克
- 糖霜150克
- 苦杏仁精1～2滴
- 蛋清1个

用糕点专用电动搅拌器将杏仁粉和糖霜混合。加入苦杏仁精。

搅拌均匀，加入蛋清。

搅拌直至面团质地均匀紧实。
将杏仁膏用保鲜膜将面团包好，放入冰箱冷藏保存。将面团分成小圆球。在每个圆形小面团上放1颗榛子或1颗杏仁，入烤箱以180℃烤制10分钟。

橙子杏仁小点心（Petits fours à la pâte d'amandes et aux oranges confites）

40份
所需用具：
- 装有锯齿状花嘴的裱花袋1个
- 硅胶垫1张

准备时间：15分钟
静置时间：12小时
烤制时间：10分钟

所需食材

- 杏仁面糊（杏仁粉含量70%）130克
- 杏仁面糊（杏仁粉含量50%）120克
- 蛋清2个
- 转化糖浆（或蜂蜜）15克
- 糖渍橙子50克

制作步骤

用电动搅拌器将2种杏仁面糊、鸡蛋和转化糖浆（或蜂蜜）混合。
将面糊装入裱花袋，在铺有硅胶垫的烤盘上挤出沙丘状面团。
在每个沙丘状面团上装饰一块糖渍橙子。室温静置12小时风干。
烤箱预热至240℃（温度调至8挡）。
入烤箱烤制10分钟，直至面团上色。
将烤好的杏仁小点心放在烤架上自然冷却。

埃迪小贴士

转化糖浆可以让糕点质地柔软，同时避免结晶。您可以将转化糖浆替换为味道清淡的蜂蜜，如花朵蜂蜜或洋槐蜂蜜。

松子杏仁小点心（Petits fours à la pâte d'amandes et pignons de pin）

40份

所需用具：
• 硅胶垫1张

准备时间：20分钟
烤制时间：10 ～ 12分钟
静置时间：12小时+15分钟

所需食材

• 杏仁粉120克
• 杏仁面糊（杏仁粉含量60%）130克
• 转化糖浆15克
• 杏肉果酱40克
• 糖霜80克
• 蛋清1个
• 糖渍橙子75克
• 松子50克

制作步骤

用糕点专用电动搅拌器将杏仁粉、杏仁面糊、转化糖浆、杏肉果酱、糖霜、蛋清和切成小块的糖渍橙子混合。用擀面杖将面团擀成厚度为1.5厘米的面饼。

在面饼表面均匀铺撒一层松子，随后将面饼翻面，用烤盘轻压，将松子压入面饼。

将面饼室温静置12小时风干，随后放入冰箱冷冻15分钟。

烤箱预热至220℃（温度调至7—8挡）。

将面饼切割成小方块，放在铺有硅胶垫的烤盘上。

入烤箱烤制10 ～ 12分钟。自然冷却。

瓦片饼干（Tuiles）

杏仁瓦片（Tuiles aux amandes）

45片
所需用具：
- 一次性裱花袋1个
- 烘焙硅胶垫1张
- 瓦片形托板（或擀面杖）1个

准备时间：**15分钟**
静置时间：**1小时**
烤制时间：**10分钟**

所需食材

- 糖霜265克
- 鸡蛋100克（2个）
- 蛋清110克（3～4个）
- 香草荚1根
- 杏仁片250克
- 面粉15克

将糖、鸡蛋、蛋清和从剖开的香草荚中刮下的香草籽混合。

加入杏仁片和过筛的面粉。

盖上保鲜膜，放入冰箱冷藏1小时。

烤箱预热至180℃（温度调至6挡）。
将面糊装入一次性裱花袋。将裱花袋的尖角剪开，在铺有硅胶垫的烤盘上挤出小块面糊。用沾水的叉子背面轻压出纹理。

将饼干入烤箱烤制10分钟。出烤箱后，立即将瓦片饼干放在擀面杖上，做出弧形。
自然冷却。

糖衣坚果瓦片 (Tuiles au praliné)

50个
所需用具:
- 一次性裱花袋1个
- 硅胶垫1张
- 瓦片形托板1个
准备时间: 15分钟
静置时间: 1小时
烤制时间: 16分钟

所需食材

- 榛子碎80克
- 糖衣榛子220克
- 糖霜110克
- 鸡蛋100克 (2个)
- 融化黄油100克
- 面粉40克

制作步骤

烤箱预热至180℃ (温度调至6挡)。

将榛子碎铺在烤盘上, 入烤箱烤制6分钟。

将糖衣榛子和糖霜混合, 随后加入鸡蛋和融化的黄油。最后加入过筛的面粉和烘烤过的榛子碎。

盖上保鲜膜, 放入冰箱冷藏1小时。

将面糊装入一次性裱花袋。将裱花袋的尖角剪开, 在铺有硅胶垫的烤盘上挤出小块面糊, 或用镂空模具做出造型。

撒上榛子碎。

入烤箱烤制10分钟。

自然冷却。

巧克力瓦片或橙子瓦片 (Tuiles à l'orange ou au chocolat)

25片
所需用具:
- 一次性裱花袋1个
- 硅胶垫1张
- 瓦片形托板1个
准备时间: 15分钟
静置时间: 1小时
烤制时间: 10分钟

所需食材

- 橙汁70毫升
- 糖霜180克
- 融化黄油70克
- ½个有机橙子的皮
- 面粉55克
- 杏仁碎30克 (或70克杏仁片)
- 巧克力碎100克

制作步骤

将橙汁和糖霜混合。加入融化的黄油和橙子皮。搅拌均匀后加入面粉和杏仁碎 (或巧克力碎)。

盖上保鲜膜, 放入冰箱冷藏1小时。

烤箱预热至180℃ (温度调至6挡)。

将面糊装入一次性裱花袋。将裱花袋的尖角剪开, 在铺有硅胶垫的烤盘上挤出小块面糊。用蘸水的叉子背面轻压出纹理。

入烤箱烤制10分钟。

自然冷却。

可可瓦片 (Tuiles au cacao)

50个
所需用具:
- 一次性裱花袋1个
- 硅胶垫1张
- 瓦片形托板1个
准备时间: 15分钟
静置时间: 1小时
烤制时间: 10分钟

所需食材

- 糖霜210克
- 可可粉30克
- 水55毫升
- 融化黄油75克
- 面粉65克
- 榛子碎65克

制作步骤

将糖霜、可可粉和水混合。

加入融化的黄油、面粉和榛子碎。

盖上保鲜膜, 放入冰箱冷藏1小时。

烤箱预热至180℃ (温度调至6挡)。

将面糊装入一次性裱花袋。将裱花袋的尖角剪开, 在铺有硅胶垫的烤盘上挤出小块面糊。

入烤箱烤制10分钟。出烤箱后, 立即用瓦片形托板做出弧形。

自然冷却。

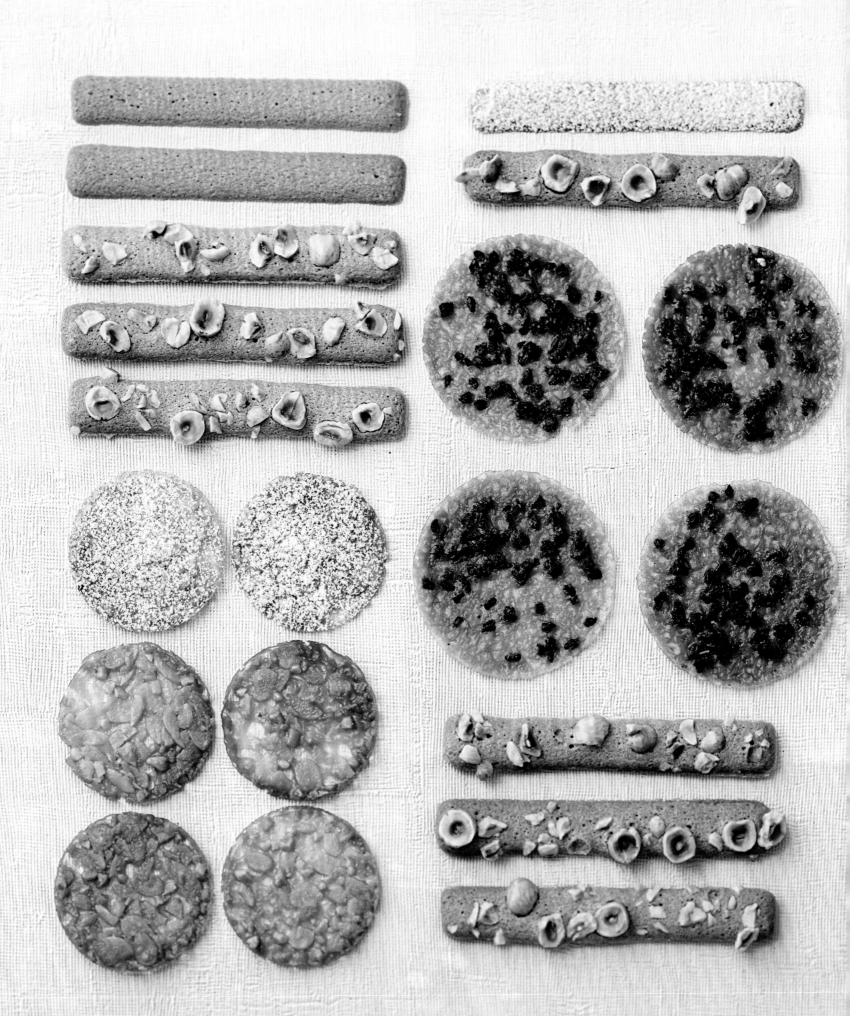

佛罗伦萨柑橘糖饼配酸橙奶油（Florentins agrumes et crème acidulée à l'orange）

8份
所需用具:
- 直径8厘米的圆形挞皮模具8个
- 装有10号裱花嘴的裱花袋1个
- 硅胶垫1张
- 直径8厘米的圆形模具1个

准备时间：20分钟
静置时间：1小时30分钟
烤制时间：27分钟

所需食材

用于制作糖酥饼皮（参照第38页）

用于制作酸橙奶油
- 吉利丁片4克（2片）
- 鸡蛋150克（3个）
- 糖110克
- 2个橙子的皮
- 橙汁160克
- 黄油145克

用于制作佛罗伦萨糖饼
- 糖225克
- NH果胶5克
- 葡萄糖75克
- 黄油188克
- 杏仁片100克

用于装饰
- 糖霜10克
- 橙子4个
- 醋栗1串
- 糖渍橙子块若干

制作步骤

甜酥饼皮（参照第38页）
制作甜酥面团，用保鲜膜将面团包好，放入冰箱冷藏1小时。
将面团擀成厚度为2毫米的面饼。
用模具切割出圆形饼皮。随后切割长条形饼皮，饼皮的长度需和挞皮模具周长一致，宽度需和挞皮模具高度一致。
在挞皮模具内侧涂抹黄油。将圆形饼皮放入模具底部，随后将长条形饼皮沿模具内壁嵌入。
用手指轻压饼皮，让饼皮和涂抹了黄油的模具内侧充分贴合。将装有饼皮的模具放在铺有硅胶垫的烤盘上，放入冰箱冷藏30分钟。
烤箱预热至160℃（温度调至5—6挡）。
将饼皮入烤箱烤制15分钟，在烤架上自然冷却后脱模。

酸橙奶油
将吉利丁片在冷水中浸透。
将鸡蛋、糖、橙子皮和橙汁倒入小锅中加热，直至质地浓稠。
关火，加入沥干水的吉利丁片和切成块的黄油。
搅拌2分钟，放入冰箱冷藏保存。
冷却后，将奶油装入配有10号裱花嘴的裱花袋，放入冰箱冷藏保存。

佛罗伦萨糖饼
将糖和NH果胶混合。
将葡萄糖和黄油煮沸，加入糖和NH果胶，再次煮沸后关火。
将糖浆涂抹在烘焙纸上，表面再铺一层烘焙纸，放入冰箱冷藏保存。
烤箱预热至180℃（温度调至6挡）。将包裹佛罗伦萨糖饼的烘焙纸放在烤盘上，揭去上层的烘焙纸，在糖饼表面铺一层杏仁片，入烤箱烤制10～12分钟。
出烤箱后，立即用圆形模具切割出与挞皮直径相等的圆片。让糖酥在烤架上自然冷却。

组合食材
将挞皮放置在盘子中央。
在挞皮中间挤入酸橙奶油，上方用撒有糖霜的佛罗伦萨糖饼盖住。
橙子去掉筋膜并取出果肉，切成小块。
将橙子块摆放在每个挞皮四周，搭配小块糖渍橙子和醋栗。

烟管饼干（Cigarettes）

可制作350克
所需用具：
- 硅胶垫1张
- 金属棍1根

准备时间：5分钟
烤制时间：8 ～ 10分钟

所需食材

用于制作烟管饼干
- 蛋清3个
- 糖霜90克
- 面粉90克
- 黄油90克

制作烟管饼干面糊。
烤箱预热至180℃（温度调至6挡）。

用打蛋器将所有食材混合，装入裱花袋。

搅拌至面糊质地光滑而均匀。

用裱花袋在硅胶垫上挤出小块圆形面团（面团烤制后会摊开，因此面团之间需留有足够空隙）。

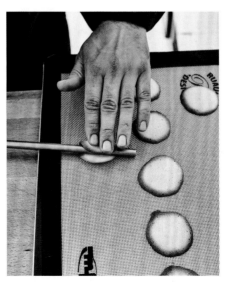

入烤箱烤制8 ～ 10分钟。

出烤箱后，立即用金属棍将饼干卷起。用手指轻压，按实边缘。

衍生食谱

螺旋饼干和猫舌饼干（Tourbillons et langues de chat）

可制作360克
所需用具：
• 镂空模具1个
• 金属棍1根
准备时间：15分钟
烤制时间：8分钟

所需食材

用于制作烟管饼干（参照第316页）
• 速溶咖啡1茶匙
• 或香草荚1根
• 或咖啡精油1茶匙

制作步骤

烟管饼干
制作烟管饼干面团（参照第316页）。
加入速溶咖啡、香草籽或咖啡精油。
烤箱预热至180℃（温度调至6挡）。
用鹅颈刮刀将烟管饼干面糊涂抹在镂空模具上，模具形状可自由选择。
入烤箱烤制8分钟。
出烤箱后，用金属棍将饼干缠绕出螺旋形。
自然冷却。

罗米亚饼干
（Romias）

可制作500克
所需用具：
• 流苏口裱花袋1个
• 硅胶垫1张
• 直径3厘米的圆形模具1个
准备时间：30分钟
静置时间：1小时
烤制时间：10分钟

所需食材

用于制作酥性面团
• 黄油膏165克
• 糖霜85克
• 蛋清1个
• T55面粉180克

用于制作杏仁脆饼
• 葡萄糖50克
• 黄油50克
• 糖50克
• 杏仁碎25克
• 榛子碎25克

杏仁脆饼
将葡萄糖、黄油和糖倒入小锅中煮沸。
加入杏仁碎和榛子碎。

在脆饼表面覆盖一层烘焙纸。

将夹有杏仁脆饼的烘焙纸放在铺有硅胶垫的烤盘上。

放入冰箱冷藏1小时，使其变硬。
用圆形模具切割杏仁脆饼。

用流苏口裱花袋将酥性面团挤成饼干。
在每块酥性饼干上放1片杏仁脆饼。
烤箱预热至170℃（温度调至5—6挡）。
将饼干入烤箱烤制10分钟，自然冷却。

埃迪小贴士

镂空模具或模板的形状可自由选择，也可自己制作。

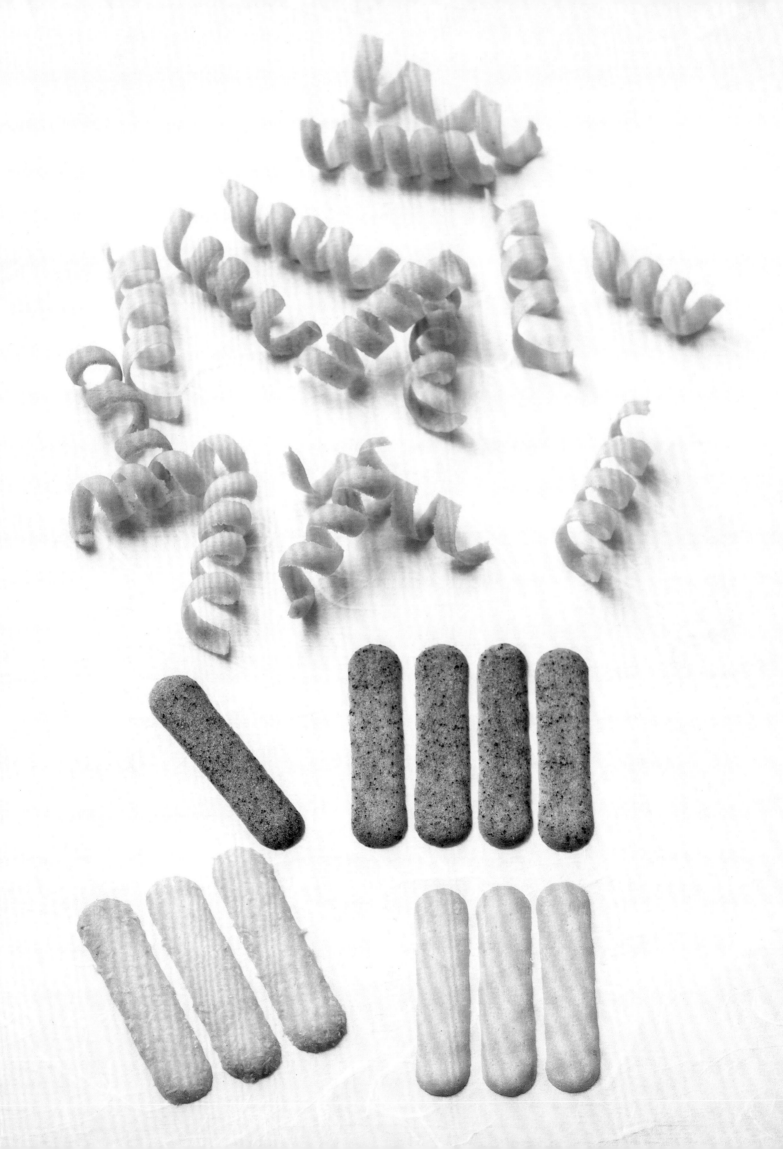

秋叶（Feuilles d'automne）

6 ～ 8人份
所需用具：
• 温度计1个
• 硅胶垫1张
• 28厘米×9厘米的硅胶模具1个
• 枫叶形镂空模具1个
• 弧形托板1个
准备时间：1小时
静置时间：1小时+24小时
烤制时间：8分钟

所需食材

用于制作米花酥
• 黑巧克力（可可含量64%）90克
• 糖衣榛子60克
• 米花300克

用于制作烟管饼干
• 蛋清3个
• 糖霜90克
• 面粉90克
• 黄油90克

用于制作牛奶巧克力甘纳许（需提前1天制作）
• 淡奶油（脂肪含量35%）300毫升
• 牛奶巧克力（Jivara牌）210克

制作步骤

米花酥
用水浴法融化巧克力。当巧克力温度达到30℃时，加入糖衣榛子和米花。
搅拌均匀后将混合物装入硅胶模具中。
放入冰箱冷藏1小时。

烟管饼干
烤箱预热至180℃（温度调至6挡）。
用电动搅拌器将所有食材混合。
用鹅颈刮刀将烟管饼干面糊涂抹在枫叶形镂空模具上，随后将枫叶饼干放在硅胶垫上。
重复上述步骤。
入烤箱烤制8分钟。
出烤箱后，立即将枫叶形饼干放在弧形托板上，做出弧度。

牛奶巧克力甘纳许（需提前1天制作）
奶油煮沸，分3次将热奶油倒入巧克力中，搅拌均匀制成甘纳许。
盖上保鲜膜，放入冰箱冷藏24小时。
制作蛋糕时，用装有打蛋头的糕点专用电动搅拌器将甘纳许中速打发，制成慕斯质地。

组合食材
将米花酥脱模。
在米花酥表面挤4块椭圆形的甘纳许奶油。
用5片枫叶饼干装饰。

向日葵和小雏菊 (Tournesol et marguerite)

6人份
所需用具:
• 花形镂空模具1组
• 硅胶垫1张
• 半球形硅胶模具1个
准备时间: 30分钟
静置时间: 30分钟
烤制时间: 6～8分钟

所需食材

用于制作烟管饼干
• 蛋清3个
• 糖霜100克
• 面粉100克
• 黄油100克

用于制作甘纳许 (需提前1天制作)
• 吉利丁片3克 (1.5片)
• 浓缩牛奶260毫升
• 转化糖浆25克
• 法芙娜超苦巧克力75克
• 糖衣榛子90克
• 糖衣杏仁85克
• 榛子油35毫升

用于制作巧克力树干
• 超苦黑巧克力

用于装饰
• 食用金箔和食用银箔

制作步骤

烟管饼干
用电动搅拌器将所有食材混合。
烤箱预热至180℃ (温度调至6挡)。
用鹅颈刮刀将烟管饼干面糊涂抹在不同大小的花形镂空模具上,随后放在硅胶垫上。
去掉模具,将面糊放入烤箱烤制6～8分钟。出烤箱后,立即将花形饼干放入半球形硅胶模具中,做出曲线,自然冷却。

甘纳许
将吉利丁片在冷水中浸透。
加热浓缩牛奶和转化糖浆。
将烧热的浓缩牛奶和转化糖浆倒入巧克力中,搅拌均匀,随后加入沥干水的吉利丁片、糖衣榛子、糖衣杏仁和榛子油。
搅拌均匀。
将混合好的食材装入裱花袋中,放入冰箱冷藏30分钟。

巧克力树干
将巧克力做成想要的形状。

组合食材
用甘纳许将不同大小的花形饼干粘贴在巧克力树干上。
用甘纳许在每朵花的中央挤出花心,用食用金箔或银箔装饰。

埃迪小贴士

制作巧克力造型时,巧克力的质地应如黏土般柔软。巧克力一旦冷却就会变硬。

葡萄饼干（Palets aux raisins）

80块
所需用具：
• 圆形镂空模具1组
• 硅胶垫1张
• 裱花袋1个
准备时间：15分钟
静置时间：1小时
烤制时间：10分钟

所需食材

用于制作饼干
• 半盐黄油膏130克
• 糖130克
• 鸡蛋2个
• 面粉160克
• 盐1撮

用于制作酒渍葡萄干
• 葡萄干80克
• 棕色朗姆酒100毫升

烤箱预热至180℃（温度调至6挡）。将黄油膏、糖和盐混合。逐个加入鸡蛋和面粉。

将圆形镂空模具放在铺有硅胶垫的烤盘上，用刮刀将饼干面糊涂抹于镂空模具上。

小心取出模具。

酒渍葡萄干
将葡萄干在朗姆酒中浸泡1小时。将葡萄干沥干水，放好备用。将酒渍葡萄干放在饼干表面。入烤箱烤制10分钟，在烤架上自然冷却。

衍生食谱

杏仁葡萄饼干（Palets aux raisins fourrés à la pâte d'amandes）

所需食材

用于制作饼干（参照上文）

用于制作杏仁酱
• 杏仁面糊（杏仁粉含量70%）200克
• 棕色朗姆酒10毫升
• 黄油膏80克

制作步骤

葡萄饼干（参照上文）

杏仁酱
用糕点专用电动搅拌器将杏仁面糊和朗姆酒混合。加入黄油膏，中速搅拌5分钟。将杏仁酱装入裱花袋，并将杏仁酱涂抹在2片葡萄饼干之间，做成夹心饼。

衍生食谱

糖浆葡萄饼干（Palets aux raisins glace à l'eau）

所需食材

用于制作饼干（参照上文）

用于制作糖浆淋面
• 糖霜280克
• 白色朗姆酒70毫升

制作步骤

葡萄饼干（参照上文）

糖浆淋面
将所有食材混合。在糖浆凝固前，将糖浆浇在葡萄饼干表面，入烤箱以220℃（温度调至5—6挡）烤制片刻，以风干水分。

椰香蛋糕 (Rocher coco)

可制作600克
所需用具：
• 圆形镂空模具1组
• 直径5厘米的硅胶模具1组
准备时间：20分钟
烤制时间：6～7分钟

所需食材

• 糖霜220克
• 蛋清7个
• 椰蓉220克
• 融化黄油40克

将糖和椰蓉混合，随后加入蛋清和融化的黄油。

将混合好的食材倒入锅中，小火加热，不停搅拌。

加热至40℃。

烤箱预热至160℃（温度调至5挡）。
将椰蓉面糊挤入半球形硅胶模具中。

您也可以将椰蓉面糊涂抹在圆形镂空模具上，
用叉子压松。

入烤箱烤制6～7分钟，其间转动烤盘1次。

牛奶巧克力椰香蛋糕（Tuiles coco et chocolat au lait）❶

可制作600克
所需用具：
• 圆形镂空模具1张
准备时间：20分钟
烤制时间：10分钟
静置时间：6小时

所需食材

• 糖霜220克
• 蛋清7个
• 椰蓉220克
• 融化黄油40克

用于收尾工序
• 圆形牛奶巧克力片（参照第537页）

制作步骤

用打蛋器将糖霜和蛋清混合，随后加入椰蓉。
加入融化的黄油，搅拌均匀，盖上保鲜膜，放入冰箱冷藏6小时。
烤箱预热至160℃（温度调至5—6挡）。
将椰蓉面糊装入一次性裱花袋，剪开尖角，在铺有硅胶垫的烤盘上挤出小块面糊。用蘸湿水的勺子背面轻压面糊做成瓦片形。
入烤箱烤制10分钟，自然冷却。
在每块椰香蛋糕表面放1块尺寸略小的圆形牛奶巧克力。

椰香巧克力软心蛋糕（Moelleux coco et chocolat）❷

可制作600克
所需用具：
• 直径5厘米的圆形硅胶模具1组
准备时间：20分钟
烤制时间：20分钟
静置时间：30分钟

所需食材

• 糖霜220克
• 蛋清7个
• 椰蓉220克
• 融化黄油40克

用于收尾工序
• 雪糕脆皮或蛋糕淋面

制作步骤

制作椰香蛋糕面糊，将面糊挤入直径5厘米的半球形硅胶模具中。
入烤箱以120℃（温度调至4挡）烤制20分钟，自然冷却。
在椰香蛋糕表面浇一层黑巧克力蛋糕淋面或雪糕脆皮，放入冰箱冷藏30分钟。

椰香草莓软心蛋糕（Moelleux coco-fraise）❸

可制作600克
所需用具:
• 一次性裱花袋1个
• 硅胶垫1张
• 直径8厘米的萨瓦兰蛋糕模具

准备时间: 1小时
静置时间: 30分钟
烤制时间: 20分钟

所需食材

用于制作椰香蛋糕
• 糖霜220克
• 蛋清7个
• 椰蓉220克
• 融化黄油40克

用于制作草莓果酱
• 吉利丁片4克（2片）
• 草莓果肉300克

用于制作椰子慕斯
• 淡奶油（脂肪含量35%）320毫升
• 吉利丁片8克（4片）
• 椰肉220克
• 黄油75克
• 香草荚½根
• 鸡蛋180克（3.5个）
• 糖155克

用于制作焦糖淋面
• 吉利丁片10克（5片）
• 糖400克
• 水145毫升
• 淡奶油（脂肪含量35%）330毫升
• 葡萄糖6克
• 玉米淀粉25克

制作步骤

椰香蛋糕
烤箱预热至120℃（温度调至4挡）。
用打蛋器将糖霜和蛋清混合，随后加入椰蓉。
加入融化的黄油，搅拌均匀，盖上保鲜膜静置。
将面糊倒入萨瓦兰蛋糕模具，液面与模具边缘平齐。
入烤箱烤制20分钟，自然冷却后脱模。

草莓果酱
将吉利丁片在冷水中浸透。
将⅓的果肉倒入小锅中加热，加入沥干水的吉利丁片。搅拌均匀后，加入剩余果肉，再次搅拌，放好备用。

椰子慕斯
用打蛋器打发淡奶油，放好备用。
将吉利丁片在冷水中浸透。
将椰肉、黄油、剖开的香草荚倒入小锅。
将鸡蛋和糖混合打发，直至鸡蛋变为白色，随后将打发的鸡蛋倒入小锅中，加热至85℃，其间不停搅拌。
用搅拌器搅拌均匀，制成椰子奶油，放入冰桶备用。
用微波炉融化吉利丁片，将其和一部分椰子奶油混合均匀。随后加入剩余的椰子奶油，搅拌均匀后用橡胶刮刀加入打发的奶油，制成椰子慕斯。
将椰子慕斯装入萨瓦兰蛋糕模具中，液面高度距离模具边缘5毫米，放入冰箱冷藏30分钟。
在椰子慕斯表面挤一层草莓果酱，放入冰箱冷冻保存。

焦糖淋面
将吉利丁片在冷水中浸透。
将糖和120毫升水倒入小锅加热，制成焦糖。
将淡奶油和葡萄糖倒入另一个小锅中煮沸，随后将煮沸的液体倒入焦糖中，使其充分溶解，搅拌均匀。
将玉米淀粉和剩余的水混合，倒入焦糖中。
将混合物煮沸后加入沥干水的吉利丁片，用搅拌器搅拌均匀。

组合食材
将椰子草莓慕斯脱模。
在椰子草莓慕斯表面浇一层焦糖淋面，随后将慕斯放在椰香蛋糕上。
四周涂抹少量椰蓉作为装饰。

酥脆焦糖巧克力挞（Tarte chocolat caramel au sablé croustifondant）

6～8人份

所需用具：

• 硅胶垫1张

• 直径10厘米的圆形模具1个

• 直径10厘米的硅胶模具8个

• 温度计1个

准备时间：1小时15分钟

静置时间：5小时

烤制时间：22分钟

所需食材

用于制作酥脆基底

• 黄油225克

• 盐3克

• 糖120克

• 转化糖浆15克

• 香草粉1克

• T55面粉315克

• 黑麦面粉45克

• 化学酵母8克

用于制作无面粉巧克力饼干

• 糖160克

• 可可粉50克

• 蛋清5个

• 蛋黄5个

用于制作黑巧克力甘纳许

• 牛奶200毫升

• 淡奶油（脂肪含量35%）200毫升

• 糖60克

• 黑巧克力（可可含量64%）150克

• 黑巧克力（可可含量70%）150克

用于制作牛奶巧克力慕斯

• 淡奶油（脂肪含量35%）225毫升

• 牛奶100毫升

• 淡奶油（脂肪含量35%）110毫升

• 蛋黄35克（2个）

• 糖35克

• 黑巧克力（可可含量64%）135克

• 牛奶巧克力（可可含量35%）90克

用于制作焦糖淋面

• 吉利丁片10克（5片）

• 糖400克

• 水145毫升

• 淡奶油（脂肪含量35%）330毫升

• 葡萄糖6克

• 玉米淀粉25克

用于装饰

• 12厘米×12厘米的方形巧克力8片（参照第537页）

• 榛子4颗

制作步骤

酥脆基底

将黄油倒入糕点专用搅拌桶中。

加入盐、糖、转化糖浆和香草粉。

加入T55面粉、黑麦面粉和化学酵母，搅拌均匀后放入冰箱冷藏2小时。

将面团擀成厚度为2毫米的面饼，放在铺有硅胶垫的烤盘上。

烤箱预热至160℃（温度调至5—6挡）。

将面饼切割为直径10厘米的圆饼，入烤箱烤制12分钟。将烤好的酥脆基底放在烤架上自然冷却。

无面粉巧克力饼干

烤箱预热至160℃（温度调至5—6挡）。

将110克糖和可可粉混合。

用剩余的糖打发蛋清，直至蛋白质地紧实。用橡胶刮刀将蛋白逐步加入蛋黄中，随后加入可可粉和糖的混合物。将面糊挤成直径8厘米的圆面糊，入烤箱烤制10分钟。

将饼干放在烤架上自然冷却，放好备用。

黑巧克力甘纳许

巧克力切碎，将巧克力碎和其他食材搅拌均匀，倒入硅胶模具中。放好备用。

牛奶巧克力慕斯

将牛奶和110毫升淡奶油煮沸。

制作英式奶油（参照第352页）。

将英式奶油倒入黑巧克力和牛奶巧克力中，搅拌均匀。

将225毫升淡奶油打发为尚蒂伊奶油。当英式奶油的温度降至40℃时，逐步加入打发的尚蒂伊奶油。

将制成的牛奶巧克力慕斯倒入装有黑巧克力甘纳许的硅胶模具中。

放入冰箱冷冻3小时。

焦糖淋面

将吉利丁片在冷水中浸透，沥干水。

将糖和120毫升水倒入小锅，加热制成焦糖。

将淡奶油和葡萄糖倒入另一个小锅中煮沸，随后将煮沸的液体倒入焦糖中，使其充分溶解，搅拌均匀。

将玉米淀粉和剩余的水混合，倒入焦糖中，煮沸后关火，加入吉利丁片。搅拌均匀后自然冷却。

组合食材

将冷冻好的慕斯脱模，随后立即将焦糖淋面均匀地浇在慕斯表面。

将慕斯放在圆形酥脆基底上，用1片方形黑巧克力和半颗榛子装饰。

埃迪小贴士

您可以根据自己的喜好选择是否用酥脆基底。酥脆基底的加入可让人联想到谷物麦片的味道。

比利时饼干（Spéculoos）

经典比利时饼干（Spéculoos classique）

60块
所需用具：
· 5厘米×8厘米的方形花边模具1个
准备时间：**15分钟**
静置时间：**1小时**
烤制时间：**10 ～ 12分钟**

所需食材

· 半盐黄油膏115克
· 红糖55克
· 面粉165克
· 肉桂粉2克
· 五香粉2克
· 盐之花1撮

用糕点专用电动搅拌器将黄油膏、红糖和盐之花混合。

加入面粉、肉桂粉和五香粉，搅拌至面团呈沙粒质地。

将面团转移到工作台上，揉至光滑均匀。将面团揉成球形，用保鲜膜包好，放入冰箱冷藏1小时。

烤箱预热至165℃（温度调至5—6挡）。
将面团擀成厚度为2毫米的面饼，用方形花边模具切割。
将切割好的面饼放在铺有硅胶垫的烤盘上。

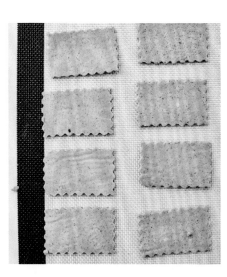

将面饼放入烤箱烤制10 ～ 12分钟，烤好后放在烤架上自然冷却。

埃迪小贴士

在经典比利时饼干的食谱中，红糖和香料是带来独特风味的关键。

咖啡榛子比利时饼干（Spéculoos café-noisettes）

可制作30块
所需用具：
- 糖用温度计1个
- 裱花袋1个
- 长舌形框架模具1个

准备时间：45分钟
静置时间：2小时
烤制时间：8～10分钟

所需食材

用于制作比利时饼干（参照第332页）

用于制作牛奶巧克力片
- 巧克力（Dulcey牌）500克
- 咖啡粉5克

用于制作咖啡榛子甘纳许
- 淡奶油（脂肪含量35%）150毫升
- 转化糖浆15克
- 咖啡粉5克
- 雀巢咖啡4克
- 黑巧克力（可可含量70%）200克
- 糖衣榛子30克
- 黄油40克

用于制作焦糖榛子
- 水50毫升
- 糖150克
- 细盐1撮
- 整颗榛子250克

用于组合食材
- 糖霜
- 咖啡巧克力片（Dulcey牌）

制作步骤

比利时饼干
制作比利时饼干面团（参照第332页）。
将面团擀成厚度为2毫米的面饼，用长舌形模具切割。

牛奶巧克力片
将巧克力融化成温热的液态，加入咖啡粉。将温热的巧克力（参照第536页）涂抹在工作台上，用长舌形框架模具切割。静置凝固。

咖啡榛子甘纳许
将淡奶油和转化糖浆倒入小锅中煮沸，加入咖啡粉和雀巢咖啡。
加入巧克力和糖衣榛子，搅拌均匀，待温度降至38℃时加入黄油。室温自然冷却。

焦糖榛子
烤箱预热至180℃（温度调至6挡）。
将榛子放在铺有烘焙纸的烤盘上，入烤箱烤制8～10分钟。
将水、糖和盐倒入小锅中煮沸。待糖浆温度达到125℃，加入榛子，用刮刀搅拌均匀。榛子将均匀裹上一层沙粒质地的糖衣。
继续中火加热，其间不停搅拌，防止榛子粘锅。待焦糖黏稠冒烟，将焦糖榛子转移到烘焙纸上，室温自然冷却。

组合食材
将一部分比利时饼干放在盘中，用裱花袋在饼干表面涂抹咖啡甘纳许。
在甘纳许上放一片牛奶巧克力。
将剩余的比利时饼干两两组合，中间涂抹咖啡甘纳许，制成夹心饼。
在饼干表面撒糖霜，用焦糖榛子装饰。

比利时奶油饼干酥挞 (Tarte sablée, crème au spéculoos)

8～10人份
所需用具:
• 27厘米×9厘米的方形硅胶模具1个
准备时间: 45分钟
静置时间: 3小时+24小时 (奶油)
烤制时间: 70分钟

所需食材

用于制作咖啡淡奶油 (需提前1天制作)
• 吉利丁片10克 (5片)
• 牛奶300毫升
• 淡奶油 (脂肪含量35%) 300毫升
• 法芙娜金色巧克力 (Dulcey) 250克
• 马斯卡彭奶酪100克
• 咖啡粉14克
• 雀巢咖啡2克

用于制作比利时饼干
• 黄油230克
• 红糖110克
• 盐之花2克
• 面粉330克
• 肉桂粉3克
• 五香粉3克

用于制作比利时饼干奶油 (需提前1天制作)
• 吉利丁片5克 (2.5片)
• 牛奶150毫升
• 淡奶油 (脂肪含量35%) 100毫升
• 五香粉6克
• 肉桂粉2克
• 法芙娜金色巧克力 (Dulcey) 125克
• 马斯卡彭奶酪100克

用于制作焦糖核桃
• 核桃仁100克
• 枫糖浆15毫升

比利时饼干酥
• 比利时饼干面团适量

牛奶巧克力薄片装饰 (参照第537页)

用于组合食材
• 咖啡豆6粒
• 食用金粉
• 牛奶巧克力喷砂 (参照第576页)

制作步骤

咖啡淡奶油 (需提前1天制作)
将吉利丁片在冷水中浸透。
将牛奶倒入小锅加热,加入咖啡粉和雀巢咖啡,将吉利丁片溶解其中。加入切碎的巧克力,搅拌均匀后自然冷却。
加入马斯卡彭奶酪和淡奶油,再次搅拌,放入冰箱冷藏24小时。
用打蛋器中速打发咖啡奶油至慕斯质地。
将咖啡奶油装入裱花袋,放入冰箱冷藏保存。

比利时饼干
用糕点专用电动搅拌器将黄油、红糖和盐之花混合。
加入面粉、肉桂粉和五香粉,将面团揉成球形,放入冰箱冷藏1小时。
用擀面杖将面团擀成厚度为1厘米的面饼。将面饼切割出一个27厘米×9厘米的长方形,放入预热至150℃的烤箱 (温度调至5挡)。
烤制25分钟。

比利时饼干奶油 (需提前1天制作)
将吉利丁片在冷水中浸透。
将牛奶、奶油、肉桂粉和五香粉倒入小锅中加热。
将吉利丁片溶解其中,加入巧克力,搅拌均匀后自然冷却。
加入马斯卡彭奶酪,再次搅拌,将混合物倒入27厘米×9厘米的硅胶模具中,放入冰箱冷藏2小时。

焦糖核桃
烤箱预热至100℃ (温度调至3—4挡)。
将核桃切大块,和枫糖浆混合,入烤箱烤制30分钟风干。
自然冷却。

比利时饼干酥
将剩余的比利时饼干面团掰成小块。
放入预热至150℃的烤箱 (温度调至5挡) 烤制15分钟。将烤好的饼干酥放在烤架上自然冷却。

牛奶巧克力薄片装饰
制作牛奶巧克力薄片 (参照第537页)。

组合食材
在比利时饼干上挤出条形咖啡奶油。
将比利时饼干奶油脱模,放在咖啡奶油上。在饼干表面撒上比利时饼干酥和焦糖核桃,并均匀喷洒一层黄油可可牛奶巧克力喷砂。

收尾工序
用裱花袋在糕点表面挤出球形咖啡奶油,并在奶油上方粘贴3片牛奶巧克力。
在牛奶巧克力片上用沾有金粉的咖啡豆装饰。

蛋白霜（Meringues）

法式蛋白霜（Meringue française）

60份

所需用具：
• 装有14号裱花嘴的裱花袋1个

准备时间：15分钟
烤制时间：2小时

所需食材

• 蛋清4个
• 细砂糖240克

用装有打蛋头的糕点专用电动搅拌器将蛋清打发。

逐步加入100克细砂糖。

打发至蛋白体积膨大1倍，再加入100克砂糖。继续打发，直至蛋白质地光滑紧实。

筛入剩余细砂糖，用橡胶刮刀小心搅拌均匀。

将蛋白霜装入裱花袋。
挤出直径5厘米的球形。

烤箱预热至90℃（温度调至3挡）。
将蛋白霜挤在铺有烘焙纸的烤盘上，入烤箱烤制2小时。

埃迪小贴士

蛋白霜需装入密封盒保存。出烤箱后，蛋白霜质地坚硬酥脆，若您喜欢更加柔软的质地，可将蛋白霜静置片刻变软。如果您在制作过程中使用了糖霜、细砂糖等不同品种的糖，蛋白霜的质地会有所区别。您也可以在蛋白霜表面撒上葵花子，做出酥脆口感。这种蛋白霜可用作部分糕点的基底，也可作为小吃直接品尝。

意式蛋白霜（Meringue italienne）

可制作500克

所需用具：

• 糖用温度计1个

准备时间：15分钟

所需食材

• 水90毫升
• 细砂糖280克
• 蛋清180克（6个）

将细砂糖和水加热至118℃。

用装有打蛋头的糕点专用电动搅拌器打发蛋清。糖浆加热好后，将糖浆倒入打发的蛋白中，以中速搅拌至冷却。

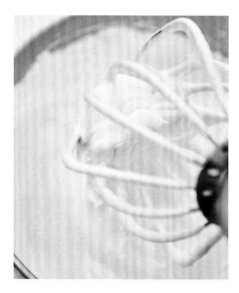

搅拌至蛋白霜质地光滑而均匀。

制作蛋白霜棒棒糖时，可将小木棍插入蛋白霜。

将蛋白霜转移到小木棍上。

埃迪小贴士

瑞士蛋白霜的质地更加紧实，可制成装饰造型（如蘑菇形），也可用作冰激凌蛋糕的基底。意式蛋白霜可用于制作慕斯，能被打发成如挪威蛋卷一样的丰盈质地。用意式蛋白霜制作慕斯时，您可先将蛋白霜放入冰箱冷藏24小时。

瑞士蛋白霜（Meringue suisse）

70份
所需用具：
• 糖用温度计1个
• 装有6号裱花嘴的裱花袋1个
准备时间：20分钟
烤制时间：40分钟 ～ 1小时20分钟（根据蛋白霜大小而定）

所需食材

• 蛋清180克（6个）
• 糖霜340克

将蛋清和糖霜倒入锅中，小火加热。
搅拌直至蛋白温度达到50℃。

关火，用装有打蛋头的糕点专用电动搅拌器打
发蛋清。
中速打发至彻底冷却。

将蛋白霜装入裱花袋。
烤箱预热至90℃（温度调至3—4挡）。
将蛋白霜挤在铺有烘焙纸的烤盘上。
小尺寸蛋白霜入烤箱烤制40分钟，大尺寸蛋白
霜入烤箱烤制1小时20分钟。

马卡龙（Macarons）

法式蛋白霜马卡龙（Macarons à la meringue française）

40份

所需用具：
- 装有6号裱花嘴的裱花袋1个
- 橡胶刮刀1个
- 筛子1个

准备时间：25分钟
烤制时间：10 ～ 12分钟

所需食材
- 杏仁粉250克
- 糖霜450克
- 蛋清7个
- 蛋白粉10克
- 细砂糖50克

埃迪小贴士

需要尤其关注食材的温度。为了使打发后的蛋白质地更紧实，需要使用蛋白粉。烤制前，先将马卡龙静置片刻，使其表面变硬。

用装有打蛋头的糕点专用搅拌器将蛋清和蛋白粉混合打发，其间逐步加入砂糖。

将杏仁粉和糖霜混合后过筛。

将杏仁粉和糖霜倒入打发的蛋白中。用橡胶刮刀翻搅，使面糊质地均匀。

制成柔软光滑的面糊。

烤箱预热至170℃（温度调至5—6挡）。将马卡龙面糊装入配有6号裱花嘴的裱花袋。将马卡龙均匀挤在铺有烘焙纸或硅胶垫的烤盘上。

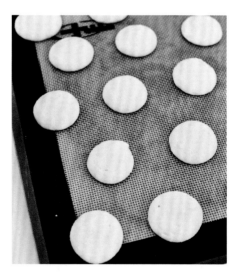

轻轻晃动烤盘，让马卡龙表面平整。入烤箱烤制10 ～ 12分钟，其间转动烤盘1次。

杏仁马卡龙（Macarons à la pâte d'amandes）

40份
所需用具：
• 装有6号裱花嘴的裱花袋
• 橡胶刮刀1个
• 筛子1个

准备时间：25分钟
烤制时间：10分钟
静置时间：20分钟

所需食材

• 杏仁粉160克
• 糖霜260克
• 蛋清165克（5.5个）
• 细砂糖50克

将杏仁粉和糖霜混合后过筛，加入45克蛋清，搅拌成杏仁面糊。

用装有打蛋头的糕点专用电动搅拌器打发剩余的蛋清。当蛋清变为绵密的泡沫质地，逐步加入细砂糖，打发至蛋白质地紧实。

用刮刀将一部分打发的蛋白加入杏仁面糊中。

加入剩余蛋白，搅拌直至面糊质地柔软光滑。

烤箱预热至165℃（温度调至5—6挡）。
用裱花袋将马卡龙挤在铺有烘焙纸或硅胶垫的烤盘上。室温静置20分钟风干。入烤箱烤制10分钟。
自然冷却后，将马卡龙剥离烤盘。

意式蛋白霜马卡龙（Macarons à la meringue italienne）

40份

所需用具：
- 装有6号裱花嘴的裱花袋1个
- 橡胶刮刀1个
- 筛子1个

准备时间：25分钟
烤制时间：10～12分钟
静置时间：15分钟

所需食材

- 杏仁粉200克
- 糖霜200克
- 蛋清180克（6个）
- 水50毫升
- 细砂糖200克

烤箱预热至160℃（温度调至5—6挡）。
将杏仁粉和糖霜混合后过筛。
加入3个蛋清。用糕点专用电动打蛋器或刮刀手动搅拌，直至面糊质地均匀。

制作糖浆。将水和细砂糖倒入小锅小火加热，注意观察温度。当糖浆加热至115℃，用装有打蛋头的糕点专用电动搅拌器快速打发剩余的3个蛋清。
当糖浆加热至118℃，降低电动搅拌器的转速，在打发的蛋白中逐步加入糖浆。

中速打发蛋白，直至蛋白霜温度降低，质地变得光滑而紧实。

将一部分蛋白霜加入杏仁粉、糖霜和蛋白的混合物中。

加入剩余蛋白霜，制成柔软光滑的面糊。

将面糊装入裱花袋。将马卡龙挤在铺有烘焙纸或硅胶垫的烤盘上。

室温静置15分钟风干。
入烤箱烤制10～12分钟，其间转动烤盘1次。
自然冷却。

埃迪小贴士

您可以在一部分马卡龙表面撒上芝麻、南瓜子、花边可丽饼碎、葵花子、炒榛子碎。颜色也可以更加多样！

杏仁半盐焦糖小熊马卡龙（L'ours macaron caramel demi-sel à la pâte d'amandes）

40个
所需用具：
- 装有6号裱花嘴的裱花袋1个
- 橡胶刮刀1个
- 筛子1个

准备时间：25分钟
烤制时间：10～12分钟
静置时间：20分钟+2小时

所需食材

用于制作杏仁马卡龙
- 杏仁粉160克
- 糖霜260克
- 蛋清165克（5.5个）
- 糖50克
- 粉状色素或膏状色素

用于制作半盐焦糖
- 葡萄糖356克
- 红糖142克
- 糖356克
- 淡奶油（脂肪含量35%）425毫升
- 香草荚7克
- 盐之花4.5克
- 黄油214克
- 法芙娜金色巧克力（Dulcey）214克

马卡龙装饰
- 糖面团适量

制作步骤

杏仁马卡龙（参照第344页）

半盐焦糖
将葡萄糖、红糖和糖加热至180℃。
将奶油煮沸，加入剖开的香草荚。将奶油加入焦糖中，使焦糖溶解。
加入盐之花、黄油和法芙娜金色巧克力。
将焦糖倒入硅胶模具中，放入冰箱冷藏2小时。

组合食材
将半盐焦糖甘纳许装入裱花袋，将马卡龙两两粘贴组合。

马卡龙装饰
用糖面团制作装饰图案，粘在马卡龙表面。

意式蛋白霜柠檬小鸡马卡龙（Le poussin macaron citron à la meringue italienne）

40个
所需用具：
- 装有6号裱花嘴的裱花袋1个
- 橡胶刮刀1个
- 筛子1个

准备时间：25分钟
烤制时间：10～12分钟
静置时间：20分钟

所需食材

用于制作意式蛋白霜马卡龙
- 水50毫升
- 糖200克
- 杏仁粉200克
- 糖霜200克
- 蛋清6个
- 粉状色素或膏状色素

用于制作柠檬奶油
- 鸡蛋4个
- 糖220克
- 2个柠檬的皮
- 柠檬汁160毫升
- 黄油325克
- 杏仁粉40克
- 吉利丁片2克（1片）

马卡龙装饰
- 糖面团适量

制作步骤

意式蛋白霜马卡龙（参照第344页）

柠檬奶油
将鸡蛋、糖、柠檬皮和柠檬汁混合。
将混合好的食材倒入小锅中加热至轻微沸腾，其间不停搅拌。当温度降至45℃，关火，加入切成块的黄油和杏仁粉。
用搅拌器搅拌2分钟，避免混入气泡。
盖上保鲜膜，自然冷却。

组合食材
将柠檬奶油装入裱花袋，将马卡龙两两粘贴组合。

马卡龙装饰
用糖面团制作装饰图案，粘在马卡龙表面。

法式蛋白霜香草斑马马卡龙（Le zèbre macaron vanille à la meringue française）

40份

所需用具：

· 装有6号裱花嘴的裱花袋1个
· 橡胶刮刀1个
· 筛子1个

准备时间：25分钟
烤制时间：10～12分钟
静置时间：20分钟

所需食材

用于制作法式蛋白霜马卡龙

· 杏仁粉250克
· 糖霜450克
· 蛋清7个
· 蛋白粉10克
· 细砂糖50克

用于制作香草甘纳许（需提前1天制作）

· 淡奶油（脂肪含量35%）315毫升
· 香草荚1根
· 白巧克力315克
· 杏仁粉125克

马卡龙装饰

· 糖面团适量

制作步骤

法式蛋白霜马卡龙（参照基础食谱）

香草甘纳许（需提前1天制作）
将淡奶油和剖开的香草荚倒入小锅中煮沸。
巧克力切碎，将热奶油分3次倒入巧克力中。
用橡胶刮刀从内向外画圈搅拌均匀，直至奶油变为光滑的乳液质地。
加入杏仁粉，盖上保鲜膜，放入冰箱冷藏保存。

组合食材
将香草甘纳许装入裱花袋，将马卡龙两两粘贴组合。

马卡龙装饰
用糖面团制作装饰图案，粘在马卡龙表面。

意式蛋白霜香草奶牛马卡龙（La vache macaron vanille à la meringue italienne）

40份
所需用具：
• 装有6号裱花嘴的裱花袋1个
• 橡胶刮刀1个
• 筛子1个
准备时间：25分钟
烤制时间：10～12分钟
静置时间：20分钟

所需食材

用于制作意式蛋白霜马卡龙
• 水50毫升
• 糖200克
• 杏仁粉200克
• 糖霜200克
• 蛋清180克（6个）

用于制作香草黄油奶油
英式奶油
• 牛奶90毫升
• 糖90克
• 蛋黄75克（4个）
• 黄油410克
• 香草荚1根

意式蛋白霜
• 水30毫升
• 糖130克
• 蛋清70克（2.5个室温蛋清）

马卡龙装饰
• 糖面团适量

制作步骤

意式蛋白霜马卡龙（参照第344页）

香草黄油奶油
英式奶油
将牛奶、一半的糖和剖开的香草荚倒入小锅中煮沸。
用剩余的糖打发蛋黄，直至蛋黄变为白色。
将煮沸的牛奶倒入蛋黄中，搅拌均匀后全部倒回锅内，加热至82℃，其间
用刮刀不停搅拌，制成英式奶油。
用糕点专用电动搅拌器将英式奶油打发至冷却。
逐步加入黄油，不停搅拌直至黄油奶油质地均匀光滑。

意式蛋白霜
将水和糖倒入小锅中加热至118℃。开始加热前，用沾水的刷子轻刷小锅
内壁，防止糖结晶。
用糕点专用电动搅拌器将蛋清打发。当糖浆加热至118℃，将糖浆加入蛋
白中，并提高搅拌器转速。
打发蛋白至冷却。蛋白霜此时应质地光滑。
用橡胶刮刀将意式蛋白霜加入黄油奶油中。

组合食材
将香草黄油奶油装入裱花袋，将马卡龙两两粘贴组合。

马卡龙装饰（参照第564页）
用糖面团制作装饰图案，粘在马卡龙侧面，并将马卡龙垂直粘在巧克力片上。

杏仁覆盆子小猪马卡龙（Le cochon macaron framboise à la pâte d'amandes）

40份
所需用具：
• 装有6号裱花嘴的裱花袋1个
• 橡胶刮刀1个
• 筛子1个
准备时间：25分钟
烤制时间：10～12分钟
静置时间：20分钟

所需食材

用于制作杏仁马卡龙
• 糖霜260克
• 杏仁粉160克
• 蛋清165克（5.5个）
• 糖50克
• 粉状色素或膏状色素

用于制作红色果酱（需提前1天制作）
• 覆盆子果泥200克
• 草莓果泥100克
• 黄柠檬汁10毫升
• 转化糖浆20克
• 糖50克
• NH果胶8克
• 黄油30克

马卡龙装饰
• 糖面团适量

制作步骤

杏仁马卡龙（参照第343页）

红色果酱（需提前1天制作）
将果泥、柠檬汁和转化糖浆倒入小锅。
加热至45℃。
将糖和NH果胶混合，加入果泥中，搅拌均匀后煮沸，将其加入黄油中，
放好备用。

组合食材
将红色果酱装入裱花袋，将马卡龙两两粘贴组合。

马卡龙装饰（参照第564页）
用糖面团制作装饰图案，粘在马卡龙侧面，并将马卡龙垂直粘在巧克力片上。

法式蛋白霜巧克力小熊马卡龙（L'ours macaron chocolat à la meringue française）

40份

所需用具：
- 装有6号裱花嘴的裱花袋1个
- 橡胶刮刀1个
- 筛子1个

准备时间：25分钟
烤制时间：10 ～ 12分钟
静置时间：20分钟

所需食材

用于制作法式蛋白霜马卡龙
- 杏仁粉250克
- 可可粉37克
- 糖霜350克
- 蛋清7个
- 蛋白粉10克
- 糖150克
- 粉状色素或膏状色素

用于制作巧克力甘纳许
- 淡奶油（脂肪含量35%）250毫升
- 转化糖浆45克
- 黑巧克力（可可含量64%）335克
- 黄油150克

用于装饰
- 黑巧克力片100克
- 糖面团适量

制作步骤

法式蛋白霜马卡龙（参照基础食谱）

巧克力甘纳许球

将淡奶油和转化糖浆倒入小锅中煮沸。

巧克力切碎，分3次将热奶油倒入巧克力中。

每次倒入奶油后，用橡胶刮刀从内向外画圈搅拌均匀，直至甘纳许变为光滑的乳液质地。

加入切成小块的黄油，用搅拌器搅拌，注意不要混入气泡。留存一部分甘纳许备用。

装饰

以水浴法融化甘纳许。

将每片马卡龙的表面浸入甘纳许，静置片刻，让甘纳许凝固。

将马卡龙垂直粘在巧克力底座上。

组合食材

将巧克力甘纳许装入裱花袋，将马卡龙两两粘贴组合。

马卡龙装饰（参照第564页）

用糖面团制作装饰图案，粘在马卡龙侧面，并将马卡龙垂直粘在巧克力片上。

奶油及蛋糕
(Les crèmes et cie)

英式奶油（Crème anglaise）... 352

卡仕达奶油（Crème pâtissière）................................. 358

吉布斯特奶油（Chiboust）.. 364

外交官奶油（Diplomate）... 372

慕斯奶油（Mousseline）... 378

舒芙蕾（Soufflé）.. 384

黄油奶油（Crème au beurre）..................................... 388

焦糖奶油（Crème caramel）... 394

烤焦糖奶油（Crème brûlée）.. 396

甜点甘纳许奶油（Ganache）....................................... 400

意式奶冻（Crème panna cotta）................................ 408

柠檬奶油（Crème citron）.. 424

栗子奶油（Crème à base de marrons）................... 434

香橙奶油（Crème à l'orange）................................... 440

尚蒂伊奶油（Crème Chantilly）................................. 446

甜食及蛋糕（Entremets et cie）................................ 450

水果慕斯（Mousse de fruits）.................................... 456

萨芭雍奶油（Crème Sabayon）................................... 464

杏仁奶油（Crème d'amandes）.................................. 470

杏仁卡仕达奶油（Crème frangipane）...................... 476

英式奶油（Crème anglaise）

英式奶油（Crème anglaise）

可制作500克
所需用具：
- 温度计1个

准备时间：20分钟
烤制时间：数分钟

所需食材

- 鲜牛奶170毫升
- 淡奶油（脂肪含量35%）200毫升
- 细砂糖80克
- 蛋黄4个
- 香草荚1根

将鲜牛奶、剖开的香草荚、淡奶油和一半的糖倒入小锅中煮沸。

用剩余的糖打发蛋黄，直至蛋黄变为白色。

将一半煮沸的液体倒入蛋黄中，搅拌均匀。

将所有液体倒回锅中，加热至82℃，其间不停搅拌。
用细筛过滤奶油至盘中。盖上保鲜膜，放入冰箱冷藏至冷却。

漂浮之岛（Île flottante）

8～10人份
所需用具：
- 温度计1个
- 装有5号裱花嘴的裱花袋1个
- 直径8厘米的半球形硅胶模具8个
- 硅胶垫1张
- 直径6厘米的镂空模具1个
- 玻璃杯8个

准备时间：45分钟
烤制时间：18分钟

所需食材

用于制作英式奶油（参照上文）

用于制作蛋白霜
- 蛋清4个
- 糖62克

用于制作焦糖
- 糖150克
- 葡萄糖25克
- 水50毫升

用于装饰
- 食用金箔1片

制作步骤

英式奶油（参照上文）

蛋白霜
用装有打蛋头的糕点专用电动搅拌器将蛋清打发，其间逐步加入糖。
将蛋白霜装入裱花袋，再挤入半球形硅胶模具中。
用刮刀将蛋白霜表面抹平，入蒸箱以90℃（温度调至3挡）蒸4～5分钟，或用水浴法在传统烤箱中以140℃烤制5～10分钟。

焦糖

烤箱预热至165℃（温度调至5—6挡）。

将糖、葡萄糖和水加热至155℃。

将焦糖倒在铺有硅胶垫的烤盘上。

让焦糖自然冷却，再将其压碎，用电动搅拌器打成为浓缩的粉状。

用细筛将焦糖粉筛入镂空模具中，入烤箱烤制6～8分钟。

组合食材

将英式奶油倒入杯底。

放入1块蛋白霜，表面用1片焦糖和少量食用金箔装饰。

埃迪小贴士

如果奶油加热时间过长，需要重新打发。

温度计能让您更好地掌握制作进度。快速冷却英式奶油的方法类似巴氏灭菌。

巧克力挞（Tartelettes au chocolat）

12份
所需用具：
- 直径8厘米的圆形模具1个
- 直径6厘米的模具12个

准备时间：20分钟
静置时间：2小时
烤制时间：10 ～ 12分钟

所需食材

用于制作甜酥挞皮
- 黄油45克（另需少许黄油涂抹模具）
- 蛋黄1个
- 糖霜30克
- 杏仁粉9克
- 面粉75克
- 盐0.5克

用于制作巧克力甘纳许
- 牛奶100毫升
- 淡奶油（脂肪含量35%）100毫升
- 蛋黄2个
- 糖30克
- 黑巧克力（可可含量64%）75克
- 黑巧克力（可可含量70%）75克

用于组合食材
- 食用金箔

制作步骤

甜酥挞皮
将黄油、蛋黄和糖霜混合，随后加入杏仁粉、面粉和盐。
用糕点专用电动搅拌器揉面，但不要过度揉面。
用保鲜膜将面团包好，放入冰箱冷藏2小时。
烤箱预热至150℃（温度调至5挡）。
将面团擀成厚度为2毫米的面饼，用圆形模具切割成直径为8厘米的圆形面饼。
将圆形面饼装入涂有黄油的模具中，轻轻压实后静置。
在面饼表面铺一层烘焙纸，表面压上黏土球或蔬菜干。
入烤箱烤制10 ～ 12分钟，烤好后将挞皮放在烤架上自然冷却后脱模。

巧克力甘纳许
将牛奶、淡奶油和一半的糖倒入小锅中煮沸。
用剩余的糖打发蛋白，制成英式奶油，加热至82℃。
将英式奶油倒入切碎的巧克力中，用搅拌器搅拌均匀。

组合食材
将甘纳许倒入挞皮，待甘纳许凝固后，在表面装饰一小片食用金箔。

坚果巧克力挞（Tartelettes Gianduja-chocolat）

12份
所需用具：
- 边长6厘米的方形花边模具1个
- 硅胶垫1张
- 直径5厘米的硅胶模具12个
- 温度计1个

准备时间：20分钟
静置时间：1小时（饼皮）+1小时（奶油）=2小时
烤制时间：10 ～ 12分钟

所需食材

用于制作巧克力酥性饼皮
- 黄油80克
- 糖霜35克
- 盐0.5克
- 蛋黄½个
- 杏仁粉45克
- 面粉70克
- 可可粉12克
- 化学酵母3克

坚果巧克力甘纳许
- 牛奶250毫升
- 淡奶油（脂肪含量35%）250毫升
- 蛋黄100克（5个）
- 细砂糖50克
- 榛子巧克力390克

用于制作巧克力淋面
- 吉利丁片6.5克（3.5片）
- 牛奶25毫升
- 淡奶油（脂肪含量35%）120毫升
- 糖170克
- 可可粉17克
- 牛奶巧克力37克
- 金色蛋糕淋面87克
- 水25毫升
- 中性蛋糕淋面56克
- 红色色素2克

制作步骤

巧克力酥性饼皮
用糕点专用电动搅拌器将黄油、糖霜和盐混合。
加入蛋黄和过筛的杏仁粉、面粉、可可粉、化学酵母。
用保鲜膜将饼皮包好，放入冰箱冷藏1小时。
烤箱预热至160℃（温度调至5—6挡）。
将面团擀成厚度为2毫米的面饼，用方形花边模具切割。将切割好的面饼放在铺有硅胶垫的烤盘上。
入烤箱烤制10 ～ 12分钟，将饼皮放在烤架上自然冷却。

坚果巧克力甘纳许

将牛奶、淡奶油和一半的细砂糖倒入小锅中煮沸。

用剩余的细砂糖打发蛋黄，随后将打发的蛋黄倒入小锅中，不停搅拌，按照制作英式奶油的方式加热。将热奶油倒入榛子巧克力中，搅拌均匀。将制成的坚果巧克力甘纳许倒入硅胶模具中，放入冰箱冷冻1小时。

巧克力淋面

将吉利丁片在冷水中浸透。

将牛奶、淡奶油、糖、可可粉和牛奶巧克力倒入小锅中加热至104℃。

在另一个小锅中加热金色蛋糕淋面和水，随后将2个锅中的液体混合。

关火，加入沥干水的吉利丁片、中性蛋糕淋面和色素。用打蛋器搅拌，直至液体温度降至37℃。

组合食材

将坚果巧克力甘纳许脱模，放在烤架上，烤架下方摆放一个盘子。

将巧克力淋面均匀浇在甘纳许表面，再将甘纳许放在巧克力酥性饼皮上。

埃迪小贴士

长时间揉面能让面团有更强的延展性。在这份食谱中，我们却要采取相反的做法，揉面时间不能过长，防止面团在烤制过程中体积缩小、不易擀平。

巧克力香草慕斯泡沫（Crémeux aux trois chocolats, espuma vanille）

8～10人份
准备时间：30分钟
静置时间：3小时

所需食材

用于制作香草慕斯泡沫
- 牛奶300毫升
- 香草荚2根
- 淡奶油（脂肪含量35%）300毫升
- 马斯卡彭奶酪100克
- Opalys牌白巧克力250克
- 吉利丁片12克

用于制作牛奶巧克力甘纳许
- 牛奶120毫升
- 淡奶油（脂肪含量35%）120毫升
- 蛋黄2.5个
- 糖25克
- 法芙娜牛奶巧克力（Jivara牌）157克

用于制作黑巧克力甘纳许
- 牛奶120毫升
- 淡奶油（脂肪含量35%）120毫升
- 蛋黄2.5个
- 糖25克
- 黑巧克力（可可含量64%）130克

用于组合食材
- 黑巧克力缎带（参照第537页）
- 食用金箔

制作步骤

香草慕斯泡沫
将吉利丁片在冷水中浸透。
将牛奶、奶油和剖开的香草荚煮沸。
过滤煮沸的液体，倒入切碎的巧克力。
加入沥干水的吉利丁片。搅拌均匀。
在每个玻璃杯中装入2汤勺香草慕斯。
放入冰箱冷藏1小时。
将剩余香草慕斯装入真空瓶。

牛奶巧克力甘纳许
将牛奶和淡奶油煮沸。将蛋黄和糖混合后打发，加入锅中，按照制作英式奶油的方式加热至82℃。
将热奶油倒入巧克力中，搅拌均匀。
在每个玻璃杯中装入2汤勺牛奶巧克力甘纳许，再次放入冰箱冷藏1小时。

黑巧克力甘纳许
将牛奶和淡奶油煮沸。将蛋黄和糖混合后打发，加入锅中，按照制作英式奶油的方式加热至82℃。
加入巧克力，搅拌均匀。
在每个玻璃杯中装入2汤勺黑巧克力甘纳许，再次放入冰箱冷藏1小时。

组合食材
装盘时，用真空瓶在每个玻璃杯中加入香草慕斯泡沫。在表面装饰一圈黑巧克力缎带和少许食用金箔。

卡仕达奶油（Crème pâtissière）

可制作500克
准备时间：15分钟
静置时间：1小时30分钟

所需食材

- 全脂牛奶250毫升
- 蛋黄60克
- 糖60克
- 布丁粉25克
- 黄油25克

将牛奶和一半的糖倒入小锅中煮沸。

用打蛋器将蛋黄和剩余的糖混合。打发后加入布丁粉。

将⅓的热牛奶倒入蛋黄中，用打蛋器搅拌均匀。

将所有液体倒回小锅，中火加热，其间不停搅拌。

当奶油质地变得浓稠，关火，加入黄油。搅拌均匀。

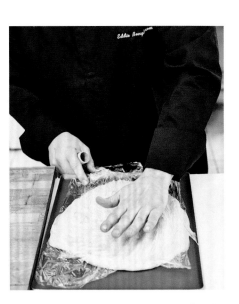

将奶油装入盘中，盖上保鲜膜，放入冰箱冷藏1小时以上。

您可以将卡仕达奶油装入裱花袋，将奶油挤入泡芙中。
在泡芙底部穿一个小孔，从小孔将内部填充奶油。

用奶油将泡芙内部填满。

埃迪小贴士

快速冷却卡仕达奶油。布丁粉可用玉米淀粉代替。

衍生食谱

巧克力卡仕达奶油（Crème pâtissière au chocolat）

可制作450克
准备时间：15分钟
静置时间：2小时

所需食材

- 牛奶200毫升
- 淡奶油（脂肪含量35%）50毫升
- 细砂糖30克
- 蛋黄3个
- 布丁粉15克
- 黑巧克力（可可含量64%）90克
- 可可粉5克

制作步骤

将牛奶、淡奶油和一半的细砂糖倒入小锅中煮沸。
用打蛋器将蛋黄和剩余的细砂糖混合。打发后加入布丁粉。
将1/3煮沸的液体倒入蛋黄中，用打蛋器搅拌均匀后，将所有液体倒回小锅。煮沸后继续加热2分钟，其间不停搅拌。
加入切碎的黑巧克力和可可粉。用打蛋器搅拌均匀后，将奶油装入盘中。
盖上保鲜膜，放入冰箱冷藏2小时。

衍生食谱

咖啡卡仕达奶油（Crème pâtissière au café）

可制作600克
准备时间：15分钟

所需食材

- 牛奶300毫升
- 雀巢咖啡10克
- 细砂糖60克
- 鸡蛋2个
- 布丁粉（或玉米淀粉）30克
- 黄油40克
- 浓缩咖啡100毫升

制作步骤

将牛奶、雀巢咖啡和一半的细砂糖倒入小锅中煮沸。用打蛋器将鸡蛋和糖的混合物与剩余的糖混合。打发后加入布丁粉。
将1/3煮沸的液体倒入蛋黄中，用打蛋器搅拌均匀后，将所有液体倒回小锅。中火加热2分钟后关火，加入黄油和浓缩咖啡。
搅拌均匀后，将奶油装入盘中。
盖上保鲜膜，放入冰箱冷藏至冷却。

波兰布里欧修面包（Brioche polonaise）

12个

所需用具：
- 糖用温度计1个
- 装有10号裱花嘴的裱花袋1个
- 直径8厘米的陶瓷模具12个

准备时间：1小时
静置时间：3小时30分钟
烤制时间：20分钟

所需食材

用于制作布里欧修面包
- T55面粉250克
- 盐5克
- 糖35克
- 鲜酵母10克
- 鸡蛋3个
- 黄油125克
- 牛奶50毫升

用于制作意式蛋白霜
- 水90毫升
- 糖280克
- 蛋清6个

用于制作马拉斯钦糖浆
- 水250毫升
- 糖150克
- 马拉斯钦酒（Marasquin）40毫升

用于制作卡仕达奶油
- 全脂牛奶250毫升
- 糖60克
- 蛋黄3个
- 布丁粉25克
- 黄油25克
- 马拉斯钦酒50毫升

用于制作糖渍水果
- 糖渍水果块150克
- 马拉斯钦酒80毫升

制作步骤

布里欧修面包

用装有搅拌钩的糕点专用电动搅拌器将面粉、盐、牛奶、糖和酵母混合。
逐个加入鸡蛋，慢速揉面。
揉至面团质地均匀，加入切成块的黄油，中速揉面。
揉面直至面团与容器壁分离。
在面团上盖上布，室温静置1小时，让面团体积膨大1倍。
将面团移到工作台上，继续揉面。
将面团分成50克的小面团，分别装入涂有黄油的模具中。
在25℃的温度下静置发酵2小时。
入烤箱以200℃（温度调至6—7挡）烤制15分钟。
脱模后将面包放在烤架上自然冷却。

意式蛋白霜

将水和糖倒入小锅中煮沸。
用装有打蛋头的糕点专用电动搅拌器打发蛋清。当糖浆温度达到118℃时，将糖浆倒入打发的蛋白中，不停打发至冷却。

马拉斯钦糖浆

将水和糖混合后煮沸，关火后加入马拉斯钦酒。

卡仕达奶油

将牛奶和一半的糖倒入小锅中煮沸。
用剩余的糖打发蛋黄，直至蛋黄变为白色。
加入布丁粉，继续打发直至蛋黄质地光滑而均匀。
将一部分煮沸的液体倒入蛋黄中，用打蛋器搅拌均匀后，将所有液体倒回小锅中。中火继续加热，其间不停搅拌。
当奶油质地变得浓稠，关火，加入切成块的黄油。
用打蛋器搅拌均匀，将奶油装入盘中。将奶油盖上保鲜膜，放入冰箱冷藏1小时30分钟。
用打蛋器打发冷却的卡仕达奶油，加入马拉斯钦酒，搅拌均匀。
将奶油装入配有10号裱花嘴的裱花袋。

糖渍水果

将糖渍水果放入马拉斯钦酒中浸泡3小时。
沥干水后放好备用。

组合食材

切去布里欧修面包的顶部，随后将面包横向切成三等份。
用小刷子在面包片表面涂抹马拉斯钦糖浆。
取1片面包放入陶瓷模具中，加入少量糖渍水果和卡仕达奶油。重复此步骤2次。
烤箱预热至220℃（温度调至6—7挡）。
在面包表面挤少许意式蛋白霜。
入烤箱烤制5分钟，直至蛋白霜上色。

巴黎布丁（Flan parisien）

6人份
所需用具：
• 直径22厘米的挞皮模具1个
准备时间：15分钟
烤制时间：1小时
静置时间：1小时（饼皮）+3小时（奶油）

所需食材

用于制作200克千层酥皮（参照第242页）

用于制作奶油
• 牛奶225毫升
• 水175毫升
• 鸡蛋2个
• 细砂糖90克
• 布丁粉（或玉米淀粉）30克

制作步骤

千层酥皮
将千层酥皮擀成直径26厘米，厚度2毫米的饼皮。将饼皮装入模具中，轻压边缘。用刀切去多余的饼皮，放入冰箱冷藏1小时。

奶油
将牛奶和水倒入小锅中煮沸。
将鸡蛋和细砂糖混合打发，加入布丁粉（或玉米淀粉）。
关火，将1/3煮沸的液体倒入鸡蛋中，搅拌均匀。
将所有液体倒回小锅中，继续加热2分钟，其间不停搅拌。
将奶油涂抹在饼皮中。
烤箱预热至180℃（温度调至6挡）。
入烤箱烤制1小时。根据环境温度，放入冰箱或室温静置3小时冷却后脱模。

衍生食谱

巧克力咖啡布丁（Flan chocolat-café）

6人份
所需用具：
• 直径20厘米，高4厘米的不锈钢蛋挞模具1个
准备时间：35分钟
烤制时间：45分钟
静置时间：7小时

所需食材

用于制作法式挞皮
• 半盐黄油55克
• 面粉70克
• 糖粉7克
• 可可粉9克
• 牛奶10毫升
• 蛋黄1个
• 速溶咖啡2克

用于制作巧克力奶油
• 牛奶200毫升
• 淡奶油（脂肪含量35%）125毫升
• 蛋黄3个
• 细砂糖75克
• T55面粉15克
• 玉米淀粉15克
• 黑巧克力（可可含量70%）80克
• 可可粉5克

制作步骤

法式挞皮
将切成块的黄油和面粉混合。加入糖粉、盐和可可粉。加入速溶咖啡、牛奶和蛋黄。搅拌直至面团质地均匀，用保鲜膜将面团包好，放入冰箱冷藏1小时。
用擀面杖将面团擀成厚度为2毫米的面饼。
将饼皮装入模具中。

巧克力奶油
将牛奶和淡奶油倒入小锅中煮沸。将蛋黄和细砂糖混合打发，直至蛋黄变为白色。
加入过筛的面粉和玉米淀粉。
搅拌均匀后关火。将1/3煮沸的液体倒入蛋黄中。
将所有液体倒回小锅中，继续加热2分钟，其间不停搅拌。
关火，加入切碎的巧克力和可可粉，用打蛋器搅拌均匀。盖上保鲜膜，放入冰箱冷藏3小时。
烤箱预热至165℃（温度调至5—6挡）。
将奶油涂抹在饼皮中。
入烤箱烤制45分钟。室温静置3小时，自然冷却后即可食用。

吉布斯特奶油（Crème chiboust）

可制作600克
准备时间：30分钟

所需食材

- 鸡蛋250克
- 糖120克
- 布丁粉25克
- 牛奶250毫升
- 吉利丁片2克（1片）

将蛋清和蛋黄分离。

用蛋黄、20克砂糖、布丁粉和牛奶制作卡仕达奶油。

将吉利丁片在冷水中浸透。将吉利丁片沥干水，趁热加入卡仕达奶油中。用打蛋器搅拌均匀。

用剩余的糖打发蛋清。

将少量打发的蛋白加入卡仕达奶油中，混合均匀。

用橡胶刮刀将剩余蛋白加入奶油中。尽快使用。将奶油涂抹于布列塔尼酥饼上，撒上糖粉，用喷枪上色。

埃迪小贴士

牛奶可用相同分量的百香果果汁代替。

巧克力覆盆子吉布斯特奶油挞（Tarte chiboust au chocolat-framboise）

10份

所需用具：

• 直径5厘米的蛋挞模具10个
• 裱花袋1个
• 直径5厘米的圆形模具1个

准备时间：1小时
静置时间：2小时
烤制时间：10 ～ 12分钟

所需食材

用于制作巧克力吉布斯特奶油

• 牛奶65毫升
• 淡奶油（脂肪含量35%）45毫升
• 蛋黄2个
• 糖12克
• 布丁粉15克
• 蛋清3个
• 黑巧克力（可可含量64%）115克

用于制作巧克力甜酥饼皮

• 糖霜43克
• 杏仁粉12克
• 软化黄油65克
• 盐1克
• 鸡蛋½个
• 面粉97克
• 可可粉7.5克

用于制作覆盆子果酱

• 覆盆子果肉150克
• 黄柠檬汁5毫升
• 转化糖浆10克
• 糖25克
• NH果胶4克

用于制作黑巧克力甘纳许

• 淡奶油（脂肪含量35%）125毫升
• 转化糖浆21克
• 黑巧克力（可可含量70%）165克

用于收尾工序

• 圆形巧克力片（参照第537页）

制作步骤

巧克力吉布斯特奶油

将牛奶和淡奶油倒入小锅中煮沸。

用25克糖打发蛋黄，随后加入布丁粉，搅拌直至蛋黄质地均匀。

将少量煮沸的液体倒入蛋黄中，用打蛋器搅拌均匀，随后将所有液体倒回小锅中，继续加热，制成卡仕达奶油。

用剩余的糖将蛋清打发至可以拉出尖角。

融化巧克力，将⅓打发的蛋白加入卡仕达奶油中，快速搅拌均匀后，用橡胶刮刀将剩余蛋白和融化的巧克力加入奶油中。

将巧克力吉布斯特奶油装入裱花袋中，挤入模具中。

抹平模具表面后自然冷却。

巧克力甜酥饼皮

烤箱预热至165℃（温度调至5—6挡）。

用糕点专用电动搅拌器将过筛的糖霜、杏仁粉、黄油和盐混合。

搅拌均匀，加入鸡蛋、过筛的面粉和可可粉。

揉成面团，用保鲜膜将面团包好，放入冰箱冷藏1小时。

将面团擀成厚度为2毫米的面饼，用模具切割成圆形面饼。

入烤箱烤制10 ～ 12分钟，将烤好的饼皮放在烤架上自然冷却。

覆盆子果酱

将果肉、柠檬汁和转化糖浆在小锅中加热至45℃。将糖和NH果胶混合，加入锅中。

将锅中食材煮沸，放好备用。

黑巧克力甘纳许

将淡奶油和转化糖浆倒入小锅中煮沸。

巧克力切碎。

将⅓的热奶油倒入巧克力中，用橡胶刮刀从内向外画圈搅拌均匀。

逐步加入剩余奶油，搅拌直至甘纳许变为光滑的乳液质地。

将甘纳许倒入与巧克力吉布斯特奶油同样直径的模具中，厚度为1厘米。

静置1小时自然冷却。

圆形巧克力片（参照第537页）

组合食材

将甘纳许放在巧克力甜酥饼皮上。

将覆盆子果酱脱模，放在甘纳许上。随后将巧克力吉布斯特奶油放在上方。

用圆形巧克力片装饰。

焦糖苹果吉布斯特奶油挞（Tarte chiboust pommes-caramel）

10份
所需用具：
- 直径5厘米的挞皮模具10个
- 裱花袋1个
- 直径5厘米的圆形模具1个

准备时间：1小时
静置时间：4小时
烤制时间：15分钟

所需食材

用于制作布列塔尼酥饼
- 黄油75克
- 蛋黄1.5个
- 面粉100克
- 细盐1.5克
- 发酵粉5克
- 糖67克

用于制作焦糖苹果
- 青苹果160克
- 红糖50克
- 黄油15克

用于制作苹果果冻
- 糖4克
- NH果胶3.5克
- 青苹果泥150克
- 梨肉果泥50克
- 转化糖浆30克

用于制作吉布斯特奶油
- 鸡蛋125克（2.5个）
- 糖60克
- 布丁粉12克
- 牛奶120毫升
- 吉利丁片1片
- 淡奶油120毫升

用于收尾工序
- 红糖20克

制作步骤

布列塔尼酥饼

将糖和蛋黄混合，加入面粉、盐、发酵粉和黄油。
搅拌至面团质地均匀，用保鲜膜将面团包好，放入冰箱冷藏1小时。
将面团擀成厚度为3毫米的面饼。
用模具将面团切割成直径为5厘米的圆形面饼。
将面饼装入不锈钢模具中，放入预热至165℃的烤箱（温度调至5—6挡）。
烤制15分钟后自然冷却。

焦糖苹果

苹果削皮、去核、切块。
将红糖倒入烧热的平底锅中。待红糖变为焦糖，加入苹果，不时搅拌，让苹果均匀地包裹一层焦糖。
加入软化的黄油，继续加热2～3分钟，自然冷却。

苹果果冻

将糖和NH果胶混合。
加热果泥和转化糖浆。煮沸后，加入糖和NH果胶，再次煮沸，其间不停搅拌。放好备用。
将苹果果冻倒入模具中，加入焦糖苹果块，放入冰箱冷藏1小时。

吉布斯特奶油

将吉利丁片在冷水中浸透。

将牛奶和奶油倒入小锅中煮沸。

将蛋清和蛋黄分离。

用30克糖打发蛋黄，加入布丁粉，搅拌直至蛋黄质地光滑而均匀。

将一部分煮沸的液体倒入蛋黄中，搅拌均匀后将所有液体倒回小锅中，继续加热，制成卡仕达奶油。

关火，加入沥干水的吉利丁片，搅拌均匀。

用剩余的糖打发蛋清，直至蛋白可以拉出尖角。

将一部分打发的蛋白加入卡仕达奶油中，快速搅拌均匀后，用橡胶刮刀将全部打发的蛋白加入奶油中。

将吉布斯特奶油装入模具中。

放入冰箱冷藏2小时。

组合食材

将苹果果冻放在布列塔尼酥饼上。

将吉布斯特奶油脱模，放在苹果果冻上。

在果冻表面撒红糖，用喷枪上色。

传统圣多诺黑蛋糕（Saint-Honoré traditionnel）

10人份
所需用具：
· 装有10号裱花嘴的裱花袋1个
· 27厘米×9厘米的方形不锈钢模具1个
· 糖用温度计1个
· 直径5厘米的半球形硅胶模具1组
准备时间： 1小时30分钟
静置时间： 3小时

所需食材

用于制作200克千层酥皮（参照第242页）

用于制作泡芙面团和酥脆面团（参照第184页）

用于制作外交官奶油
· 吉利丁片5克（2.5片）
· 牛奶250毫升
· 糖50克
· 蛋黄2个
· 布丁粉20克
· 黄油25克
· 淡奶油（脂肪含量35%）150毫升

用于制作马斯卡彭香草尚蒂伊奶油
· 马斯卡彭奶酪150克
· 淡奶油（脂肪含量35%）225毫升
· 糖30克
· 香草荚1根

用于制作吉布斯特奶油
· 鸡蛋250克（5个）
· 糖120克
· 布丁粉25克
· 牛奶250毫升
· 吉利丁片4克（2片）

用于制作焦糖
· 水50毫升
· 糖225克
· 葡萄糖20克

用于制作半盐焦糖
· 葡萄糖118克
· 红糖47克
· 糖118克
· 淡奶油（脂肪含量35%）140毫升
· 香草荚2根
· 盐之花1.5克
· 黄油70克
· 金色巧克力（Dulcey牌）70克

用于组合食材
· 食用金箔

制作步骤

千层酥皮（参照第242页）
烤制后，将酥皮切割成27厘米×9厘米的大小，放好备用。

用于制作泡芙面团和酥脆面团（参照第184页）
挤出直径3厘米的泡芙。

外交官奶油
将吉利丁片在冷水中浸透。
将牛奶和一半的糖倒入小锅中煮沸。
用剩余的糖打发蛋黄，直至蛋黄变为白色。
加入布丁粉，搅拌均匀，将煮沸的牛奶逐步倒入蛋黄中，用打蛋器搅拌均匀。
将所有液体倒回小锅中，继续中火加热，其间不停搅拌。当奶油质地变得浓稠时，关火，加入切成块的黄油和沥干水的吉利丁片，搅拌均匀。
将制成的卡仕达奶油倒入盘中，盖上保鲜膜，放入冰箱冷藏1小时30分钟。
用装有打蛋头的糕点专用电动搅拌器打发淡奶油。
用橡胶刮刀将打发的淡奶油逐步加入卡仕达奶油中，盖上保鲜膜，放入冰箱冷藏保存。

马斯卡彭香草尚蒂伊奶油
将马斯卡彭奶酪、淡奶油和糖在容器中混合均匀，加入从剖开的香草荚刮下的香草籽。
打发至奶油能够拉出尖角。

吉布斯特奶油
将蛋清和蛋黄分离。
用蛋黄、20克糖、布丁粉和牛奶制成卡仕达奶油。
将吉利丁片在冷水中浸透，沥干水，将吉利丁片加入热奶油中，用打蛋器搅拌均匀。
用剩余的糖打发蛋清，将少许打发的蛋白加入卡仕达奶油中搅拌均匀，随后用橡胶刮刀逐步加入剩余的蛋白。
将制成的吉布斯特奶油装入不锈钢模具中，放入冰箱冷藏1小时。
冷藏保存。

焦糖
将水、糖和葡萄糖倒入小锅中加热。
加热至焦糖质地浓稠，变为深棕色。

半盐焦糖
将葡萄糖、红糖和糖倒入小锅中加热至180℃。
将淡奶油和剖开的香草荚混合后煮沸。
将热奶油倒入焦糖中，使焦糖溶解。
加入盐之花、黄油和金色巧克力，放好备用。

组合食材

将吉布斯特奶油涂抹在千层酥皮上。

在泡芙中挤入外交官奶油和半盐焦糖。

将泡芙上半部分浸入焦糖，头朝下翻转放入直径5厘米的半球形模具中。

室温静置30分钟，让焦糖凝固。

将泡芙沿单边在圣多诺黑蛋糕表面摆放成一排，另一边用马斯卡彭香草尚蒂伊奶油装饰。

用食用金箔装饰。

外交官奶油（Crème diplomate）

可制作500克
准备时间：30分钟
静置时间：1小时30分钟

所需食材
- 吉利丁片5克（2.5片）
- 牛奶250毫升
- 细砂糖50克
- 蛋黄2个
- 布丁粉20克
- 黄油25克
- 淡奶油（脂肪含量35%）150毫升

埃迪小贴士
在外交官奶油中可添加少许酒类。奶油可用于制作水果蛋挞、千层酥挞、泡芙等。

将吉利丁片在冷水中浸泡10分钟。
将牛奶和一半的细砂糖倒入小锅中煮沸。用剩余的细砂糖打发蛋黄，直至蛋黄变为白色。加入布丁粉，继续搅拌至蛋黄质地均匀。

将蛋黄逐步加入煮沸的牛奶中，用打蛋器搅拌均匀。

将所有液体倒回小锅，中火加热，其间不停搅拌，直至奶油质地黏稠。

关火，加入切成块的黄油和沥干水的吉利丁片。搅拌均匀，制成卡仕达奶油。
将奶油倒入盘中。
盖上保鲜膜，放入冰箱冷藏1小时30分钟。

将淡奶油打发。
用糕点专用电动搅拌器将冷却的卡仕达奶油打发。用橡胶刮刀逐步将打发的淡奶油加入卡仕达奶油中。

盖上保鲜膜，放入冰箱冷藏保存。
将外交官奶油涂抹在布列塔尼酥饼表面，用新鲜水果装饰。

软糖草莓挞（Tarte à la fraise et guimauve bonbon）

10人份

所需用具：
- 直径10厘米的不锈钢挞皮模具10个
- 直径12厘米的不锈钢挞皮模具10个
- 27厘米×9厘米的硅胶模具1个

准备时间：2小时
静置时间：2小时30分钟
烤制时间：15分钟

所需食材

用于制作甜酥面皮
- 面粉250克
- 盐1撮
- 半盐黄油150克
- 糖100克
- 鸡蛋1个
- 杏仁粉30克

用于制作外交官奶油
- 牛奶250毫升
- 黄油25克
- 蛋黄2个
- 糖50克
- 布丁粉20克
- 吉利丁片5克（2.5克）
- 淡奶油（脂肪含量35%）150毫升

用于制作蜜卢顿饼干
- 杏仁粉75克
- 奶油粉5克
- 糖86克
- 大号鸡蛋1个
- 厚奶油40克
- 蛋黄1个
- 香草荚½根

用于制作香浓草莓果酱
- 草莓果泥125克
- 覆盆子果泥25克
- 转化糖浆10克
- 细砂糖25克
- NH果胶4克
- 黄柠檬汁5毫升
- 香醋10毫升

制作步骤

甜酥面皮

黄油切块。

用糕点专用电动搅拌器将面粉、杏仁粉、盐和黄油搅拌至沙粒质地。

加入鸡蛋，搅拌均匀，但不要过度搅拌。

盖上保鲜膜，放入冰箱冷藏1小时。

将面团擀成厚度为2毫米的面饼，将面饼切割成条形饼皮，饼皮宽度和不锈钢模具高度一致，在不锈钢模具内侧涂抹黄油。

将第一片条形饼皮沿大号模具内壁嵌入，第二片条形饼皮沿小号模具内壁嵌入。

在饼皮内侧放入烘焙纸，在模具中央放置圆柱形物体。入烤箱以160℃烤制15分钟。

将烤好的面皮放在烤架上自然冷却。

外交官奶油

将吉利丁片在冷水中浸透。

将牛奶和一半的糖倒入小锅中煮沸。

用剩余的糖打发蛋黄，直至蛋黄变为白色。加入布丁粉，搅拌均匀。

将煮沸的牛奶逐步倒入蛋黄中。用打蛋器搅拌均匀，随后将所有液体倒入小锅中。

继续中火加热，其间不停搅拌，直至奶油质地黏稠。

关火，加入切成块的黄油和沥干水的吉利丁片。搅拌均匀，制成卡仕达奶油。

将奶油倒入盘中。盖上保鲜膜，放入冰箱冷藏1小时30分钟。

用糕点专用电动搅拌器打发淡奶油。

用装有打蛋头的糕点专用电动搅拌器将冷却的卡仕达奶油打发。

用橡胶刮刀逐步将打发的淡奶油加入卡仕达奶油中，装入裱花袋保存。

蜜卢顿饼干

将香草荚剖开，取出香草籽。

用打蛋器将鸡蛋、蛋黄和糖混合，加入布丁粉、杏仁粉、厚奶油和香草荚，搅拌均匀。

烤箱预热至160℃。

将面糊倒入硅胶模具中。

入烤箱烤制15分钟。在烤架上自然冷却，切成小块，放好备用。

香浓草莓果酱

将草莓果泥、覆盆子果泥、柠檬汁和转化糖浆混合后加热至45℃。

将细砂糖和NH果胶混合，加入果泥。

关火，加入香醋，将果酱装入裱花袋保存。

组合食材

将2张环形饼皮装入盘中。

在2张环形饼皮之间挤入草莓果酱。

将切成块的草莓摆放在糕点表面。

用少许蜜卢顿饼干块和软糖装饰。

杏肉冬加豆泡芙（Choux abricot-tonka）

8 ～ 10人份

所需用具：
- 圆形模具1个
- 装有常规裱花嘴的裱花袋1个
- 装有花边裱花嘴的裱花袋1个
- 硅胶垫1张
- 直径5厘米的圆形硅胶模具1个

准备时间：1小时
烤制时间：40分钟
冷冻时间：1小时以上
静置时间：4小时

所需食材

用于制作泡芙
- 牛奶100毫升
- 水100毫升
- 黄油85克
- 盐2撮
- 糖粉2茶匙
- 面粉115克
- 大号鸡蛋3个

用于制作咖啡脆饼干
- 黄油50克
- 红糖60克
- 过筛T55面粉60克
- 咖啡粉1克

用于制作冬加豆外交官奶油
- 吉利丁片5克（2.5片）
- 牛奶250毫升
- 糖50克
- 蛋黄2个
- 布丁粉20克
- 淡奶油（脂肪含量35%）150毫升
- 冬加豆1粒
- 黄油170克

杏肉果酱
- 杏肉300克
- 吉利丁片5克（2.5片）

金色巧克力装饰（参照第537页）

制作步骤

咖啡脆饼干
将面粉、红糖、黄油和咖啡粉混合。
用手指搅拌至沙粒质地，随后揉成均匀的面团。
将面团擀成薄片，夹在两片硫酸纸之间，放入冰箱冷冻1小时以上。

泡芙
烤箱预热至250℃（温度调至8—9挡）。将牛奶、水、切成块的黄油、盐和糖粉倒入小锅。
煮沸后关火，一次性加入面粉，搅拌均匀。
小火加热，持续搅拌5分钟，让面团脱水，使面团与锅壁分离。
将面团装入盆中，揉面数分钟至冷却。
逐个加入鸡蛋，搅拌均匀。
将面糊装入配有直径8毫米的裱花嘴的裱花袋中，在铺有硅胶垫的烤盘上挤出直径约为3厘米的泡芙。
将咖啡脆饼干切割成直径3厘米的圆片，放在泡芙上。
关闭烤箱电源，将泡芙放入烤箱，用余温烤制20分钟。
将烤箱温度调至180℃（温度调至6挡），继续烤制20分钟以上。
烤制结束后打开烤箱，散出蒸汽。烤制后的泡芙会上色且质地紧实。将泡芙放在烤架上自然冷却。

冬加豆外交官奶油
将吉利丁片在冷水中浸透。
将牛奶和一半的糖倒入小锅中煮沸。用剩余的糖打发蛋黄，直至蛋黄变为白色。加入布丁粉，搅拌均匀，注意不要混入气泡。
将煮沸的牛奶逐步倒入蛋黄中。用打蛋器搅拌均匀，随后将所有液体倒入小锅。继续中火加热，其间不停搅拌，直至奶油质地黏稠。关火，加入切成块的黄油、切碎的冬加豆和沥干水的吉利丁片，搅拌均匀，制成卡什达奶油。将奶油倒入盘中，盖上保鲜膜，放入冰箱冷藏2小时以上。
将淡奶油打发成尚蒂伊奶油。将冷却的卡什达奶油打发至质地光滑，加入尚蒂伊奶油中。放好备用。
将外交官奶油装入配有花边裱花嘴的裱花袋备用。

杏肉果酱
将吉利丁片在冷水中浸透。
将⅓的果肉倒入小锅中加热，加入沥干水的吉利丁片，搅拌均匀。加入剩余的杏肉，再次搅拌。
将果酱装入硅胶模具，放入冰箱冷藏2小时。
将剩余果酱装入裱花袋，放入冰箱冷藏保存。

金色巧克力装饰（参照第537页）

组合食材
沿泡芙⅔的高度横向切割。
泡芙切下的顶部放好备用。
在每个泡芙底座中挤入少许杏肉果酱。
在泡芙表面用外交官奶油挤出玫瑰花形，奶油的高度要超过泡芙底座的高度。
在奶油上放1片方形金色巧克力装饰。在巧克力上方挤少许外交官奶油，再放上泡芙的顶部。用1片杏肉果酱装饰。
可立即食用。

慕斯奶油（Crème mousseline）

原味慕斯奶油（Crème mousseline nature）

可制作500克
准备时间：20分钟

所需食材

用于制作卡仕达奶油
- 全脂牛奶250毫升
- 细砂糖60克
- 香草荚1根
- 蛋黄3个
- 布丁粉25克
- 室温黄油25克

用于制作慕斯奶油
- 室温黄油140克

制作步骤

卡仕达奶油

将牛奶、一半的细砂糖和从剖开的香草荚中刮下的香草籽倒入小锅中煮沸。
用剩余的细砂糖打发蛋黄，直至蛋黄变为白色。
加入布丁粉，继续搅拌至蛋黄质地光滑。
将煮沸的牛奶倒入蛋黄中，用打蛋器搅拌均匀。
取出香草荚。将所有液体倒回小锅，中火加热，其间不停搅拌，直至奶油质地变得浓稠。
关火，加入25克切成块的黄油。
用打蛋器搅拌均匀。
将奶油装入盘中，盖上保鲜膜。

慕斯奶油

用糕点专用电动搅拌器将卡仕达奶油搅拌均匀。
用刮刀搅拌140克黄油，使其软化，随后将黄油逐步加入卡仕达奶油中，不停搅拌，直至奶油变为轻盈的慕斯质地。

埃迪小贴士

除原味慕斯奶油，您也可以制作不同风味的慕斯奶油。
由于慕斯奶油含有黄油，冷却后会变硬。使用时需中速打发。
慕斯奶油可用于制作草莓奶油蛋糕或榛子胜利饼。

糖衣榛子慕斯奶油（Crème mousseline pralinée）

可制作500克
准备时间：15分钟

所需食材

- 吉利丁片4克（2片）
- 牛奶175毫升
- 淡奶油（脂肪含量35%）30毫升
- 细砂糖35克
- 蛋黄2个
- 布丁粉25克
- 糖衣榛子50克
- 榛子面糊55克
- 室温黄油95克

将吉利丁片在冷水中浸泡10分钟。将牛奶、淡奶油和一半的细砂糖倒入小锅中煮沸。用剩余的细砂糖打发蛋黄，直至蛋黄变为白色。

加入布丁粉，继续搅拌至蛋黄质地均匀。

将一部分煮沸的牛奶倒入蛋黄中，搅拌均匀后将所有液体倒回小锅中。继续加热1分钟。

将糖衣榛子和榛子面糊混合均匀。关火，在锅中加入沥干水的吉利丁片，随后加入糖衣榛子和榛子面糊的混合物。

用打蛋器搅拌成质地光滑均匀的奶油。
将奶油倒入盘中。
盖上保鲜膜，放入冰箱冷藏至彻底冷却。
用糕点专用电动搅拌器打发糖衣榛子奶油。

逐步加入黄油，不停搅拌。

将奶油打发至质地细腻。

埃迪小贴士

推荐使用苦味较淡、香味浓郁的糖衣坚果。这样做出的奶油味道更浓厚，糖分更低。

巴黎斯特泡芙（Le Paris-Brest）

8人份
所需用具：
• 糖用温度计1个
• 直径5厘米的硅胶模具
• 硅胶垫1张
准备时间：1小时15分钟
静置时间：2小时30分钟
烤制时间：1小时15分钟

所需食材

用于制作糖衣榛子慕斯奶油（参照第379页）

用于制作泡芙面团
• 牛奶100毫升
• 水100毫升
• 黄油90克
• 盐2撮
• 糖15克
• 过筛T45面粉115克
• 鸡蛋180克（3.5个）

用于制作脆饼干
• 过筛面粉60克
• 红糖60克
• 黄油膏50克

用于制作榛子酥饼
• 半盐黄油60克
• 糖霜30克
• 榛子粉30克
• 鸡蛋½个
• T55面粉117克

用于制作巧克力片（参照第537页）

用于制作焦糖榛子或焦糖杏仁（参照第531页）
• 焦糖榛子或焦糖杏仁100克

用于制作糖衣榛子淋面
• 牛奶巧克力27.5克
• 可可脂27.5克
• 糖衣榛子250克
• 花边可丽饼（Gavotte牌）25克

制作步骤

泡芙面团和脆饼干（需提前1天制作）（参照第184页）
糖衣榛子慕斯奶油（参照第379页）
制作巧克力片（参照第537页）

榛子酥饼

将黄油、盐、糖霜、榛子粉、鸡蛋和面粉混合，放入冰箱冷藏1小时。将榛子酥饼面团擀成厚度为2毫米的面饼。将面饼切割成20厘米×20厘米的方形，随后在方形中间挖出1个5厘米×5厘米的洞。将切割好的酥性面

用裱花袋将慕斯奶油挤入泡芙。

在模具底部挤入少许糖衣榛子淋面。

将泡芙头朝下放入模具。

放入冰箱冷藏30分钟。
待糖衣榛子淋面凝固后，将泡芙脱模。

将泡芙依次摆在方形酥饼框上。

在泡芙表面装饰焦糖榛子，在泡芙之间插入巧克力片。

饼放在铺有硅胶垫的烤盘上。放入预热至165℃（温度调至5—6挡）的烤箱烤制15分钟，放在烤架上自然冷却。

糖衣榛子淋面

融化巧克力和可可脂，冷却至31℃时将其和糖衣榛子混合。开始凝固时加入花边可丽饼，搅拌均匀。

草莓奶油蛋糕（Fraisier）

6～8人份

所需用具：
- 直径10厘米的圆形模具1个
- 玻璃杯8个

准备时间：1小时
静置时间：1小时
烤制时间：25分钟

所需食材

用于制作慕斯奶油
- 全脂牛奶500毫升
- 糖120克
- 香草荚2根
- 蛋黄6个
- 布丁粉50克
- 黄油330克
- 开心果膏50克
- 德国樱桃酒10克

用于制作原味海绵蛋糕
- 鸡蛋2个
- 糖60克
- 面粉60克

用于制作红色果酱
- 覆盆子果泥100克
- 草莓果泥100克

用于组合食材
- 草莓250克
- 金箔

制作步骤

慕斯奶油

将牛奶、一半的糖和剖开的香草荚倒入小锅。

用剩余的糖打发蛋黄，直至蛋黄变为白色。加入布丁粉，搅拌至蛋黄质地光滑均匀。

将煮沸的牛奶逐步倒入蛋黄中，取出香草荚，用打蛋器搅拌均匀。

将所有液体倒回小锅中，中火加热，其间不停搅拌，直至奶油质地变得浓稠。关火，加入50克黄油，搅拌均匀，制成卡仕达奶油。

将奶油装入盘中，盖上保鲜膜，放入冰箱冷藏1小时以上。

用糕点专用电动搅拌器打发卡仕达奶油。用刮刀搅拌剩余黄油，使其软化。将黄油逐步加入卡仕达奶油中，不停搅拌，直至奶油变为轻盈的慕斯质地。

将慕斯奶油分为两等份，在其中一份中加入开心果膏和樱桃酒。

原味海绵蛋糕

烤箱预热至180℃（温度调至6挡）。

将鸡蛋和糖混合后打发，直至鸡蛋体积膨大1倍。加入面粉，搅拌均匀。

将面糊倒入模具，入烤箱烤制25分钟后自然冷却。

将海绵蛋糕横向切成两等份。

用模具将海绵蛋糕切成比玻璃杯略小的圆。放好备用。

红色果酱

混合所有食材，放好备用。

组合食材

将草莓去梗，纵向切成两半。

沿每个玻璃杯的杯壁摆放草莓，切面朝向外侧。

在每个玻璃杯的中央放入一片海绵蛋糕。

挤入慕斯奶油，放入第二片海绵蛋糕。

倒入红色果酱，用金箔装饰。

放入冰箱冷藏保存至食用。

埃迪小贴士

若奶油质地过于柔软，可放入冰箱冷藏后再打发，因为黄油冷藏后会凝固，更容易成型。

衍生食谱

开心果慕斯奶油水果杯（Fruits des bois, crème mousseline pistaches）

10 ～ 14人份
所需用具：
• 直径20厘米的模具1个
• 直径22厘米烤盘1个
准备时间：1小时
静置时间：1小时
烤制时间：30分钟

所需食材

用于制作海绵蛋糕（参照第382页）

用于制作开心果慕斯奶油（参照第382页）

用于装饰
• 水果300克（醋栗、桑葚、覆盆子、蓝莓）
• 糖霜20克

制作步骤

海绵蛋糕
用直径20厘米的模具制作海绵蛋糕（参照第382页）。出烤箱后让蛋糕自然冷却。

开心果慕斯奶油（参照第382页）

组合食材
将开心果慕斯奶油涂抹在盘中的海绵蛋糕上。
将水果铺在蛋糕表面，撒上糖霜。

舒芙蕾（Soufflé）

巧克力舒芙蕾（Soufflés au chocolat）

可制作600克
所需用具：
• 直径10厘米的陶瓷模具10个
准备时间：30分钟
烤制时间：10 ～ 12分钟

所需食材

• 黑巧克力（可可含量70%）200克
• 牛奶200毫升
• 玉米淀粉10克
• 蛋黄2个
• 蛋清135克（4个大蛋清）
• 糖55克（另需少许糖撒在模具上）
• 另需少许黄油涂抹模具

埃迪小贴士

牛奶和玉米淀粉不要完全煮沸。
在模具内侧涂抹2遍黄油。黄油
加热后会融化，可防止面糊粘在
模具壁上，舒芙蕾可完全膨起。
涂抹黄油后，您可以用巧克力粉
或水果粉替代砂糖。粉末会均匀
包裹在舒芙蕾侧面。

在模具内侧用小刷子涂抹2遍黄油，撒一层糖。
烤箱预热至240℃（温度调至8挡）。
用水浴法融化巧克力。
牛奶和玉米淀粉在小锅中加热至轻微冒泡，其
间不停搅拌。

关火，将热牛奶倒入融化的巧克力中。
加入蛋黄，搅拌均匀。

用装有打蛋头的糕点专用电动搅拌器打发蛋清，
其间逐步加入糖。

将¼打发的蛋白和此前混合好的食材搅拌均匀，
随后用橡胶刮刀逐步加入剩余蛋白。
将面糊倒入模具中，用刮刀抹平表面。
入烤箱烤制10 ～ 12分钟。可立即装盘。

橙子利口酒舒芙蕾（Soufflé parfumé à la liqueur d'orange）

10～12人份
所需用具：
• 直径10厘米的陶瓷模具12个
准备时间：30分钟
烤制时间：8～10分钟

所需食材

• 2个橙子的皮
• 橙汁250毫升
• 玉米淀粉25克
• 橙子利口酒20毫升
• 蛋清240克（8个）
• 细砂糖200克
• 黄油（用于涂抹模具）20克

制作步骤

用小刷子将黄油均匀地涂抹在模具内侧。
烤箱预热至220℃（温度调至7—8挡）。
将橙子皮、橙汁和玉米淀粉倒入小锅，中火加热。搅拌直至面糊质地浓稠。关火，加入橙子利口酒。
用装有打蛋头的糕点专用电动搅拌器打发蛋清，其间逐步加入细砂糖。
将¼打发的蛋白和此前混合好的食材搅拌均匀，随后用橡胶刮刀逐步倒入剩余蛋白。
将面糊倒入模具中，用刮刀抹平表面。
入烤箱烤制8～10分钟。可立即食用。

埃迪小贴士

橙汁可用百香果果汁代替。

衍生食谱

什锦舒芙蕾（Soufflé arlequin）

10～12人份
所需用具：
• 直径10厘米的陶瓷模具12个
• 烘焙纸1张
准备时间：1小时
烤制时间：8～10分钟

所需食材

用于制作巧克力面糊
• 牛奶250毫升
• 蛋黄100克（5个）
• 糖80克（另需少许糖撒在模具上）
• 面粉30克
• 黑巧克力（可可含量70%）80克
• 可可脂20克
• 蛋清240克

用于制作香草面糊
• 牛奶250毫升
• 香草荚1根
• 蛋黄5个
• 糖50克
• 面粉30克
• 可可脂20克
• 蛋清200克

制作步骤

巧克力面糊
将牛奶煮沸。
用打蛋器将蛋黄和80克糖打发至白色，加入面粉，搅拌至面糊质地光滑。
将热牛奶倒入面糊，搅拌均匀，将混合好的食材倒入小锅中，小火加热2分钟至轻微沸腾中，其间不停搅拌。
关火，加入融化的巧克力和可可脂，用打蛋器搅拌均匀，制成卡仕达奶油。用剩余的糖打发蛋清，将⅓的蛋白加入卡仕达奶油中，搅拌均匀。
用橡胶刮刀将剩余蛋白加入奶油中。

香草面糊
将牛奶和剖开的香草荚煮沸。
用打蛋器将蛋黄和50克糖打发至白色，加入面粉，搅拌至面糊质地光滑。
将热牛奶倒入面糊，搅拌均匀，将混合好的食材倒入小锅，小火加热2分钟至轻微沸腾，其间不停搅拌。
关火，加入融化的可可脂，用打蛋器搅拌均匀，制成卡仕达奶油。用剩余的糖打发蛋清，将⅓的蛋白加入卡仕达奶油中，搅拌均匀。
用橡胶刮刀将剩余蛋白加入奶油中。

组合食材
在模具内侧涂抹黄油，撒上砂糖。
在每个模具中央放入一个烘焙纸筒。
在每个模具中挤入一半巧克力面糊，随后挤入香草面糊。
取出烘焙纸筒。
入烤箱以240℃（温度调至8挡）烤制8～10分钟。

黄油奶油 (Crème au beurre)

英式奶油及意式蛋白霜基底黄油奶油 (Crème au beurre à base de crème anglaise et meringue italienne)

可制作800克
所需用具:
- 温度计1个
- 糖用温度计1个
准备时间: 25分钟

所需食材

用于制作英式奶油
- 牛奶67毫升
- 细砂糖67克
- 蛋黄54克
- 室温黄油410克

用于制作意式蛋白霜
- 水40毫升
- 细砂糖130克
- 室温蛋清2个 (大号鸡蛋)

将牛奶和一半的细砂糖倒入小锅中煮沸。用剩余的细砂糖打发蛋黄，直至蛋黄变为白色。将热牛奶倒入蛋黄中，搅拌均匀。将所有液体倒回小锅中，加热至82℃，用刮刀不停搅拌，制成英式奶油。

用糕点专用电动搅拌器将英式奶油打发至冷却。

逐步加入黄油，不停搅拌至黄油奶油质地细腻均匀。

埃迪小贴士
充分打发的黄油奶油轻盈而美味。需用中速打发。

制作意式蛋白霜

将水和细砂糖倒入小锅中加热至118℃。加热前，将用水沾湿的小刷子轻刷锅壁，防止糖结晶。

用糕点专用电动搅拌器慢速打发蛋清。将糖浆倒入蛋清中，提高转速。

打发直至蛋白霜冷却，质地光滑。用橡胶刮刀将意式蛋白霜加入打发的黄油奶油中。

意式蛋白霜基底黄油奶油〔Crème au beurre à base de meringue italienne〕

可制作650克
所需用具：
• 糖用温度计1个
准备时间：20分钟

所需食材

• 细砂糖250克
• 水70毫升
• 鸡蛋2个
• 室温黄油300克

制作步骤

将水和细砂糖倒入小锅加热至118℃。
用装有打蛋头的糕点专用电动搅拌器以中速打发鸡蛋。加入糖浆后调高转速，打发直至冷却。打发后鸡蛋体积膨大1倍，质地丰盈。
逐步加入切成块的黄油，不停搅拌直至黄油奶油质地光滑均匀。

英式奶油基底黄油奶油〔Crème au beurre à base de crème anglaise〕

可制作800克
所需用具：
• 温度计1个
准备时间：20分钟

所需食材

• 牛奶250毫升
• 细砂糖250克
• 蛋黄4个
• 室温黄油300克

制作步骤

将牛奶和一半的细砂糖倒入小锅中煮沸。
用剩余的细砂糖打发蛋黄，直至蛋黄变为白色。
将煮沸的牛奶倒入蛋黄中，搅拌均匀。将所有液体倒回小锅中，加热至81℃，其间不停搅拌。
用装有打蛋头的糕点专用电动搅拌器打发奶油至冷却。逐步加入切成块的黄油，不停搅拌。

麦芙斯（Merveilleuse）

36份
所需用具：
- 硅胶垫1张
- 装有8号裱花嘴的裱花袋1个
- 糖用温度计1个

准备时间：45分钟
烤制时间：2小时

所需食材

用于制作法式蛋白霜
- 蛋清4个
- 糖250克

用于制作英式奶油、黄油奶油
- 牛奶67毫升
- 糖67克
- 蛋黄54克
- 黄油膏410克

意式蛋白霜
- 水40毫升
- 糖130克
- 蛋清70克（2个大号蛋清）

用于制作柠檬果酱（参照第510页）
- 柠檬果酱200克

用于制作白巧克力屑
- 白巧克力屑200克

制作步骤

法式蛋白霜
烤箱预热至120℃（温度调至3—4挡）。
用装有打蛋头的糕点专用电动搅拌器打发蛋清。
逐步加入100克糖。打发至蛋白体积膨大1倍，再加入100克糖。继续打发，直至蛋白质地光滑紧实。
用橡胶刮刀逐步加入剩余的糖。
将蛋白霜装入裱花袋中。
在铺有硅胶垫的烤盘上挤出半球形的蛋白霜，入烤箱烤制2小时。

英式奶油、黄油奶油
将牛奶和一半的糖倒入小锅中煮沸。
用剩余的糖打发蛋黄，直至蛋黄变为白色。将煮沸的牛奶倒入蛋黄中，搅拌均匀。
将所有液体倒回小锅中，加热至82℃，用刮刀不停搅拌。
用糕点专用电动搅拌器将制成的英式奶油打发至冷却。
逐步加入黄油膏，不停搅拌直至黄油奶油质地光滑均匀。

意式蛋白霜
将水和糖倒入小锅中加热至118℃。加热前，将用水沾湿的小刷子轻刷锅壁，防止糖结晶。
用装有打蛋头的糕点专用电动搅拌器慢速打发蛋清。当糖浆温度达到118℃时，将糖浆倒入蛋清中，提高转速。
打发直至蛋白霜冷却，质地光滑。
用橡胶刮刀将意式蛋白霜加入打发的黄油奶油中。

组合食材
用黄油奶油和柠檬果酱将半球形蛋白霜两两组合。
在每个蛋白霜球外涂抹一层黄油奶油，包裹一层白巧克力屑。
放入冰箱冷藏保存，可随时取用装盘。

埃迪小贴士

为制成质地丰盈的黄油奶油，需用中速打发。
您还可以制作咖啡口味或其他口味的黄油奶油。

糖衣榛子胜利饼〔**Succès dragée-noisette**〕

8 ～ 10人份
所需用具：
• 硅胶垫1张
• 温度计1个
• 裱花袋1个
准备时间：30分钟
烤制时间：10 ～ 12分钟

所需食材

用于制作胜利饼
• 蛋清3个
• 糖150克
• 榛子粉75克
• 杏仁粉75克
• 糖衣果仁50克

用于制作糖衣榛子英式奶油、黄油奶油
• 牛奶67毫升
• 糖67克
• 蛋黄54克
• 黄油膏410克
• 糖衣榛子90克

意式蛋白霜
• 水40毫升
• 糖130克
• 蛋清70克（2个大号蛋清）

制作步骤

胜利饼
烤箱预热至175℃（温度调至5—6挡）。
用装有打蛋头的糕点专用电动搅拌器打发蛋清。用橡胶刮刀逐步加入糖、杏仁粉和榛子粉。
将糖衣果仁切大块。
在铺有硅胶垫的烤盘上挤出20块直径10厘米的饼干。
在饼干表面撒一层糖衣果仁碎，入烤箱烤制10 ～ 12分钟。出烤箱后，将饼干放在硅胶垫上自然冷却。

糖衣榛子英式奶油、黄油奶油
制作英式奶油。
将牛奶和一半的糖倒入小锅。用剩余的糖打发蛋黄，直至蛋黄变为白色。
牛奶煮沸后，倒入蛋黄中，搅拌均匀后将所有液体倒回小锅中，加热至82℃。
用糕点专用电动搅拌器打发英式奶油至冷却，加入黄油膏。
打发直至奶油质地细腻均匀，加入糖衣榛子。

意式蛋白霜
将水和糖倒入小锅加热至118℃。
用糕点专用电动搅拌器打发蛋清，加入糖浆，打发至冷却。
将意式蛋白霜和黄油奶油混合均匀。

组合食材
将胜利饼两两组合，将糖衣果仁黄油奶油涂抹于饼干之间，做成夹心饼。奶油直径与饼干直径一致。

埃迪小贴士

可提前1天开始准备食材。奶油需被充分打发。

胜利饼（Le succès）

8 ～ 10人份
所需用具：
• 硅胶垫1张
• 装有10号裱花嘴的裱花袋1个
• 条形塑料慕斯围边1张
准备时间：45分钟
烤制时间：27分钟
静置时间：1小时

所需食材

用于制作杏仁糖饼
• 杏仁片或杏仁碎60克
• 糖130克
• 葡萄糖55克

用于制作胜利饼（参照第392页）

用于制作糖衣榛子黄油奶油（参照第392页）

制作步骤

杏仁糖饼
烤箱预热至170℃（温度调至5—6挡）。
将杏仁铺在烤盘上，入烤箱烤制7分钟，直至烤熟。
将糖倒入小锅中加热溶化。当糖变为金黄色，加入葡萄糖，继续加热至焦糖上色。当焦糖质地浓稠，加入杏仁片，用木柄搅拌均匀。
将杏仁糖浆倒在硅胶垫上，用刮刀趁热翻搅至冷却。当糖浆开始凝固，用擀面杖将杏仁糖饼擀成薄片。
糖饼自然冷却后切大块。

胜利饼（参照第392页）
挤出2个直径为20厘米的饼干。
入烤箱以175℃（温度调至5—6挡）烤制20分钟，出烤箱后将胜利饼放在硅胶垫上自然冷却。

糖衣榛子黄油奶油（参照第392页）
将奶油装入配有10号裱花嘴的裱花袋中，放好备用。

组合食材
将第一片胜利饼放在工作台上。
用裱花袋从内向外画圈涂抹黄油奶油。
表面放第二片胜利饼，再涂抹一层黄油奶油。
在条形塑料慕斯围边上用鹅颈刮刀涂抹出薄薄一层液态牛奶巧克力（参照第536页）。当巧克力开始凝固时，用塑料慕斯围边围住糕点，巧克力一面朝内。
将组合好的胜利饼放入冰箱冷藏1小时。去掉塑料慕斯围边。装盘时，在表面撒上杏仁糖饼碎和金粉。

焦糖奶油（Crème au caramel）

焦糖奶油（Crème caramel）

12份
所需用具：
- 小玻璃罐12个

准备时间：20分钟
烤制时间：30分钟

所需食材

用于制作焦糖
- 水30毫升
- 细砂糖225克

用于制作奶油
- 牛奶50毫升
- 香草荚1根
- 细砂糖95克
- 鸡蛋3个
- 蛋黄2个

制作步骤

焦糖

将水和细砂糖倒入小锅中加热，轻轻搅拌。加热直至焦糖上色后关火。立即将液态焦糖均匀倒在模具内，液面高度约为0.5厘米。自然冷却。

奶油

烤箱预热至150℃～160℃（温度调至5—6挡）。
将牛奶、从剖开的香草荚中刮下的香草籽和一半的糖倒入小锅中煮沸，室温自然冷却。
用打蛋器将鸡蛋、蛋黄和剩余的细砂糖混合，搅拌均匀，不要起泡。将其逐步倒入煮沸的牛奶，搅拌均匀。
将细筛过滤。
将奶油倒入小玻璃罐，再将玻璃罐浸泡在盛有热水的烤盘中，水面高度约为玻璃罐的¾。
入烤箱烤制30分钟。
将玻璃罐从热水中取出，室温自然冷却，随后放入冰箱冷藏至彻底冷却。

半盐焦糖奶油及热带焦糖奶油（Crème au caramel demi-sel et crème au caramel exotique）

12份
所需用具：
- 小玻璃罐12个
- 糖用温度计1个

准备时间：1小时
烤制时间：30分钟

所需食材

用于制作奶油
- 牛奶500毫升
- 糖95克
- 鸡蛋3个
- 蛋黄2个

用于制作热带水果焦糖
- 百香果果肉47克
- 杧果果肉47克
- 糖117克
- 葡萄糖16克
- 淡奶油（脂肪含量35%）50毫升
- 波旁香草荚½根
- 可可脂26克

用于制作半盐焦糖
- 淡奶油（脂肪含量35%）165克
- 盐之花2克
- 香草荚1根
- 糖100克
- 葡萄糖67克
- 黄油42克
- 牛奶巧克力（Tanariva牌）20克

制作步骤

奶油

烤箱预热至150℃（温度调至5挡）。
将牛奶和一半的糖倒入小锅中煮沸，室温自然冷却。
用打蛋器将鸡蛋、蛋黄和剩余的糖混合，搅拌均匀，不要起泡。
将混合物逐步倒入煮沸的牛奶中，搅拌均匀。
用细筛过滤混合物。
将其倒入小玻璃罐，玻璃罐浸泡在盛有热水的烤盘中，水面高度约为玻璃罐的¾。
入烤箱烤制30分钟。
将玻璃罐从热水中取出，室温自然冷却，随后放入冰箱冷藏至彻底冷却。

热带水果焦糖

将果肉、糖、葡萄糖、从剖开的香草荚中刮下的香草籽和淡奶油倒入小锅。
中火加热至108℃，其间不停搅拌。当焦糖加热至指定温度，关火，加入
可可脂，用打蛋器搅拌均匀。
自然冷却。

半盐焦糖

将淡奶油、盐之花和从剖开的香草荚中刮下的香草籽倒入小锅。
加热后放好备用。
在另一个锅中加热糖和葡萄糖，直至焦糖变得浓稠，温度达到165℃。
加入奶油，加热至108℃，其间不停搅拌。
关火，加入黄油和巧克力，搅拌均匀后自然冷却。

组合食材

将半盐焦糖倒入一部分玻璃罐中，将热带水果焦糖倒入另一部分玻璃罐中。
放入冰箱冷藏保存。

烤焦糖奶油（Crème brûlée）

6～8份
所需用具：
• 直径8厘米的陶瓷模具8个
准备时间：15分钟
烤制时间：40分钟

所需食材

• 牛奶125毫升
• 淡奶油（脂肪含量35%）350毫升
• 香草荚2根
• 蛋黄95克
• 糖75克

用于收尾工序
• 红糖4汤勺

烤箱预热至100℃（温度调至3—4挡）。
将牛奶、奶油和剖开的香草荚倒入小锅中煮沸。
浸泡10分钟。

在碗中用糖打发蛋黄。

将蛋黄倒入冷却的牛奶中，搅拌均匀后倒入模具。
入烤箱烤制40分钟。
室温自然冷却。

装盘时，在表面撒一层红糖，用喷枪上色。

八角杏子奶油（Crème anis-abricot）

8份

所需用具：

• 玻璃罐8个
• 糖用温度计1个
• 筛子1个

准备时间：30分钟

烤制时间：40分钟

所需食材

用于制作八角奶油

• 牛奶125毫升
• 淡奶油（脂肪含量35%）350毫升
• 八角6个
• 蛋黄95克
• 糖75克

用于制作杏子焦糖

• 杏肉126克
• 糖156克
• 葡萄糖21克
• 淡奶油（脂肪含量35%）630毫升
• 可可脂35克

制作步骤

八角奶油

烤箱预热至100℃（温度调至3—4挡）。

将牛奶、淡奶油和八角倒入小锅中煮沸。浸泡10分钟后过筛。

在碗中用糖打发蛋黄，随后将蛋黄倒入冷却的牛奶中，搅拌均匀。

将八角奶油倒入玻璃罐中。

入烤箱烤制40分钟，直到奶油微微抖动凝固。自然冷却。

杏子焦糖

将杏肉、糖、葡萄糖和淡奶油倒入小锅。

中火加热至106℃，其间不停搅拌。当焦糖加热至指定温度，关火加入可可脂，用打蛋器搅拌均匀。放好备用。

将杏子焦糖倒在八角奶油上。

开心果巧克力奶油（Crème pistache-chocolat）

8份
所需用具：模具8个
准备时间：30分钟
烤制时间：40分钟

所需食材

用于制作开心果奶油
- 牛奶125毫升
- 淡奶油（脂肪含量35%）350毫升
- 蛋黄5个
- 糖75克
- 开心果膏25克

用于制作巧克力甘纳许
- 淡奶油（脂肪含量35%）125毫升
- 转化糖浆25克
- 黑巧克力（可可含量70%）165克

制作步骤

开心果奶油
烤箱预热至100℃（温度调至3—4挡）。
将牛奶和奶油倒入小锅中煮沸。
在碗中用糖打发蛋黄，随后将蛋黄倒入牛奶和奶油中。
加入开心果膏，搅拌均匀。倒入玻璃罐。
入烤箱烤制40分钟，直到奶油微微抖动凝固。
自然冷却。

巧克力甘纳许球
将淡奶油和转化糖浆倒入小锅中煮沸，巧克力切碎。
分3次将热奶油倒入巧克力，用橡胶刮刀从内向外画圈搅拌均匀，直至甘纳许变为光滑的乳液质地。
用打蛋器搅拌均匀，注意不要混入气泡。
将巧克力甘纳许倒在开心果奶油上。

百里香覆盆子奶油（Crème thym-framboise）

8份
所需用具：
- 糖用温度计1个
- 模具8个
准备时间：30分钟
烤制时间：40分钟

所需食材

用于制作百里香奶油
- 牛奶125毫升
- 淡奶油（脂肪含量35%）350毫升
- 百里香3枝
- 蛋黄5个
- 糖75克

用于制作覆盆子果酱
- 覆盆子果泥150克
- 黄柠檬汁50毫升
- 转化糖浆10克
- 糖25克
- NH果胶4克
- 装饰用黑巧克力少许

制作步骤

百里香奶油
烤箱预热至100℃（温度调至3—4挡）。
将牛奶和淡奶油倒入小锅中煮沸。加入百里香，关火后浸泡5分钟，过滤。
在碗中用糖打发蛋黄，随后将蛋黄倒入牛奶和奶油。搅拌均匀。

覆盆子果酱
将覆盆子果泥、柠檬汁和转化糖浆倒入小锅中加热至45℃。
将糖和NH果胶混合，加入锅中煮沸。
将覆盆子果酱倒入小玻璃罐中，加入百里香奶油。
入烤箱烤制40分钟，直到奶油微微抖动凝固。自然冷却后，撒一层黑巧克力。

埃迪小贴士

牛奶可用羊奶代替，也可以只用奶油，让奶味更浓郁。

烤焦糖奶油甜甜圈（Crème brûlée comme un Donut）

24份

所需用具：
- 直径4厘米的萨瓦兰蛋糕模具16个
- 硅胶垫1张
- 直径4厘米的圆形镂空模具1组
- 直径4厘米的圆形模具1个
- 裱花袋1个

准备时间：1小时
静置时间：5小时
烤制时间：57分钟

所需食材

用于制作香草烤焦糖奶油（参照第396页）

用于制作布列塔尼酥饼
- 蛋黄3个
- 糖136克
- 黄油155克
- 面粉200克
- 细盐1撮
- 发酵粉10克

用于制作半盐焦糖
- 淡奶油（脂肪含量35%）165克
- 盐之花2克
- 香草荚1根
- 糖100克
- 葡萄糖67克
- 黄油42克
- 牛奶巧克力（Tanariva牌）20克

用于制作杏仁糖饼
- 杏仁片60克
- 糖130克
- 葡萄糖50克

制作步骤

香草烤焦糖奶油（参照第396页）
制作烤焦糖奶油。
将奶油倒入萨瓦兰蛋糕模具中。
入烤箱以120℃烤制30分钟。
放入冰箱冷冻3小时。

布列塔尼酥饼
将蛋黄和糖混合。加入软化的黄油，搅拌均匀。
加入面粉、盐、发酵粉，搅拌至面团质地均匀。盖上保鲜膜，放入冰箱冷藏2小时。
烤箱预热至165℃（温度调至5—6挡）。
将面团擀成厚度为2毫米的面饼，用模具切割成和烤焦糖奶油同样直径的圆形面饼。
入烤箱烤制10～12分钟，自然冷却。

半盐焦糖
将葡萄糖和糖加热至180℃，制成焦糖。
将奶油和从剖开的香草荚中刮下的香草籽煮沸。将热奶油倒入焦糖中，使焦糖溶解。
关火后加入盐之花、黄油和巧克力。搅拌均匀，静置冷却。将半盐焦糖装入裱花袋。

杏仁糖饼
烤箱预热至170℃（温度调至5—6挡）。
将杏仁片撒在铺有硅胶垫的烤盘上，入烤箱烤制7分钟，直至杏仁烤熟。
小火溶化糖，其间不停搅拌。当糖变为金色，加入葡萄糖，继续加热。用沾湿水的小刷子轻刷锅壁，继续搅拌。当焦糖质地浓稠，加入杏仁片，用木柄搅拌均匀。
立即将焦糖杏仁倒在硅胶垫上。用刮刀翻搅焦糖直至冷却。当焦糖杏仁开始凝固，用擀面杖将其擀成薄片，静置冷却，再切成大块，用搅拌器打成粉末。
烤箱预热至180℃（温度调至6挡）。
将焦糖杏仁粉撒在圆形镂空模具上。
入烤箱烤制8分钟，自然冷却。
将烤焦糖奶油脱模，放在布列塔尼酥饼上。表面撒红糖，用喷枪做成焦糖。
在甜甜圈中央挤入半盐焦糖，用杏仁糖饼装饰。

甜点甘纳许奶油（Ganaches à entremets）

黑巧克力甘纳许（Ganache au chocolat noir）

可制作600克
准备时间：10分钟

所需食材

- 淡奶油（脂肪含量35%）300毫升
- 转化糖浆45克
- 黑巧克力（可可含量64%）260克

将淡奶油和转化糖浆倒入小锅中煮沸。

将奶油倒入切碎的巧克力中。

用打蛋器从内向外画圈搅拌，注意不要混入气泡。
搅拌均匀。
盖上保鲜膜，放好备用。

白巧克力甘纳许（Ganache au chocolat blanc）

可制作900克
准备时间：20分钟

所需食材

- 淡奶油（脂肪含量35%）300毫升
- 转化糖浆50克
- 白巧克力（可可含量35%）575克

制作步骤

将淡奶油和转化糖浆倒入小锅中煮沸。
巧克力切碎，用水浴法融化。
分3次将煮沸的奶油倒入巧克力中，用橡胶刮刀从内向外画圈搅拌，直至甘纳许变为光滑的乳液质地。
搅拌均匀。
盖上保鲜膜，放好备用。

衍生食谱

法芙娜黑巧克力松软甘纳许（Ganache montée au chocolat noir Manjari Valrhona）

需提前1天制作

可制作900克
所需用具：
·温度计1个
准备时间：20分钟

所需食材

- 淡奶油（脂肪含量35%）675毫升
- 转化糖浆25克
- 葡萄糖25克
- 法芙娜黑巧克力（Manjari牌，可可含量35%）200克

制作步骤

将225毫升淡奶油、转化糖浆和葡萄糖倒入小锅中煮沸。
分3次将淡奶油倒入切碎的巧克力中，搅拌均匀，直至甘纳许变为光滑的乳液质地。
当甘纳许温度降至40℃时，加入剩余淡奶油。用橡胶刮刀搅拌均匀。
盖上保鲜膜，放入冰箱冷藏24小时。取用时，用装有打蛋头的糕点专用电动搅拌器以中速打发，直至甘纳许变为慕斯质地。

埃迪小贴士

注意观察温度，搅拌甘纳许至乳液质地。

法芙娜牛奶巧克力松软甘纳许（Ganache montée au chocolat au lait Jivara Valrhona）

需提前1天制作

可制作1千克
准备时间：10分钟
静置时间：24小时

所需食材

· 淡奶油（脂肪含量35%）600毫升
· 法芙娜牛奶巧克力（Jivara牌）420克

制作步骤

将淡奶油煮沸，分3次倒入切碎的巧克力，搅拌均匀，直至甘纳许变为光滑的乳液质地。
放入冰箱冷藏24小时。取用时，用装用装有打蛋头的糕点专用电动搅拌器以中速打发，直至甘纳许变为慕斯质地。

黑巧克力甘纳许

白巧克力甘纳许

牛奶巧克力甘纳许

冬加豆冰激凌巧克力球（Truffe glacée à la fève tonka）

8人份

所需用具：

- 糖用温度计1个
- 直径6厘米的半球形模具16个

准备时间：**30分钟**

静置时间：**6小时**

所需食材

用于制作冰激凌（需提前1天制作）

- 冬加豆1粒
- 淡奶油（脂肪含量35%）225毫升
- 糖60克
- 水30毫升
- 吉利丁片1片
- 蛋黄2.5个

用于制作牛奶巧克力甘纳许

- 淡奶油（脂肪含量35%）150毫升
- 转化糖浆25克
- 牛奶巧克力（可可含量40%）225克

用于组合食材

- 可可粉20克
- 食用金箔

制作步骤

冰激凌（需提前1天制作）

将冬加豆切碎。

将糖和水加热至121℃。

将糖浆倒入蛋黄中，用糕点专用电动搅拌器不停搅拌至冷却。

将吉利丁片在冷水中浸透。

用糕点专用电动搅拌器打发淡奶油，加入切碎的冬加豆。

吉利丁片沥干水，小火加热溶化。将吉利丁片和1/3冷却的蛋黄糖浆混合，搅拌均匀。

加入剩余的蛋黄糖浆。

用橡胶刮刀逐步加入打发的冬加豆奶油。

倒入半球形硅胶模具。

放入冰箱冷冻3小时。

脱模，将半球形冰激凌两两组合成球形，再次放入冰箱冷冻3小时。

牛奶巧克力甘纳许

将淡奶油和转化糖浆倒入小锅中煮沸。

分3次将热奶油倒入切碎的巧克力。用橡胶刮刀从内向外画圈搅拌均匀，直至甘纳许变为光滑的乳液质地。

组合食材

在冰激凌球表面包裹一层牛奶巧克力甘纳许，随后再包裹一层可可粉。用金箔装饰，可立即食用。

浓郁松脆巧克力挞（Tarte crousti-moelleuse）

8～10人份
所需用具：
- 直径22厘米的不锈钢模具1个

准备时间：45分钟
静置时间：1晚（甘纳许）+2小时
烤制时间：20分钟

所需食材

用于制作榛子巧克力酥性面饼
- 黄油40克（另需少许黄油涂抹模具）
- 盐1克
- 糖霜30克
- 榛子粉10克
- 蛋黄1个
- 可可粉8克
- T55面粉70克

用于制作黑巧克力甘纳许
- 牛奶50毫升
- 淡奶油（脂肪含量35%）50毫升
- 蛋黄1个
- 糖15克
- 黑巧克力（可可含量64%）35克
- 黑巧克力（可可含量70%）40克

用于制作巧克力松软甘纳许
- 淡奶油（脂肪含量35%）740毫升
- 转化糖浆30克
- 葡萄糖30克
- 法芙娜黑巧克力（Guanaja牌）220克

制作步骤

榛子巧克力酥性面饼
用糕点专用电动搅拌器将黄油、盐、糖霜、榛子粉、蛋黄、可可粉和面粉混合。
盖上保鲜膜，放入冰箱冷藏1小时。
将面团擀成厚度为2毫米的面饼，切割成比模具略大的圆形面饼。
将圆形面饼装入涂有黄油的模具中，用手轻压，让面饼与模具充分贴合。
放入冰箱冷藏30分钟。

黑巧克力甘纳许
将牛奶和淡奶油倒入小锅中煮沸。
将蛋黄和糖混合打发，将煮沸的牛奶和奶油倒入蛋黄中，用制作英式奶油的方法继续加热至82℃。
将热奶油倒入切碎的巧克力中。用打蛋器搅拌均匀。放好备用。

巧克力松软甘纳许
将120毫升淡奶油、转化糖浆和葡萄糖煮沸。
将煮沸的液体倒入切碎的巧克力中。用打蛋器搅拌，直至甘纳许质地光滑。
加入剩余淡奶油，搅拌均匀，盖上保鲜膜，放入冰箱冷藏1晚。

组合食材
烤箱预热至155℃（温度调至5—6挡）。
将饼皮放入烤箱烤制20分钟，在饼皮表面铺一层烘焙纸，用陶土球或蔬菜干压实。烤好后将饼皮放在烤架上自然冷却后脱模。
用装有打蛋头的糕点专用电动搅拌器以中速打发甘纳许。将巧克力松软甘纳许倒入饼皮中，液面高度距模具边缘5毫米。
将黑巧克力甘纳许倒入模具中，液面高度与模具边缘平齐，放入冰箱冷藏1小时。
食用前，将巧克力挞放入冰箱冷藏30分钟。

埃迪小贴士

黑巧克力甘纳许可用白巧克力甘纳许或牛奶巧克力甘纳许代替（参照第400页）。

巧克力榛子（Choco-noisette）

8～10人份
所需用具：
- 20厘米×20厘米的方形不锈钢模具1个
- 硅胶垫1张
- 装有6号裱花嘴的裱花袋1个

准备时间：1小时30分钟
静置时间：24小时+1小时
烤制时间：43分钟

所需食材

用于制作榛子达克瓦兹蛋糕
- 面粉27克
- 杏仁粉75克
- 榛子粉45克
- 糖霜95克
- 蛋清160克（5个蛋清）
- 糖62克

用于制作巧克力甘纳许
- 牛奶100毫升
- 淡奶油（脂肪含量35%）100毫升
- 蛋黄2个
- 糖30克
- 黑巧克力（可可含量64%）75克
- 黑巧克力（可可含量70%）75克

用于制作牛奶巧克力松软甘纳许（需提前1天制作）
- 淡奶油（脂肪含量35%）200毫升
- 法芙娜牛奶巧克力（Jivara牌）140克

用于制作巧克力脆酥饼
黑色脆酥饼碎
- 面粉112克
- 糖霜112克
- 玉米淀粉22克
- 盐2.5克
- 杏仁粉72克
- 黄油112克

脆酥饼
- 榛子碎32克
- 杏仁碎7克
- 玉米片108克
- 黑巧克力（可可含量64%）54克
- 糖衣榛子70克
- 榛子面糊42克
- 盐之花1克

用于组合食材和收尾工序
- 黑巧克力片20片（参照第537页）
- 食用金箔1片（可选用）
- 榛子100克

制作步骤

榛子达克瓦兹蛋糕
将面粉、杏仁粉、榛子粉和糖霜过筛。将蛋清打发，其间逐步加入糖。打发至蛋白质地紧实，用刮刀加入过筛的粉末。
将面糊装入铺有硅胶垫的模具中。
入烤箱以165℃（温度调至5—6挡）烤制15分钟。

巧克力甘纳许球
将牛奶和淡奶油倒入小锅中煮沸。
将蛋黄和糖混合打发，加入小锅中，用制作英式奶油的方式加热。
将热奶油倒入巧克力中，搅拌均匀后放好备用。
将甘纳许涂抹在模具中的达克瓦兹蛋糕表面，放入冰箱冷藏1小时。

牛奶巧克力松软甘纳许（需提前1天制作）
将淡奶油煮沸，加入巧克力，制成甘纳许。
盖上保鲜膜，放入冰箱冷藏24小时。
取用时，用装有打蛋头的糕点专用电动搅拌器以中速打发甘纳许，直至甘纳许变为慕斯质地。
将甘纳许装入裱花袋，放入冰箱冷藏保存。

巧克力脆酥饼
黑色脆酥饼碎
烤箱预热至175℃（温度调至5—6挡）。
用糕点专用电动搅拌器将所有食材混合。
将面团掰成小块，放在烤盘上，入烤箱烤制20分钟，其间不时翻面，使小面团上色均匀。

脆酥饼
烤箱预热至165℃（温度调至5—6挡）。
将榛子碎和杏仁碎铺在烤盘上烤制8分钟。
融化巧克力。
将剩余食材与烤制过的榛子碎、杏仁碎和黑色脆酥饼碎混合。
用擀面杖将面团擀成厚度为5毫米的面饼，将面饼夹在2张硫酸纸之间。

组合食材和收尾工序
将巧克力脆酥饼面饼切割为2厘米×10厘米的条形面饼，将甘纳许达克瓦兹蛋糕切割为同样大小。
将巧克力脆酥饼放在达克瓦兹蛋糕上。
在蛋糕中央挤出一条牛奶巧克力松软甘纳许。
在两个长边分别粘贴3厘米×12厘米的巧克力片（参照第537页）。
用榛子和金箔（可选用）装饰。

意式奶冻（Crème panna cotta）

经典香草意式奶冻（Panna cotta classique à la vanille）

可制作500克
准备时间：15分钟
静置时间：3小时

所需食材

- 吉利丁片4克（2片）
- 淡奶油（脂肪含量35%）500毫升
- 细砂糖50克
- 香草荚1根

将吉利丁片在冷水中浸泡20分钟。将淡奶油、细砂糖和从剖开的香草荚中刮下的香草籽倒入小锅中煮沸。

加入沥干水的吉利丁片，用打蛋器搅拌均匀。

盖上保鲜膜，放入冰箱冷藏3小时。

香草奶油意式奶冻（Panna cotta crémeuse à la vanille）

可制作950克
准备时间：15分钟
静置时间：3小时

所需食材

- 吉利丁片6克（3片）
- 淡奶油（脂肪含量35%）150毫升
- 香草荚1根
- 白巧克力125克
- 马斯卡彭奶酪50克
- 牛奶150毫升

将吉利丁片在冷水中浸泡20分钟。将淡奶油、牛奶和从剖开的香草荚中刮下的香草籽倒入小锅中煮沸。

过滤煮沸的奶油，将其倒入切碎的白巧克力中。加入沥干水的吉利丁片。

加入马斯卡彭奶酪。用打蛋器搅拌均匀。盖上保鲜膜，放入冰箱冷藏3小时。

椰香奶油意式奶冻 (Panna cotta crémeuse à la coco)

8～10人份
准备时间：15分钟
静置时间：3小时

所需食材

- 吉利丁片6克（3片）
- 淡奶油（脂肪含量35%）150毫升
- 白巧克力125克
- 马斯卡彭奶酪50克
- 椰子果泥150克

制作步骤

将吉利丁片在冷水中浸泡20分钟。
将淡奶油倒入小锅中煮沸。将热奶油一次性倒入切碎的白巧克力中。
加入沥干水的吉利丁片。随后加入马斯卡彭奶酪和椰子果泥。用打蛋器搅拌均匀。
盖上保鲜膜，放入冰箱冷藏3小时。

咖啡奶油意式奶冻 (Panna cotta crémeuse au café)

8～10人份
准备时间：15分钟
静置时间：3小时

所需食材

- 吉利丁片6克（3片）
- 牛奶150毫升
- 淡奶油（脂肪含量35%）150毫升
- 马斯卡彭奶酪50克
- 雀巢咖啡1克
- 法芙娜金色巧克力（Dulcey牌）150克
- 咖啡粉7克

制作步骤

将吉利丁片在冷水中浸泡20分钟。
将牛奶、淡奶油、雀巢咖啡和咖啡粉倒入小锅中煮沸。
将煮沸的液体倒入切碎的金色巧克力中。
加入沥干水的吉利丁片。
加入马斯卡彭奶酪。用打蛋器搅拌均匀。
盖上保鲜膜，放入冰箱冷藏3小时。

> **埃迪小贴士**
>
> 打发后的奶油意式奶冻无法恢复原状。意式奶冻可用于制作泡芙、千层酥皮、新鲜水果挞、布里欧修面包及其他糕点。

香草奶油意式奶冻杯（Panna cotta crémeuse à la vanille）

8份
准备时间：15分钟
静置时间：24小时

所需食材

用于制作香草奶油意式奶冻（参照第408页）

用于制作焦糖核桃
- 核桃仁150克
- 枫糖浆17毫升

制作步骤

香草奶油意式奶冻（参照第408页）
制作香草奶油意式奶冻，将其装入8个玻璃杯，液面高度为容器高度的一半。剩余意式奶冻放入冰箱冷藏24小时。

焦糖核桃
烤箱预热至100℃。
核桃仁切大块，和枫糖浆混合。
将焦糖核桃倒在铺有硅胶垫的烤盘上。
入烤箱烤制30分钟。

组合食材
用糕点专用电动搅拌器打发剩余香草奶油意式奶冻，制成意式奶冻慕斯。将意式奶冻慕斯装入裱花袋。在装有香草奶油意式奶冻的玻璃杯中挤入少许意式奶冻慕斯。
用焦糖核桃装饰。

椰香奶油意式奶冻杯（Panna cotta crémeuse à la coco）

8份
准备时间：15分钟
静置时间：24小时

所需食材

用于制作椰香奶油意式奶冻（参照第409页）

用于装饰
- 白巧克力屑100克

制作步骤

椰香奶油意式奶冻（参照第409页）
制作椰香奶油意式奶冻，将其装入8个玻璃杯，液面高度为容器高度的一半。剩余意式奶冻放入冰箱冷藏24小时。

组合食材
用糕点专用电动搅拌器打发剩余椰香奶油意式奶冻，制成意式奶冻慕斯。将意式奶冻慕斯装入裱花袋中。在装有椰香奶油意式奶冻的玻璃杯中挤入少许意式奶冻慕斯。
用白巧克力屑装饰。

咖啡奶油意式奶冻杯（Panna cotta crémeuse au café）

8份
准备时间：15分钟
静置时间：24小时

所需食材

用于制作咖啡奶油意式奶冻（参照第409页）

用于装饰
- 牛奶巧克力片100克（参照第537页）

制作步骤

咖啡奶油意式奶冻（参照第409页）
制作咖啡奶油意式奶冻，将其装入8个玻璃杯，液面高度为容器高度的一半。剩余意式奶冻放入冰箱冷藏24小时。

组合食材
用糕点专用电动搅拌器打发剩余咖啡奶油意式奶冻，制成意式奶冻慕斯。将意式奶冻慕斯装入裱花袋中。在装有咖啡奶油意式奶冻的玻璃杯中挤入少许意式奶冻慕斯。
用巧克力片装饰。

埃迪小贴士

白巧克力容易定型，所以能让奶油更易成型。白巧克力的味道相对清淡，可用于制作水果奶油。

草莓挞（Tarte aux fraises）

6 ～ 8人份
所需用具：
- 直径2厘米的半球形模具若干
- 硅胶垫1张
- 27厘米×9厘米的方形硅胶模具1个

准备时间：**1小时**
静置时间：**6小时**
烤制时间：**33分钟**

所需食材

用于制作香草青柠奶油意式奶冻
- 吉利丁片6克（3片）
- 牛奶150毫升
- 淡奶油（脂肪含量35%）150毫升
- 香草荚1根
- 白巧克力125克
- 马斯卡彭奶酪50克
- 1个青柠檬的皮

用于制作酥性饼皮
- 黄油膏62克
- 盐½撮
- 面粉125克
- 发酵粉2.5克
- 鸡蛋½个
- 糖62克

用于制作杏仁软蛋糕
- 香草荚½根
- 鸡蛋2个
- 糖130克
- 布丁粉10克
- 杏仁粉112克
- 鲜奶油55克
- 蛋黄1.5个

用于制作草莓果冻
- 吉利丁片4片（2片）
- 草莓果肉150克

用于组合食材
- 草莓250克
- 醋栗1串
- 红色可可脂喷雾1瓶

制作步骤

香草青柠奶油意式奶冻（需提前1天制作）
将吉利丁片在冷水中浸透。
将牛奶、淡奶油和剖开的香草荚倒入小锅中煮沸。
过滤煮沸的液体，倒入白巧克力中，加入沥干水的吉利丁片。
搅拌均匀，加入马斯卡彭奶酪和青柠皮，再次搅拌。
将混合物装入半球形模具中，抹平表面，放入冰箱冷藏3小时。

酥性饼皮
用糕点专用电动搅拌器将切成块的黄油膏、盐、过筛的面粉和发酵粉混合，搅拌成沙粒质地。
加入鸡蛋和糖，搅拌均匀，但不要过度搅拌。
将面团揉成球形，用保鲜膜将面团包好，放入冰箱冷藏1小时。
将面团擀成厚度为2毫米的面饼，切割成27厘米×9厘米的长方形。将长方形面饼放在铺有硅胶垫的烤盘上，入烤箱烤制15分钟。

杏仁软蛋糕
烤箱预热至165℃（温度调至5—6挡）。
将香草荚剖开，取出香草籽。
将鸡蛋、糖和香草荚果实混合，加入布丁粉、杏仁粉和鲜奶油。
将混合好的食材倒入硅胶模具中。
入烤箱烤制15 ～ 18分钟，将烤好的蛋糕放在烤架上自然冷却。

草莓果冻
将吉利丁片在冷水中浸透。
加热⅓的果肉，加入沥干水的吉利丁片。搅拌均匀后加入剩余草莓果肉。
将草莓果冻倒入半球形硅胶模具中，放入冰箱冷藏3小时。

组合食材
将杏仁软蛋糕放在酥性饼皮上。
将整颗草莓放在杏仁软蛋糕上。
在蛋糕和草莓表面喷洒红色喷砂。
将半球形香草青柠意式奶冻和半球形草莓果冻脱模，两两组合成双色球形。
将球形装饰放在草莓挞表面。
用切成两半的草莓和若干醋栗装饰。

香草挞（Tarte à la vanille）

6 ～ 8人份
所需用具：
• 装有圣多诺黑裱花嘴的裱花袋1个
• 27厘米×9厘米的长方形硅胶模具1个
准备时间：1小时
静置时间：27小时
烤制时间：53分钟

所需食材

用于制作香草奶油意式奶冻（需提前1天制作）
• 吉利丁片6克（3片）
• 牛奶150毫升
• 淡奶油（脂肪含量35%）150毫升
• 大溪地香草荚1根
• 波旁香草荚1根
• 白巧克力125克
• 马斯卡彭奶酪50克

用于制作杏仁酥饼
酥性饼皮
• 面粉112克
• 杏仁粉52克
• 糖52克
• 发酵粉3克
• 黄油97克
• 盐3克
• 蛋黄1.5个

脆饼干
• 白巧克力180克
• 葵花籽油18毫升
• 玉米片90克

用于制作杏仁软蛋糕
• 香草荚½根
• 鸡蛋2个
• 糖130克
• 布丁粉10克
• 杏仁粉112克
• 鲜奶油55克
• 蛋黄1.5个

用于制作焦糖杏仁
• 整颗杏仁250克
• 水25毫升
• 糖75克
• 细盐1撮

制作步骤

香草奶油意式奶冻

将吉利丁片在冷水中浸透。

将牛奶、淡奶油和剖开的香草荚倒入小锅中煮沸。

过滤煮沸的液体，倒入白巧克力，加入沥干水的吉利丁片和马斯卡彭奶酪。

盖上保鲜膜，放入冰箱冷藏24小时以上。

取用时，用装有打蛋头的糕点专用电动搅拌器打发意式奶冻，并将其装入硅胶模具中。

抹平表面，放入冰箱冷藏2小时。

留存一部分意式奶冻，装入配有圣多诺黑裱花嘴的裱花袋，用于组合食材。

杏仁酥饼

酥性饼皮

烤箱预热至150℃（温度调至5挡）。

用糕点专用电动搅拌器将所有食材混合。

将面团掰成小块，放在铺有硅胶垫的烤盘上，入烤箱烤制25分钟。

脆饼干

融化巧克力，将其与葵花籽油混合，加入玉米片。

加入掰碎的杏仁酥饼，搅拌均匀。

将面糊夹在2张烘焙纸之间，放入冰箱冷藏1小时。

将饼干切成27厘米×9厘米的大小。

杏仁软蛋糕

烤箱预热至170℃（温度调至5—6挡）。

将香草荚剖开，取出香草籽。

将鸡蛋、糖和香草籽实混合，加入布丁粉、杏仁粉和鲜奶油。

倒入硅胶模具。

入烤箱烤制15～18分钟，自然冷却。

焦糖杏仁

烤箱预热至180℃（温度调至6挡）。

将杏仁放在铺有硅胶垫的烤盘上，入烤箱烤制8～10分钟。

将水、糖和盐倒入小锅中煮沸。当糖浆加热至125℃，加入杏仁。

用刮刀搅拌，直至杏仁均匀包裹一层糖衣。

继续中火加热，其间不停搅拌，防止杏仁粘锅。当焦糖质地变得浓稠，开始冒烟，将焦糖杏仁转移到烘焙纸上。

室温自然冷却。

组合食材

将意式奶冻脱模，放在杏仁软蛋糕上。将组合好的蛋糕放在酥性饼干上。

用装有圣多诺黑裱花嘴的裱花袋将意式奶冻挤出波浪形，再挤在蛋糕表面。

用焦糖杏仁和香草荚装饰。

415

咖啡挞（Tarte au café）

6～8人份
所需用具：
- 硅胶垫1张
- 装有6号裱花嘴的裱花袋1个
- 直径22厘米的不锈钢模具1个

准备时间：45分钟
静置时间：25小时

所需食材

用于制作咖啡奶油意式奶冻
- 吉利丁片6克（3片）
- 牛奶150毫升
- 淡奶油（脂肪含量35%）150毫升
- 法芙娜金色巧克力（Dulcey牌）125克
- 马斯卡彭奶酪50克
- 咖啡粉7克
- 雀巢咖啡1克

用于制作咖啡甘纳许
- 淡奶油（脂肪含量35%）150毫升
- 转化糖浆15克
- 雀巢咖啡4克
- 咖啡粉5克
- 黑巧克力（可可含量66%）200克
- 黄油40克

用于制作焦糖淋面
- 吉利丁片5克（2.5片）
- 糖200克
- 水72毫升
- 淡奶油（脂肪含量35%）165毫升
- 葡萄糖5克
- 玉米淀粉12克

用于制作杏仁酥饼（参照第415页）

用于制作黑巧克力装饰（参照第537页）

制作步骤

咖啡奶油意式奶冻（需提前1天制作）
将吉利丁片在冷水中浸透。
将牛奶和淡奶油倒入小锅中煮沸。
加入咖啡粉和雀巢咖啡。
关火，加入沥干水的吉利丁片，将煮沸的牛奶和奶油倒入巧克力中。
用打蛋器搅拌均匀，自然冷却。
加入马斯卡彭奶酪，再次搅拌。盖上保鲜膜，放入冰箱冷藏24小时。

咖啡甘纳许
将淡奶油和转化糖浆倒入小锅中煮沸。
关火后加入雀巢咖啡和咖啡粉，随后将煮沸的奶油倒入黑巧克力中。
搅拌至乳化，加入切成块的黄油。
用打蛋器搅拌均匀，盖上保鲜膜，放入冰箱冷藏1小时。

焦糖淋面
将吉利丁片在冷水中浸透。
将糖和40毫升水倒入小锅中加热，制成焦糖。
将淡奶油和葡萄糖倒入另一个小锅中煮沸。将煮沸的液体倒入焦糖中，不停搅拌使焦糖溶解。
将玉米淀粉和剩余的水混合，加入此前混合好的食材，继续加热至沸腾。
关火后加入吉利丁片，用打蛋器搅拌均匀。

杏仁酥饼
制作酥饼（参照第415页）。
将不锈钢模具放在铺有硅胶垫的烤盘上。
将酥饼放入不锈钢模具中。

黑巧克力装饰
将黑巧克力刨成碎屑，同时制作圆形黑巧克力片。
当巧克力片开始凝固，用金属刷在表面刷出纹理。
在巧克力片表面做出装饰线条。放好备用。

组合食材
将咖啡甘纳许倒入放有杏仁酥饼的模具中，液面高度约为模具高度的一半。
用装有打蛋头的糕点专用电动搅拌器打发咖啡奶油意式奶冻。
将咖啡奶油意式奶冻装入配有6号裱花嘴的裱花袋，挤在甘纳许的表面。
将糕点脱模，放在烤架上，表面浇一层焦糖淋面。
将黑巧克力碎屑包裹在糕点侧面。
表面装饰圆形巧克力片。
放入冰箱冷藏保存至食用。

覆盆子柚子挞（Tarte framboise et yuzu）

6～8人份
所需用具：
- 边长22厘米的方形模具1个
- 边长20厘米的方形模具1个

准备时间：45分钟
静置时间：26小时
烤制时间：15分钟

所需食材

用于制作布列塔尼酥饼
- 蛋黄1.5个
- 糖68克
- 黄油77克
- 面粉100克
- 细盐½撮
- 化学酵母5克

用于制作红色果酱
- 覆盆子果泥100克
- 草莓果泥50克
- 黄柠檬汁5毫升
- 转化糖浆10克
- 糖25克
- NH果胶4克
- 香醋10毫升

用于制作覆盆子柚子奶油意式奶冻
- 吉利丁片6克（3片）
- 淡奶油（脂肪含量35%）200毫升
- 白巧克力125克
- 覆盆子果肉100克
- 日本柚子汁50毫升

用于装饰
- 覆盆子20颗
- 糖霜
- 中性蛋糕淋面

制作步骤

布列塔尼酥饼
将蛋黄和糖混合。
加入软化的黄油，搅拌均匀。加入面粉、盐和化学酵母。搅拌直至面团质地均匀。
用保鲜膜将面团包好，放入冰箱冷藏2小时。
将面团擀成厚度为5毫米的面饼。
烤箱预热至165℃（温度调至5—6挡）。
用模具将面饼切割为边长22厘米的正方形。
将面饼装入模具，入烤箱烤制15分钟。将烤好的酥饼放在烤架上自然冷却。

红色果酱
将果泥、柠檬汁和转化糖浆倒入小锅中加热至45℃。
将糖和NH果胶混合，加入小锅中煮沸后关火，加入香醋。放好备用。

覆盆子柚子奶油意式奶冻
将吉利丁片在冷水中浸透。
将淡奶油倒入小锅中煮沸，将煮沸的奶油倒入切碎的巧克力中再加入沥干水的吉利丁片。用打蛋器搅拌，直至奶油质地光滑均匀。盖上保鲜膜，自然冷却。
加入覆盆子果肉和柚子汁。
放入冰箱冷藏24小时，用打蛋器打发，倒入边长20厘米的方形模具中。放入冰箱冷藏2小时。

组合食材
将果酱倒入装有布列塔尼酥饼的模具中。
脱模，将覆盆子柚子奶油意式奶冻放在果酱酥饼表面。
将中性蛋糕淋面加热至液态，浇在冷却的意式奶冻表面。
将新鲜覆盆子摆放在意式奶冻四周。在每个覆盆子中央填入红色果酱。撒上糖霜。

埃迪小贴士

您还可以将其他水果混合搭配：覆盆子百香果，杧果香蕉，黑加仑桑葚等。

椰香杌果奶油雪糕（Esquimaux crèmeux coco-mangue）

12人份
所需用具：
• 雪糕模具12个
• 雪糕棍12根

准备时间：45分钟
静置时间：1小时
烤制时间：20分钟

所需食材

用于制作杌果果冻
• 吉利丁片4克（2片）
• 杌果果肉300克

用于制作椰香奶油意式奶冻（需提前1天制作）
• 吉利丁片6克（3片）
• 淡奶油（脂肪含量35%）150毫升
• 白巧克力125克
• 马斯卡彭奶酪50克
• 椰子果肉150克

用于制作白巧克力雪糕脆皮
• 白巧克力375克
• 可可脂175克
• 椰蓉125克

制作步骤

杌果果冻
将吉利丁片在冷水中浸透。
将⅓的果肉倒入小锅中加热，加入沥干水的吉利丁片，搅拌均匀。加入剩余杌果果肉，再次搅拌。

椰香奶油意式奶冻
将吉利丁片在冷水中浸透。
加热淡奶油，加入白巧克力和沥干水的吉利丁片。加入马斯卡彭奶酪和椰子果肉，搅拌均匀后放入冰箱冷藏保存。

白巧克力雪糕脆皮
将椰蓉放在铺有硫酸纸的烤盘上，入烤箱以140℃烤制20分钟。
融化巧克力和可可脂，加入烤制过的椰蓉，搅拌均匀。放好备用。

组合食材
将杌果果冻倒入雪糕模具中，随后倒入意式奶冻。
插入木质雪糕棍，放入冰箱冷冻1小时。
将冻好的雪糕浸入巧克力脆皮中。放入冰箱冷冻保存至食用。

> **埃迪小贴士**
>
> 您可自行选择是否打发意式奶冻。

杏仁榛子奶油雪糕（Esquimaux crèmeux amandes-noisettes）

12人份
所需用具：
• 雪糕模具12个
• 雪糕棍12根

准备时间：45分钟
静置时间：1小时
烤制时间：8分钟

所需食材

用于制作金色巧克力奶油意式奶冻（法芙娜Dulcey牌）
• 吉利丁片6克（3片）
• 牛奶150毫升
• 淡奶油（脂肪含量35%）150毫升
• 金色巧克力（法芙娜Dulcey）125克
• 马斯卡彭奶酪50克

用于制作杏仁榛子奶油
• 吉利丁片2克（1片）
• 转化糖浆25克
• 无糖浓缩牛奶260毫升
• 法芙娜苦味黑巧克力75克
• 糖衣榛子87克
• 糖衣杏仁87克
• 榛子油37克

用于制作巧克力雪糕脆皮
• 杏仁碎80克
• 榛子碎80克
• 牛奶巧克力250克
• 黑巧克力80克
• 可可脂95克

制作步骤

杏仁榛子奶油
将吉利丁片在冷水中浸透。
将转化糖浆和浓缩牛奶倒入小锅中煮沸，将煮沸的液体倒入巧克力中，加入吉利丁片、糖衣榛子、糖衣杏仁和榛子油。搅拌均匀。

金色巧克力奶油意式奶冻
将吉利丁片在冷水中浸透。
将牛奶和奶油倒入小锅中煮沸。
将煮沸的牛奶和奶油倒入巧克力中，加入沥干水的吉利丁片和马斯卡彭奶酪，搅拌均匀后放入冰箱冷藏保存。

巧克力雪糕脆皮
烤箱预热至170℃（温度调至5—6挡）。
将切碎的杏仁碎和榛子碎放在铺有硅胶垫的烤盘上，入烤箱烤制8分钟。
融化2种巧克力和可可脂，加入干果。

组合食材
将杏仁榛子奶油倒入雪糕模具中，随后倒入金色巧克力意式奶冻。
插入木质雪糕棍，放入冰箱冷冻1小时。将冻好的雪糕浸入巧克力脆皮中。
放入冰箱冷冻保存至食用。

甜筒（Cornettos）

15份
所需用具：
• 直径2厘米的半球形硅胶模具30个
• 金属锥1个
• 筛子1个
准备时间：45分钟
静置时间：1小时
烤制时间：18分钟

所需食材

用于制作白巧克力杏仁脆皮
• 杏仁碎25克
• 白巧克力100克
• 可可脂60克

用于制作覆盆子奶油意式奶冻（需提前1天制作）
• 吉利丁片6克（3片）
• 淡奶油（脂肪含量35%）150毫升
• 白巧克力125克
• 马斯卡彭奶酪50克
• 覆盆子果肉150克

用于制作覆盆子果酱
• 吉利丁片3克（1.5片）
• 覆盆子果肉200克

用于制作百香果奶油
• 鸡蛋2个
• 糖50克
• 百香果果肉60克
• 热带水果果肉30克
• 青柠檬汁40毫升
• 黄油75克

用于制作榛子奶油
• 淡奶油（脂肪含量35%）80毫升
• 葡萄糖12克
• 黑巧克力（可可含量70%）37克
• 榛子巧克力44克
• 糖衣杏仁44克
• 榛子油12毫升

用于制作甜筒皮
• 甜筒皮4张
• 融化黄油50克

制作步骤

白巧克力杏仁脆皮
烤箱预热至170℃（温度调至5—6挡）。
将杏仁碎放入烤箱烤制8分钟。
用水浴法融化巧克力和黄油，加入杏仁碎，搅拌均匀。

覆盆子奶油意式奶冻（需提前1天制作）
将吉利丁片在冷水中浸透。
加热淡奶油，倒入白巧克力和沥干水的吉利丁片。加入马斯卡彭奶酪和覆盆子果肉，搅拌均匀。
将意式奶冻装入半球形硅胶模具中，放入冰箱冷冻1小时。
脱模，将半球形意式奶冻两两组合成球形。
在球形意式奶冻表面包裹上白巧克力杏仁脆皮。
放入冰箱冷冻保存。

覆盆子果酱
将吉利丁片在冷水中浸透，沥干水。
将⅓的果肉倒入小锅中加热，将吉利丁片溶解其中，搅拌均匀。加入剩余果肉。

百香果奶油
将除黄油外的所有食材倒入小锅中，搅拌加热至质地浓稠。
加热好的食材过筛，加入切成块的黄油，搅拌均匀。
放入冰箱冷藏至冷却。

榛子奶油
将淡奶油和葡萄糖煮沸，将煮沸的液体倒入巧克力中，加入榛子巧克力和糖衣杏仁，搅拌均匀后加入榛子油。

甜筒皮
烤箱预热至160℃（温度调至5—6挡）。
用小刷子将融化的黄油涂抹在甜筒皮上。
将每片甜筒皮切成4份。将每份甜筒皮依次绕在金属锥上定型。
将定型的甜筒皮放在铺有烘焙纸的烤盘上，入烤箱烤制8～10分钟至上色。自然冷却。

组合食材
在每个甜筒内挤入榛子奶油。
加入覆盆子果酱和百香果奶油，最后将包裹巧克力脆皮的覆盆子意式奶冻球粘在甜筒口。可立即食用。

柠檬奶油（Crème citron）

可制作400克
所需用具：
• 温度计1个

准备时间：25分钟

所需食材

• 吉利丁片7克（3.5片）
• 牛奶80毫升
• 细砂糖50克
• 鸡蛋3个
• 1个黄柠檬的皮
• 黄柠檬汁65毫升
• 1个青柠檬的皮
• 青柠檬汁40毫升
• 白巧克力（可可含量35%）130克
• 可可脂10克

将吉利丁片在冷水中浸泡10分钟。
将牛奶、细砂糖、蛋液、2种柠檬皮和2种柠檬汁倒入锅中混合均匀。

小火加热至82℃，直至混合物质地浓稠，其间不停搅拌。

加入沥干水的吉利丁片、白巧克力和可可脂。

用电动搅拌器搅拌2分钟。

盖上保鲜膜，放入冰箱冷藏保存。
您可将柠檬奶油涂抹在布列塔尼酥饼上，制成柠檬挞。

埃迪小贴士

除黄柠檬汁和青柠檬汁，您还可以尝试加入日本柚子汁。

酸味果冻蛋白挞（Tartelettes meringuées et gelée acidulée）

15份

所需用具：
- 硅胶垫1张
- 边长6厘米的花边方形模具1个
- 直径5厘米的硅胶模具15个
- 直径3厘米的硅胶模具15个
- 糖用温度计1个
- 喷枪1个

准备时间：45分钟
静置时间：2小时
烤制时间：10～12分钟

所需食材

用于制作蛋黄酥饼
- 熟蛋黄2个
- 软化黄油75克
- 糖霜37克
- 过筛面粉75克
- 可可粉5克
- 玉米淀粉37克

用于制作柠檬奶油
- 吉利丁片7克（3.5片）
- 牛奶80毫升
- 细砂糖50克
- 鸡蛋3个
- 1个黄柠檬的皮
- 黄柠檬汁65毫升
- 1个青柠檬的皮
- 青柠檬汁40毫升
- 白巧克力（可可含量35%）130克
- 可可脂10克

用于制作百香果柠檬果冻
- 吉利丁片6克（3片）
- 百香果果肉200克
- 黄柠檬汁100毫升

用于制作意式蛋白霜
- 水45毫升
- 糖140克
- 蛋清3个

制作步骤

蛋黄酥饼
将熟蛋黄过筛。
用糕点专用电动搅拌器将黄油和糖霜混合。
加入过筛的熟蛋黄、面粉、可可粉和玉米淀粉。搅拌直至面团质地均匀。
盖上保鲜膜，放入冰箱冷藏。
烤箱预热至150℃（温度调至5挡）。
用擀面杖将面团擀成厚度为2毫米的面饼。
用花边模具将面饼切割为边长6厘米的方形，将切割好的方形面饼放在铺有硅胶垫的烤盘上。
入烤箱烤制10～12分钟。将烤好的酥饼放在烤架上自然冷却。

柠檬奶油
将吉利丁片在冷水中浸透。
将牛奶、细砂糖、鸡蛋、2种柠檬皮和2种柠檬汁倒入锅中混合均匀。小火加热至质地浓稠，其间不停搅拌。
加入沥干水的吉利丁片、白巧克力和可可脂。
用细筛过滤，用电动搅拌器搅拌2分钟。
将柠檬奶油倒入直径5厘米的硅胶模具中。
放入冰箱冷冻1小时。

百香果柠檬果冻
将吉利丁片在冷水中浸透。
将1/3的百香果果肉倒入小锅中加热，关火后加入沥干水的吉利丁片，搅拌均匀。
加入剩余百香果果肉和柠檬汁。
将果冻倒入直径3厘米的硅胶模具中。
放入冰箱冷冻1小时。

意式蛋白霜
将水和糖倒入小锅中煮沸。
用装有打蛋头的糕点专用电动搅拌器打发蛋清。当糖浆加热至118℃时，将热糖浆倒入打发的蛋白中，搅拌直至彻底冷却。

组合食材及装饰
将柠檬奶油脱模，放在蛋黄酥饼上。
在柠檬奶油表面挤少许意式蛋白霜。
在蛋白霜表面装饰百香果柠檬果冻。
用喷枪让蛋白霜快速上色。

流心柠檬奶油挞（Tartelettes au citron crèmeuse et fondantes）

15个
所需用具：
- 直径8厘米的圆形模具1个
- 直径6厘米的不锈钢蛋挞模具15个

准备时间：45分钟
静置时间：5小时
烤制时间：45分钟

所需食材

用于制作甜酥饼皮
- 黄油90克（另需少许黄油涂抹模具）
- 蛋黄2个
- 糖霜60克
- 杏仁粉18克
- 面粉150克
- 盐1克

用于制作烤柠檬奶油
- 黄柠檬1.5个
- 鸡蛋2.5个
- 糖90克
- 厚奶油75克

用于制作柠檬奶油
- 吉利丁片7克（3.5片）
- 牛奶80毫升
- 细砂糖50克
- 鸡蛋3个
- 1个黄柠檬的皮
- 黄柠檬汁65毫升
- 1个青柠檬的皮
- 青柠檬汁40毫升
- 白巧克力（可可含量35%）130克
- 可可脂10克

用于组合食材
- 糖霜
- 中性蛋糕淋面
- 1个青柠檬的皮

制作步骤

甜酥饼皮
用糕点专用电动搅拌器将黄油、蛋黄和糖霜混合。
加入杏仁粉、面粉和盐。
揉至面团质地均匀，但不要过度揉面。用保鲜膜将面团包好，放入冰箱冷藏2小时。
将面团擀成厚度为5毫米的面饼。
用直径8厘米的圆形模具切割饼皮，将切割好的饼皮装入涂有黄油的蛋挞模具中，用手轻压，使面饼与模具贴合。
放入冰箱冷藏保存，入烤箱烤制15分钟。

烤柠檬奶油
烤箱预热至165℃（温度调至5—6挡）。
将柠檬去皮，挤压出汁。
将鸡蛋、糖、厚奶油、柠檬汁和柠檬皮混合。
将混合好的食材倒入挞皮中，入烤箱烤制30分钟。出烤箱，将奶油挞放在烤架上自然冷却后脱模。
放入冰箱冷藏3小时。

柠檬奶油
将吉利丁片在冷水中浸透。
将牛奶、细砂糖、鸡蛋、2种柠檬皮和2种柠檬汁倒入锅中混合均匀。小火加热至质地浓稠，其间不停搅拌。
加入沥干水的吉利丁片、白巧克力和可可脂。
用细筛过滤混合物，用电动搅拌器搅拌2分钟。
放入冰箱冷藏2小时。
将柠檬奶油装入裱花袋。

组合食材及装饰
在挞皮边缘撒上糖霜。
将柠檬奶油挤在柠檬蛋挞中。
用青柠檬皮装饰。

罗勒马鞭草柠檬挞（Tarte citron basilic-verveine）

6～8人份

所需用具：
- 硅胶垫1张
- 糖用温度计1个
- 装有6号裱花嘴的裱花袋1个
- 27厘米×9厘米的硅胶模具1个

准备时间：1小时15分钟
静置时间：4小时
烤制时间：15分钟

所需食材

用于制作酥性饼皮
- 黄油膏62克
- 盐½撮
- 面粉125克
- 发酵粉2.5克
- 鸡蛋½个
- 糖62克

用于制作草莓覆盆子果冻
- 吉利丁片2克（1片）
- 覆盆子果肉75克
- 草莓果肉75克

用于制作罗勒马鞭草柠檬奶油
- 吉利丁片7克（3.5片）
- 牛奶80毫升
- 细砂糖50克
- 鸡蛋3个
- 1个黄柠檬的皮
- 黄柠檬汁65毫升
- 1个青柠檬的皮
- 青柠檬汁40毫升
- 白巧克力（可可含量35%）130克
- 可可脂10克
- 新鲜马鞭草10片
- 罗勒10片

组合食材
- 中性蛋糕淋面
- 蛋白霜碎
- 水果（覆盆子、草莓）

制作步骤

酥性饼皮
将黄油切块。将面粉、发酵粉和盐过筛。

将过筛的食材和黄油膏混合搅拌至沙粒质地，中央挖出一个小洞，加入鸡蛋，搅拌均匀，但不要过度搅拌。盖上保鲜膜，放入冰箱冷藏2小时。

烤箱预热至160℃（温度调至5—6挡）。

将面团擀成厚度为2毫米，尺寸为30厘米×10厘米的面饼。

入烤箱烤制15分钟。自然冷却。

草莓覆盆子果冻
将吉利丁片在冷水中浸透，沥干水。

将⅓的果肉倒入小锅中加热，将吉利丁片溶解其中，搅拌均匀。加入剩余果肉。

将果冻倒入27厘米×9厘米的硅胶模具中，液面高度约为模具高度的一半。放入冰箱冷藏1小时。

罗勒马鞭草柠檬奶油
将吉利丁片在冷水中浸透。

将黄油切小块。将牛奶、细砂糖、鸡蛋、2种柠檬皮和2种柠檬汁倒入锅中混合均匀。小火加热至质地浓稠，其间不停搅拌。

加入沥干水的吉利丁片、白巧克力、可可脂、马鞭草和罗勒。搅拌2分钟。用细筛过滤。

将奶油倒入27厘米×9厘米的硅胶模具中，液面高度与模具边缘平齐。抹平表面。放入冰箱冷冻1小时。

组合食材
将罗勒马鞭草柠檬奶油脱模，放在甜酥饼皮上。

表面浇一层中性蛋糕淋面。用水果和柠檬蛋白霜碎装饰。

埃迪小贴士

您还可以选用其他香草，做出更多样的口味，比如薄荷、蜜里萨香草、龙蒿、迷迭香等。

柠檬奶油雪糕（Esquimaux crèmeux au citron）

12份
所需用具：
- 雪糕模具12个
- 裱花袋1个
- 硅胶垫1张

准备时间：1小时
静置时间：25小时
烤制时间：8分钟

所需食材

用于制作柠檬雪糕脆皮
- 白巧克力250克
- 2个青柠檬的皮
- 可可脂120克

用于制作泡芙面团
- 全脂牛奶70毫升
- 黄油50克
- 面粉70克
- 蛋黄85克（8.5个）
- 鸡蛋1个
- 糖25克
- 蛋清4个

用于制作柠檬奶油
- 吉利丁片7克（3.5片）
- 牛奶80毫升
- 细砂糖50克
- 鸡蛋3个
- 1个黄柠檬的皮
- 黄柠檬汁65毫升
- 1个青柠檬的皮
- 青柠檬汁40毫升
- 白巧克力（可可含量35%）130克
- 可可脂10克
- 淡奶油（脂肪含量35%）20毫升

用于制作柠檬杏子杞果果冻
- 吉利丁片2克（1片）
- 杏子果肉75克
- 杞果果肉75克
- ½个黄柠檬的皮

制作步骤

柠檬雪糕脆皮（需提前24小时制作）
融化巧克力，加入柠檬皮，室温浸泡24小时。
细筛过滤巧克力，去除柠檬皮，加入可可脂制成雪糕脆皮。

泡芙面团
将牛奶和黄油倒入小锅中煮沸。
加入过筛的面粉，搅拌加热2～3分钟，让面团脱水。
加入蛋黄和鸡蛋，用糕点专用电动搅拌器搅拌均匀。
烤箱预热至155℃（温度调至5—6挡）。
用糖打发蛋清，用刮刀将打发的蛋白加入面团中。
将面糊涂抹在铺有硅胶垫的烤盘上，入烤箱烤制8分钟。
自然冷却后将烤好的面团切割成雪糕模具大小。放好备用。

柠檬奶油
将吉利丁片在冷水中浸透。
将牛奶、细砂糖、鸡蛋、2种柠檬皮和2种柠檬汁倒入锅中混合均匀。小火加热至质地浓稠，其间不停搅拌。
加入沥干水的吉利丁片、白巧克力和可可脂。
用细筛过滤混合物，搅拌2分钟。
用打蛋器打发淡奶油，将淡奶油加入此前混合好的食材中，装入裱花袋，放入冰箱冷藏保存。

柠檬杏子杞果果冻
将吉利丁片在水中浸透，加热⅓的果肉，将沥干水的吉利丁片溶解其中，加入柠檬皮和剩余果肉，搅拌均匀。

组合食材
将泡芙面团放入雪糕模具中，随后倒入柠檬奶油和柠檬杏子杞果果冻。
在每个雪糕模具中插入一根木质雪糕棍。
放入冰箱冷冻1小时。
脱模后，将雪糕浸入柠檬脆皮中。放入冰箱冷冻保存至食用。

栗子奶油（Crèmes à base de marrons）

蒙布朗栗子奶油（Crème aux marrons pour Mont-blanc）

可制作460克
所需用具：
• 装有细口裱花嘴的裱花袋1个
准备时间：10分钟

所需食材

• 栗子奶油200克
• 栗子面糊200克
• 淡奶油（脂肪含量35%）60毫升

制作步骤

将3种食材混合。将制成的栗子奶油装入裱花袋内备用。

栗子慕斯（Mousse au marrons）

可制作1千克
所需用具：
• 温度计1个
准备时间：20分钟

所需食材

• 吉利丁片15克（7.5片）
• 栗子奶油185克
• 栗子膏185克
• 威士忌12毫升
• 30° B糖浆90毫刀
• 蛋黄3个
• 淡奶油（脂肪含量35%）550毫升

制作步骤

栗子慕斯
将吉利丁片在冷水中浸透，沥干水。
用电动搅拌器将栗子奶油、栗子膏和威士忌混合。
小火加热30° B糖浆和蛋黄，用打蛋器不停搅拌。当糖浆加热至80℃，用装有打蛋头的糕点专用电动搅拌器打发至冷却，使糖浆蛋黄变为萨芭雍奶油的质地。
加热溶化沥干水的吉利丁片，加入少许萨芭雍奶油，搅拌均匀后用橡胶刮刀加入剩余萨芭雍奶油。
用装有打蛋头的糕点专用电动搅拌器打发淡奶油。
在萨芭雍奶油中加入栗子膏奶油和打发的淡奶油。

栗子香梨蒙布朗杯（Mont-blanc minute marrons et poires）

8人份
所需用具：
- 硅胶垫1张
- 装有6号裱花嘴的裱花袋1个
- 直径2厘米的半球形模具
- 玻璃杯8个

准备时间：45分钟
静置时间：1小时

所需食材

用于制作梨肉果冻
- 吉利丁片4克（2片）
- 梨肉300克

用于制作栗子慕斯
- 吉利丁片8克（4片）
- 栗子奶油90克
- 栗子膏95克
- 威士忌6毫升
- 30° B糖浆45毫升
- 蛋黄1.5个
- 淡奶油（脂肪含量35%）275毫升

用于制作香草奶油意式奶冻
- 吉利丁片6克（3片）
- 牛奶150毫升
- 淡奶油（脂肪含量35%）150毫升
- 大溪地香草荚1根
- 波旁香草荚1根
- 白巧克力125克
- 马斯卡彭奶酪50克

用于组合食材
- 蛋白霜碎
- 栗子碎150克
- 糖霜20克

制作步骤

梨肉果冻
将吉利丁片在冷水中浸透。
将⅓的果肉倒入小锅中加热，加入沥干水的吉利丁片，搅拌均匀使其溶解。
加入剩余梨肉，搅拌均匀。
将梨肉果冻倒入半球形硅胶模具中，放入冰箱冷冻1小时。
脱模，将半球形梨肉果冻组合成球形。

栗子慕斯
将吉利丁片在冷水中浸透，沥干水。
用电动搅拌器将栗子奶油、栗子膏和威士忌混合。
小火加热30° B糖浆和蛋黄，用打蛋器不停搅拌。
当糖浆加热至80℃，用装有打蛋头的糕点专用电动搅拌器打发至冷却，使糖浆蛋黄变为萨芭雍奶油的质地。
加热溶化沥干水的吉利丁片，加入少许萨芭雍奶油，搅拌均匀后用橡胶刮刀加入剩余的萨芭雍奶油。
用装有打蛋头的糕点专用电动搅拌器打发淡奶油。
在萨芭雍奶油中加入栗子膏奶油和打发的奶油。

香草奶油意式奶冻
将吉利丁片在冷水中浸透。
将牛奶、淡奶油和剖开的香草荚倒入小锅中煮沸。
过滤煮沸的液体，倒入切碎的白巧克力中，搅拌均匀。
加入沥干水的吉利丁片和马斯卡彭奶酪，搅拌均匀，盖上保鲜膜，放入冰箱冷藏保存。

组合食材
在每个玻璃杯的底部倒入香草意式奶冻。
加入栗子慕斯和若干蛋白霜碎。
中央放入一个梨肉果冻球，撒上栗子碎。
表面撒糖霜。

糖渍柑橘栗子挞（Tarte aux marrons et agrumes confits）

6～8人份
所需用具：
- 硅胶垫1张
- 边长22厘米×高4厘米的长方形不锈钢模具1个
- 温度计1个

准备时间：1小时
静置时间：2小时
烤制时间：24分钟

所需食材

用于制作榛子酥性饼皮
- 黄油60克
- 盐1克
- 糖霜30克
- 榛子粉30克
- 鸡蛋½个
- T55面粉30克
- 面粉87克

用于制作榛子达克瓦兹蛋糕
- 蛋清2个
- 糖46克
- 面粉13克
- 糖霜26克
- 榛子粉50克

用于制作栗子奶油
- 栗子奶油100克
- 栗子膏100克
- 淡奶油30毫升

用于制作栗子慕斯
- 吉利丁片8克（4片）
- 栗子奶油90克
- 栗子膏95克
- 威士忌6毫升
- 30°B糖浆45毫升
- 蛋黄1.5个
- 淡奶油（脂肪含量35%）275毫升

用于制作香草奶油意式奶冻（参照第436页）

用于制作牛奶巧克力装饰（参照第537页）

用于组合食材
- 蛋白霜碎
- 糖渍栗子4个
- 橙子1个
- 柚子1个
- 糖渍柑橘100克

制作步骤

榛子酥性饼皮
将黄油、盐、糖霜、榛子粉、鸡蛋和面粉混合。放入冰箱冷藏1小时。
烤箱预热至160℃。
用擀面杖将面团擀成厚度为2毫米的面饼，将其切割为22厘米×22厘米×3厘米的三角形。
将剩余饼皮掰成小块，做成脆饼干碎，放在铺有硅胶垫的烤盘上。
将三角形饼皮和脆饼干碎入烤箱烤制10～12分钟。
将烤好的饼皮放在烤架上自然冷却。

榛子达克瓦兹蛋糕
用装有打蛋头的糕点专用电动搅拌器打发蛋清，其间逐步加入60克糖。
用橡胶刮刀加入面粉、糖霜、剩余的糖和榛子粉。
烤箱预热至170℃（温度调至5—6挡）。
用鹅颈刮刀将蛋糕面糊均匀地涂抹在铺有硅胶垫的长方形不锈钢模具中。
入烤箱烤制10～12分钟。蛋糕出烤箱后放在烤架上自然冷却。

栗子奶油
将3种食材混合。将制成的栗子奶油装入裱花袋备用。在榛子达克瓦兹蛋糕表面涂抹一层厚度为3毫米的栗子奶油。

栗子慕斯
将吉利丁片在冷水中浸透，沥干水。
用电动搅拌器将栗子奶油、栗子膏和威士忌混合。
小火加热30°B糖浆和蛋黄，用打蛋器不停搅拌。当糖浆加热至80℃，用装有打蛋头的糕点专用电动搅拌器打发至冷却，使糖浆蛋黄变为萨芭雍奶油质地。
加热溶化沥干水的吉利丁片，加入少许萨芭雍奶油，搅拌均匀后用橡胶刮刀加入剩余的萨芭雍奶油。
用装有打蛋头的糕点专用电动搅拌器打发淡奶油。
在萨芭雍奶油中加入栗子膏奶油和打发的奶油。
将栗子慕斯倒入装有达克瓦兹蛋糕的不锈钢模具中，液面高度与模具边缘平齐。
放入冰箱冷藏保存。

香草奶油意式奶冻（参照第436页）

牛奶巧克力装饰（参照第537页）

组合食材及收尾工序
将栗子达克瓦兹蛋糕切割成与栗子酥性饼皮同样大小的三角形。将蛋糕和饼皮放置在烤架上，蛋糕摆在饼皮表面。融化香草奶油意式奶冻，将其浇在三角形蛋糕表面。
将牛奶巧克力片固定在三角形蛋糕的侧面。
在栗子挞表面装饰蛋白霜碎、糖渍栗子、新鲜柑橘类水果和糖渍柑橘。

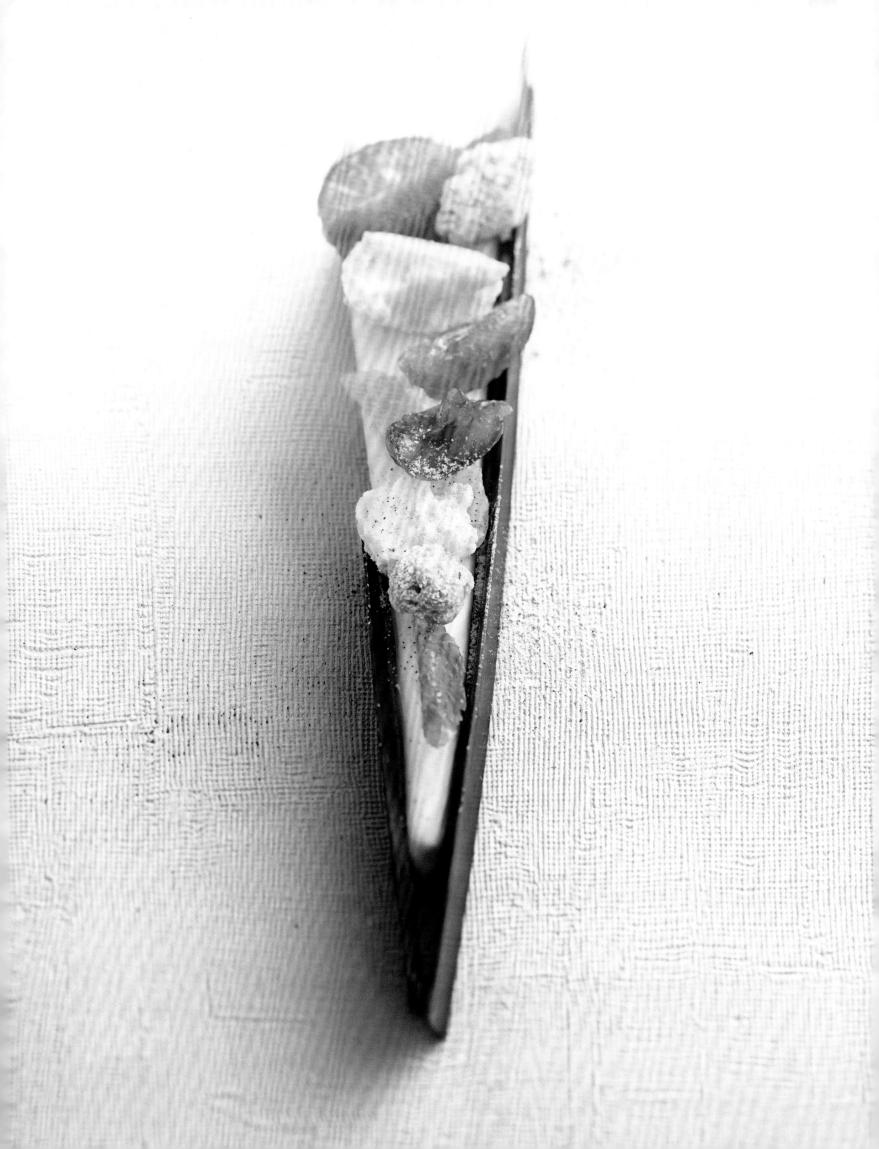

香橙奶油（Crème à l'orange）

香橙奶油（Crème à l'orange）

可制作500克
准备时间：20分钟

所需食材

• 百香果果肉75克
• 橙汁110毫升
• 鸡蛋180克
• 细砂糖45克
• 白巧克力130克
• 可可脂8克
• 吉利丁片6克（3片）
• 3个橙子的皮

制作步骤

将吉利丁片在冷水中浸透。
将鸡蛋、细砂糖、百香果果肉、橙子皮和橙汁倒入小锅，小火加热至82℃，其间不停搅拌。
关火，加入沥干水的吉利丁片、可可脂和白巧克力。搅拌2分钟。
将奶油倒入深盘或烤盘中。盖上保鲜膜，放入冰箱冷藏至冷却。
您可将香橙奶油挤在布列塔尼酥饼表面，制成香橙奶油挞。

衍生食谱

传统香橙奶油挞（Tarte traditionnelle à l'orange）

6 ～ 8人份
所需用具：
• 直径24厘米的挞皮模具1个
准备时间：40分钟
静置时间：2小时
烤制时间：20分钟

所需食材

用于制作甜酥饼皮
• 半盐黄油膏62克
• 糖霜42克
• 杏仁粉12.5克
• 蛋黄1个
• 面粉150克

用于制作香橙奶油
• 橙汁120毫升
• 鸡蛋2个
• 细砂糖30克
• 奶油粉15克
• 黄油95克
• 2个橙子的皮

用于收尾工序
• 中性蛋糕淋面150克
• 红糖50克

制作步骤

甜酥饼皮
用糕点专用电动搅拌器将黄油膏和糖霜混合，加入杏仁粉、蛋黄和面粉，搅拌直至面团质地均匀。
将面团揉成球形，用保鲜膜将面团包好，放入冰箱冷藏2小时。
烤箱预热至180℃（温度调至6挡）。
用擀面杖将面团擀成厚度为2毫米的面饼。将面饼切割为比模具直径略大的圆形面饼。将圆形面饼嵌入挞皮模具，用手轻轻压实。
用叉子在饼皮上戳小洞，在饼皮表面盖一层烘焙纸，用杏子核或蔬菜干压实。
入烤箱烤制20分钟。自然冷却。

香橙奶油

将橙子皮和橙汁倒入小锅中煮沸。

将鸡蛋、细砂糖、奶油粉混合均匀，加入一部分煮沸的橙汁，用打蛋器搅拌均匀。

将所有液体倒回小锅，继续加热3分钟，其间不停搅拌。关火，当温度降至45℃时，加入切成块的黄油，搅拌均匀。

盖上保鲜膜，放入冰箱冷藏备用。

组合食材

将香橙奶油涂抹在甜酥饼皮上，用刮刀抹平表面。撒上红糖，用喷枪使其上色。融化中性蛋糕淋面，浇在奶油挞的表面。

放入冰箱冷藏保存至食用。

香橙奶油挞（Tarte à l'orange）

6～8人份
所需用具：
• 边长20厘米的方形挞皮模具1个
准备时间：1小时
静置时间：1小时
烤制时间：45分钟

所需食材

用于制作香橙酥性饼皮
• 面粉250克
• 化学酵母5克
• 盐1撮
• 黄油膏125克
• 细砂糖125克
• 鸡蛋50克（1个）
• 1个橙子的皮

用于制作香橙奶油
• 百香果果肉75克
• 橙汁110毫升
• 鸡蛋180克
• 细砂糖45克
• 白巧克力130克
• 可可脂8克
• 吉利丁片6克（3片）
• 3个橙子的皮

用于制作白色淋面
• 吉利丁片3克（1.5片）
• 水50毫升
• 糖120克
• 葡萄糖40克
• 淡奶油80毫升
• 白巧克力（可可含量35%）80克

• X58果胶1克
• 糖5克
• 水25毫升

用于收尾工序
• 糖渍橙子片50克
• 新鲜橙子1个
• 橙子果酱100克（参照第510页）
• 软糖

制作步骤

香橙酥性饼皮
将黄油膏切块，面粉和化学酵母过筛，用手或糕点专用电动搅拌器揉面。
加入鸡蛋、盐、细砂糖和橙子皮，揉至面团质地均匀，但不要过度揉面。
用保鲜膜将面团包好，放入冰箱冷藏1小时。
将面团擀成厚度为2毫米的面饼。将面团切割为边长22厘米的方形，放在铺有硅胶垫的烤盘上。
烤箱预热至160℃，将饼皮放入烤箱烤制15分钟。
将烤好的饼皮放在烤架上自然冷却。

香橙奶油
将吉利丁片在冷水中浸透。
将鸡蛋、细砂糖、橙汁和橙皮倒入小锅，小火加热至82℃，其间不停搅拌。
关火，加入沥干水的吉利丁片、可可脂和白巧克力。搅拌2分钟。
将香橙奶油倒入方形挞皮模具中，液面高度与模具边缘平齐，放入冰箱冷冻1小时。

白色淋面
将吉利丁片在冷水中浸透。沥干水。
将25毫升水、5克糖和1克X58果胶混合后煮沸。
将淡奶油倒入小锅中煮沸，将热奶油倒入白巧克力中，搅拌均匀制成甘纳许。
将50毫升水、120克糖和葡萄糖倒入另一个小锅中加热至130℃。
关火，加入甘纳许、吉利丁片和果胶混合物。
搅拌均匀，温度降至40℃时取用。

组合食材
将香橙奶油脱模，放在烤架上。
在奶油挞表面均匀浇一层白色淋面。
将香橙奶油放在涂有橙子果酱的甜酥饼皮上。
在奶油挞表面装饰去除筋膜的橙子果肉、糖渍橙子片和软糖。
放入冰箱冷藏保存至食用。

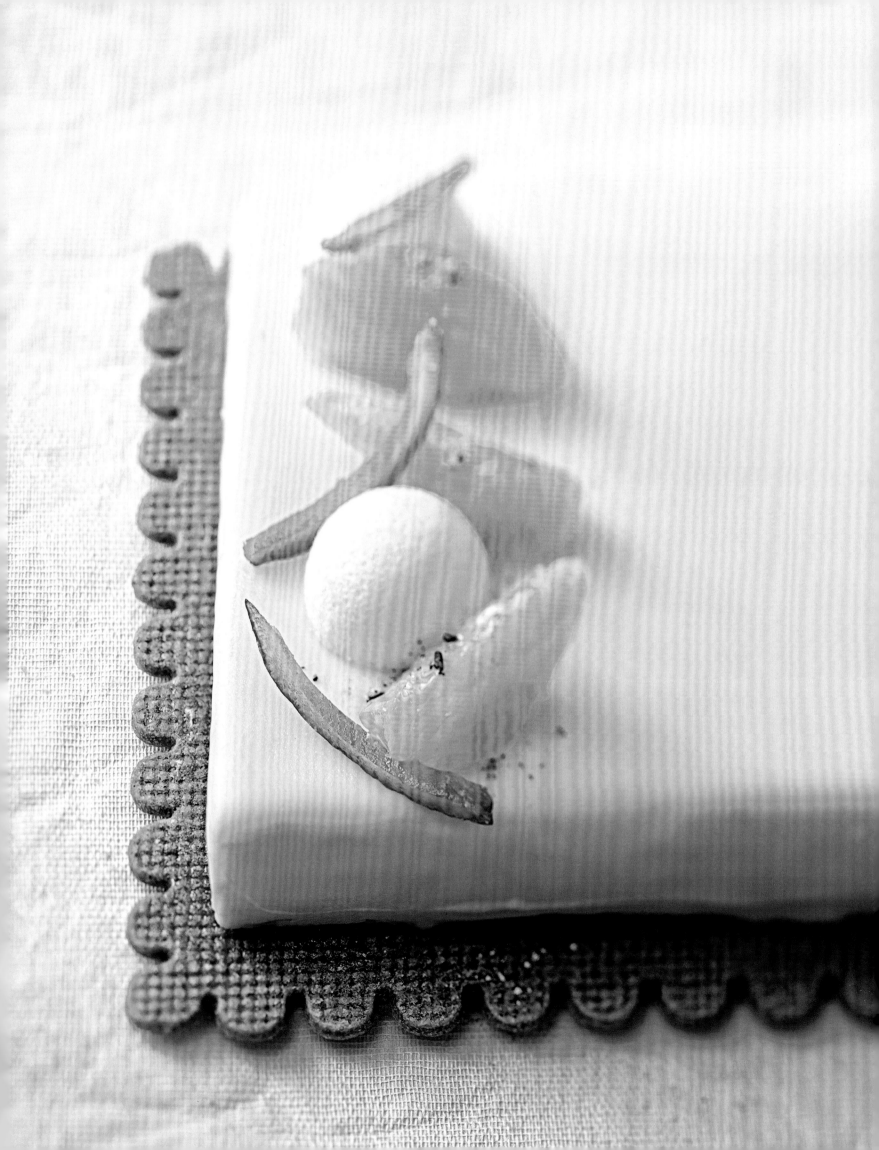

香橙小饼 (Tartelettes à l'orange)

12人份
所需用具:
- 直径6厘米的圆形模具1个(用于制作脆酥饼)
- 直径6厘米的硅胶模具12个
- 直径3厘米的硅胶模具12个

准备时间: 1小时
静置时间: 4小时
烤制时间: 20分钟

所需食材

用于制作香橙酥饼
- 面粉113克
- 杏仁粉50克
- 糖50克
- 发酵粉3克
- 黄油膏100克
- 细盐3克
- 蛋黄2个

用于制作脆酥饼
- 白巧克力180克
- 葵花籽油18毫升
- 玉米片90克
- 1个橙子的皮
- 糖渍橙子块60克

用于制作橙子百香果果冻
- 糖45克
- NH果胶5克
- 橙汁150毫升
- 百香果果肉80克

用于制作香橙奶油
- 百香果果肉75克
- 橙汁110毫升
- 鸡蛋180克
- 细砂糖45克
- 白巧克力130克
- 可可脂8克
- 吉利丁片6克(3片)
- 3个橙子的皮

用于收尾工序
巧克力装饰(参照第537页)
- 中性蛋糕淋面100克

制作步骤

香橙酥饼
用糕点专用电动搅拌器将除蛋黄之外的所有食材混合。
搅拌均匀后加入蛋黄。
烤箱预热至170℃(温度调至5—6挡)。
将面团掰成小块,放在铺有烘焙纸的烤盘上。
入烤箱烤制20分钟上色。将烤好的酥饼放在烤架上自然冷却。

脆酥饼
融化白巧克力,加入葵花籽油。
将香橙酥饼倒入糕点专用电动搅拌器的搅拌桶。
加入白巧克力和葵花籽油,随后加入玉米片。
加入橙皮和糖渍橙子块。搅拌均匀,将面团涂抹在两片烘焙纸之间。放入冰箱冷藏1小时。
用圆形模具将面饼切割为直径6厘米的圆形面饼,放入冰箱冷藏保存。

橙子百香果果冻
将糖和NH果胶混合。
将果汁和果肉煮沸,加入糖和NH果胶的混合物,再次煮沸。
将果冻倒入直径3厘米的硅胶模具中。
放入冰箱冷藏2小时。

香橙奶油
将吉利丁片在冷水中浸透。
将鸡蛋、细砂糖、橙子皮和橙汁倒入小锅,小火加热至82℃,其间不停搅拌。
关火,加入沥干水的吉利丁片、可可脂和白巧克力。搅拌2分钟,放好备用。

收尾工序
制作巧克力装饰(参照第537页)。

组合食材
将橙子百香果果冻脱模。将果冻放入直径6厘米的硅胶模具中,倒入奶油,液面高度与模具边缘平齐。
放入冰箱冷冻1小时。
将香橙奶油脱模,放在脆酥饼上。
表面浇一层中性蛋糕淋面。
用巧克力造型装饰,放入冰箱冷藏保存至食用。

尚蒂伊奶油（Crème chantilly）

尚蒂伊（Chantilly）

可制作400克
准备时间：10分钟

所需食材

- 低温马斯卡彭奶酪150克
- 低温淡奶油（脂肪含量35%）225毫升
- 细砂糖30克

将低温马斯卡彭奶酪和淡奶油混合。

加入砂糖，用装有打蛋头的糕点专用电动搅拌器打发。

打发至奶油能被拉出尖角。

尚蒂伊蛋白霜饼（Meringues à la chantilly）

所需用具：
- 塑料裱花袋1个
- 直径12毫米的裱花嘴1个
- 圣多诺黑裱花嘴1个
- 硅胶垫1张

准备时间：40分钟
烤制时间：1小时30分钟

所需食材

用于制作法式蛋白霜
- 蛋清8个
- 糖500克

收尾工序
- 覆盆子碎60克
- 咖啡粉10克
- 糖衣果仁碎50克

用于制作覆盆子尚蒂伊奶油
- 淡奶油（脂肪含量35%）225毫升
- 马斯卡彭奶酪150克
- 糖30克
- 覆盆子果泥85克

用于制作咖啡尚蒂伊奶油
- 淡奶油（脂肪含量35%）225毫升
- 马斯卡彭奶酪150克
- 糖20克
- 浓缩咖啡10克
- 咖啡粉5克

用于制作香草尚蒂伊奶油
- 淡奶油（脂肪含量35%）225毫升
- 马斯卡彭奶酪150克
- 糖20克
- 香草荚1根

制作步骤

法式蛋白霜
用电动搅拌器打发蛋清，其间逐步加入100克糖。当蛋白体积膨大1倍时，再加入100克糖，继续打发至蛋白质地光滑紧实。倒入剩余的糖，用刮刀搅拌均匀。
将蛋白霜装入裱花袋中。在铺有硅胶垫的烤盘上挤出条状蛋白霜。
在条状蛋白霜表面撒上覆盆子碎、咖啡粉和糖衣果仁碎。
入烤箱以90℃（温度调至3挡）烤制1小时30分钟，自然冷却。

覆盆子尚蒂伊奶油
将所有食材混合均匀，放入冰箱冷藏保存。
用打蛋器打发。
将奶油装入配有圣多诺黑裱花嘴的塑料裱花袋（或一次性裱花袋）中。

咖啡尚蒂伊奶油
将所有食材混合均匀，放入冰箱冷藏保存。
用打蛋器打发。
将奶油装入配有圣多诺黑裱花嘴的塑料裱花袋（或一次性裱花袋）中。

香草尚蒂伊奶油
将所有食材混合均匀，放入冰箱冷藏保存。
用打蛋器打发。
将奶油装入配有圣多诺黑裱花嘴的塑料裱花袋（或一次性裱花袋）中。
用尚蒂伊奶油将条状蛋白霜两两粘贴组合。
用相应口味的尚蒂伊奶油在蛋白霜饼表面挤出波浪形装饰。可立即食用。

草莓香草夹心冰激凌（Vacherin vanille-fraise）

8 ～ 10人份
所需用具：
- 硅胶垫1张
- 直径20厘米的半球形模具1个
- 直径18厘米的半球形模具1个
- 糖用温度计1个

准备时间：1小时
静置时间：24小时
烤制时间：2小时

所需食材

用于制作蛋白霜
- 蛋清4个
- 糖250克

用于制作草莓雪芭
- 水75毫升
- 糖90克
- 葡萄糖30克
- 粉状葡萄糖10克
- 冰激凌乳化稳定剂2克
- 草莓果泥500克

用于制作香草冰激凌
- 吉利丁片2克（1片）
- 糖60克
- 水200毫升
- 蛋黄2.5个
- 淡奶油（脂肪含量35%）250毫升
- 香草荚1根

用于制作巴旦杏仁糖浆尚蒂伊奶油
- 马斯卡彭奶酪300克
- 淡奶油（脂肪含量35%）450毫升
- 巴旦杏仁糖浆30毫升

制作步骤

蛋白霜（需提前1天制作）
用装有打蛋头的糕点专用电动搅拌器打发蛋清，逐步加入100克糖。当蛋白体积膨大1倍，再加入100克糖，继续打发至蛋白质地光滑紧实。
倒入剩余的糖，用橡胶刮刀搅拌均匀。
将蛋白霜装入配有6号裱花嘴的裱花袋中。
烤箱预热至90℃（温度调至3挡）。
在硅胶垫上挤出直径18厘米的圆饼。
入烤箱烤制2小时，自然冷却。

草莓雪芭
将水和糖倒入小锅中加热。
当温度达到50℃时，加入葡萄糖、粉状葡萄糖和冰激凌乳化稳定剂。煮沸后，加入草莓果泥，用打蛋器搅拌均匀。
将处理好的食材倒入冰激凌机或雪芭机中。
按照指定时间完成制作。雪芭做好后，将雪芭装入直径18厘米的半球形硅胶模具中。放入冰箱冷冻保存。

香草冰激凌
将吉利丁片在冷水中浸透。
用装有打蛋头的糕点专用电动搅拌器打发蛋黄。同时将糖和水倒入小锅中加热至121℃。
将糖浆倒入蛋黄中，中速打发，随后提高转速继续打发，直至蛋黄冷却，体积膨胀成原来的3倍。
用糕点专用电动搅拌器打发淡奶油，加入从剖开的香草荚中刮下的香草籽。
吉利丁片沥干水，用微波炉加热融化。
将少许打发的蛋黄与融化的吉利丁片混合，随后加入剩余蛋黄。
加入打发的香草奶油，搅拌均匀后装入裱花袋中。

巴旦杏仁糖浆尚蒂伊奶油
用糕点专用电动搅拌器将马斯卡彭奶酪、低温淡奶油和巴旦杏仁糖浆打发。
将尚蒂伊奶油装入配有6号裱花嘴的裱花袋中。
放入冰箱冷藏保存。

组合食材
将香草冰激凌装入直径20厘米的半球形模具中，液面高度约为模具高度的一半。
放入半球形草莓雪芭。
表面涂抹一层香草冰激凌。
将蛋白霜放在半球形模具中的香草冰激凌的表面，放入冰箱冷冻24小时。
装盘时，将香草冰激凌脱模，用裱花袋将巴旦杏仁尚蒂伊奶油沿螺旋状挤在冰激凌的表面。撒一层蛋白霜碎。

甜食及蛋糕 (Entremets et cie)

巴伐利亚奶油 (Bavarois de base)

可制作500克
准备时间：20分钟

所需食材

- 吉利丁片5克 (2.5片)
- 牛奶125毫升
- 淡奶油 (脂肪含量35%) 125毫升
- 细砂糖26克
- 蛋黄3个
- 淡奶油 (脂肪含量35%) 200毫升

准备一个冰桶。
将吉利丁片在冷水中浸泡10分钟。
将牛奶、125毫升淡奶油和一半的细砂糖倒入小锅中煮沸。
用剩余的糖打发蛋黄，但不要将蛋黄打发成白色。

将一半煮沸的液体倒入蛋黄和细砂糖的混合物中。用打蛋器搅拌均匀，随后将所有液体倒回小锅中火加热至82℃，其间用刮刀不停搅拌。

关火，加入沥干水的吉利丁片，制成英式奶油。用细筛将奶油过滤至碗中。将碗放入冰桶，快速降温。放好备用。

用装有打蛋头的糕点专用电动搅拌器打发200毫升淡奶油，直至奶油变为慕斯质地。用橡胶刮刀逐步加入英式奶油。
将制成的巴伐利亚奶油装入玻璃杯，放入冰箱冷藏2小时。
装盘时，用饼干碎或酥饼碎装饰。

覆盆子巴伐利亚奶油（Bavarois à la framboise）

可制作1千克
准备时间：20分钟
烤制时间：5分钟

所需食材

- 吉利丁片10克（5片）
- 牛奶190毫升
- 细砂糖130克
- 蛋黄6个
- 覆盆子果肉320克
- 低温淡奶油（脂肪含量35%）300毫升

用于组合食材
- 草莓果泥100克

将吉利丁片在冷水中浸泡10分钟。
将牛奶和果肉倒入小锅中加热。
将细砂糖和蛋黄混合。
将少许热牛奶倒入细砂糖和蛋黄的混合物。
将所有液体倒回小锅加热至82℃，其间用橡胶刮刀不停搅拌。

关火，加入沥干水的吉利丁片，搅拌均匀。

用装有打蛋头的糕点专用电动搅拌器打发低温淡奶油，直至可以拉出尖角。将少许打发的奶油加入此前混合好的食材。

用橡胶刮刀逐步加入剩余打发的奶油，搅拌均匀。
搅拌时，不时转动容器。
将巴伐利亚奶油装入玻璃杯，加入一层果泥，放入冰箱冷藏2小时。

牛奶巧克力巴伐利亚奶油（Bavarois au chocolat au lait）

可制作600克
所需用具：
• 温度计1个
准备时间：25分钟
静置时间：3小时

所需食材

用于制作英式奶油
• 牛奶105毫升
• 淡奶油（脂肪含量35%）105毫升
• 蛋黄2个
• 糖35克

用于制作巴伐利亚奶油
• 牛奶巧克力（可可含量35%）90克
• 黑巧克力（可可含量64%）135克
• 淡奶油（脂肪含量35%）225毫升

用于装饰
• 黑巧克力屑
• 糖霜20克

将牛奶和淡奶油倒入小锅中煮沸。将蛋黄和糖混合。

将一部分煮沸的牛奶和淡奶油倒入蛋黄中，用打蛋器搅拌均匀。将所有液体倒回小锅，继续加热至82℃，其间不停搅拌。

将制成的奶油倒入切碎的巧克力中。用打蛋器搅拌成乳液质地。

搅拌直至奶油质地光滑。

用装有打蛋头的糕点专用电动搅拌器打发淡奶油。当巧克力奶油的温度降至40℃，逐步加入打发的淡奶油。

用橡胶刮刀搅拌均匀。将制成的巴伐利亚奶油装入玻璃杯，放入冰箱冷藏3小时。装盘时，用黑巧克力屑装饰，表面撒糖霜。

埃迪小贴士

需时刻关注巧克力巴伐利亚奶油的温度。搅拌均匀后，巴伐利亚奶油应呈液态。

水果慕斯（Mousse de fruits）

红色水果慕斯（Mousse aux fruits des bois）

可制作600克
所需用具：
• 糖用温度计1个
准备时间：**30分钟**
静置时间：**3小时**

所需食材

• 吉利丁片4克（2片）
• 覆盆子果泥120克
• 草莓果泥120克
• 黑加仑果泥90克
• 蛋清1个
• 水20毫升
• 糖50克
• 葡萄糖25克
• 淡奶油（脂肪含量35%）200毫升

将吉利丁片在冷水中浸透。
将⅓的果泥倒入小锅中加热。
关火后加入吉利丁片，搅拌溶解，随后加入剩余果泥。

用装有打蛋头的糕点专用电动搅拌器打发蛋清。
将水、糖和葡萄糖倒入小锅中煮沸。当糖浆温度达到118℃时，将热糖浆倒入打发的蛋白中，不停搅拌至冷却，制成意式蛋白霜。
将淡奶油打发。
用橡胶刮刀将打发的奶油加入意式蛋白霜中。

用橡胶刮刀加入果酱。

将水果慕斯装入玻璃杯。
放入冰箱冷藏3小时，用新鲜水果装饰，冷藏保存至食用。

埃迪小贴士

冷却的意式蛋白霜和低温打发奶油，是这道甜品成功的关键。

红色水果甜甜圈（Donuts aux fruits des bois）

12份

所需用具：
- 直径10厘米的萨瓦兰硅胶模具12个
- 直径10厘米的圆形模具1个
- 直径5厘米的圆形模具1个

准备时间：40分钟（酥性饼皮）
静置时间：3小时
烤制时间：20分钟

所需食材

用于制作红色水果慕斯（参照第456页）

用于制作红色果冻
- 吉利丁片7克（3.5片）
- 黑加仑果泥200克
- 覆盆子果泥200克
- 草莓果泥100克

用于制作脆酥饼
- 软化黄油112克
- 糖60克
- 盐1.5克
- 转化糖浆7克
- 香草荚½根
- 面粉157克
- 黑麦面粉23克
- 发酵粉4克

用于装饰
- 糖霜20克
- 覆盆子12颗
- 醋栗12颗

制作步骤

红色水果慕斯（参照第456页）
将红色果酱慕斯倒入萨瓦兰模具中。
放入冰箱冷冻1小时。

红色果冻
将吉利丁片在冷水中浸透。
将果泥倒入小锅中加热，关火后加入沥干水的吉利丁片，搅拌均匀。
放入冰箱冷冻1小时。

脆酥饼
用糕点专用电动搅拌器将黄油搅拌成黄油膏。
加入糖、盐、转化糖浆和从剖开的香草荚中刮下的香草籽。搅拌均匀。
加入过筛的面粉、黑麦面粉和发酵粉，搅拌至面团质地均匀。盖上保鲜膜。放入冰箱静置1小时。
烤箱预热至150℃（温度调至5挡）。
将面团擀成面饼，将面饼切割为直径10厘米的圆形面饼。
用直径5厘米的圆形模具在圆形面饼中央挖洞。
将切割好的面饼放在铺有硅胶垫的烤盘上，入烤箱烤制20分钟。
将烤好的脆酥饼放在烤架上自然冷却。

组合食材
将慕斯和果冻脱模，两两组合，放在完整的脆酥饼上。
在挖出洞的脆酥饼半边撒糖霜，将酥饼放在慕斯表面。用1颗覆盆子和1颗醋栗装饰。

> **埃迪小贴士**
>
> 果泥和吉利丁片的混合物需彻底冷却，
> 但不能凝结成为胶质。

热带水果慕斯（Mousse aux fruits exotiques）

8 ～ 10人份
所需用具：
• 大盘子1个
准备时间：24分钟
静置时间：3小时

所需食材

用于制作意式蛋白霜
• 水20毫升
• 糖50克
• 葡萄糖20克
• 蛋清1个

用于制作热带水果慕斯
• 吉利丁片4克（2片）
• 百香果果泥120克
• 杧果果泥120克
• 香蕉果泥90克
• 淡奶油（脂肪含量35%）200毫升

用于制作杏肉果冻
• 吉利丁片4克（2片）
• 杏肉果泥250克

用于组合食材
• 菠萝¼个
• 百香果1个
• 橙子1个
• 醋栗若干
• 糖霜20克

制作步骤

意式蛋白霜
将水、糖和葡萄糖倒入小锅中煮沸。当糖浆温度达到118℃时，将热糖浆倒入打发的蛋白中，不停搅拌至冷却。

热带水果慕斯
将吉利丁片在冷水中浸透。
混合3种果泥，将⅓的果泥倒入小锅中加热。关火后加入沥干水的吉利丁片和剩余果泥，搅拌均匀。
用打蛋器打发淡奶油。
将淡奶油充分打发。
用橡胶刮刀将打发的奶油倒入意式蛋白霜中。加入水果和吉利丁片。

杏肉果冻
将吉利丁片在冷水中浸透。
加热一半的杏肉果泥。关火，加入沥干水的吉利丁片和剩余杏肉果泥。搅拌均匀。

组合食材
在透明玻璃容器中挤入一层杏肉果冻，放入冰箱冷藏30分钟。
挤入一层热带水果慕斯，放入冰箱冷藏30分钟。重复上述步骤3次。
用菠萝块、百香果果肉、去除筋膜的橙子果肉和若干醋栗装饰。在慕斯表面上撒糖霜。

皇后牛奶大米慕斯（Riz au lait impératrice）

10人份
所需用具：
- 直径8厘米的圆形模具1个
- 糖用温度计1个
- 玻璃杯10个

准备时间：1小时
烤制时间：15分钟

所需食材

用于制作牛奶大米慕斯
- 牛奶560毫升
- 淡奶油（脂肪含量35%）320毫升
- 糖40克
- 盐1撮
- 香草荚2根
- 大米90克
- 白巧克力40克
- 淡奶油（脂肪含量35%）100毫升

用于制作米花佛罗伦萨糖饼
- 糖112克
- NH果胶2.5克
- 葡萄糖37克
- 黄油95克
- 米花25克

用于制作焦糖苹果
- 苹果325克
- 红糖100克
- 黄油30克

用于制作半盐焦糖
- 淡奶油（脂肪含量35%）165克
- 盐之花2克
- 香草荚1根
- 糖100克
- 葡萄糖30克
- 黄油42克
- 牛奶巧克力30克

制作步骤

牛奶大米慕斯
将牛奶、320毫升淡奶油、糖、盐和剖开的香草荚倒入小锅中。
将锅内液体煮沸，调至小火，加入大米，不时搅拌至大米煮熟。关火，加入白巧克力，搅拌均匀。
放入冰箱冷藏保存。装盘时将100毫升淡奶油打发，用橡胶刮刀将打发的淡奶油加入牛奶大米慕斯中，搅拌均匀。

米花佛罗伦萨糖饼
烤箱预热至180℃（温度调至6挡）。
将糖和NH果胶混合。
将葡萄糖和黄油倒入小锅中煮沸，加入糖和NH果胶的混合物。搅拌均匀，煮沸后关火。
将糖浆涂抹在2张烘焙纸之间，放入冰箱冷藏。
将夹有糖浆的烘焙纸放在工作台上，去掉上层烘焙纸。
在佛罗伦萨糖饼表面撒一层米花，入烤箱烤制10～12分钟。
出烤箱后，立即用模具将糖饼切割为直径为8厘米的圆饼。自然冷却。

焦糖苹果
苹果削皮去核，切成块。
将红糖倒入烧热的平底锅中，加热成焦糖，加入苹果。
不时搅拌，让苹果均匀地包裹一层焦糖。当焦糖质地浓稠时，加入黄油。
继续加热2～3分钟，自然冷却。

半盐焦糖
将淡奶油、盐之花和从剖开的香草荚中刮下的香草籽倒入小锅中。
加热备用。
将糖和葡萄糖倒入另一个小锅中，加热成浓稠的焦糖，温度达到165℃。
加入奶油混合物，加热至108℃，其间不停搅拌。
关火后加入黄油和巧克力，搅拌均匀后自然冷却。

组合食材
将焦糖苹果装入玻璃杯中，加入半盐焦糖和牛奶大米慕斯。
用米花佛罗伦萨糖饼装饰。

椰香杜果甜点（Entremets coco-mangue）

8～10人份
所需用具：
• 边长30厘米的方形不锈钢模具1个
• 硅胶垫1张
• 温度计1个
准备时间：45分钟
静置时间：3小时
烤制时间：10分钟

所需食材

用于制作杏仁达克瓦兹蛋糕
• 面粉27克
• 杏仁粉120克
• 糖霜95克
• 蛋清5.5个
• 糖62克

用于制作香草奶油
• 吉利丁片9克（4.5片）
• 牛奶300毫升
• 大溪地香草荚1根
• 白巧克力250克
• 淡奶油（脂肪含量35%）300毫升
• 马斯卡彭奶酪100克

用于制作热带水果慕斯
• 糖96克
• 葡萄糖38克
• 水25毫升
• 蛋清2个
• 百香果果泥240克
• 杜果果泥240克
• 吉利丁片25克（12.5片）
• 淡奶油（脂肪含量35%）288毫升

用于收尾工序
• 白巧克力装饰（参照第537页）

制作步骤

白巧克力装饰（参照第537页）

杏仁达克瓦兹蛋糕
面粉、杏仁粉和糖霜过筛。
打发蛋清，其间逐步加入糖。打发至蛋白质地紧实，用橡胶刮刀逐步加入糖霜、杏仁粉和面粉。
烤箱预热至165℃（温度调至5—6挡）。
用橡胶刮刀将面糊涂抹在铺有硅胶垫的烤盘上。
入烤箱烤制10分钟。自然冷却后脱模。
将达克瓦兹蛋糕放在烘焙纸上，再放入方形不锈钢模具。

香草奶油
将吉利丁片在冷水中浸透。
将牛奶和剖开的香草荚煮沸。
将热牛奶倒入白巧克力中，加入沥干水的吉利丁片。
用打蛋器搅拌均匀，自然冷却后加入淡奶油和马斯卡彭奶酪，再次搅拌。
将香草奶油倒入装有达克瓦兹蛋糕的不锈钢模具中，奶油厚度为1厘米。放入冰箱冷藏1小时。

热带水果慕斯
将吉利丁片在冷水中浸透。
用装有打蛋头的糕点专用电动搅拌器打发淡奶油。
用糖、水、葡萄糖和蛋清制作意式蛋白霜。
将¼的果泥倒入小锅加热，加入沥干水的吉利丁片，搅拌溶解。加入剩余果泥，搅拌均匀。
当意式蛋白霜彻底冷却，质地紧实时，往其中加入打发的奶油和冷却的果酱。搅拌均匀。
将热带水果慕斯倒在香草奶油上，液面高度与模具边缘平齐。放入冰箱冷藏2小时。
去掉不锈钢模具，将点心切割为想要的形状，用白巧克力装饰，可立即食用。

埃迪小贴士

您也可以选择其他模具制作点心。

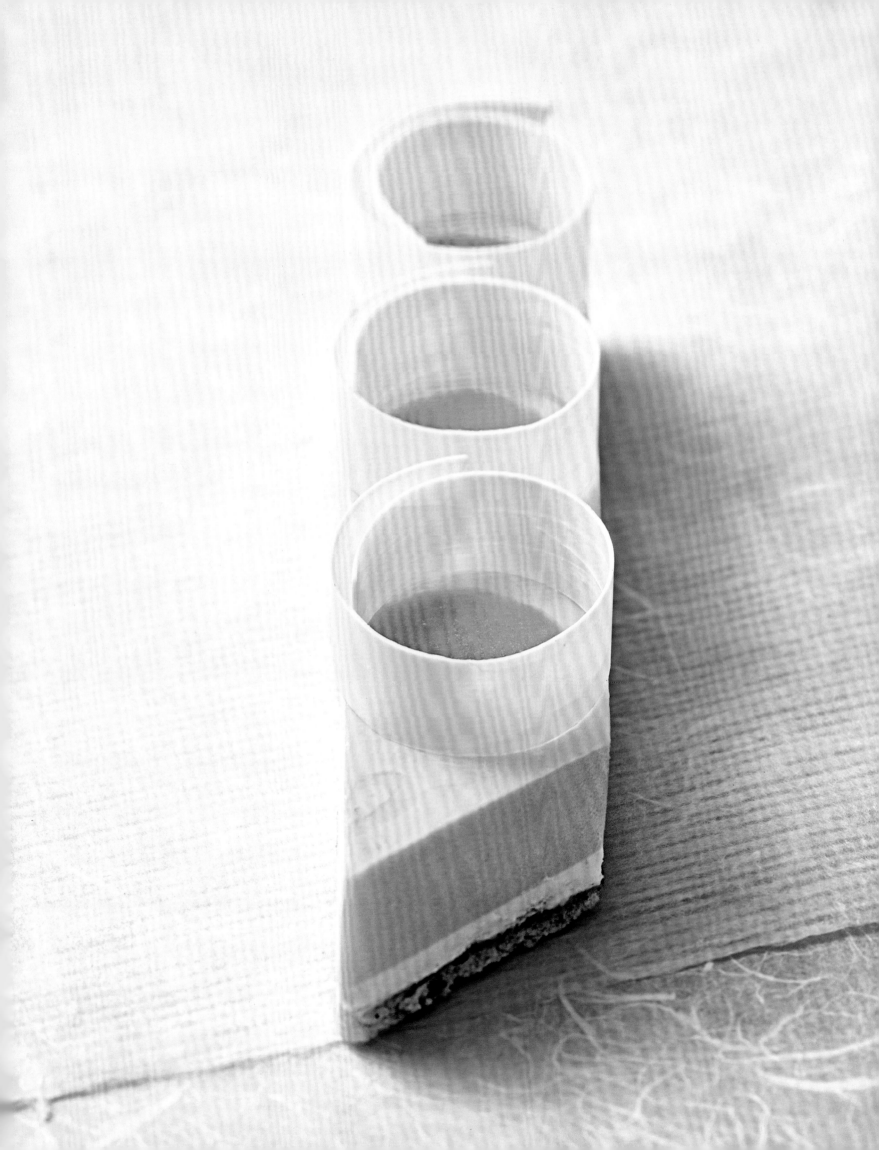

萨芭雍奶油（Cremè Sabayon）

红色水果萨芭雍奶油（Sabayon et fruits rouges）

8 ～ 10人份
所需用具：
- 硅胶垫1张
- 温度计1个
- 裱花袋1个
- 球形小勺1个

准备时间：30分钟
烤制时间：14分钟

所需食材

用于制作脆饼干
- 面粉100克
- 红糖100克
- 黄油膏100克
- 杏仁粉100克

用于制作萨芭雍奶油
- 淡奶油（脂肪含量35%）50毫升
- 蛋黄3个
- 水225毫升
- 糖45克
- 德国樱桃酒2毫升
- 草莓100克
- 覆盆子100克
- 桑葚50克
- 糖霜50克
- 红色果酱20毫升

制作步骤

脆饼干

烤箱预热至170℃（温度调至5—6挡）。
将所有食材混合。
将面团掰成小块，放在铺有硅胶垫的烤盘上，入烤箱烤制10 ～ 12分钟，在烤架上自然冷却。

   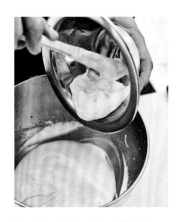

用装有打蛋头的糕点专用电动搅拌器打发淡奶油至慕斯质地，放好备用。
用装有打蛋头的糕点专用电动搅拌器打发蛋黄。
将水和糖倒入小锅中加热至120℃。

将糖浆倒入蛋黄中，不停搅拌。

打发至冷却。

加入德国樱桃酒和打发的奶油。
将制成的萨芭雍奶油装入裱花袋。
用球形小勺将草莓中央挖空，摆在盘中。将萨芭雍奶油挤入挖空的草莓中，表面撒糖霜，入烤箱烤制1 ～ 2分钟，让糖霜变为焦糖，或用喷枪上色。
加入覆盆子和桑葚，用撒有糖霜的脆饼干碎和几滴红色果酱装饰。可立即食用。

巧克力萨芭雍奶油（Sabayon au chocolat）

可制作600克
所需用具：
• 温度计1个
准备时间：20分钟

所需食材

用于制作炸弹面糊
• 蛋黄3个
• 鸡蛋½个
• 糖45克
• 水30毫升

用于制作巧克力萨芭雍奶油
• 淡奶油（脂肪含量35%）200毫升
• 牛奶巧克力（可可含量34%）230克

将糖、水、鸡蛋和蛋黄倒入小锅中加热至82℃。
用装有打蛋头的糕点专用电动搅拌器打发炸弹面糊。

打发至彻底冷却，直至炸弹面糊变为慕斯质地，体积膨大1倍。

用装有打蛋头的糕点专用电动搅拌器打发淡奶油至慕斯质地。

埃迪小贴士

为取得最佳效果，制作巧克力萨芭雍奶油时要特别关注温度。

融化切成块的巧克力，用水浴法加热至45℃。
将一部分打发的奶油与融化的巧克力混合均匀。

将巧克力奶油与炸弹面糊混合。

加入剩余打发的奶油。
将巧克力萨芭雍奶油装入裱花袋中。将萨芭雍奶油挤入玻璃杯，放入冰箱冷藏保存。

浓郁巧克力慕斯（Mousse gourmande au chocolat）

10人份
所需用具：
· 裱花袋1个
· 烤箱用玻璃杯10个
准备时间：20分钟
静置时间：2小时
烤制时间：6～7分钟

所需食材

用于制作巧克力慕斯
· 牛奶巧克力（可可含量35%）90克
· 黑巧克力（可可含量65%）90克
· 黄油80克
· 蛋黄2个
· 蛋清5个
· 糖60克

用于制作牛奶巧克力萨芭雍奶油
炸弹面糊
· 蛋黄3个
· 鸡蛋½个
· 糖45克
· 水30毫升

巧克力萨芭雍奶油
· 淡奶油（脂肪含量35%）200毫升
· 牛奶巧克力（可可含量34%）230克

用于制作巧克力装饰
· 巧克力屑（参照第537页）200克
· 可可粉20克
· 圆形巧克力片10片

制作步骤

巧克力慕斯
烤箱预热至150℃（温度调至5挡）。
用水浴法加热切碎的牛奶巧克力、黑巧克力和切成块的黄油。
用装有打蛋头的糕点专用电动搅拌器将蛋清和糖混合后打发，直至蛋白变为慕斯质地。
用橡胶刮刀往打发的蛋白中加入蛋黄。
将一部分处理好的蛋黄、蛋白混合物加入融化的巧克力中。
搅拌均匀后，将混合好的食材倒回蛋黄、蛋白混合物中，用橡胶刮刀搅拌。
将巧克力慕斯装入裱花袋，减去尖角，挤入玻璃杯，液面高度约为容器高度的一半。
入烤箱烤制6～7分钟。在烤架上自然冷却。

牛奶巧克力萨芭雍奶油
将蛋黄、鸡蛋、糖和水倒入小锅小火加热至82℃，其间不停搅拌。
用糕点专用电动搅拌器中速打发，直至体积膨大1倍，制成炸弹面糊。放好备用。
用装有打蛋头的糕点专用电动搅拌器打发淡奶油至慕斯质地。
融化切成块的巧克力，水浴法加热至45℃。
将一部分打发的淡奶油加入融化的巧克力中，随后加入炸弹面糊。最后加入剩余的淡奶油。

巧克力装饰
制作巧克力装饰（参照537页）。

组合食材
将巧克力萨芭雍奶油装入裱花袋中。减去尖角，将萨芭雍奶油挤入装有巧克力慕斯的玻璃杯，放入冰箱冷藏2小时。
装盘时在慕斯表面装饰巧克力屑，撒上可可粉。在巧克力屑中央放1片圆形巧克力。

杏仁奶油 (Crème d'amande)

可制作400克
准备时间：10分钟

所需食材

- 室温黄油100克
- 细砂糖100克
- 杏仁粉100克
- 鸡蛋2个

将黄油和细砂糖混合，搅拌均匀。

加入杏仁粉。

加入鸡蛋。

用打蛋器搅拌均匀。

杏仁挞（Tarte amandine）

10人份
所需用具：
- 糖用温度计1个
- 装有6号裱花嘴的裱花袋1个
- 直径12厘米的圆形模具1个
- 直径10厘米的不锈钢挞皮模具10个
- 硅胶垫1张

准备时间：25分钟
静置时间：2小时30分钟
烤制时间：20分钟

所需食材

用于制作甜酥饼皮
- 黄油90克（另需少许黄油涂抹模具）
- 蛋黄2个
- 糖霜60克
- 杏仁粉18克
- 面粉150克
- 盐1克

用于制作覆盆子果酱
- 覆盆子果泥150克
- 黄柠檬汁5毫升
- 转化糖浆10克
- 糖25克
- NH果胶4克

用于制作杏仁奶油
- 黄油100克
- 糖100克
- 杏仁粉100克
- 鸡蛋2个

用于组合食材
- 糖衣果仁碎100克

制作步骤

甜酥饼皮
用糕点专用电动搅拌器将黄油、鸡蛋和糖霜混合，随后加入面粉、杏仁粉和盐。
搅拌均匀，但不要过度揉面。
用保鲜膜将面团包好，放入冰箱冷藏2小时。

覆盆子果酱
将覆盆子果泥、柠檬汁和转化糖浆倒入小锅加热至45℃。
将糖和NH果胶混合，加入小锅。
煮沸后放好备用。

杏仁奶油
将黄油和糖混合。加入杏仁粉和鸡蛋。
将杏仁奶油装入裱花袋中。

组合食材
烤箱预热至165℃（温度调至5—6挡）。
将甜酥面团擀成厚度为2毫米的面饼，用直径12厘米的模具切割成10个圆形饼皮。
将饼皮分别放入涂有黄油的模具中。用手轻轻压实边缘，让饼皮和模具充分贴合，放入冰箱冷藏30分钟。
在饼皮中均匀挤入一层覆盆子果酱，随后以螺旋形挤入杏仁奶油。
将模具放在铺有硅胶垫的烤盘上，入烤箱烤制20分钟。
将烤好的杏仁挞放在烤架上自然冷却后脱模，用糖衣果仁碎装饰。

杏肉慕斯杏仁奶油（Crème d'amandes et mousse d'abricots）

10份

所需用具：
- 陶瓷烤盘10个
- 直径6厘米的硅胶模具

准备时间：45分钟

静置时间：1小时

烤制时间：10 ～ 15分钟

所需食材

用于制作杏仁奶油（参照第470页）
- 新鲜的杏5个（或10片糖渍杏片）

用于制作杏肉慕斯
- 吉利丁片4克（2片）
- 杏肉果泥240克
- 百香果果泥90克
- 淡奶油（脂肪含量35%）200毫升

用于收尾工序
- 橙色喷砂

制作步骤

杏仁奶油（参照第470页）

制作杏仁奶油。

将杏仁奶油装入陶瓷烤盘内，液面高度约为容器高度的一半。

烤箱预热至165℃（温度调至5—6挡）。

将半颗糖渍杏或新鲜的杏放在奶油表面。

入烤箱烤制10 ～ 15分钟后自然冷却。

杏肉慕斯

将吉利丁片在冷水中浸透。

将⅓的果泥倒入小锅中加热。关火后加入沥干水的吉利丁片，随后加入剩余果泥，搅拌均匀。

将淡奶油倒入搅拌桶。

将淡奶油打发。

用橡胶刮刀将打发的奶油加入意式蛋白霜中。加入果酱，搅拌均匀。将杏肉慕斯装入硅胶模具内，放入冰箱冷冻1小时。

组合食材

将杏肉慕斯脱模，放在杏仁奶油表面。

梨肉果冻杏仁奶油（Crème d'amandes et gelée à la poire）

10份

所需用具：
- 陶瓷烤盘10个

准备时间：30分钟

烤制时间：10 ～ 15分钟

所需食材

用于制作杏仁奶油
- 半个糖渍梨5份

用于制作梨肉果酱
- 梨肉150克
- 吉利丁片1片

用于收尾工序
- 新鲜的梨1个

制作步骤

杏仁奶油（参照第470页）

制作杏仁奶油。

将杏仁奶油装入陶瓷烤盘内，液面高度约为容器高度的一半。

烤箱预热至165℃（温度调至5—6挡）。

将¼个糖渍梨放在奶油表面。

入烤箱烤制10 ～ 15分钟后自然冷却。

梨肉果酱

将吉利丁片在冷水中浸透，沥干水。

将⅓的梨肉倒入小锅中加热，加入吉利丁片。

加入剩余果肉，搅拌均匀。

组合食材

将梨肉果酱倒在杏仁奶油表面，用1片新鲜梨片装饰。

新鲜菠萝条杏仁奶油（Crème d'amandes et frites d'ananas frais）

10份

所需用具：
• 陶瓷烤盘10个

准备时间：30分钟
烤制时间：10 ～ 15分钟

所需食材

用于制作杏仁奶油（参照第470页）
• 葡萄干50克

用于收尾工序
• 新鲜菠萝½个
• 覆盆子10颗

制作步骤

杏仁奶油（参照第470页）
制作杏仁奶油。
将杏仁奶油装入陶瓷烤盘内，液面高度约为容器高度的一半。
烤箱预热至165℃（温度调至5—6挡）。
将葡萄干在热水中浸泡30分钟。
沥干水。
将浸泡过的葡萄干撒在杏仁奶油表面。
入烤箱烤制10 ～ 15分钟后自然冷却。

组合食材
将菠萝切成细条，放在陶瓷烤盘中。
用1颗覆盆子装饰。

杏仁奶油千层派（Dartois）

8 ～ 10人份
所需用具：
• 硅胶垫1张
• 裱花袋1个
准备时间：30分钟
烤制时间：30分钟

所需食材

用于制作500克千层酥皮（需提前1天制作）

用于制作焦糖苹果
• 苹果325克
• 红糖100克
• 黄油30克

用于制作杏仁奶油
• 黄油120克
• 糖120克
• 杏仁粉120克
• 鸡蛋120克（2.5个）

用于组合食材
• 黑加仑100克
• 蛋黄20克（1个）

制作步骤

千层酥皮（参照第242页）

焦糖苹果
苹果削皮去核，切成块。
将红糖倒入烧热的平底锅内。当红糖变为焦糖，加入苹果，不时搅拌，让苹果均匀地包裹一层焦糖。
当苹果变软，加入黄油，继续加热2 ～ 3分钟。

杏仁奶油
将黄油和糖混合，加入合仁粉和鸡蛋。
将杏仁奶油装入裱花袋中。

组合食材
烤箱预热至180℃（温度调至6挡）。
将千层酥皮切割成2张30厘米×10厘米的饼皮。
将第一张千层酥皮放在烤盘上。
表面摆放焦糖苹果和黑加仑。
挤一层杏仁奶油。将第二张千层酥皮覆盖在表面，捏实边缘，制成馅饼。
用小刷子在千层派表面刷一层蛋黄液上色。
用刀在千层派表面划出纹路，入烤箱烤制30分钟。
将千层派放在烤架上自然冷却。

杏仁卡仕达奶油（Crème frangipane）

可制作800克
准备时间：25分钟
静置时间：1小时30分钟

所需食材

用于制作卡仕达奶油
• 全脂牛奶125毫升
• 细砂糖30克
• 蛋黄3个
• 玉米淀粉12克
• 室温黄油12克

用于制作杏仁奶油
• 黄油150克
• 细砂糖150克
• 杏仁粉150克
• 鸡蛋3个

制作卡仕达奶油
将牛奶和一半的细砂糖倒入小锅中煮沸。用剩余的细砂糖打发蛋黄，直至蛋黄变为白色。

加入玉米淀粉，继续打发至蛋黄质地光滑。

加入煮沸的牛奶，用打蛋器搅拌均匀。

将所有液体倒回小锅，继续中火加热，其间不停搅拌，直至奶油质地浓稠。

关火，加入切成块的黄油，搅拌均匀。将奶油倒入盘中。盖上保鲜膜，放入冰箱冷藏1小时30分钟。

杏仁奶油
将黄油和细砂糖混合，加入杏仁粉。

加入鸡蛋。

用打蛋器打发卡仕达奶油，随后加入杏仁奶油。放入冰箱冷藏保存。

橙花糖浆杏仁牛角面包（Croissant aux amandes）

10份
所需用具：
- 硅胶垫1张
- 裱花袋1个

准备时间：15分钟
烤制时间：10 ～ 12分钟

所需食材

用于制作杏仁卡仕达奶油（参照第476页）

新鲜牛角面包10个

用于制作焦糖杏仁片
- 杏仁片100克
- 30° B糖浆20毫升
- 橙花水2毫升

用于制作橙花糖浆
- 水250毫升
- 糖50克
- 橙花水15毫升

制作步骤

杏仁卡仕达奶油（参照第476页）

焦糖杏仁片
烤箱预热至170℃（温度调至5—6挡）。
将杏仁片、糖浆和橙花水混合。
将其倒在铺有硅胶垫的烤盘上，入烤箱烤制10 ～ 12分钟。自然冷却。

橙花糖浆
将水和糖倒入小锅中煮沸，加入橙花水，放好备用。

组合食材
用装有打蛋头的糕点专用电动搅拌器打发杏仁卡仕达奶油10分钟，直至
奶油乳化，将其装入裱花袋。
将牛角面包横向切成2半，切面涂抹橙花糖浆。
用裱花袋往面包内挤入杏仁卡仕达奶油。
表面撒杏仁片和糖霜。

> **埃迪小贴士**
> 在这份食谱中，杏仁卡仕达奶油未经加热，需要充分打发，使其质
> 地柔软。

国王饼（Galette des rois）

8人份

准备时间：15分钟

静置时间：1晚（千层酥皮）+1小时

烤制时间：30 ～ 40分钟

所需食材

用于制作500克千层酥皮（需提前1天制作，参照第242页）

用于制作300克杏仁卡仕达奶油（参照第476页）

用于组合食材

* 蛋黄1个

制作步骤

千层酥皮（参照第242页）

杏仁卡仕达奶油（参照第476页）

组合食材

烤箱预热至180℃（温度调至6挡）。

将千层酥皮面团擀成厚度为2毫米的面饼。

将面饼切割为2个直径24厘米的圆形，将圆形千层酥皮放在烤盘上，放入冰箱冷藏30分钟。

在第一张千层酥皮上涂抹杏仁卡仕达奶油，空出边缘2厘米。

将小刷子沾水，涂抹酥皮的边缘。

将第二张千层酥皮覆盖在奶油表面，捏实边缘。

用小刷子在第二张千层酥皮表面涂抹蛋黄液以上色，放入冰箱冷藏30分钟。

再次用蛋液在第二张千层酥皮表面上色，用刀划出纹理。

用刀尖在酥皮表面戳出4个散热口。

入烤箱烤制35 ～ 40分钟。出烤箱后将国王饼放在烤架上自然冷却。

埃迪小贴士

为使国王饼色泽诱人，可在其表面涂抹30° B糖浆或撒上糖霜。

杏仁卡仕达奶油不能过度打发，需保持质地松软，防止烤制过程中溢出。

冰激凌甜点
（Les desserts glacés）

冰激凌及点心（Glaces et cie）·································· 482

雪芭（Sorbets）··· 484

冰激凌球（Parfait glacé）····································· 486

冰慕斯（Mousse glacée）······································ 488

冰舒芙蕾（Soufflé glacé）····································· 490

冰牛轧糖（Nougat glacé）····································· 492

雪糕棒棒糖（Sucettes glacées）······························ 494

冰激凌蛋糕（Vacherins）······································ 496

冰一口酥（Bouchées glacées）································· 498

冰激凌及点心（Glaces et cie）

香草冰激凌（Glace à la vanille）

可制作900克
所需用具：
- 温度计1个
- 离心机或冰激凌机1台

准备时间：20分钟
静置时间：24小时

所需食材

- 全脂牛奶520毫升
- 奶粉25克
- 淡奶油（脂肪含量35%）50毫升
- 黄油32克
- 糖110克
- 斯塔布2000稳定剂3克
- 蛋黄4个
- 香草荚2根
- 葡萄糖粉40克

制作步骤

将牛奶、奶粉和淡奶油倒入小锅中，微火加热，全程通过温度计关注温度。加热至30℃时，加入切成块的黄油。
将50克糖和稳定剂混合，加入小锅，继续加热至50℃，用打蛋器不停搅拌。
用剩余的糖打发蛋黄，直至蛋黄变为白色。加入剖开的香草荚和葡萄糖粉，混合均匀后倒入小锅中。
继续加热至82℃，其间不停搅拌。
将锅内液体过筛，取出香草荚。快速冷却。
盖上保鲜膜，放入冰箱冷藏24小时。

制作当天
用电动搅拌器搅拌2分钟，直至液体质地光滑均匀。将液体倒入冰激凌离心机。

牛奶巧克力冰激凌（Glace au chocolat au lait）

可制作1千克
所需用具：
- 温度计1个
- 离心机或冰激凌机1台

准备时间：20分钟
静置时间：24小时

所需食材

- 细砂糖40毫升
- 斯塔布2000稳定剂4克
- 全脂牛奶680毫升
- 葡萄糖粉75克
- 转化糖浆20克
- 牛奶巧克力（可可含量35%）185克

制作步骤

将一半的细砂糖和稳定剂混合，放好备用。
将牛奶倒入小锅，微火加热至30℃时，加入剩余细砂糖、葡萄糖粉和转化糖浆，其间不停搅拌。加热至40℃时，加入切碎的牛奶巧克力。
加热至45℃时，加入细砂糖和稳定剂的混合物。
继续加热至82℃，其间不停搅拌。快速冷却。
盖上保鲜膜，放入冰箱冷藏24小时。

制作当天
用电动搅拌器搅拌2分钟，直至液体质地光滑均匀。将液体倒入冰激凌离心机中。

巧克力冰激凌（Glace au chocolat）

可制作1千克
所需用具：
- 温度计1个
- 离心机或冰激凌机1台

准备时间：20分钟
静置时间：24小时

所需食材

- 细砂糖48克
- 斯塔布2000稳定剂5克
- 全脂牛奶645毫升
- 奶粉34克
- 葡萄糖粉55克
- 转化糖浆20克
- 淡奶油（脂肪含量35%）12克
- 黑巧克力（可可含量70%）180克

制作步骤

将一半的细砂糖和稳定剂混合，放好备用。
将牛奶倒入小锅，微火加热至25℃时，加入奶粉。加热至30℃时，加入剩余的细砂糖、葡萄糖粉和转化糖浆，其间不停搅拌。加热至40℃时，加入切碎的黑巧克力和淡奶油。加热至45℃时，加入细砂糖和稳定剂的混合物。
继续加热至82℃，其间不停搅拌。
快速冷却。
盖上保鲜膜，放入冰箱冷藏24小时。

制作当天
用电动搅拌器搅拌2分钟，直至液体质地光滑均匀。将液体倒入冰激凌离心机。

椰香冰激凌（Glace à la noix de coco）

可制作650克

所需用具：

• 温度计1个
• 离心机或冰激凌机1台

准备时间：**20分钟**
静置时间：**24小时**

所需食材

• 牛奶190毫升
• 椰子果泥250克
• 葡萄糖粉19克
• 葡萄糖37克
• 斯塔布2000稳定剂1.25克
• 椰子奶油105克
• 青柠檬汁25毫升
• 椰蓉22克

制作步骤

将牛奶和椰子果泥倒入小锅，微火加热至45℃时，加入葡萄糖粉、葡萄糖和稳定剂。继续加热至82℃后关火，其间不停搅拌。关火后加入椰子奶油、青柠檬汁和椰蓉。搅拌均匀。快速冷却。

盖上保鲜膜，放入冰箱冷藏24小时。

制作当天

用电动搅拌器搅拌2分钟，直至液体质地光滑均匀。将液体倒入冰激凌离心机中。

雪芭（Sorbet）

水果雪芭（Sorbet aux fruits）

可制作800克
所需用具：
- 糖用温度计1个
- 冰激凌机或离心机1台

准备时间：15分钟
静置时间：24小时

所需食材

- 水180毫升
- 糖100克
- 冰激凌乳化稳定剂1.5克
- 葡萄糖粉40克
- 葡萄糖20克
- 水果果肉500克

将水和糖倒入小锅中加热至45℃。

将稳定剂、葡萄糖粉和葡萄糖混合。

将混合好的糖倒入小锅中，加热至轻微沸腾。

加入水果果肉，搅拌均匀。
盖上保鲜膜，放入冰箱冷藏24小时，倒入冰激凌离心机。

离心机使乳液充分打发，变为冰激凌质地。

巧克力雪芭（Sorbet au chocolat）

可制作1千克
所需用具：
- 糖用温度计1个
- 冰激凌机或离心机1台

准备时间：15分钟
静置时间：24小时

所需食材

- 斯塔布2000稳定剂4克
- 奶粉20克
- 细砂糖68克
- 葡萄糖粉72克
- 水580毫升
- 黑巧克力（可可含量70%）205克
- 转化糖浆38克

制作步骤

将稳定剂和细砂糖混合。
将水、细砂糖和稳定剂倒入小锅加热至45℃，加入转化糖浆、葡萄糖粉和奶粉。
加入切碎的黑巧克力。
继续加热至82℃，用刮刀不停搅拌。
快速冷却。
盖上保鲜膜，放入冰箱冷藏24小时。

制作当天

用电动搅拌器搅拌2分钟，直至液体质地光滑均匀。将液体倒入冰激凌离心机中。

冰激凌球（Parfait glacé）

原味冰激凌球（Parfait glacé nature）

可制作720克
所需用具：
- 糖用温度计1个
- 裱花袋1个
- 直径4厘米的硅胶模具

准备时间：30分钟
冷冻时间：6小时

所需食材

- 吉利丁片4克（2片）
- 淡奶油（脂肪含量35%）430毫升
- 细砂糖125克
- 水65毫升
- 蛋黄5个

将吉利丁片在冷水中浸透。
将淡奶油打发至尚蒂伊奶油质地。
将糖和水倒入小锅中加热至118℃，制成糖浆。

用装有打蛋头的糕点专用电动搅拌器打发蛋黄，加入热糖浆。继续打发直至冷却，且蛋黄体积膨大1倍。

用微波炉融化沥干水的吉利丁片，和少许打发的蛋黄混合。

加入剩余打发的蛋黄，随后加入尚蒂伊奶油。

将奶油装入裱花袋，再挤入硅胶模具中。放入冰箱冷冻6小时后脱模。

柑橘冰激凌球（Parfait glacé aux agrumes）

可制作720克
所需用具:
- 糖用温度计1个
- 裱花袋1个
- 直径4厘米的硅胶模具

准备时间: 30分钟
冷冻时间: 6小时

所需食材

- 吉利丁片4克（2片）
- 淡奶油（脂肪含量35%）430毫升
- 细砂糖125克
- 水65毫升
- 蛋黄5个
- 1个青柠檬的皮
- 1个黄柠檬的皮
- 1个橙子的皮
- 日本柚子汁15克

制作步骤

将吉利丁片在冷水中浸透。

将淡奶油打发至尚蒂伊奶油质地。

将细砂糖和水倒入小锅中加热至118℃。

用装有打蛋头的糕点专用电动搅拌器打发蛋黄，加入热糖浆。继续打发直至冷却，且蛋黄体积膨大1倍。

用微波炉融化沥干水的吉利丁片，和少许打发的蛋黄混合。加入剩余打发的蛋黄，随后加入尚蒂伊奶油、柠檬皮、橙皮和柚子汁。

将奶油装入硅胶模具中。放入冰箱冷冻6小时后脱模。

将半球形冰激凌两两组合成球形，并在表面包裹一层糖饼碎（参照第526页）。

冰慕斯（Mousse glacée）

热带水果焦糖杏仁冰慕斯（Mousse glacée aux amandes et caramel exotique）

12份
所需用具：
• 温度计1个
准备时间：1小时
静置时间：6小时

所需食材

用于制作杏仁冰慕斯
• 牛奶150毫升
• 葡萄糖135克
• 蛋黄4个
• 葡萄糖37克

• 糖135克
• 杏仁膏（70%杏仁粉含量）200克
• 淡奶油（脂肪含量35%）240毫升

用于制作热带水果焦糖
• 百香果果肉95克
• 杏肉95克
• 糖235克
• 葡萄糖32克
• 波旁香草荚1根
• 淡奶油（脂肪含量35%）95毫升
• 可可脂52克

杏仁冰慕斯
将牛奶和葡萄糖倒入小锅中煮沸。

将蛋黄、葡萄糖和糖混合，倒入热牛奶中，继续加热至84℃。

关火，加入切成块的杏仁膏。

用电动搅拌器搅拌至质地光滑，冷却至45℃。

用装有打蛋头的糕点专用电动搅拌器打发淡奶油，将其加入面糊中。

将面糊装入裱花袋中，再挤入玻璃杯内，放入冰箱冷冻6小时。

热带水果焦糖

将水果果肉、糖、葡萄糖、剖开的香草荚和淡奶油倒入小锅。
中火加热至108℃，其间不停搅拌。当焦糖达到指定温度，关火，加入可可脂，用打蛋器搅拌至质地光滑均匀。
自然冷却。

组合食材

将热带水果焦糖倒入杯中，可立即食用。

冰舒芙蕾（Soufflé glacé）

牛奶巧克力冰舒芙蕾（Soufflé glacé chocolat au lait）

12人份
所需用具：
• 温度计1个
准备时间：1小时
静置时间：3小时
烤制时间：22分钟

所需食材

用于制作冰舒芙蕾
• 蛋清4个
• 糖200克
• 黑巧克力（可可含量70%）300克
• 淡奶油（脂肪含量35%）400毫升

用于制作巧克力沙冰
• 水350毫升
• 糖225克
• 可可粉100克
• 牛奶325毫升

用于制作核桃脆酥饼
酥饼
• 面粉74克
• 杏仁粉25克
• 糖35克
• 发酵粉2克
• 黄油63克
• 盐2克
• 蛋黄1个

脆酥饼
• 白巧克力200克
• 核桃仁55克
• 糖衣榛子11克
• 米花30克
• 玉米片30克

用于制作半盐焦糖
• 葡萄糖178克
• 红糖70克
• 糖178克
• 淡奶油（脂肪含量35%）210毫升
• 香草荚1根
• 盐之花2克
• 黄油107克
• 金色巧克力（Dulcey）107克

制作冰舒芙蕾

瑞士蛋白霜
将蛋清和糖倒入小锅中，小火加热至55℃，其间用打蛋器不停搅拌。

当蛋白加热至指定温度，用装有打蛋头的糕点专用电动搅拌器打发至冷却。

用水浴法融化巧克力。用装有打蛋头的糕点专用电动搅拌器打发淡奶油至慕斯质地。

将1/3打发的奶油加入融化的巧克力中，搅拌均匀。

用橡胶刮刀将剩余奶油和蛋白霜加入巧克力中。

将混合好的食材装入裱花袋，挤入玻璃杯，放入冰箱冷藏3小时。

巧克力沙冰

将牛奶和可可粉倒入小锅中煮沸后过滤。

将水和糖煮沸，制成热糖浆。

将热糖浆倒入巧克力牛奶中，搅拌均匀。将
混合好的食材装入容器中，放入冰箱冷冻。
用叉子不时搅拌，制成冰沙。

核桃脆酥饼

酥饼

烤箱预热至170℃（温度调至5—6挡）。

用糕点专用电动搅拌器将除蛋黄外的所有
食材混合，搅拌至面团质地均匀，加入蛋
黄。搅拌均匀后，将酥性面团掰成小块，
放在铺有硅胶垫的烤盘上。

入烤箱烤制10～12分钟，将烤好的酥饼
放在烤架上自然冷却。

脆酥饼

融化白巧克力。

将切碎的核桃仁铺在烤盘中，入烤箱以
160℃（温度调至5—6挡）烤制10分钟。

加入糖衣榛子、米花和玉米片，最后加入
酥饼碎，放好备用。

半盐焦糖

将葡萄糖、红糖和糖倒入小锅中加热至
180℃，制成焦糖。

将奶油和碾碎的香草荚煮沸，将热奶油倒
入焦糖中，使焦糖溶解。

关火，加入盐之花、切成块的黄油和巧克
力，搅拌均匀。

组合食材

装盘时在玻璃杯中装饰巧克力沙冰、半盐
焦糖和核桃脆酥饼。

冰牛轧糖（Nougat glacé）

糖衣脆饼核桃冰牛轧糖（Nougat glacé praliné-croustillant pécan）

12份
所需用具：
· 温度计1个

准备时间：1小时
静置时间：3小时
烤制时间：22分钟

所需食材

用于制作糖衣果仁冰牛轧糖
· 水100毫升
· 葡萄糖50克
· 糖180克
· 蜂蜜120克

· 蛋清8个
· 淡奶油（脂肪含量35%）600毫升
· 糖衣榛子及杏仁300克
· 烤榛子碎100克

用于制作核桃脆酥饼
酥饼
· 面粉74克
· 杏仁粉25克
· 糖35克
· 发酵粉2克
· 黄油63克
· 盐2克
· 蛋黄1个

脆酥饼
· 白巧克力200克
· 核桃仁55克
· 糖衣榛子11克
· 米花30克
· 玉米片30克

用于收尾工序
· 焦糖杏仁200克（参照第531页）
· 柠檬酱200克

糖衣榛子冰牛轧糖
将水、葡萄糖、糖和蜂蜜倒入小锅内加热至118℃，制成热糖浆。将热糖浆倒入蛋清中，用糕点专用电动搅拌器打发。

中速打发蛋白至冷却。打发淡奶油至慕斯质地。

用橡胶刮刀将少许奶油加入糖衣果仁中，搅拌均匀后加入剩余奶油。

用橡胶刮刀逐步加入蛋白霜。

加入烤榛子碎。

搅拌均匀。

将糖衣果仁冰牛轧糖挤入玻璃杯内，放入冰箱冷藏3小时。

核桃脆酥饼

酥饼

烤箱预热至170℃（温度调至5—6挡）。
用糕点专用电动搅拌器将除蛋黄外的所
有食材混合，搅拌至面团质地均匀，加
入蛋黄。搅拌均匀后，将酥性面团掰成
小块，放在铺有硅胶垫的烤盘上。
入烤箱烤制10～12分钟，将酥饼放在
烤架上自然冷却。

脆酥饼

融化白巧克力。
将切碎的核桃仁铺在烤盘中，入烤箱以
160℃（温度调至5—6挡）烤制10分钟。
加入糖衣榛子、米花和玉米片，最后加
入酥饼碎，放好备用。

组合食材

在装有冰牛轧糖的玻璃杯中装饰柠檬酱
（参照第510页）、焦糖杏仁和核桃脆酥饼。

雪糕棒棒糖（Sucettes glacées）

玫瑰雪糕棒棒糖（Sucettes glacées à la rose）

60份

所需用具：
- 直径2厘米的半球形硅胶模具
- 直径4厘米的半球形硅胶模具
- 硅胶垫1张
- 裱花袋1个
- 糖用温度计1个

准备时间：1小时

静置时间：26小时

所需食材

用于制作草莓雪芭
- 水50毫升
- 糖60克
- 冰激凌乳化稳定剂2克
- 葡萄糖粉13克
- 葡萄糖16克
- 草莓果肉330克

用于制作法式蛋白霜
- 蛋清62克（4个）
- 糖125克

用于制作玫瑰冰激凌
- 吉利丁片4克（2片）
- 淡奶油（脂肪含量35%）430毫升
- 细砂糖125克
- 水65毫升
- 蛋黄5个
- 玫瑰精油3～4滴

用于制作白色雪糕脆皮
- 白巧克力300克
- 可可脂140克
- 椰蓉50克

制作步骤

草莓雪芭

将水和糖倒入小锅中加热至45℃。

加入冰激凌乳化稳定剂、葡萄糖粉和葡萄糖，加热至轻微沸腾。

加入草莓果肉，搅拌2分钟。

放入冰箱冷藏24小时后，倒入离心机中。

将草莓雪芭装入直径2厘米的半球形硅胶模具内，放入冰箱冷冻2小时。

法式蛋白霜

烤箱预热至90℃（温度调至3挡）。

用装有打蛋头的糕点专用电动搅拌器打发蛋清，其间逐步加入60克糖。继续打发至蛋白体积膨大1倍，再加入40克糖。继续打发，直至蛋白质地光滑紧实。加入剩余的糖，用橡胶刮刀搅拌均匀。

将蛋白霜装入裱花袋中。

在铺有硅胶垫的烤盘上挤出直径2厘米的圆形，入烤箱烤制1小时30分钟。

玫瑰冰激凌

将吉利丁片在冷水中浸透。

用装有打蛋头的糕点专用电动搅拌器打发淡奶油至慕斯质地。

将水和细砂糖倒入小锅中加热至118℃。

将蛋黄加入淡奶油中，继续打发，倒入糖浆。静置冷却。

微波炉融化吉利丁片，和少许奶油混合。

加入剩余奶油。

加入玫瑰精油。

白色雪糕脆皮

融化巧克力和可可脂，加入椰蓉。

将冰激凌挤入半球形硅胶模具中。

放入草莓雪芭和蛋白霜。放入冰箱冷冻2小时，将草莓雪芭半球和蛋白霜半球组合成球形。

将棒棒糖浸入白色雪糕脆皮中。

沥干水，去除多余脆皮。

冰激凌蛋糕（Vacherins）

冰激凌小蛋糕（Mini-vacherins）

60个
所需用具：
- 温度计1个
- 装有10号裱花嘴的裱花袋1个
- 装有花边裱花嘴的裱花袋1个
- 直径4厘米的半球形硅胶模具

准备时间：1小时
烤制时间：1小时30分钟

所需食材

用于制作白巧克力冰激凌
- 蛋黄5个
- 糖75克
- 白巧克力（可可含量35%）140克
- 淡奶油（脂肪含量35%）375毫升
- 水25毫升

用于制作法式蛋白霜
- 蛋清62克（4个）
- 糖125克

用于制作尚蒂伊奶油
- 淡奶油（脂肪含量35%）250毫升
- 糖25克

用于制作牛奶雪糕脆皮
- 牛奶巧克力250克
- 黑巧克力80克
- 可可脂95克
- 糖饼碎100克

用于制作200克柠檬果酱（参照第510页）

制作步骤

冰激凌

用糕点专用电动搅拌器将蛋黄、糖和水混合，小火加热。
加热期间不停搅拌，加热至82℃。
用装有打蛋头的糕点专用电动搅拌器打发加热好的食材，直至彻底冷却，制成炸弹面糊。
用水浴法融化白巧克力。
打发淡奶油至慕斯质地。
将一部分打发的奶油和巧克力混合均匀，随后加入剩余奶油。
用橡胶刮刀将其加入炸弹面糊中。

法式蛋白霜

烤箱预热至90℃（温度调至3挡）。
用装有打蛋头的糕点专用电动搅拌器打发蛋清，其间逐步加入60克糖。
打发至蛋白体积膨大1倍，再加入40克糖。继续打发，直至蛋白质地光滑紧实。
加入剩余的糖，用橡胶刮刀搅拌均匀。

组合食材

将冰激凌面糊挤入半球形模具中。

在每个模具中放入1块蛋白霜。

在表面挤一层柠檬奶油。

将半球形冰激凌脱模，浸入牛奶雪糕脆皮中。
将尚蒂伊奶油装入装有花边嘴的裱花袋内，在每个半球形冰激凌表面挤出玫瑰花形。
用糖饼碎装饰。

将蛋白霜装入裱花袋内。
在铺有硅胶垫的烤盘上挤出直径2厘米的蛋白霜，入烤箱烤制1小时30分钟。

尚蒂伊奶油
用糖打发淡奶油至尚蒂伊奶油质地。
放入冰箱冷藏保存。

牛奶雪糕脆皮
小火融化巧克力和可可脂，随后加入糖饼碎，搅拌均匀。

冰一口酥（Bouchées glacées）

糖衣果仁冰一口酥（Bouchées glacées au praliné）

60份

所需用具：
- 糖用温度计1个
- 硅胶垫1张
- 直径4厘米的半球形硅胶模具
- 直径2厘米的半球形硅胶模具

准备时间：1小时30分钟
静置时间：27小时
烤制时间：1小时30分钟

所需食材

用于制作糖衣果仁冰激凌
- 水50毫升
- 葡萄糖25克
- 糖90克
- 蜂蜜60克
- 蛋清4个
- 淡奶油（脂肪含量35%）300毫升
- 糖衣榛子或杏仁150克
- 烤榛子碎50克

用于制作法式蛋白霜
- 蛋清62克（4个）
- 糖125克
- 核桃碎

用于制作牛奶雪糕脆皮
- 烤榛子碎100克
- 牛奶巧克力250克
- 黑巧克力80克
- 可可脂95克

用于制作巧克力雪芭
- 斯塔布2000稳定剂2克
- 奶粉10克
- 细砂糖36克
- 葡萄糖粉34克
- 水290毫升
- 黑巧克力（可可含量70%）100克
- 转化糖浆19克

制作步骤

巧克力雪芭
将稳定剂和细砂糖混合。
将水、细砂糖和稳定剂混合，倒入小锅加热至45℃，加入转化糖浆、葡萄糖粉和奶粉。
加入切碎的黑巧克力。
继续加热至82℃，用刮刀不停搅拌，快速冷却。
盖上保鲜膜，放入冰箱冷藏24小时。
将巧克力雪芭倒入离心机搅拌后，装入直径2厘米的半球形模具中。

法式蛋白霜
烤箱预热至90℃（温度调至3挡）。
用装有打蛋头的糕点专用电动搅拌器打发蛋清，其间逐步加入60克糖。
打发至蛋白体积膨大1倍，再加入40克糖。继续打发，直至蛋白质地光滑紧实。加入剩余的糖，用橡胶刮刀搅拌均匀。将蛋白霜装入裱花袋内。
在铺有硅胶垫的烤盘上挤出直径2厘米的蛋白霜，入烤箱烤制1小时30分钟。

糖衣果仁冰激凌
将水、葡萄糖、糖和蜂蜜倒入小锅中加热至118℃。
用装有打蛋头的糕点专用电动搅拌器打发蛋清。当糖浆加热至118℃时，将热糖浆倒入蛋清中，中速打发至冷却。
打发淡奶油至慕斯质地。
将一部分奶油和糖衣果仁混合均匀，随后加入剩余奶油。
加入蛋白霜和烤榛子碎。

牛奶雪糕脆皮
用水浴法融化巧克力和可可脂，随后加入烤榛子碎。

组合食材

将糖衣果仁冰激凌挤入直径4厘米的模具中。

在每个模具中放入巧克力雪芭。

放入冰箱冷冻3小时。
将半球形冰激凌脱模，浸入脆皮中。
将蛋白霜粘贴在表面。

糖果及巧克力
(La confiserie et le chocolat)

热糖浆 (Le sucre cuit) 502

拉丝糖 (Sucre filé) 504

水果糖 (Fruits déguisés) 506

水果面团 (Pâtes de fruits) 508

果酱 (Confits) 510

三角糖及麦芽糖 (Berlingots et sucre d'orge) 512

熟糖果 (Bonbons au sucre cuit) 514

软糖 (Guimauves) 516

牛轧糖 (Nougats) 518

奶油酱 (Crèmes à tartiner) 520

焦糖 (Caramels) 522

竖果焦糖 (Caramels aux fruits secs) 524

糖饼 (Nougatine) 526

糖衣果仁 (Praliné) 528

榛子杏仁和糖衣果仁 (Noisettes amandes et pralinés) ... 530

巧克力温控 (Tempérage du chocolat) 536

甘纳许 (Ganache) 538

糖果 (Bonons) 542

一口酥 (Bouchées) 546

巧克力片 (Tablettes) 552

淋面 (Glaçage) 558

婚礼蛋糕技艺 (Technique wedding cake) 560

糖面团装饰 (Décors pâte à sucre) 564

水果干 (Chips de fruits) 566

热糖浆（Le sucre cuit）

所需食材

- 砂糖或冰糖1千克
- 水300～400克
- 葡萄糖50～250克

制作步骤

将水和糖倒入小锅中煮沸。加入葡萄糖，继续加热。

100℃糖浆

糖浆质地透明。

可用于制作雪芭、糖浆、果酱或水果罐头。

107℃拉丝糖浆

糖浆轻微冒泡，表面凝结。

可用于制作糖渍水果、水果面团、果冻或果酱。

115℃～117℃小糖球

将少许糖浆浸入冷水中，可制成柔软的糖球。

可用于制作黄油奶油、意式蛋白霜、熔岩蛋糕和马卡龙等。

120℃糖球

将少许糖浆浸入冷水中，可制成糖球。糖球质地柔软，有延展性。

可用于制作黄油奶油、意式蛋白霜、熔岩蛋糕等。

埃迪小贴士

推荐使用甜菜冰糖或甘蔗砂糖，可节省用量。制作时撇去泡沫。小火溶化糖浆。加入葡萄糖后，转大火。葡萄糖可避免结晶，防止糖浆结块。葡萄糖还能使糖浆质地柔软，抵御潮气。

125℃ ～ 130℃大糖球

将少许糖浆浸入冷水中，可制成质地紧实的糖球。可用于制作软焦糖。

135℃ ～ 140℃小糖块

将少许糖浆浸入冷水中，糖会迅速结块。糖块可轻易用手捏碎，但会粘牙。可用于制作牛轧糖。

145℃ ～ 150℃大糖块

加热至此阶段的糖浆仍然无色，不会粘牙。可用于制作硬焦糖、三角塘、棒棒糖、流心糖。

156℃ ～ 165℃热糖浆或麦芽糖

糖浆变为棕色。可用于制作糖饼、焦糖泡芙、焦糖奶油。

> **埃迪小贴士**
>
> 高于165℃的焦糖会迅速发生演变，为食物增添香气。高于190℃的糖会燃烧变为黑色，只能用于上色。

拉丝糖（Sucre filé）

可用于6～8人份甜品装饰
准备时间：30分钟

所需食材

- 水50毫升
- 葡萄糖50克
- 糖225克
- 红色色素1～2滴

制作步骤

将水、葡萄糖和糖倒入小锅中加热。当焦糖质地浓稠，变成深棕色，关火，将小锅浸入冷水中。
在工作台上铺一大张烘焙纸。
在工作台上并排放两个木铲，木铲间距8～10厘米。
将小锅放在木铲上。
将两个叉子并排放入焦糖中，快速来回搅动，拉出很细的糖丝。重复此步骤3～4次。
小心脱去叉子上的糖丝，做成球形。

埃迪小贴士

将拉丝糖放入装有防潮剂的干燥密封罐内保存。
用叉子末端搅动拉丝。

水果糖（Fruits déguisés）

6人份
准备时间：35分钟

所需食材

水果
- 樱桃番茄200克
- 烤榛子100克
- 杏干100克
- 杏仁面糊100克

热糖浆
- 水50毫升
- 葡萄糖50克
- 糖225克
- 红色色素2～3滴
- 食用金粉

将糖、水和葡萄糖倒入小锅中加热至155℃，用水沾湿小刷子，不时轻刷锅壁，防止糖结晶。

当糖浆加热至155℃，加入色素和食用金粉，搅拌均匀。关火，将小锅浸入冷水中。
将锅挪到垫布上，用牙签或木棍将番茄和榛子浸入糖浆。将包裹糖浆的番茄和榛子放在硅胶垫上。

若糖浆变硬且质地浓稠，将小锅放回炉上小火加热，继续制作水果糖。

用牙签穿入榛子，浸入焦糖中。将水果糖头朝下静置凝固，用泡沫底座固定。
制作杏仁膏，将杏仁膏与杏干黏合，制成杏干糖。在杏干糖表面包裹一层砂糖。

水果面团（Pâtes de fruits）

可制作800克

所需用具：
- 温度计1个
- 硅胶垫1张
- 34厘米×34厘米的方形不锈钢模具1个
- 圆形模具1个

准备时间：15分钟

柠檬面团（Pâte de fruits au citron）

所需食材

- 黄色果胶10克
- 糖50克
- 梨肉果泥100克
- 黄柠檬汁200毫升
- 葡萄糖125克
- 糖粉350克
- 酒石酸6克
- 黄油70克

制作步骤

将果胶和糖混合。
将梨肉果泥和柠檬汁倒入小锅中加热。当温度达到40℃时，加入糖和果胶的混合物，搅拌均匀。
加入葡萄糖，搅拌均匀，随后分几次加入糖粉。
搅拌直至溶解。
加热至106℃后关火，加入酒石酸和黄油。
将混合好的食材倒入放在硅胶垫上的34厘米×34厘米的不锈钢模具，室温自然冷却。
用圆形模具切割。

热带水果面团（Pâte de fruits exotique）

所需食材

- 黄色果胶10克
- 糖50克
- 百香果果泥100克
- 杧果果泥100克
- 杏肉果泥100克
- 葡萄糖125克
- 糖粉350克
- 酒石酸6克
- 黄油70克

制作步骤

将果胶和糖混合。
将3种果泥倒入小锅中加热。当温度达到40℃时，加入糖和果胶的混合物，搅拌均匀。
加入葡萄糖，搅拌均匀，随后分几次加入糖粉。
搅拌直至溶解。
加热至106℃后关火，加入酒石酸和黄油。
将混合好的食材倒入放在硅胶垫上的34厘米×34厘米的不锈钢模具内，室温自然冷却。
用圆形模具切割。

红色水果面团（Pâte de fruits aux fruits rouges）

所需食材

- 黄色果胶10克
- 糖50克
- 草莓果泥300克
- 葡萄糖125克
- 糖粉350克
- 酒石酸6克
- 软化黄油70克

制作步骤

将果胶和糖混合。
将草莓果泥倒入小锅中加热。当温度达到40℃时，加入糖和果胶的混合物，搅拌均匀。
加入葡萄糖，搅拌均匀，随后分几次加入糖粉。
搅拌直至溶解。
加热至106℃后关火，加入酒石酸和黄油。
将混合好的食材倒入放在硅胶垫上的34厘米×34厘米的不锈钢模具内，室温自然冷却。
用圆形模具切割。

浆果面团（Pâte de fruits aux fruits des bois）

所需食材

- 黄色果胶10克
- 糖50克
- 黑加仑果泥150克
- 覆盆子果泥150克
- 葡萄糖125克
- 糖粉350克
- 酒石酸6克
- 软化黄油70克

制作步骤

将果胶和糖混合。

将2种果泥倒入小锅中加热。当温度达到40℃时，
加入糖和果胶的混合物，搅拌均匀。

加入葡萄糖；搅拌均匀，随后分几次加入糖粉。

搅拌直至溶解。

加热至106℃后关火，加入酒石酸和黄油。

将混合好的食材倒入放在硅胶垫上的34厘米×34厘
米的不锈钢模具中，室温自然冷却。

用圆形模具切割。

埃迪小贴士

黄油能让水果面团的质地更柔软，
但您也可以不用黄油制作水果面团。

果酱（Confits）

红色果酱（Confit de fruits rouges）

所需食材

- 覆盆子果泥 200 克
- 草莓果泥 100 克
- 黄柠檬汁 10 毫升
- 转化糖浆 20 克
- 糖 50 克
- NH 果胶 8 克

将果泥、柠檬汁和转化糖浆倒入小锅中加热至 45℃。

将糖和 NH 果胶混合，随后加入小锅中。
搅拌均匀，煮沸后存放。

果酱（Confit de fruits）

所需食材

- 黑加仑 200 克
- 桑葚 100 克
- 黄柠檬汁 10 毫升
- 转化糖浆 20 克
- 糖 50 克
- NH 果胶 8 克

制作步骤

将水果、柠檬汁和转化糖浆倒入小锅中加热至 45℃。
将糖和 NH 果胶混合，随后加入小锅中。
搅拌均匀，煮沸后存放。

埃迪小贴士

您可用果糖替代 NH 果胶。柠檬果酱和橙子果酱可用于制作软蛋糕、夹心圆蛋糕、马卡龙、蛋挞等。
您也可以用水果干制作果酱，如无花果干、杏干、李子干等。

菠萝果酱（Confit d'ananas）

所需食材

- 新鲜菠萝 400 克
- 糖 15 克
- 生姜 20 克
- 1 个青柠檬的皮
- 黄原胶 1 克
- 香草荚 1 根

制作步骤

烤箱预热至 120℃（温度调至 2—3 挡）。
菠萝去皮，切成小块。
将所有食材混合，将青柠去皮，将果皮倒入烤盘中，盖上烤盘盖，入烤箱烤制 40 分钟。

柠檬果酱（Confit de citron）

所需食材

- 糖渍柠檬块 500 克
- 青苹果泥 250 克
- 百香果果泥 25 克
- 日本柚子汁 25 毫升

制作步骤

将所有食材倒入搅拌桶，搅拌均匀。盖上容器盖，小火加热 25 分钟。
加热同时搅拌直至果酱质地光滑。

橙子果酱（Confit d'orange）

所需食材

- 糖渍橙子块 500 克
- 百香果果肉 250 克

将 2 种食材倒入搅拌桶。盖上容器盖，小火加热 25 分钟。

加热同时搅拌直至果酱质地光滑。

三角糖及麦芽糖（Berlingots et sucre d'orge）

可制作300克
所需用具：
- 糖用温度计1个
- 制糖保温灯1个
- 硅胶垫1张

所需食材
- 糖250克
- 水100毫升
- 葡萄糖50克
- 柠檬汁6滴（或酒石酸4滴）
- 红色色素6滴

埃迪小贴士
放在装有防潮剂的干燥密封罐内保存。

将糖、水和葡萄糖倒入小锅中煮沸。加热至160℃，加入柠檬汁。
点亮制糖保温灯，戴上烹饪手套开始制糖。
将加热好的糖浆倒在硅胶垫上，将糖面团分成两等份。
在其中一份糖面团中加入色素，另一份为无色糖面团。

分别从外向内揉制两份糖面团，重复该步骤若干次。若糖面团质地过于紧实，用手拉伸扭转，糖面团会软化且富有光泽。

重复上述步骤若干次。将制好的糖面团放在保温灯下。

用同样方式加工红色糖面团。将2种糖面团放在保温灯下备用。

将红色糖面团和白色糖面团制成条状。

将每份条状糖面团横向剖开，制成4份条状糖面团。
将4份条状糖面团颜色交错并排放在一起。

用手轻拉扭转，制成双色糖条。

将糖条切割成三角糖或条状麦芽糖。

熟糖果 (Bonbons au sucre cuit)

可制作300克
所需用具：
· 温度计1个
· 圆形镂空模具
准备时间：25分钟

所需食材

用于制作糖浆
· 糖250克
· 水100毫升
· 葡萄糖50克

用于制作红色糖果
· 红色色素6滴
· 虞美人精油2～3滴

用于制作黄色糖果
· 黄色色素6滴
· 柠檬精油2～3滴

用于制作绿色糖果
· 绿色色素6滴
· 薄荷精油2～3滴

用于制作黑色糖果
· 黑色色素6滴
· 甘草精油2～3滴

将糖、水和葡萄糖倒入小锅中煮沸。
加热至150℃。
关火，根据糖果种类加入不同色素和精油。

将糖浆用烧杯倒入铺在硅胶垫上的镂空模具内。

自然冷却后脱模。

埃迪小贴士

将熟糖果放在装有防潮剂的干燥密封罐
内保存。
您可用南锡佛手柑砂糖装饰蛋糕或挞类。

软糖（Guimauves）

无蛋清香味软糖［Guimauve aromatisée（sans blanc d'œuf）］

可制作500克
所需用具：
- 糖用温度计1个
- 34厘米×34厘米的方形不锈钢模具1个
- 硅胶垫1张

准备时间：25分钟
静置时间：24小时

所需食材

用于制作软糖
- 吉利丁片8克（4片）
- 细砂糖230克
- 水72毫升
- 转化糖浆170克
- 香精10克

用于制作糖果涂层
- 糖粉300克
- 酒石酸5克
- 香精2克
- 食用油（用于涂抹工作垫）

埃迪小贴士

您可用液态巧克力包裹软糖，制成儿时常吃的糖果。

软糖
将吉利丁片在装有冷水的容器中浸透。

将细砂糖、水和70克转化糖浆倒入小锅中加热至110℃。

将剩余转化糖浆倒入搅拌桶内，随后倒入热糖浆，用糕点专用电动搅拌器搅拌3分钟。加入沥干水的吉利丁片。

继续打发，直至软糖质地柔软均匀。加入香精，继续搅拌数秒。

将不锈钢模具放在硅胶垫上，随后将软糖倒入内壁涂有食用油的模具内。

用刮刀抹平表面。

将糖粉和酒石酸混合，均匀撒在表面。室温静置24小时。

脱模，将软糖切成方形或条形，外层包裹糖粉。

蛋白软糖（Guimauve aux blancs d'œuf）

可制作800克
所需用具：
• 糖用温度计1个
• 裱花袋1个
• 34厘米×34厘米的方形不锈钢模具1个
准备时间：25分钟
静置时间：24小时

所需食材

用于制作软糖
• 吉利丁片16克（8片）
• 细砂糖265克
• 葡萄糖55克
• 水355毫升
• 蛋清3个
• 香精或精油若干滴

用于制作糖果涂层
• 糖霜150克
• 淀粉150克

制作步骤

将吉利丁片在装有冷水的容器中浸透。
将细砂糖、葡萄糖和水倒入小锅中加热。
用装有打蛋头的糕点专用电动搅拌器打发蛋清。当糖浆加热至130℃时，将其加入打发的蛋白中，搅拌均匀后加入沥干水的吉利丁片。
继续打发，直至软糖质地柔软均匀。
用橡胶刮刀加入精油。将软糖倒入不锈钢模具内。
用刮刀抹平表面。
在表面均匀撒上糖霜和淀粉。
室温静置24小时。
脱模，将软糖切成方形或条形，外层包裹糖霜和淀粉。

草莓软糖（Guimauve à la fraise pour entremets）

可制作800克
所需用具：
• 糖用温度计1个
• 34厘米×34厘米的方形不锈钢模具1个
• 硅胶垫1张
准备时间：25分钟
静置时间：24小时

所需食材

• 吉利丁片30克（15片）
• 草莓果肉395克
• 糖345克
• 砂糖300克
• 食用油

制作步骤

将吉利丁片在冷水中浸透。
将310克草莓果肉和185克糖倒入小锅中加热至105℃。
关火后加入沥干水的吉利丁片，搅拌均匀。
加入剩余果肉和糖，搅拌均匀。静置24小时冷却。
用装有打蛋头的糕点专用电动搅拌器搅拌至彻底冷却。
将混合物装入放在硅胶垫上的不锈钢模具中。
放入冰箱冷冻。
脱模后将软糖切成方形或条形。

杧果软糖（Guimauve à la mangue pour entremets）

可制作800克
所需用具：
• 糖用温度计1个
• 34厘米×34厘米的方形不锈钢模具1个
• 硅胶垫1张
准备时间：25分钟
静置时间：24小时

所需食材

• 吉利丁片30克（15片）
• 杧果果肉395克
• 糖345克
• 砂糖300克
• 食用油

制作步骤

将吉利丁片在冷水中浸透。
将310克杧果果肉和185克糖倒入小锅中加热至105℃。
关火后加入沥干水的吉利丁片，搅拌均匀。
加入剩余果肉和糖，搅拌均匀。静置24小时冷却。
用装有打蛋头的糕点专用电动搅拌器搅拌至彻底冷却。
将混合物装入放在硅胶垫上的不锈钢模具中。
放入冰箱冷冻。
脱模后将软糖切成方形或条形。表面撒一层糖粉。

牛轧糖（Nougats）

可制作500克
所需用具:
• 糖用温度计1个
• 34厘米×34厘米的方形不锈钢模具1个
• 硅胶垫1张
准备时间：30分钟
静置时间：24小时

所需食材

• 蛋清1个
• 细砂糖18克
• 蜂蜜250克
• 整颗杏仁200克
• 去皮开心果65克

用于制作热糖浆
• 细砂糖200克
• 葡萄糖100克
• 水70毫升

用糕点专用电动搅拌器将蛋清和细砂糖混合，慢速打发，直至蛋白变为绵密的泡沫，但不要过度打发。
将蜂蜜倒入小锅中加热至130℃。
将细砂糖、葡萄糖和水倒入另一个小锅中加热至145℃，制成热糖浆。

在蛋白中加入热蜂蜜，不停搅拌。

加入热糖浆。
继续慢速打发10～15分钟。
用热喷枪使糖浆脱水。

用橡胶刮刀加入烤制过的整颗杏仁和开心果。

将牛轧糖倒入放在硅胶垫上的框架模具中。

室温静置24小时。
将牛轧糖切块，尽快用糖纸包好。

衍生食谱

巧克力牛轧糖（Nougat au chocolat）

可制作800克
所需用具：
- 糖用温度计1个
- 34厘米×34厘米的方形不锈钢模具1个
- 硅胶垫1张

准备时间：30分钟
静置时间：24小时

所需食材

- 蛋清1个
- 细砂糖25克
- 黑巧克力（可可含量70%）125克
- 整颗杏仁200克
- 去皮开心果65克

用于制作蜂蜜糖浆
- 蜂蜜100克
- 葡萄糖100克

用于制作热糖浆
- 水50毫升
- 细砂糖150克
- 葡萄糖75克

制作步骤

用糕点专用电动搅拌器打发蛋清至绵密的泡沫质地，随后加入细砂糖。继续慢速打发，但不要过度打发。

将制作蜂蜜糖浆的蜂蜜和葡萄糖倒入小锅中加热至120℃。

将制作热糖浆的水、细砂糖和葡萄糖倒入另一个小锅中加热至140℃。

用水浴法融化切碎的巧克力。

不停搅拌，将蜂蜜糖浆倒入蛋白中，随后倒入热糖浆。继续慢速搅拌8分钟。

加入融化的巧克力，最后用橡胶刮刀加入烤制过的整颗杏仁和开心果。

将牛轧糖装入放在硅胶垫上的不锈钢模具内。室温静置24小时。

将牛轧糖切块，尽快用糖纸包好。

奶油酱 (Crèmes à tartiner)

可制作500克
所需用具:
• 温度计1个
准备时间:30分钟
静置时间:2小时

半盐焦糖奶油酱 (La crème à tartiner au caramel demi-sel)

所需食材

• 葡萄糖178克
• 红糖70克
• 糖178克
• 淡奶油 (脂肪含量35%) 210毫升
• 香草荚1根
• 盐之花2克
• 黄油107克
• 金色巧克力 (Dulcey牌) 107克

制作步骤

将葡萄糖、红糖和糖倒入小锅中加热至180℃,制成焦糖。将奶油和剖开的香草荚煮沸,将热奶油倒入焦糖中,搅拌均匀使焦糖溶解。
关火后加入盐之花、切成块的黄油和巧克力,搅拌均匀。
将奶油酱装入密封罐中,放入冰箱冷藏保存。

红色水果奶油酱 (La crème à tartiner aux fruits rouges)

所需食材

• 糖235克
• 淡奶油 (脂肪含量35%) 95克
• 覆盆子果肉100克
• 黑加仑果肉60克
• 黄柠檬汁45毫升
• 葡萄糖35克
• 可可脂55克

制作步骤

将糖、淡奶油、果肉、柠檬汁和葡萄糖倒入小锅。
中火加热至108℃,其间不停搅拌。当果酱加热至指定温度时,关火,加入可可脂,用打蛋器搅拌均匀。
将红色水果奶油酱装入密封罐内,放入冰箱冷藏保存。

开心果奶油酱 (La crème à tartiner pistache)

所需食材

• 浓缩牛奶425克
• 转化糖浆50克
• 白巧克力150克
• 糖衣开心果350克
• 开心果油75毫升

制作步骤

将浓缩牛奶、转化糖浆倒入小锅中煮沸。
将煮沸的液体倒入巧克力中,搅拌均匀。随后加入糖衣开心果和开心果油,搅拌均匀。
将开心果奶油酱装入密封罐内,放入冰箱冷藏保存。

榛子奶油酱 (La crème à tartiner noisette)

所需食材

• 浓缩牛奶425克
• 转化糖浆50克
• 法芙娜超苦巧克力150克
• 糖衣榛子175克
• 糖衣杏仁175克
• 榛子油75毫升

制作步骤

将浓缩牛奶和转化糖浆倒入小锅中煮沸。
将煮沸的液体倒入巧克力中,搅拌均匀。随后加入糖衣榛子、糖衣杏仁和榛子油,搅拌均匀。
将奶油酱装入密封罐内,放入冰箱冷藏保存。

热带水果奶油酱 (La crème à tartiner aux fruits exotiques)

所需食材

• 百香果果肉95克
• 杧果果肉95克
• 糖235克
• 葡萄糖35克
• 波旁香草荚½根
• 淡奶油 (脂肪含量35%) 95克
• 可可脂55克

制作步骤

将果肉、糖、葡萄糖、剖开的香草荚和淡奶油倒入小锅内。
中火加热至108℃,其间不停搅拌。当果酱加热至指定温度时,关火后加入可可脂,用打蛋器搅拌均匀。
将热带水果奶油酱装入密封罐内,放入冰箱冷藏保存。

焦糖（Caramels）

含盐黄油焦糖（Caramels au beurre salé）

可制作1千克

所需用具：
- 糖用温度计1个
- 34厘米×8厘米的不锈钢模具1个
- 硅胶垫1张

准备时间：30分钟
静置时间：6小时

所需食材

- 糖415克
- 葡萄糖69克
- 波旁香草荚2根
- 淡奶油（脂肪含量35%）220毫升
- 盐之花4克
- 半盐黄油264克

将淡奶油、盐之花、剖开的香草荚倒入小锅中煮沸。

将糖和葡萄糖倒入另一个小锅中加热至165℃，制成浓稠的焦糖。

焦糖制成后关火，倒入热奶油。

继续加热至130℃，其间不停搅拌。

关火后加入半盐黄油，搅拌均匀。

将焦糖倒入放在硅胶垫上的不锈钢模具中。
室温静置6小时冷却。
将焦糖切成方块，或根据需求切成其他形状。
将焦糖用糖纸包好，放入冰箱冷藏保存。

热带水果焦糖（Les caramels aux fruits exotiques）

所需食材

- 百香果果肉200克
- 杧果果肉180克
- 糖440克
- 葡萄糖60克
- 波旁香草荚1根
- 淡奶油（脂肪含量35%）170毫升
- 黄油95克

制作步骤

将果肉、糖、葡萄糖、剖开的香草荚和淡奶油倒入小锅，中火加热至125℃，其间不停搅拌。
当焦糖加热至指定温度时，关火，加入黄油，用打蛋器搅拌均匀。
将焦糖倒入放在硅胶垫上的不锈钢模具中。
室温静置6小时冷却。
将焦糖切成方块，或根据需求切成其他形状。
将焦糖用糖纸包好，放入冰箱冷藏保存。

黑加仑焦糖（Les caramels au cassis）

所需食材

- 黑加仑果肉230克
- 草莓果肉80克
- 柠檬汁75毫升
- 糖440克
- 葡萄糖60克
- 淡奶油（脂肪含量35%）170毫升
- 黄油95克

制作步骤

将果肉、糖、葡萄糖和淡奶油倒入小锅，中火加热至125℃，其间不停搅拌。

当焦糖加热至指定温度时，关火，加入黄油，用打蛋器搅拌均匀。

将焦糖倒入放在硅胶垫上的不锈钢模具中。

室温静置6小时冷却。

将焦糖切成方块，或根据需求切成其他形状。

将焦糖用糖纸包好，放入冰箱冷藏保存。

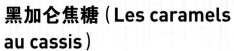

坚果焦糖（Caramels aux fruits secs）

咖啡核桃焦糖（Caramels au café et pécan）

可制作1千克
所需用具：
• 糖用温度计1个
• 34厘米×8厘米的不锈钢模具1个
• 硅胶垫1张
准备时间：30分钟
静置时间：6小时

所需食材

• 糖415克
• 葡萄糖69克
• 淡奶油（脂肪含量35%）220毫升
• 盐之花4克
• 黄油264克
• 咖啡粉10克
• 速溶咖啡5克
• 核桃碎100克

制作步骤

烤箱预热至170℃（温度调至5—6挡）。
将核桃碎铺在烤盘上，入烤箱烤制8分钟。
将淡奶油和盐之花倒入小锅中煮沸。
加入咖啡粉和速溶咖啡。
将糖和葡萄糖倒入另一个小锅中加热至165℃，制成浓稠的焦糖。
将咖啡奶油过滤，倒入焦糖中，搅拌均匀使焦糖溶解。
继续加热至130℃，其间不停搅拌。
关火后加入黄油和核桃碎，搅拌均匀。
将焦糖倒入放在硅胶垫上的不锈钢模具中。
室温静置6小时冷却。
将焦糖切成方块，或根据需求切成其他形状。
将焦糖用糖纸包好，放入冰箱冷藏保存。

冬加豆杏仁焦糖（Caramels à la fève de tonka et amandes）

所需食材

• 糖415克
• 葡萄糖69克
• 淡奶油（脂肪含量35%）220毫升
• 盐之花4克
• 黄油264克
• 杏仁100克
• 冬加豆1颗

制作步骤

烤箱预热至170℃（温度调至5—6挡）。
将杏仁铺在烤盘上，入烤箱烤制8分钟。
将淡奶油和盐之花倒入小锅中煮沸。
加入切碎的冬加豆。
将糖和葡萄糖倒入另一个小锅中加热至165℃，制成浓稠的焦糖。
将奶油过滤，倒入焦糖中，搅拌均匀使焦糖溶解。
继续加热至130℃，其间不停搅拌。
关火后加入黄油和杏仁，搅拌均匀。
将焦糖倒入放在硅胶垫上的不锈钢模具国。
室温静置6小时冷却。
将焦糖切成方块，或根据需求切成其他形状。
将焦糖用糖纸包好，放入冰箱冷藏保存。

榛子焦糖（Caramels aux noisettes）

所需食材

• 糖415克
• 葡萄糖69克
• 波旁香草荚2根
• 淡奶油（脂肪含量35%）220毫升
• 盐之花4克
• 半盐黄油264克
• 整颗榛子100克

制作步骤

烤箱预热至170℃（温度调至5—6挡）。
将榛子铺在烤盘上，入烤箱烤制9分钟。
将淡奶油和盐之花倒入小锅中煮沸。
将糖和葡萄糖倒入另一个小锅中加热至165℃，制成浓稠的焦糖。
将热奶油倒入焦糖中，搅拌均匀使焦糖溶解。
继续加热至130℃，其间不停搅拌。

关火后加入黄油和榛子，搅拌均匀。
将焦糖倒入放在硅胶垫上的不锈钢模具中。
室温静置6小时冷却。
将焦糖切成方块或长方形，或根据需求切成其他形状。
将焦糖用糖纸包好，放入冰箱冷藏保存。

柠檬开心果焦糖（Caramels au citron et pistache）

所需食材

- 糖415克
- 葡萄糖69克
- 波旁香草荚2根
- 淡奶油（脂肪含量35%）220毫升
- 盐之花4克
- 黄油264克
- 整颗开心果100克
- 1个柠檬的皮

制作步骤

烤箱预热至170℃（温度调至5—6挡）。
将开心果铺在烤盘上，入烤箱烤制9分钟。
将淡奶油和盐之花倒入小锅中煮沸。
加入柠檬皮，盖上锅盖，浸泡30分钟。
将糖、香草荚和葡萄糖倒入另一个小锅中加热至165℃，制成浓稠的焦糖。
将热奶油倒入焦糖中，搅拌均匀使焦糖溶解。
继续加热至130℃，其间不停搅拌。
关火后加入黄油和烤制的开心果，搅拌均匀。
将焦糖倒入放在硅胶垫上的不锈钢模具中。
室温静置6小时冷却。
将焦糖切成方块或长方形，或根据需求切成其他形状。
将焦糖用糖纸包好，放入冰箱冷藏保存。

糖饼（Nougatine）

可制作400克
所需用具：
• 硅胶垫1张
准备时间：25分钟

所需食材

• 杏仁片120克
• 细砂糖260克
• 葡萄糖100克

烤箱预热至170℃（温度调至5—6挡）。
将杏仁片铺在烤盘上，入烤箱烤制7分钟，直至
杏仁片烤熟。
将细砂糖和葡萄糖倒入小锅，小火溶化，其间
不停搅拌。

当焦糖变为棕色时，继续小火加热。

当焦糖质地变得浓稠，加入杏仁片，用木铲搅
拌均匀。

立即将混合好的食材倒在硅胶垫上。

用刮刀趁热翻搅糖饼糊，使其逐渐冷却。当糖
饼糊开始轻微凝固，用擀面杖将其擀成薄片，
随后用刀切割成想要的形状。

轮形糖饼、圆形糖饼和糖饼碎（Anneaux, disques et opalines en nougatine）

可制作400克
准备时间：25分钟

所需食材

- 杏仁片120克
- 糖260克
- 葡萄糖100克

制作步骤

烤箱预热至170℃。

将杏仁片铺在烤盘上，入烤箱烤制7分钟，直至杏仁烤熟。

将糖和葡萄糖倒入小锅，小火溶化，其间不停搅拌。当焦糖质地变得浓稠，加入杏仁片，用木铲搅拌均匀。

立即将混合好的食材倒在硅胶垫上。用刮刀趁热翻搅糖饼糊，使其逐渐冷却。当糖饼糊开始轻微凝固，用擀面杖将其擀成薄片。

轮形糖饼

制作糖饼糊。

在不锈钢圆形模具内侧涂抹食用油。

迅速用擀面杖将糖饼糊擀成厚度为2毫米的糖饼。趁糖饼质地仍然柔软，将其切割成条状，长度与框架模具周长相等。将糖饼沿模具内壁嵌入，自然冷却变硬。

圆形糖饼

制作糖饼糊。

迅速用擀面杖将糖饼糊擀成厚度为2毫米的糖饼。用圆形模具将整张糖饼切割成圆形糖饼。自然冷却。

糖饼碎

制作糖饼糊。

将糖饼切小块，放入电动搅拌器打成粉末。

将糖饼末用细筛过滤，将粉末筛入镂空模具，模具形状可自行选择。入烤箱以160℃（温度调至5—6挡）烤制6～8分钟。

糖衣果仁（Praliné）

糖衣榛子糊（Praliné aux noisettes）

可制作1千克
所需用具：
• 糖用温度计1个
准备时间：25分钟

• 整颗榛子250 ～ 350克
• 细砂糖500克
• 盐1撮
• 水200毫升

烤箱预热至180℃（温度调至6挡）。
将榛子铺在烤盘上，入烤箱烤制8 ～ 10分钟，
直至榛子烤熟。将水、细砂糖和盐倒入小锅中
加热至125℃。

在糖浆中加入烤制过的榛子。

用刮刀不停搅拌，直至榛子表面包裹一层糖衣。
沙粒质地的糖应完全包住坚果。

继续中火加热，其间不停搅拌，防止榛子粘锅。

当焦糖加热至深棕色且开始冒烟时，将糖衣榛
子移到烘焙纸上。室温自然冷却。

将冷却的糖衣榛子饼切大块。

用电动搅拌器将糖衣榛子打碎，使榛子变为沙粒质地。

继续搅拌，直至糖衣榛子变为质地光滑均匀的糊状。

埃迪小贴士

烤制过的坚果香味更浓，糖味更淡。将糖衣榛子糊装入干燥的密封罐保存。

糖衣花生糊（Praliné aux cacahuètes）

可制作1千克
所需用具：
• 糖用温度计1个
准备时间：25分钟

所需食材

• 盐渍花生250～350克
• 细砂糖500克
• 盐1撮
• 水200毫升

制作步骤

将水、细砂糖和盐倒入小锅中加热至125℃。

加入烤制过的花生，用刮刀不停搅拌，直至花生表面包裹一层糖衣，沙粒质地的糖应完全包住坚果。

继续中火加热，其间不停搅拌，防止花生粘锅。当焦糖加热至深棕色且开始冒烟，将糖衣花生移到烘焙纸上。室温自然冷却。

将冷却的糖衣花生饼切大块。

用电动搅拌器搅拌花生饼，直至糖衣花生变为质地光滑均匀的糊状。

糖衣杏仁糊（Praliné aux amandes）

可制作1千克
所需用具：
• 糖用温度计1个
准备时间：25分钟

所需食材

• 整颗杏仁250～350克
• 细砂糖500克
• 盐1撮
• 水200毫升

制作步骤

烤箱预热至180℃（温度调至6挡）。

将杏仁铺在烤盘上，入烤箱烤制8～10分钟，直至杏仁烤熟。

将水、细砂糖和盐倒入小锅中加热至125℃。加入烤制过的杏仁，用刮刀不停搅拌，直至杏仁表面包裹一层糖衣，沙粒质地的糖应完全包住坚果。

继续中火加热，其间不停搅拌，防止杏仁粘锅。当焦糖加热至深棕色且开始冒烟，将糖衣杏仁移到烘焙纸上。室温自然冷却。

将冷却的糖衣杏仁饼切大块。

用电动搅拌器搅拌杏仁饼，直至糖衣杏仁变为质地光滑均匀的糊状。

榛子杏仁和糖衣果仁（Noisettes amandes et pralinés）

玫瑰糖衣杏仁（Pralines roses）

可制作500克
所需用具：
· 硅胶垫1张
· 糖用温度计1个
准备时间：30分钟

所需食材

· 杏仁500克
· 水50毫升
· 糖150克
· 细盐1撮
· 红色色素数滴

制作步骤

烤箱预热至180℃（温度调至6挡）。
将干果铺在烤盘上，入烤箱烤熟。

糖衣坚果

将水、糖和盐倒入小锅中加热至125℃。
加入烤制过的杏仁和色素。
用刮刀不停搅拌，直至杏仁表面均匀包裹一层
红色糖衣。
将糖衣杏仁移到烘焙纸上。

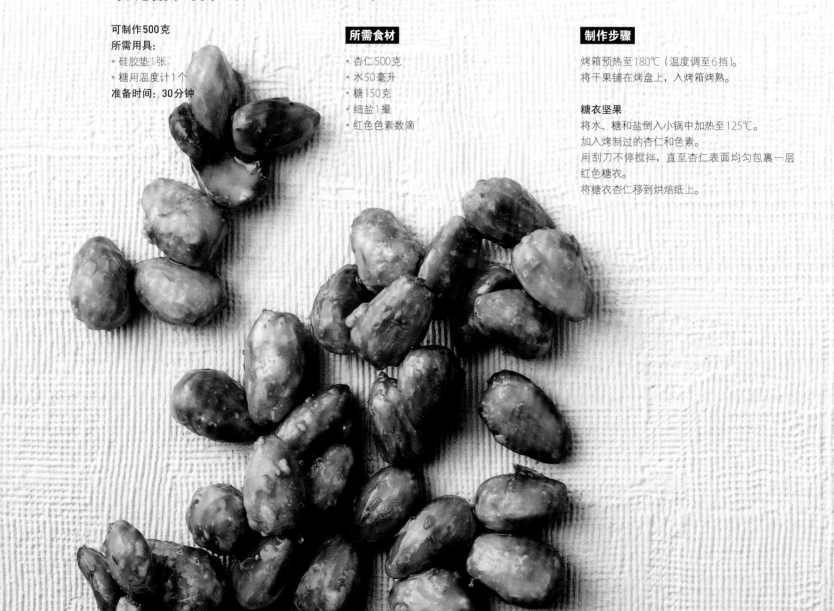

焦糖榛子或焦糖杏仁
（Noisettes ou amandes caramélisées）

所需食材

- 杏仁500克
- 水50毫升
- 糖150克
- 细盐1撮

制作步骤

烤箱预热至180℃（温度调至6挡）。
将坚果铺在烤盘上，入烤箱烤制8～10分钟，直至烤熟。
将水、糖和盐倒入小锅中加热至125℃。加入烤制过的坚果。用刮刀不停搅拌，直至坚果表面均匀地包裹一层糖衣。
继续中火加热，使糖衣变为焦糖，不停搅拌，防止坚果粘锅。将糖衣坚果移到烘焙纸上，室温自然冷却。

酥性榛子（Noisettes sablées）

所需食材

- 榛子500克
- 水50毫升
- 糖150克
- 细盐1撮

制作步骤

烤箱预热至180℃（温度调至6挡）。
将榛子铺在烤盘上，入烤箱烤制8～10分钟，直至榛子烤熟。
将水、糖和盐倒入小锅中加热至125℃。当焦糖加热至指定温度时，加入烤制过的榛子，不停搅拌，直至榛子表面均匀包裹一层糖衣。

巧克力焦糖榛子（Noisettes caramélisées au chocolat）

可制作1千克
所需用具：
• 硅胶垫1张
• 耐热手套1副
• 巧克力叉1个
准备时间：1小时

所需食材

• 整颗榛子500克
• 糖150克
• 细盐1撮
• 水60毫升
• 液态黑巧克力（可可含量66%）500克（参照第536页）

制作步骤

烤箱预热至200℃（温度调至6—7挡）。
将榛子铺在烤盘上，入烤箱烤制6～8分钟。
榛子出烤箱后将其碾压去壳。
将水、糖和盐倒入小锅中加热至125℃。
加入榛子，不停搅拌，使榛子表面均匀包裹一层焦糖。将焦糖榛子移到硅胶垫上。
戴上耐热手套，迅速将焦糖榛子堆成金字塔形：下层3颗，上层1颗。

组合食材
液态黑巧克力（参照第536页）。
用叉子将组合好的金字塔形榛子依次浸入巧克力中。静置凝固。

焦糖榛子拼盘（Mendiants aux noisettes caramélisées）

可制作1千克
所需用具：
• 裱花袋1个
• 8厘米×20厘米的镂空模具1个
• 温度计1个
准备时间：1小时

所需食材

• 烤盐渍榛子500克
• 糖150克
• 细盐1撮
• 水50毫升
• 液态黑巧克力（可可含量66%）500克（参照第536页）

制作步骤

烤箱预热至200℃（温度调至6—7挡）。
将榛子铺在烤盘上，入烤箱烤制6～8分钟。
榛子出烤箱后将其碾压去壳。
将水、糖和盐倒入小锅中加热至125℃。
加入榛子，不停搅拌，使榛子表面均匀包裹一层焦糖。将焦糖榛子移到硅胶垫上。

组合食材
制作液态黑巧克力（参照第536页）。
将黑巧克力装入裱花袋，再挤入镂空模具中。放入焦糖榛子。静置凝固。

牛奶可可榛子（Noisettes lait-cacao）

可制作1千克
所需用具：
• 温度计1个
准备时间：1小时

所需食材

• 焦糖榛子500克（参照上文）
• 牛奶巧克力400克（参照第536页）
• 无糖可可粉100克

制作步骤

焦糖榛子（参照上文）
融化牛奶巧克力。
将装有榛子的半球形容器放入冰桶。
盆中加入⅓的液态巧克力，快速搅拌，让榛子表面均匀地包裹一层凝固的巧克力。
逐步加入剩余巧克力，不停搅拌。当榛子被巧克力完全包裹时，加入可可粉。
将巧克力榛子放在细筛上，筛去多余的可可粉。
静置凝固。

糖衣坚果巧克力片（Tablettes au praliné）

10人份
所需用具：
- 硅胶垫1张
- 温度计1个
- 巧克力片模具1组

准备时间：1小时30分钟
静置时间：4小时
烤制时间：25分钟

所需食材

用于制作脆饼
- 牛奶16毫升
- 葡萄糖12克
- 糖38克
- NH果胶1克
- 黄油31克
- 杏仁片50克

用于制作糖衣榛子糊
- 整颗榛子500克
- 水50毫升
- 糖150克
- 细盐1撮

用于制作糖衣坚果脆饼面糊
- 牛奶巧克力55克
- 可可脂55克
- 糖衣榛子500克
- 脆饼105克

用于制作液态巧克力
- 液态黑巧克力1千克（参照第536页）

制作步骤

脆饼
烤箱预热至140℃（温度调至4—5挡）。
将牛奶、葡萄糖、糖、NH果胶和黄油倒入小锅中煮沸，加入杏仁片，搅拌均匀。
将加热好的食材倒在铺有硅胶垫的烤盘上。
入烤箱烤制15分钟，自然冷却后用电动搅拌器打碎。

糖衣榛子糊
烤箱预热至180℃（温度调至6挡）。
将榛子铺在烤盘上，入烤箱烤制8～10分钟。
将水、糖和盐倒入小锅中煮沸。当糖浆温度达到125℃时，将热糖浆倒入榛子中。用刮刀不停搅拌，直至榛子表面均匀地包裹一层糖衣。
继续中火加热，使糖衣变为焦糖，不停搅拌，防止榛子粘锅。当焦糖质地浓稠且开始冒烟，将糖衣榛子移到烘焙纸上。
室温自然冷却，用搅拌器将糖衣榛子搅拌成质地均匀光滑的榛子糊。

糖衣坚果脆饼面糊
融化巧克力和可可脂。当温度达到31℃，加入糖衣榛子糊。
当巧克力开始凝固，加入脆饼，搅拌均匀。

组合食材
制作液态巧克力（参照第536页）。
将液态巧克力倒入模具内，液面高度与模具边缘平齐。
翻转模具，在其下方放置一个容器，让巧克力自然滴落。
将模具放在烤架上，下铺一张烘焙纸，轻轻抖动模具，让多余的巧克力滴落。当巧克力开始凝固时，刮去模具边缘多余的巧克力。
在模具中放入凝固的糖衣坚果脆饼，放入冰箱冷藏2小时。
倒入液态巧克力，刮去模具边缘多余的部分，放入冰箱冷藏2小时。静置凝固。

糖衣榛子巧克力片（Tablettes au praliné et noisettes）

所需食材

- 烤榛子碎500克

制作步骤

按照上文"糖衣坚果巧克力片"的步骤操作。
将巧克力装入模具后，趁巧克力尚未凝固放入榛子碎。
静置凝固。

糖衣榛子巧克力球（Rochers au praliné et noisettes）

可制作1千克
所需用具：
- 直径2厘米的半球形硅胶模具

准备时间：1小时30分钟
静置时间：24小时

所需食材

用于制作巧克力脆皮
- 液态黑巧克力1千克（参照第536页）
- 榛子300克

制作步骤

制作糖衣榛子糊（参照左侧食谱），将其装入硅胶模具中。
静置24小时凝固。
将半球形糖衣榛子两两组合成球形，浸入液态巧克力，随后包裹一层烤榛子碎。

埃迪小贴士

当模具透光，表示巧克力已完全凝固，可进行脱模。

巧克力温控（Tempérage du chocolat）

巧克力融化的温度依据巧克力类型而定。

融化巧克力的原则

融化巧克力的技艺是利用巧克力中包含的可可脂在不同温度下会融化或凝固的特性。在融化过程中，需要格外关注不同巧克力（黑巧克力、牛奶巧克力、白巧克力）的熔点。融化后的巧克力质地光滑，能够长久保存且不变色。将巧克力做成想要的造型后，需将其放在凉爽的环境中保存。冷却的液态巧克力能够从造型用的塑料围边上剥离。建议使用透明的塑料围边，方便确认巧克力是否和围边粘连。

融化巧克力的方法

用温度计精确测量巧克力在每个阶段的温度。

第一阶段：巧克力初次熔点
小火融化²/₃的巧克力，加热至指定温度。
黑巧克力：53℃/55℃
牛奶巧克力：45℃/48℃
白巧克力：45℃/48℃

第二阶段：可可脂凝固点
将剩余¹/₃未融化的巧克力切碎加入锅中，使巧克力降低至指定温度。搅拌均匀，融化新加入的巧克力。
黑巧克力：28℃/29℃
牛奶巧克力：27℃/28℃
白巧克力：26℃/27℃

第三阶段：用于制作甜品的巧克力熔点
用于制作脆皮、装饰、巧克力片和造型
黑巧克力：31℃/32℃
牛奶巧克力：30℃
白巧克力：29℃
加工各种巧克力时，都需要格外关注温度，因此温度计必不可少。在整个甜品制作过程中，需要始终确保巧克力维持精确的温度。

衍生食谱

水浴法

用水浴法融化巧克力，温度根据巧克力种类（黑巧克力、牛奶巧克力及白巧克力）而定。
将装有巧克力的容器放入冰桶内，不停搅拌，使巧克力降温。
再次用水浴法加热巧克力，直至巧克力达到可用于制作甜品的温度，其间时刻关注温度计。

衍生食谱

圆形巧克力片（Disques de chocolat）

用刮刀在塑料围边上涂抹薄薄一层巧克力。静置凝固。用尺寸合适的圆形模具切割巧克力，静置24小时凝固。从塑料围边上小心剥离圆形巧克力片。
用金属刷轻刷表面，做出装饰性的粗糙纹理。

咖啡巧克力片（Chocolat-café）

用刮刀在塑料围边上涂抹薄薄一层巧克力。静置凝固。用尺子切割成想要的形状。静置24小时凝固。
用于装饰咖啡时，在巧克力表面撒一层咖啡粉。

巧克力树叶（Feuilles en chocolat）

将刀尖浸入液态巧克力，在塑料围边上涂抹出巧克力树叶。根据需要进行造型，静置24小时凝固。

螺旋形巧克力（Spirales ou arabesques en chocolat）

用刮刀在塑料围边上涂抹薄薄一层巧克力。静置凝固。
将巧克力切割成条形。

将涂有巧克力的条形塑料围边绕圈放入模具。静置24小时凝固。

方形巧克力片（Les carrés de chocolat）

奶酪蛋糕装饰（Décor cheese cake）

用刮刀在塑料围边上涂抹薄薄一层巧克力。静置凝固。
用尺子切割成想要的形状。静置24小时凝固。

用刮刀在塑料围边上涂抹薄薄一层白巧克力。静置凝固。将其切割成正方形。加热裱花嘴。
用加热过的裱花嘴在正方形白巧克力上挖出圆形小洞。

巧克力字牌（Plaquette à graver）

用手指或小刷子将金粉涂抹在巧克力片上。

用牙签在巧克力片上刻出文字。

巧克力屑（Copeaux de chocolat）

将不锈钢烤盘放入烤箱以50℃加热。在烤盘上涂抹一层巧克力。
用金属锯齿刮刀将巧克力锉成条形，放入冰箱冷藏15分钟。

用金属刮刀将条形巧克力铲成碎屑。

甘纳许（Ganache）

浓郁黑巧克力甘纳许（Ganache au chocolat noir）

可制作1.2千克
所需用具：
• 8厘米×27厘米的长方形不锈钢模具1个
准备时间：30分钟
静置时间：24～48小时

所需食材

• 淡奶油（脂肪含量35%）250毫升
• 转化糖浆45克
• 巧克力（可可含量70%，Guanaja牌）335克
• 黄油75克

将淡奶油和转化糖浆倒入小锅中煮沸。
分3次将热奶油倒入巧克力中。每次倒入奶油后，用橡胶刮刀从内向外画圈搅拌均匀，直至甘纳许变为光滑的乳液质地。

加入切成小块的黄油。

搅拌均匀，注意不要混入气泡。

将甘纳许倒入长方形不锈钢模具内，放入冰箱冷藏24～48小时凝固。

巧克力糖衣（Trempage ou enrobage partiel）

将牙签插入杏仁糖内，将杏仁糖的一半浸入液态巧克力中。

抖掉多余的巧克力，将杏仁膏放在烘焙纸上静置凝固。

将杏仁膏糖浸入液态巧克力中。抖掉多余的巧克力。

将小叉子插入杏仁膏糖，在烘焙纸上滑动。

香草甘纳许（Ganache vanille）

所需食材

- 淡奶油（脂肪含量35%）250毫升
- 转化糖浆65克
- 波旁香草荚2根
- 白巧克力670克
- 黄油110克

制作步骤

将淡奶油、转化糖浆和从剖开的香草荚中刮下的香草籽倒入小锅中煮沸。

将巧克力切碎，取出香草籽，分3次将热奶油倒入巧克力中。每次倒入奶油后，用橡胶刮刀从内向外画圈搅拌均匀，直至甘纳许变为光滑的乳液质地。

加入切成小块的黄油，搅拌均匀，注意不要混入气泡。

将甘纳许倒入长方形不锈钢模具内，放入冰箱冷藏24～48小时凝固。

杏仁膏甘纳许（Ganache et pâte d'amandes）

所需食材

用于制作杏仁膏
- 杏仁膏（杏仁粉含量60%）400克
- 软化黄油20克

用于制作黑巧克力甘纳许
- 淡奶油（脂肪含量35%）250毫升
- 转化糖浆47克
- 苦味黑巧克力（可可含量66%）370克
- 黄油80克

制作步骤

杏仁膏
用糕点专用电动搅拌器将杏仁膏和黄油混合，搅拌直至面糊光滑均匀。
将杏仁膏涂抹于2张烘焙纸之间，厚度约为4毫米。

黑巧克力甘纳许
将淡奶油和转化糖浆倒入小锅中煮沸。
将巧克力切碎，分3次将热奶油倒入巧克力。每次倒入奶油后，用橡胶刮刀从内向外画圈搅拌均匀，直至甘纳许变为光滑的乳液质地。
加入切成小块的黄油，搅拌均匀，注意不要混入气泡。
将甘纳许倒入长方形不锈钢模具内，放入冰箱冷藏24～48小时凝固。

焦糖甘纳许（Ganache caramel）

所需食材

- 淡奶油（脂肪含量35%）100克
- 盖朗德盐（Gérande）1.5克
- 转化糖浆14克
- 黄油22克
- 糖67克
- 香草荚1根
- Arriba牌巧克力（可可含量50%）140克
- Arriba牌黑巧克力（可可含量75%）50克
- 可可脂15克

制作步骤

将淡奶油、盐、转化糖浆和黄油倒入小锅中煮沸。
过滤煮沸的液体，放好备用。
加热糖制成焦糖，加入煮沸的液体，继续加热，使焦糖溶解。
倒入切碎的巧克力和可可脂。
将甘纳许倒入长方形不锈钢模具内，放入冰箱冷藏24～48小时凝固。

青柠檬甘纳许（Ganache citron vert）

所需食材

- 淡奶油（脂肪含量35%）115克
- 转化糖浆11克
- 黑巧克力（可可含量64%）215克
- 牛奶巧克力（可可含量34%）130克
- 黄油60克
- 青柠檬汁80克
- 青柠檬皮10克

制作步骤

将淡奶油和转化糖浆倒入小锅中煮沸，倒入切碎的黑巧克力和牛奶巧克力。
搅拌均匀，制成光滑的甘纳许。
加入黄油，搅拌均匀。加入青柠檬皮和青柠檬汁。
将甘纳许倒入长方形不锈钢模具内，放入冰箱冷藏24～48小时凝固。

糖果（Bonbons）

可制作84个（1千克）
所需用具：
· 糖用温度计1个
· 硅胶垫1张

· 裱花袋1个
· 直径2厘米的半球形巧克力硅胶模具1组
· 巧克力喷枪
准备时间：1小时30分钟

半盐焦糖糖果（Bonbons au caramel demi-sel）

所需食材

· 淡奶油（脂肪含量35%）330毫升
· 盐之花4克
· 香草荚2根
· 糖200克
· 葡萄糖135克
· 黄油84克
· 牛奶巧克力（Tanariva牌）40克

用于定型
· 液态超苦黑巧克力1千克（参照第536页）

制作步骤

半盐焦糖糖果
将淡奶油、盐之花和剖开的香草荚倒入小锅中煮沸。
将糖和葡萄糖倒入另一个小锅中加热至165℃，制成浓稠的焦糖。
将热奶油逐步倒入焦糖中，搅拌均匀。
继续加热至108℃，其间不停搅拌。
关火，加入切成块的黄油和巧克力。
搅拌均匀后自然冷却。

将液态巧克力倒入半球形模具中。

翻转模具，让巧克力自然滴落。

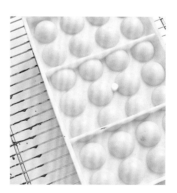

将翻转的模具放在烤架上，待模具中残留的巧克力静置凝固。

用刮刀刮去多余的巧克力。

巧克力外壳凝固后，挤入半盐焦糖。静置凝固。

在模具中倒入液态巧克力。

用液态巧克力覆盖模具，随后用刮刀抹平，放入冰箱冷藏2小时。静置凝固。

百香果甘纳许黄色糖果（Bonbons jaunes ganache passion）

所需食材

- 百香果果肉125克
- 杏肉125克
- 白糖250克
- 葡萄糖25克
- 牛奶巧克力（可可含量39%）210克
- 黄油75克

制作步骤

将水果果肉、糖和葡萄糖倒入小锅中加热至104℃。

关火，静置降温至60℃。分3次将加热好的果酱倒入融化的巧克力中，每次加入果酱后搅拌均匀。

当混合好的食材温度降至35℃时，加入切成块的黄油，搅拌成质地光滑均匀的甘纳许。放好备用。

青柠焦糖绿色糖果（Bonbons verts caramel citron vert）

所需食材

- 淡奶油（脂肪含量35%）400毫升
- 3个青柠檬的皮
- 糖300克
- 葡萄糖140克
- 青柠檬汁200毫升
- 黄油45克

制作步骤

将淡奶油和青柠檬皮倒入小锅中煮沸。

将糖和葡萄糖倒入另一个小锅中加热，制成焦糖。

将热奶油倒入焦糖中，不停搅拌使焦糖溶解，继续加热至110℃。

逐步加入青柠檬汁，搅拌均匀后继续加热至107℃。

关火，加入切成块的黄油，搅拌至质地光滑均匀。放好备用。

柑橘糖衣果仁橙色糖果（Bonbons orange praliné agrumes）

所需食材

用于制作脆饼干
- 糖38克
- NH果胶1克
- 牛奶16毫升
- 葡萄糖12克
- 黄油31克
- 杏仁碎25克
- 杏仁片25克

用于制作糖衣果仁糊
- 整颗榛子500克
- 水50毫升
- 糖150克
- 细盐1撮

用于制作柑橘糖衣果仁脆饼面糊
- 牛奶巧克力55克
- 可可脂55克
- 1个橙子的皮
- 糖渍橙子块80克
- 脆饼十105克

制作步骤

脆饼干

烤箱预热至104℃（温度调至4—5挡）。

将糖和NH果胶混合。

将牛奶和葡萄糖倒入小锅中煮沸，加入糖和NH果胶的混合物以及黄油，不停搅拌。

加入杏仁碎和杏仁片，搅拌均匀，随后将混合好的食材倒在铺有硅胶垫的烤盘上。

入烤箱烤制15分钟，自然冷却，用电动搅拌器打碎。

糖衣果仁糊

烤箱预热至180℃（温度调至6挡）。

将榛子铺在烤盘上，入烤箱烤制8～10分钟。

将水、糖和盐倒入小锅中煮沸。当糖浆加热至125℃时，加入烤制过的榛子，用刮刀搅拌，直至榛子表面均匀地包裹一层糖衣。

继续中火加热，使糖衣变为焦糖，其间不停搅拌，防止榛子粘锅。当焦糖质地浓稠开始冒烟，将糖衣榛子转移到烘焙纸上。

室温自然冷却，搅拌直至糖衣榛子糊质地光滑均匀。

柑橘糖衣果仁脆饼面糊

融化巧克力和可可脂，当温度达到31℃时，倒入糖衣果仁糊，搅拌均匀。

当巧克力开始凝固，加入脆饼干、糖渍橙子块和橙皮。搅拌均匀。

浆果焦糖红色糖果（Bonbons rouges caramel fruits des bois）

所需食材

- 覆盆子果肉125克
- 黑加仑果肉125克
- 糖250克
- 葡萄糖25克
- 牛奶巧克力（可可含量40%）200克
- 黄油75克

制作步骤

将果肉、糖和葡萄糖倒入小锅中加热至104℃。
关火，自然冷却至80℃。
将果酱分3次倒入融化的巧克力中，每次倒入果酱后搅拌均匀。
当果酱甘纳许温度降至35℃时，加入切成块的黄油。
搅拌均匀，放好备用。

黄色、绿色、橙色和红色糖果的组合（Le montage des bonbons jaunes, verts, orange et rouges）

所需食材

- 多色可可脂（黄色、绿色、橙色和红色）200克（参照第576页）
- 黑巧克力（可可含量64%）1千克（参照第536页）

制作步骤

将多色可可脂加热至30℃融化，用喷枪将其喷入半球形模具。
刮去多余的部分，静置凝固。
将液态黑巧克力注入模具。
翻转模具，将模具放在烤架上，让巧克力自然滴落。
在巧克力凝固之前，擦干净模具边缘。静置凝固。
将前文中制成的果酱甘纳许加热至28℃，装入裱花袋，挤入装有相应颜色可可脂的模具中。
放入冰箱冷藏24小时凝固。
在模具中倒入液态巧克力，用刮刀抹平，放入冰箱冷藏2小时。静置凝固。

一口酥（Bouchées）

柠檬椰香一口酥（Bouchées citron coco）

30份
所需用具：
- 温度计1个
- 2厘米×8厘米的一口酥模具1组
- 硅胶垫1张
- 裱花袋1个
- 巧克力喷枪1个
准备时间：1小时30分钟

所需食材

用于制作黄柠檬酱
- 柠檬果酱450克（参照第510页）

用于制作椰蓉脆饼酥
酥饼
- 面粉112克
- 杏仁粉52克
- 糖52克
- 酵母3克
- 黄油98克
- 盐3克
- 蛋黄30克（1.5个）

椰蓉脆饼干
- 白巧克力305克
- 糖衣榛子18克
- 米花45克
- 玉米片45克
- 椰蓉375克
- 糖渍柠檬块114克

用于组合食材
- 液态巧克力1千克（参照第536页）
- 黄色喷砂（参照第576页）

制作步骤

黄柠檬酱（参照第510页）

酥饼
烤箱预热至150℃（温度调至5挡）。
用糕点专用电动搅拌器将除蛋黄之外的所有食材混合。
搅拌至面团质地均匀，加入蛋黄。
将面团掰成小块，放在铺有硅胶垫的烤盘上。
入烤箱烤制15分钟。

椰蓉脆饼干
融化巧克力。
将所有食材混合均匀，加入酥饼碎。
加入巧克力，搅拌至质地均匀。
放入冰箱冷藏30分钟。

组合食材
用巧克力喷枪在模具中喷洒30℃的黄色液态可可脂。
刮去多余的部分，静置凝固。
在模具中装入液态巧克力。翻转模具，让巧克力自然滴落，随后刮去边缘多余的部分。
将翻转的模具放在烤架上。在巧克力凝固之前，擦干净模具边缘，随后静置凝固。

将黄柠檬酱装入裱花袋，挤入一口酥模具。

加入椰蓉酥，静置24小时凝固。

将白色液态巧克力倒入模具中，让巧克力覆盖表面。

用刮刀抹平，放入冰箱冷藏2小时。静置凝固。

糖衣花生半盐焦糖一口酥（Bouchées caramel demi-sel et praliné cacahuète）

所需食材

用于制作半盐焦糖
- 淡奶油（脂肪含量35%）330毫升
- 盐之花4克
- 香草荚2根
- 糖200克
- 葡萄糖135克
- 黄油84克
- 牛奶巧克力（Tanariva牌）40克

用于制作脆饼干
- 牛奶16毫升
- 葡萄糖12克
- 糖38克
- NH果胶1克
- 黄油31克
- 杏仁碎25克
- 杏仁片25克

用于制作糖衣花生糊
- 水50毫升
- 糖150克
- 烤盐渍花生500克

用于制作糖衣脆饼干面糊
- 牛奶巧克力55克
- 可可脂55克
- 脆饼干105克
- 糖衣花生糊500克

用于组合食材
- 液态牛奶巧克力1千克（参照第536页）

制作步骤

半盐焦糖
将淡奶油、盐之花和剖开的香草荚倒入小锅中加热。
将糖和葡萄糖倒入另一个小锅加热至165℃，制成浓稠的焦糖。
加入热奶油，不停搅拌，继续加热至108℃。
关火，加入黄油和巧克力。搅拌直至质地光滑均匀。

脆饼干
烤箱预热至140℃（温度调至4—5挡）。
将牛奶、葡萄糖、糖和NH果胶煮沸。
加入杏仁片和杏仁碎，搅拌均匀后倒在铺有硅胶垫的烤盘上。
入烤箱烤制15分钟，自然冷却后，用电动搅拌器打碎。

糖衣花生糊
将水和糖倒入小锅中煮沸。当糖浆加热至125℃，加入花生，用刮刀搅拌均匀。花生表面应均匀地包裹一层沙粒质地的糖衣。
继续中火加热，使糖衣变为焦糖，其间不停搅拌，防止花生粘锅。当焦糖质地浓稠，将花生移到烘焙纸上，室温自然冷却。
用电动搅拌器将糖衣花生搅拌成质地均匀光滑的面糊。

糖衣脆饼干面糊
融化巧克力和可可脂，当温度达到31℃时，加入500克糖衣花生糊。当巧克力开始凝固，加入105克脆饼干碎，搅拌均匀。

组合食材
将液态牛奶巧克力倒入条形模具中。
翻转模具，让巧克力自然滴落，仅余薄薄一层巧克力粘在模具壁上。
将翻转的模具放在烤架上，用刮刀刮平边缘。在巧克力凝固之前，擦干净模具边缘，随后静置凝固。
用装有打蛋头的糕点专用电动搅拌器将半盐焦糖搅拌5～8分钟。将焦糖装入裱花袋内。
将28℃左右的焦糖挤入装有巧克力脆皮的模具中。
放入冰箱冷藏2小时，随后在模具中装入糖衣脆饼干面糊，液面高度距离模具边缘1毫米。静置24小时凝固。
将液态巧克力倒入模具中，让巧克力覆盖表面。用刮刀抹平，放入冰箱冷藏2小时。静置凝固。

柠檬巧克力一口酥（Bouchées citron et croustillant chocolat）

所需食材

用于制作牛奶柠檬巧克力甘纳许
- 淡奶油（脂肪含量35%）250毫升
- 转化糖浆75克
- 牛奶巧克力（可可含量40%）500克
- 2个青柠檬的皮
- 黄油112克

用于制作巧克力脆饼酥
巧克力酥饼
- 面粉90克
- 糖霜90克
- 淀粉18克
- 杏仁粉60克
- 半盐黄油90克
- 可可粉20克

巧克力脆饼干
- 榛子碎35克
- 黑巧克力（可可含量64%）45克
- 玉米片90克
- 糖衣榛子55克
- 榛子膏35克
- 盐之花1克
- 腌生姜碎60克
- 杏仁酥10克

用于组合食材
- 液态巧克力1千克（参照第536页）
- 绿色喷砂（参照第576页）

制作步骤

牛奶柠檬巧克力甘纳许
将淡奶油和转化糖浆倒入小锅中煮沸。
将巧克力切碎，加入柠檬皮，用橡胶刮刀将1/3的热奶油倒入巧克力中，从内向外画圈搅拌均匀。分2次加入剩余奶油，用同样方式搅拌成质地光滑的乳液质地。
当甘纳许温度降至35℃时，加入切成小块的黄油。搅拌均匀，注意不要混入气泡。

巧克力酥饼
烤箱预热至150℃（温度调至5挡）。
用糕点专用电动搅拌器将所有食材混合。
搅拌至面团质地均匀，将面团掰成小块，放在铺有硅胶垫的烤盘上。
入烤箱烤制15分钟。

巧克力脆饼干
烤箱预热至170℃（温度调至5—6挡），将杏仁和榛子铺在烤盘上，入烤箱烤制8分钟。自然冷却。
融化黑巧克力。
用糕点专用电动搅拌器将所有食材混合，将此前做好的巧克力酥饼碾碎，加入食材中。继续搅拌成质地光滑的面糊。

将面糊涂抹在2张烘焙纸之间，放入冰箱冷藏保存。
将面饼切割成比模具尺寸略小的条形，放入冰箱冷藏保存。

组合食材
用巧克力喷枪在模具中喷洒30℃的绿色液态可可脂。
刮去多余的部分，静置凝固。
在模具中装入液态巧克力。翻转模具，让巧克力自然滴落，随后刮去边缘多余的部分。
将翻转的模具放在烤架上。在巧克力凝固之前，擦干净模具边缘，随后静置凝固。
将牛奶柠檬巧克力甘纳许装入裱花袋，再挤入一口酥模具内。
加入巧克力脆饼酥，静置24小时凝固。
将液态巧克力倒入模具中，让巧克力覆盖表面。用刮刀抹平，放入冰箱冷藏2小时。静置凝固。

樱桃酒一口酥（Bouchées griottes et kirsch）

所需食材

用于制作樱桃面糊
- 樱桃果肉250克
- 糖237克
- 果胶6克
- 葡萄糖12克
- 柠檬酸4克

用于制作樱桃酒甘纳许
- 淡奶油（脂肪含量35%）190毫升
- 转化糖浆40克
- 黄油50克
- 白巧克力430克
- 樱桃酒45毫升

用于组合食材
- 液态巧克力1千克（参照第536页）
- 红色喷砂（参照第576页）

制作步骤

樱桃面糊
将果肉加热至40℃。
将50克糖和NH果胶混合，加入果肉，搅拌均匀。
将混合了糖和NH果胶的果肉继续加热至沸腾，加入剩余的糖，再次煮沸。加入葡萄糖，继续加热至106℃。关火，加入柠檬酸，搅拌均匀后将其装入放在硅胶垫上的不锈钢模具内。

樱桃酒甘纳许
将淡奶油和转化糖浆倒入小锅中煮沸。
分3次将热奶油倒入切碎的巧克力中，用橡胶刮刀从内向外画圈搅拌，直至甘纳许变为光滑的乳液质地。
当甘纳许温度降至35℃时，加入切成小块的黄油。搅拌均匀，注意不要混入气泡。

组合食材
用巧克力喷枪在模具中喷洒30℃的红色液态可可脂。

刮去多余的部分，静置凝固。

在模具中装入液态巧克力。翻转模具，让巧克力自然滴落，随后刮去边缘多余的部分。

将翻转的模具放在烤架上。在巧克力凝固之前，擦干净模具边缘，随后静置凝固。

将樱桃酒甘纳许装入裱花袋，再挤入一口酥模具内，液面高度约为模具高度的一半。

将樱桃面糊切割成比模具尺寸略小的条形，将其放入模具。静置24小时凝固。

将液态巧克力倒入模具中，让巧克力覆盖表面。用刮刀抹平，放入冰箱冷藏2小时。静置凝固。

咖啡巧克力脆饼一口酥（Bouchées café et croustillant chocolat）

所需食材

用于制作咖啡甘纳许
- 淡奶油（脂肪含量35%）290毫升
- 咖啡豆碎5颗
- 咖啡粉20克
- 速溶咖啡5克
- 转化糖浆30克
- 黑巧克力（可可含量70%）200克
- 黑巧克力（可可含量66%）125克
- 黄油37克

用于制作巧克力脆饼酥
巧克力酥饼
- 面粉90克
- 糖霜90克
- 淀粉18克
- 杏仁粉60克
- 黄油90克
- 盐2克
- 可可粉20克

巧克力脆饼干
- 榛子碎25克
- 杏仁碎10克
- 黑巧克力（可可含量64%）45克
- 玉米片90克
- 糖衣榛子55克
- 榛子膏35克
- 盐之花1克
- 糖渍橙子块60克

用于组合食材
- 液态巧克力1千克（参照第536页）
- 橙色喷砂（参照第576页）

制作步骤

咖啡甘纳许
提前1天将淡奶油、咖啡豆、咖啡粉和速溶咖啡混合。静置浸泡1晚。

制作当天，将淡奶油过筛煮沸，倒入切碎的巧克力和转化糖浆。搅拌成质地光滑的甘纳许。

当甘纳许温度降至35℃时，加入切成小块的黄油。搅拌均匀，注意不要混入气泡。

巧克力酥饼
烤箱预热至150℃（温度调至5挡）。

用糕点专用电动搅拌器将所有食材混合。

搅拌至面团质地均匀，将面团掰成小块，放在铺有硅胶垫的烤盘上。

入烤箱烤制15分钟。

巧克力脆饼干
烤箱预热至170℃（温度调至5—6挡），将杏仁碎和榛子碎铺在烤盘上，入烤箱烤制8分钟。自然冷却。

融化黑巧克力。

用糕点专用电动搅拌器将所有食材混合，加入巧克力酥饼。继续搅拌成质地光滑的面糊。

将面糊涂抹在2张烘焙纸之间，放入冰箱冷藏保存。

将面饼切割成比模具尺寸略小的条形，放入冰箱冷藏保存。

组合食材
用巧克力喷枪在模具中喷洒30℃的橙色液态可可脂。

刮去多余的部分，静置凝固。

在模具中装入液态巧克力。翻转模具，让巧克力自然滴落，随后刮去边缘多余的部分。

将翻转的模具放在烤架上。在巧克力凝固之前，擦干净模具边缘，随后静置凝固。

将咖啡甘纳许装入裱花袋，再挤入一口酥模具内。

加入巧克力脆饼酥，静置24小时凝固。

将液态巧克力倒入模具，让巧克力覆盖表面。用刮刀抹平，放入冰箱冷藏2小时。静置凝固。

巧克力片（Tablettes）

牛奶巧克力（Chocolat au lait）

10份
所需用具：
- 温度计1个
- 硅胶垫1张
- 15厘米×7厘米的巧克力片模具
- 裱花袋1个

准备时间：2小时
静置时间：24小时
烤制时间：25分钟

所需食材

用于制作半盐焦糖
- 淡奶油（脂肪含量35%）330毫升
- 盐之花4克
- 香草荚2根
- 糖200克
- 葡萄糖135克
- 黄油84克
- 牛奶巧克力（Tanariva牌）40克

用于制作花生脆酥饼
酥饼面糊
- 面粉225克
- 杏仁粉105克
- 糖105克
- 酵母6克
- 黄油195克
- 盐6克
- 蛋黄60克（3个）

花生脆饼干
- 白巧克力360克
- 葵花籽油36毫升
- 玉米片180克
- 烤盐渍花生100克

用于制作焦糖慕斯（需提前1天制作）
- 淡奶油（脂肪含量35%）150毫升
- 糖260克
- 牛奶巧克力（可可含量34%）315克
- 黑巧克力（可可含量64%）155克
- 黄油400克

用于组合食材
- 液态牛奶巧克力1千克
- 焦糖榛子100克

制作步骤

半盐焦糖
将奶油、盐之花和剖开的香草荚倒入小锅中煮沸。
将糖和葡萄糖倒入另一个小锅中加热至165℃，制成浓稠的焦糖。
加入热奶油，搅拌均匀，使焦糖溶解。
继续加热至108℃，其间不停搅拌。
关火，加入切成块的黄油和巧克力。
搅拌均匀，自然冷却。

酥饼面糊
烤箱预热至150℃（温度调至5挡）。
用糕点专用电动搅拌器将除蛋黄外的所有食材混合。
搅拌至面团质地均匀，加入蛋黄。
将面团掰成小块，放在铺有硅胶垫的烤盘上，入烤箱烤制25分钟。

花生脆饼干
小火融化巧克力，和所有食材混合，加入此前做好的酥饼脆块，搅拌均匀。
放入冰箱冷藏保存。

焦糖慕斯
将淡奶油煮沸，放好备用。
将糖倒入小锅中，加热制成焦糖。
将热奶油倒入焦糖中，不停搅拌使焦糖溶解。
将焦糖奶油逐步倒入巧克力中，搅拌均匀，盖上保鲜膜，放入冰箱冷藏至彻底冷却。
将焦糖巧克力奶油装入搅拌桶内，加入切成块的黄油，用装有打蛋头的糕点专用电动搅拌器打发。

组合食材
将液态牛奶巧克力倒入巧克力片模具中。
翻转模具，让巧克力自然滴落，随后刮去边缘多余的部分。
将翻转的模具放在烤架上。在巧克力凝固之前，擦干净模具边缘，随后静置凝固。
将焦糖慕斯装入裱花袋，再挤入模具中。
加入半盐焦糖、花生脆酥饼、焦糖榛子，静置凝固。
将液态巧克力倒入模具中，让巧克力覆盖表面。用刮刀抹平，静置24小时凝固。

将焦糖慕斯装入裱花袋，再挤入模具中。

加入半盐焦糖和焦糖榛子。

加入花生脆酥饼。

静置凝固。将液态巧克力倒入模具中，让巧克力覆盖表面。

用刮刀刮平，静置24小时凝固。

黑巧克力（Chocolat noir）

10份
所需用具：
• 温度计1个
• 硅胶垫1张
• 15厘米×7厘米的巧克力片模具
• 裱花袋1个
准备时间：2小时
静置时间：24小时
烤制时间：30分钟

所需食材

用于制作坚果酥
• 牛奶16毫升
• 葡萄糖12克
• 糖38克
• NH果胶1克
• 黄油31克
• 杏仁碎25克
• 杏仁片25克

用于制作糖衣坚果面糊
• 糖衣坚果500克
• 牛奶巧克力55克
• 可可脂55克
• 坚果酥105克

用于制作巧克力脆酥饼
巧克力酥饼
• 面粉90克
• 糖霜90克
• 玉米淀粉18克
• 杏仁粉60克
• 黄油90克
• 盐2克
• 可可粉20克

脆饼干
• 烤榛子碎35克
• 杏仁碎10克
• 黑巧克力（可可含量64%）45克
• 玉米片90克
• 糖衣榛子55克
• 榛子面糊35克
• 盐之花1克
• 2个黄柠檬的皮

用于制作100克焦糖榛子（参照第531页）

用于组合食材
• 液态黑巧克力1千克（参照第536页）

制作步骤

坚果酥
烤箱预热至140℃（温度调至4—5挡）。
将牛奶、葡萄糖、糖和NH果胶倒入小锅中煮沸。
加入杏仁碎和杏仁片，搅拌均匀，倒在铺有硅胶垫的烤盘上。
入烤箱烤制15分钟，自然冷却，用电动搅拌器打碎。

糖衣坚果面糊
融化巧克力和可可脂，当温度达到31℃时，加入500克糖衣坚果。
当巧克力开始凝固，加入105克坚果酥，搅拌均匀。

巧克力脆酥饼
巧克力酥饼
烤箱预热至150℃（温度调至5挡）。
用糕点专用电动搅拌器将所有食材混合。
搅拌至面团质地均匀，将面团掰成小块，放在铺有硅胶垫的烤盘上。
入烤箱烤制15分钟。

脆饼干
小火融化黑巧克力。
用糕点专用电动搅拌器将所有食材混合，加入巧克力酥饼。继续搅拌成质地光滑的面糊。
将面糊涂抹在2张烘焙纸之间，放入冰箱冷藏保存。
面饼经冷藏会变硬。
将面饼切割成比模具尺寸略小的条形，放入冰箱冷藏保存。

焦糖榛子（参照第531页）

组合食材
在模具中装入液态黑巧克力（参照第536页）。
翻转模具，让巧克力自然滴落，随后刮去边缘多余的部分。
将翻转的模具放在烤架上。在巧克力凝固之前，擦干净模具边缘，随后静置凝固。
将糖衣坚果面糊装入裱花袋。
将糖衣坚果面糊挤入巧克力片模具中，撒上一层焦糖榛子。放入巧克力脆酥饼。
静置凝固。将液态巧克力倒入模具中，制成巧克力片。用刮刀抹平，静置24小时凝固。

白巧克力（Chocolat blanc）

10份
所需用具：
- 温度计1个
- 硅胶垫1张
- 15厘米×7厘米的巧克力片模具
- 裱花袋1个

准备时间：2小时
静置时间：24小时
烤制时间：15分钟

所需食材

用于制作椰蓉脆饼酥

酥饼
- 面粉112克
- 杏仁粉52克
- 糖52克
- 发酵粉3克
- 黄油98克
- 盐3克
- 蛋黄30克（1.5个）

椰蓉脆饼酥
- 白巧克力305克
- 糖衣榛子18克
- 米花45克
- 玉米片45克
- 椰蓉375克
- 糖渍柠檬块114克

用于制作柚子热带水果焦糖
- 百香果果肉190克
- 杧果果肉90克
- 糖470克
- 葡萄糖65克
- 波旁香草荚1根
- 淡奶油（脂肪含量35%）190毫升
- 可可脂105克
- 日本柚子汁100毫升

用于制作香草甘纳许
- 淡奶油（脂肪含量35%）305克
- 大溪地香草荚1根
- 转化糖浆60克
- 白巧克力（可可含量35%）635克
- 黄油145克

用于组合食材
- 液态白巧克力1千克

制作步骤

酥饼
烤箱预热至150℃（温度调至5挡）。
用糕点专用电动搅拌器将除蛋黄之外的所有食材混合。
搅拌至面团质地均匀，加入蛋黄。
将面团掰成小块，放在铺有硅胶垫的烤盘上。
入烤箱烤制15分钟。

椰蓉脆饼酥
融化白巧克力，和所有食材混合，加入酥饼碎，搅拌均匀。
放入冰箱冷藏保存，使其变硬。

柚子热带水果焦糖
将水果果肉、柚子汁、糖、葡萄糖、剖开的香草荚和淡奶油倒入小锅。
中火加热至108℃，其间不停搅拌。当焦糖加热至指定温度时，关火，加入可可脂，用打蛋器搅拌均匀。

香草甘纳许
将淡奶油、剖开的香草荚和转化糖浆倒入小锅中煮沸。
巧克力切碎，用水浴法融化。
将热奶油分3次倒入巧克力中，每次加入奶油后，从内向外画圈搅拌均匀，直至甘纳许变为光滑的乳液质地。
当甘纳许温度降至35℃，加入切成小块的黄油。搅拌均匀，注意不要混入气泡。

组合食材
在模具中装入液态白巧克力。
翻转模具，让巧克力自然滴落，随后刮去边缘多余的部分。
将翻转的模具放在烤架上。在巧克力凝固之前，擦干净模具边缘，随后静置凝固。
将柚子热带水果焦糖装入裱花袋，再挤入模具中。静置凝固。
将香草甘纳许装入模具，静置凝固。
放入椰蓉脆饼酥，静置24小时凝固。
将白色液态巧克力倒入模具内，让巧克力覆盖表面。用刮刀抹平，静置24小时凝固。

淋面（Glaçage）

栗子糖浆淋面（Glaçage à l'eau pour marrons glacés）

所需食材

- 糖霜280克
- 水70毫升

制作步骤

将糖霜和水混合。
将糖水倒入小锅中，小火加热至45℃。可立即取用。

> **埃迪小贴士**
> 此淋面也可用于制作杏仁牛角面包、小蛋糕和酥饼。

白色蛋糕淋面（Glaçage blanc pour entremets）

准备时间：15分钟

所需食材

用于制作白色淋面
- 吉利丁片3克（1.5片）
- 水50毫升
- 糖120克
- 葡萄糖40克
- 淡奶油80毫升
- 白巧克力（可可含量35%）80克

- X58果胶1克
- 糖5克
- 水25毫升

制作步骤

白色蛋糕淋面
将吉利丁片在冷水中浸透。沥干水。
将25毫升水、5克白糖和1克果胶混合后煮沸。
将淡奶油倒入小锅中煮沸，随后将热奶油倒入白巧克力中，搅拌均匀，制成甘纳许。
将50毫升水、60克糖和葡萄糖倒入小锅中加热至130℃。
关火后加入甘纳许、吉利丁片和果胶糖水。
搅拌均匀，温度降至40℃时使用。

> **埃迪小贴士**
> 淋面的最佳使用温度是35℃。淋面可在冰箱冷藏保存1周。

泡芙水果淋面（Glaçage aux fruits pour pâte à choux）

准备时间：15分钟
冷冻时间：35分钟

所需食材

- 杏肉果泥155克
- 杞果果泥155克
- 葡萄糖35克
- 细砂糖55克
- NH果胶8克
- 青柠檬汁1汤勺

制作步骤

将果泥和果胶倒入小锅中加热至40℃。
加入细砂糖、葡萄糖和NH果胶，搅拌均匀，煮沸后继续加热2分钟。
关火，加入柠檬汁，搅拌均匀。
将淋面倒在铺有烘焙纸的烤盘中。
放入冰箱冷冻35分钟后取用。

黑色千层酥皮淋面（Glaçage noir feuillantine pour entremets）

准备时间：15分钟

所需食材

用于制作千层酥皮淋面
- 牛奶16毫升
- 淡奶油（脂肪含量35%）75毫升
- 糖113克
- 可可粉11克
- 牛奶巧克力29克
- 金色蛋糕淋面58克
- 水16毫升
- 吉利丁片4克（2片）
- 中性蛋糕淋面37克
- 红色色素2滴

制作步骤

千层酥皮淋面
将吉利丁片在冷水中浸透。
将牛奶、淡奶油、糖、可可粉和牛奶巧克力倒入小锅中加热至104℃。
将金色蛋糕淋面和水倒入另一个小锅中加热软化，随后将其加入此前加热好的食材中。
关火，加入沥干水的吉利丁片、中性蛋糕淋面和红色色素，用打蛋器搅拌均匀，自然冷却至37℃。

婚礼蛋糕技艺（Technique wedding cake）

包裹技艺（Le masquage）

用擀面杖将糖面团擀成厚度为2毫米的面饼。

将糖面饼覆盖在蛋糕上，注意不要产生褶皱。

抹平蛋糕上方的糖面饼。注意边缘的糖面饼不要粘连。

双手轻柔延展糖面饼，使其与蛋糕侧面充分贴合，避免将糖面饼扯坏。

继续延展糖面饼至蛋糕底部，注意不要产生褶皱和裂痕，可用刮刀协助完成这一步骤。

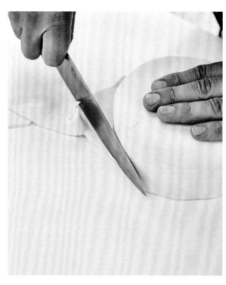

用刀切去多余的糖面饼。

装饰技艺（Pastillage）

可制作200克
准备时间：15分钟

所需食材

- 吉利丁片2克（1片）
- 白醋10克
- 糖霜190克

制作步骤

将吉利丁片在冷水中浸泡20分钟，随后沥干水，用微波炉融化。
加热白醋，随后将白醋倒入融化的吉利丁片中。
将糖霜过筛，倒入白醋和吉利丁片的混合物中。
用糕点专用电动搅拌器搅拌均匀。
用保鲜膜盖好，防止水分蒸发，尽快使用。
将制作好的食材倒在撒有玉米淀粉的工作台上，切割成想要的形状。静置风干。

皇室蛋糕淋面（Glace royale）

可制作600克

所需食材

- 白醋75毫升
- 糖霜500克
- 蛋清3个

将吉利丁片在冷水中浸透。
将沥干水的吉利丁片放入微波炉加热数秒融化。
用同样的方式加热白醋，随后将白醋和吉利丁片混合。
用糕点专用电动搅拌器将糖霜和蛋清混合，中速打发5分钟。将其加入白醋和吉利丁片的混合物中，搅拌直至质地光滑均匀。

皇室蛋糕淋面容易凝固，需尽快用于蛋糕装饰。

婚礼蛋糕（Wedding cake）

准备时间：6小时
所需用具：
- 直径180毫米、200毫米和220毫米的圆形不锈钢模具各3个
- 装有6号裱花嘴的裱花袋1个
- 温度计1个
- 直径180毫米、200毫米和220毫米食品包装盒各1个
- 条形塑料慕斯围边3张

所需食材

用于制作蛋糕基底
- 蛋白粉20克
- 糖410克
- 蛋清12个
- T45面粉60克
- 杏仁粉200克

用于制作英式奶油、黄油奶油
- 牛奶90毫升
- 糖90克
- 蛋黄4个
- 黄油410克

意式蛋白霜
- 水30毫升
- 糖130克
- 蛋清70克（2.5个）

用于制作黑巧克力慕斯
英式奶油基底
- 吉利丁片6克（3片）
- 牛奶350毫升
- 淡奶油（脂肪含量35%）350毫升
- 蛋黄8个
- 糖80克
- **慕斯**
- 黑巧克力（Manjari牌）860克
- 淡奶油（脂肪含量35%）1.1升

用于组合食材
- 糖面团1.5千克

制作步骤

蛋糕基底
将蛋白粉和160克糖混合。
用装有打蛋头的糕点专用电动搅拌器打发蛋清，其间逐步加入糖。
将面粉、杏仁粉和剩余的糖过筛。用橡胶刮刀往其中加入打发的蛋白。
将蛋白霜装入裱花袋，分别挤入直径180毫米、200毫米和220毫米的不锈钢模具中，每种模具各3个，将模具放在铺有硅胶垫的烤盘上。
入烤箱以175℃（温度调至5—6挡）烤制10～12分钟，在烤架上自然冷却。

英式奶油、黄油奶油
将牛奶和一半的糖倒入小锅中煮沸。
用剩余的糖打发蛋黄，直至蛋黄变为白色。
将煮沸的牛奶倒入蛋黄中，用打蛋器搅拌均匀，随后将液体倒回小锅继续加热至82℃，其间不停搅拌。
用糕点专用电动搅拌器搅拌英式奶油至冷却。
加入黄油，继续搅拌直至奶油质地均匀光滑。

意式蛋白霜
将水和糖倒入小锅中加热至118℃。
当糖浆加热至115℃时，用糕点专用电动搅拌器开始打发蛋清。当糖浆加热至118℃，将热糖浆倒入蛋清中，中速打发至冷却。
将意式蛋白霜加入英式奶油中，制成黄油奶油。
将黄油奶油涂抹在3张条形塑料围边上，围边的长度和3种模具的周长一致，宽度和模具高度一致。
将涂有黄油奶油的围边沿食品包装盒内壁嵌入，放入冰箱冷藏保存。

黑巧克力慕斯
将吉利丁片在冷水中浸透。
将牛奶和淡奶油煮沸。
打发蛋黄和糖，用制作英式奶油的方式加热。关火后加入沥干水的吉利丁片。
将混合好的食材倒入融化的巧克力中，用打蛋器搅拌均匀。当巧克力慕斯温度降至45℃，用橡胶刮刀逐步加入打发的奶油。

组合食材
在每个不锈钢模具底部放入一片蛋糕基底，随后一层巧克力慕斯、一层蛋糕基底交错叠放。组合好的蛋糕高度和模具高度一致。
在蛋糕表面涂抹一层黄油奶油，放入冰箱冷藏4小时。
制作蛋糕当天，脱去黄油奶油圈外的塑料慕斯围边和模具。
将糖面团擀成厚度为3毫米的面饼。
用糖面饼完全包裹住3个蛋糕，抹平表面（参照第560页）。
将3个蛋糕从大到小叠放，中间插入塑料棍，防止蛋糕塌陷。用糖面团制作花朵装饰和缎带装饰。

糖面团装饰（Décors en pâte à sucre）

所需食材

- 白色糖面团
- 食用色素（粉状或胶状）：棕色、黄色、橙色、黑色、粉色。

制作步骤

用手揉制6个白色糖面团，在其中5个糖面团中分别加入5种食用色素，揉均匀，并制成6种不同颜色的糖面团：棕色、黄色、橙色、黑色、粉色和白色。

用擀面杖将糖面团擀成厚度为1毫米的面饼。在每个面饼中切割出直径为4厘米的圆，剩余面饼放好备用。

小熊（平面）

用棕色糖面饼制作小熊的鼻子，用牙签戳出小洞。用两个中间凹陷的小球制作小熊的耳朵。

用白色糖面饼切割出两个小圆，做成眼睛，然后用2个黑色小糖面团做成眼珠。将所有元素粘在圆形棕色糖面饼上。

长颈鹿（平面）

用棕色糖面团制作长颈鹿的鼻子，戳两个小洞，做出鼻孔。

用小块圆柱形棕色糖面团做出长颈鹿脸上的斑点，用手轻轻捏成型。

用白色糖面饼切割出2个小圆，做成眼睛，然后用2个黑色小糖面团做成眼珠。

用黄色糖面团做出耳朵的形状。将所有元素粘在圆形黄色糖面饼上。

狮子（平面）

将橙色糖面团擀成面饼，用圆形花边模具切割出狮子的鬃毛。用圆形模具在中央切割出1个洞。

用棕色糖面团制作狮子的鼻子，用牙签戳出小洞。用小糖面团做出鼻尖。用两个中间凹陷的小球制作狮子的耳朵。用白色糖面饼切割出两个小圆，做成眼睛，然后用2个黑色小糖面团做成眼珠。将所有元素粘在圆形棕色糖面饼上。

小猪（平面）

用粉色糖面团制作小猪的鼻子，戳2个小洞。

用白色糖面饼切割出两个小圆，做成眼睛，然后用2个黑色小糖面团做成眼珠。

用模具切割出耳朵。将所有元素粘在圆形粉色糖面饼上。

小鸡（平面）

用白色糖面饼切割出2个小圆，做成眼睛，然后用2个黑色小糖面团做成眼珠。

用橙色糖面团制作嘴巴。用模具切割出翅膀和鸡冠。

将所有元素粘在圆形黄色糖面饼上。

兔子（平面）

用粉色糖面团制作兔子的鼻子，用牙签戳出小洞。用黑色小糖面团做出鼻尖。用白色糖面饼切割出2个小圆，做成眼睛，然后用2个黑色小糖面团做成眼珠。用刀尖在白色和粉色糖面饼上切割出耳朵的形状，随后组合在一起。将所有元素粘在圆形白色糖面饼上。

制作立体奶牛、小熊和小猪时，先用球形糖面团做出脑袋，随后用花形模具切割出花形面饼，粘贴在脑袋上。用牙签戳小洞，做成眼睛。随后用糖面团制作动物的耳朵。

水果干（Chips de fruits）

水果干（Chips de fruits）

所需用具：
• 硅胶垫1张
准备时间：15分钟
烤制时间：1小时

所需食材

• 草莓8个
• 薄荷叶若干
• 蛋清20克（1个）
• 细砂糖60克

制作步骤

烤箱预热至80℃（温度调至2—3挡）。
草莓去梗，用刀或切片器横向切薄片。
将草莓片放在铺有硅胶垫的烤盘上。
用小刷子在草莓表面轻刷一层蛋清。
用同样方式加工薄荷叶。
在草莓和薄荷叶表面撒上糖霜。
入烤箱烤制1小时，让草莓脱水，随后自然冷却。
将水果干装入密封罐保存。

苹果干（Chips de pomme）

所需用具：
• 硅胶垫1张
准备时间：15分钟
烤制时间：1小时

所需食材

• 青苹果（Granny-smith）2个
• 糖霜100克

制作步骤

烤箱预热至80℃（温度调至2—3挡）。
用刀或切片器将苹果切成薄片。将苹果片放在铺有硅胶垫的烤盘上，表面撒糖霜。
入烤箱烤制1小时，让苹果脱水，随后自然冷却。将苹果干装入密封罐保存。

埃迪小贴士

水果干应装入干燥的密封罐中保存。

附 录

食谱目录

A

阿尔萨斯奶油圆面包 ———————————— 262

B

八角杏子奶油 ——————————————— 397
巴巴面包 ————————————————— 278
巴伐利亚奶油 —————————————— 450
巴黎布丁 ————————————————— 362
巴黎斯特泡芙 —————————————— 380
巴斯克蛋糕 ——————————————— 84
白奶酪蓝莓挞 —————————————— 30
白奶酪梨挞 ——————————————— 30
白巧克力 ————————————————— 555
白巧克力甘纳许 ————————————— 400
白色蛋糕淋面 —————————————— 558
百里香覆盆子奶油 ———————————— 398
百香果甘纳许黄色糖果 —————————— 544
半盐焦糖布列塔尼酥饼 —————————— 48
半盐焦糖奶油及热带焦糖奶油 —————— 394
半盐焦糖奶油酱 ————————————— 520
半盐焦糖糖果 —————————————— 542
包裹技艺 ————————————————— 560
薄皮苹果挞 ——————————————— 254
比利时饼干 ——————————————— 332
比利时奶油饼干酥挞 ——————————— 336
冰激凌小蛋糕 —————————————— 496
波兰布里欧修面包 ———————————— 360
波兰酵头牛角面包 ———————————— 273
波浪形酥皮 ——————————————— 247
菠萝果酱 ————————————————— 510
博斯托克面包 —————————————— 266
不规则林兹派 —————————————— 72
布里欧修面包 —————————————— 260
布里欧修千层面包 ———————————— 268
布里欧修小面包 ————————————— 260
布列塔尼法荷蛋糕 ———————————— 158
布列塔尼苹果杏仁挞 ——————————— 50
布列塔尼青苹果酸味酥饼 ————————— 48
布列塔尼酥饼 —————————————— 47
布列塔尼椰子草莓酥 ——————————— 50
布鲁耶尔巧克力慕斯挞 —————————— 40
布鲁耶尔香梨慕斯挞 ——————————— 42
布鲁耶尔洋梨挞 ————————————— 39

C

草莓柑橘橄榄油蛋糕 ——————————— 124
草莓奶油蛋糕 —————————————— 382
草莓软蛋糕 ——————————————— 300
草莓软糖 ————————————————— 517
草莓挞 —————————————————— 412
草莓香草夹心冰激凌 ——————————— 448
茶香柠檬蛋糕 —————————————— 110
橙花糖浆杏仁牛角面包 —————————— 477
橙花奶油手指饼干 ———————————— 202
橙子果酱 ————————————————— 510
橙子黑糖蛋糕 —————————————— 132
橙子利口酒舒芙蕾 ———————————— 386
橙子杏仁小蛋糕 ————————————— 295
橙子杏仁小点心 ————————————— 308
传统圣多诺黑蛋糕 ———————————— 370
传统香橙奶油挞 ————————————— 440
脆皮奶油杯 ——————————————— 78
脆心蛋糕卷 ——————————————— 82

D

大理石蛋糕 ——————————————— 118
蛋白软糖 ————————————————— 517
蛋白霜千层酥 —————————————— 252
冬加豆冰激凌巧克力球 —————————— 402
冬加豆杏仁焦糖 ————————————— 524
动物酥饼 ————————————————— 59

F

法芙娜黑巧克力松软甘纳许 ——————— 400
法芙娜牛奶巧克力松软甘纳许 —————— 401
法式蛋白霜 ——————————————— 338
法式蛋白霜马卡龙 ———————————— 342
法式蛋白霜巧克力小熊马卡龙 —————— 349
法式蛋白霜香草斑马马卡龙 ——————— 347
法式塔丁苹果派 ————————————— 36
法式杏仁海绵蛋糕 ———————————— 230
方形巧克力片 —————————————— 537
风味杏仁小蛋糕 ————————————— 291
枫糖黑蛋糕 ——————————————— 130
蜂蜜玛德琳蛋糕 ————————————— 303
佛罗伦萨柑橘糖饼配酸橙奶油 —————— 314
覆盆子巴伐利亚奶油 ——————————— 452
覆盆子果冻林兹派 ———————————— 70
覆盆子果酱夹心糖糕 ——————————— 170
覆盆子林兹派 —————————————— 68
覆盆子巧克力蛋糕 ———————————— 222
覆盆子软蛋糕 —————————————— 299
覆盆子柚子挞 —————————————— 418

G

甘薯先生 ⋯⋯⋯⋯⋯⋯⋯⋯⋯⋯⋯⋯⋯⋯⋯ 208
柑橘冰激凌球 ⋯⋯⋯⋯⋯⋯⋯⋯⋯⋯⋯⋯ 487
柑橘果酱蛋糕 ⋯⋯⋯⋯⋯⋯⋯⋯⋯⋯⋯⋯ 123
柑橘糖衣果仁橙色糖果 ⋯⋯⋯⋯⋯⋯ 544
柑橘香料蛋糕 ⋯⋯⋯⋯⋯⋯⋯⋯⋯⋯⋯⋯ 126
柑橘杏仁蛋糕 ⋯⋯⋯⋯⋯⋯⋯⋯⋯⋯⋯⋯ 138
橄榄油蛋糕 ⋯⋯⋯⋯⋯⋯⋯⋯⋯⋯⋯⋯⋯ 108
歌剧院蛋糕 ⋯⋯⋯⋯⋯⋯⋯⋯⋯⋯⋯⋯⋯ 232
歌剧院蛋糕组装步骤 ⋯⋯⋯⋯⋯⋯⋯ 231
固态面糊华夫饼 ⋯⋯⋯⋯⋯⋯⋯⋯⋯⋯ 177
国王饼 ⋯⋯⋯⋯⋯⋯⋯⋯⋯⋯⋯⋯⋯⋯⋯⋯ 478
果酱 ⋯⋯⋯⋯⋯⋯⋯⋯⋯⋯⋯⋯⋯⋯⋯⋯⋯⋯ 510
果酱热内亚蛋糕 ⋯⋯⋯⋯⋯⋯⋯⋯⋯⋯ 136

H

海绵蛋糕 ⋯⋯⋯⋯⋯⋯⋯⋯⋯⋯⋯⋯⋯⋯⋯ 204
含盐黄油焦糖 ⋯⋯⋯⋯⋯⋯⋯⋯⋯⋯⋯⋯ 522
荷包蛋松塔 ⋯⋯⋯⋯⋯⋯⋯⋯⋯⋯⋯⋯⋯ 228
核桃可可酥饼 ⋯⋯⋯⋯⋯⋯⋯⋯⋯⋯⋯⋯ 55
黑加仑焦糖 ⋯⋯⋯⋯⋯⋯⋯⋯⋯⋯⋯⋯⋯ 523
黑巧克力 ⋯⋯⋯⋯⋯⋯⋯⋯⋯⋯⋯⋯⋯⋯⋯ 554
黑巧克力甘纳许 ⋯⋯⋯⋯⋯⋯⋯⋯⋯⋯ 400
黑色千层酥皮淋面 ⋯⋯⋯⋯⋯⋯⋯⋯⋯ 558
黑糖蛋糕 ⋯⋯⋯⋯⋯⋯⋯⋯⋯⋯⋯⋯⋯⋯⋯ 128
黑糖玛德琳蛋糕 ⋯⋯⋯⋯⋯⋯⋯⋯⋯⋯ 303
黑糖曲奇 ⋯⋯⋯⋯⋯⋯⋯⋯⋯⋯⋯⋯⋯⋯⋯ 95
红浆果焦糖华夫饼 ⋯⋯⋯⋯⋯⋯⋯⋯⋯ 180
红色果酱 ⋯⋯⋯⋯⋯⋯⋯⋯⋯⋯⋯⋯⋯⋯⋯ 510
红色水果玛芬 ⋯⋯⋯⋯⋯⋯⋯⋯⋯⋯⋯⋯ 148
红色水果面团 ⋯⋯⋯⋯⋯⋯⋯⋯⋯⋯⋯⋯ 508
红色水果慕斯 ⋯⋯⋯⋯⋯⋯⋯⋯⋯⋯⋯⋯ 456
红色水果奶油酱 ⋯⋯⋯⋯⋯⋯⋯⋯⋯⋯ 520
红色水果萨芭雍奶油 ⋯⋯⋯⋯⋯⋯⋯ 464
红色水果甜甜圈 ⋯⋯⋯⋯⋯⋯⋯⋯⋯⋯ 458
蝴蝶酥 ⋯⋯⋯⋯⋯⋯⋯⋯⋯⋯⋯⋯⋯⋯⋯⋯ 246
花生黄油曲奇 ⋯⋯⋯⋯⋯⋯⋯⋯⋯⋯⋯⋯ 94
皇后牛奶大米慕斯 ⋯⋯⋯⋯⋯⋯⋯⋯⋯ 460
皇室蛋糕淋面 ⋯⋯⋯⋯⋯⋯⋯⋯⋯⋯⋯⋯ 561
黄色、绿色、橙色和红色糖果的组合 ⋯⋯ 545
黄油果酱司康饼 ⋯⋯⋯⋯⋯⋯⋯⋯⋯⋯ 152
婚礼蛋糕 ⋯⋯⋯⋯⋯⋯⋯⋯⋯⋯⋯⋯⋯⋯⋯ 562
婚礼蛋糕技艺 ⋯⋯⋯⋯⋯⋯⋯⋯⋯⋯⋯⋯ 560

J

吉布斯特奶油 ⋯⋯⋯⋯⋯⋯⋯⋯⋯⋯⋯⋯ 364
夹心酥饼 ⋯⋯⋯⋯⋯⋯⋯⋯⋯⋯⋯⋯⋯⋯⋯ 52
夹心圆蛋糕 ⋯⋯⋯⋯⋯⋯⋯⋯⋯⋯⋯⋯⋯ 140
坚果类 ⋯⋯⋯⋯⋯⋯⋯⋯⋯⋯⋯⋯⋯⋯⋯⋯ 16
坚果巧克力挞 ⋯⋯⋯⋯⋯⋯⋯⋯⋯⋯⋯⋯ 354
浆果焦糖红色糖果 ⋯⋯⋯⋯⋯⋯⋯⋯⋯ 545
浆果面团 ⋯⋯⋯⋯⋯⋯⋯⋯⋯⋯⋯⋯⋯⋯⋯ 508
焦糖甘纳许 ⋯⋯⋯⋯⋯⋯⋯⋯⋯⋯⋯⋯⋯ 539

焦糖咖啡提拉米苏 ⋯⋯⋯⋯⋯⋯⋯⋯⋯ 202
焦糖奶油 ⋯⋯⋯⋯⋯⋯⋯⋯⋯⋯⋯⋯⋯⋯⋯ 394
焦糖苹果吉布斯特奶油挞 ⋯⋯⋯⋯ 368
焦糖千层卷 ⋯⋯⋯⋯⋯⋯⋯⋯⋯⋯⋯⋯⋯ 276
焦糖千层酥 ⋯⋯⋯⋯⋯⋯⋯⋯⋯⋯⋯⋯⋯ 249
焦糖榛子或焦糖杏仁 ⋯⋯⋯⋯⋯⋯⋯ 531
焦糖榛子拼盘 ⋯⋯⋯⋯⋯⋯⋯⋯⋯⋯⋯⋯ 532
经典千层酥 ⋯⋯⋯⋯⋯⋯⋯⋯⋯⋯⋯⋯⋯ 242
经典香草意式奶冻 ⋯⋯⋯⋯⋯⋯⋯⋯⋯ 408
巨型曲奇 ⋯⋯⋯⋯⋯⋯⋯⋯⋯⋯⋯⋯⋯⋯⋯ 100
俱乐部三明治橄榄油蛋糕 ⋯⋯⋯⋯ 122

K

咖啡核桃焦糖 ⋯⋯⋯⋯⋯⋯⋯⋯⋯⋯⋯⋯ 524
咖啡卡什达奶油 ⋯⋯⋯⋯⋯⋯⋯⋯⋯⋯ 359
咖啡奶油意式奶冻 ⋯⋯⋯⋯⋯⋯⋯⋯⋯ 409
咖啡奶油意式奶冻杯 ⋯⋯⋯⋯⋯⋯⋯ 410
咖啡泡芙 ⋯⋯⋯⋯⋯⋯⋯⋯⋯⋯⋯⋯⋯⋯⋯ 188
咖啡巧克力脆饼一口酥 ⋯⋯⋯⋯⋯⋯ 549
咖啡巧克力片 ⋯⋯⋯⋯⋯⋯⋯⋯⋯⋯⋯⋯ 536
咖啡挞 ⋯⋯⋯⋯⋯⋯⋯⋯⋯⋯⋯⋯⋯⋯⋯⋯ 416
咖啡榛子比利时饼干 ⋯⋯⋯⋯⋯⋯⋯ 334
咖啡榛子泡芙 ⋯⋯⋯⋯⋯⋯⋯⋯⋯⋯⋯⋯ 190
卡什达奶油 ⋯⋯⋯⋯⋯⋯⋯⋯⋯⋯⋯⋯⋯ 358
开心果覆盆子歌剧院蛋糕 ⋯⋯⋯⋯ 236
开心果慕斯奶油水果杯 ⋯⋯⋯⋯⋯⋯ 383
开心果奶油酱 ⋯⋯⋯⋯⋯⋯⋯⋯⋯⋯⋯⋯ 520
开心果巧克力奶油 ⋯⋯⋯⋯⋯⋯⋯⋯⋯ 398
烤焦糖奶油 ⋯⋯⋯⋯⋯⋯⋯⋯⋯⋯⋯⋯⋯ 396
烤焦糖奶油甜甜圈 ⋯⋯⋯⋯⋯⋯⋯⋯⋯ 399
可可瓦片 ⋯⋯⋯⋯⋯⋯⋯⋯⋯⋯⋯⋯⋯⋯⋯ 312
可可榛子歌剧院蛋糕 ⋯⋯⋯⋯⋯⋯⋯ 237
可丽饼面糊 ⋯⋯⋯⋯⋯⋯⋯⋯⋯⋯⋯⋯⋯ 174
可露丽 ⋯⋯⋯⋯⋯⋯⋯⋯⋯⋯⋯⋯⋯⋯⋯⋯ 174
快手千层酥 ⋯⋯⋯⋯⋯⋯⋯⋯⋯⋯⋯⋯⋯ 245

L

拉丝饼皮 ⋯⋯⋯⋯⋯⋯⋯⋯⋯⋯⋯⋯⋯⋯⋯ 88
拉丝糖 ⋯⋯⋯⋯⋯⋯⋯⋯⋯⋯⋯⋯⋯⋯⋯⋯ 504
兰斯饼干 ⋯⋯⋯⋯⋯⋯⋯⋯⋯⋯⋯⋯⋯⋯⋯ 196
朗姆杏仁小蛋糕 ⋯⋯⋯⋯⋯⋯⋯⋯⋯⋯ 295
梨和杏仁果冻克拉芙蒂蛋糕 ⋯⋯ 162
梨肉果冻杏仁奶油 ⋯⋯⋯⋯⋯⋯⋯⋯⋯ 472
栗子慕斯 ⋯⋯⋯⋯⋯⋯⋯⋯⋯⋯⋯⋯⋯⋯⋯ 434
栗子蛋糕卷 ⋯⋯⋯⋯⋯⋯⋯⋯⋯⋯⋯⋯⋯ 227
栗子糖浆淋面 ⋯⋯⋯⋯⋯⋯⋯⋯⋯⋯⋯⋯ 558
栗子香梨蒙布朗杯 ⋯⋯⋯⋯⋯⋯⋯⋯⋯ 436
林兹派皮 ⋯⋯⋯⋯⋯⋯⋯⋯⋯⋯⋯⋯⋯⋯⋯ 68
林兹馅饼 ⋯⋯⋯⋯⋯⋯⋯⋯⋯⋯⋯⋯⋯⋯⋯ 70
流心柠檬奶油挞 ⋯⋯⋯⋯⋯⋯⋯⋯⋯⋯ 428
流心酥饼 ⋯⋯⋯⋯⋯⋯⋯⋯⋯⋯⋯⋯⋯⋯⋯ 54
轮形糖饼、圆形糖饼和糖饼碎 ⋯⋯ 527
罗勒马鞭草柠檬挞 ⋯⋯⋯⋯⋯⋯⋯⋯⋯ 430

罗米亚饼干 ·········· 318
螺旋饼干和猫舌饼干 ·········· 318
螺旋千层酥 ·········· 248
螺旋形巧克力 ·········· 537

M

玛德琳蛋糕 ·········· 302
麦芙斯 ·········· 390
杧果软糖 ·········· 517
玫瑰雪糕棒棒糖 ·········· 494
玫瑰糖衣杏仁 ·········· 530
蒙布朗栗子奶油 ·········· 434
迷你柠檬蛋糕 ·········· 111
面粉 ·········· 10
模具 ·········· 18
摩卡杏仁蛋糕 ·········· 207
抹茶杏仁小蛋糕 ·········· 294

N

那不勒斯蛋糕 ·········· 118
奶酪蛋糕 ·········· 32
奶酪蛋糕装饰 ·········· 537
柠檬/覆盆子/原味布里欧修千层面包 ·········· 269
柠檬蛋糕 ·········· 104
柠檬覆盆子挞 ·········· 44
柠檬果酱 ·········· 510
柠檬开心果焦糖 ·········· 525
柠檬面团 ·········· 508
柠檬奶油 ·········· 424
柠檬奶油雪糕 ·········· 432
柠檬奶油香料小蛋糕 ·········· 126
柠檬泡芙 ·········· 189
柠檬巧克力一口酥 ·········· 548
柠檬乳酪薄饼 ·········· 166
柠檬椰香一口酥 ·········· 546
牛角面包 ·········· 272
牛奶可可榛子 ·········· 532
牛奶巧克力 ·········· 552
牛奶巧克力巴伐利亚奶油 ·········· 454
牛奶巧克力冰激凌 ·········· 482
牛奶巧克力冰舒芙蕾 ·········· 490
牛奶巧克力甘纳许布朗尼 ·········· 144
牛奶巧克力甘纳许蛋糕 ·········· 219
牛奶巧克力椰香蛋糕 ·········· 327
牛轧糖 ·········· 518
浓郁黑巧克力甘纳许 ·········· 538
浓郁巧克力慕斯 ·········· 468
浓郁巧克力杏仁小蛋糕 ·········· 292
浓郁松脆巧克力挞 ·········· 404
浓郁杏仁小蛋糕 ·········· 292
挪威柠檬蛋糕 ·········· 238
诺曼底苹果挞 ·········· 28

P

庞多米面包 ·········· 284
泡芙蛋糕卷 ·········· 224
泡芙 ·········· 184
泡芙水果淋面 ·········· 558
漂浮之岛 ·········· 352
苹果脆心蛋糕 ·········· 76
苹果干 ·········· 566
苹果馅饼 ·········· 26
苹果香梨肉桂蛋糕 ·········· 142
葡萄饼干 ·········· 324
葡萄干曲奇 ·········· 95

Q

千层水果吐司 ·········· 286
千层司康饼 ·········· 154
千层酥卷 ·········· 246
巧克力巴斯克蛋糕 ·········· 86
巧克力冰激凌 ·········· 482
巧克力布朗尼 ·········· 144
巧克力蛋糕 ·········· 109
巧克力覆盆子吉布斯特奶油挞 ·········· 366
巧克力焦糖榛子 ·········· 532
巧克力咖啡布丁 ·········· 362
巧克力卡仕达奶油 ·········· 359
巧克力可丽饼 ·········· 164
巧克力林兹蛋糕 ·········· 69
巧克力玛芬 ·········· 149
巧克力面包 ·········· 274
巧克力柠檬蛋糕 ·········· 112
巧克力牛轧糖 ·········· 519
巧克力泡芙 ·········· 186
巧克力千层酥 ·········· 243
巧克力球多层蛋糕 ·········· 66
巧克力曲奇 ·········· 94
巧克力软蛋糕 ·········· 220
巧克力萨芭雍奶油 ·········· 466
巧克力舒芙蕾 ·········· 384
巧克力树叶 ·········· 536
巧克力酥配黑巧克力甘纳许 ·········· 64
巧克力挞 ·········· 354
巧克力脆糖酥饼 ·········· 54
巧克力糖衣 ·········· 538
巧克力瓦片或橙子瓦片 ·········· 312
巧克力温控 ·········· 536
巧克力夏洛特 ·········· 200
巧克力香草慕斯泡沫 ·········· 356
巧克力屑 ·········· 537
巧克力新月酥饼 ·········· 53
巧克力杏仁小蛋糕 ·········· 291
巧克力雪芭 ·········· 484
巧克力椰子脆球 ·········· 62
巧克力油煎糖糕 ·········· 170

巧克力圆酥饼 ···················· 55
巧克力榛子 ···················· 406
巧克力字牌 ···················· 537
青柠焦糖绿色糖果 ············· 544
青柠檬甘纳许 ·················· 539
秋叶 ·························· 320
曲奇饼 ························ 94

R

热带什锦水果挞 ··············· 34
热带水果焦糖 ················· 522
热带水果焦糖杏仁冰慕斯 ······· 488
热带水果面团 ················· 508
热带水果慕斯 ················· 459
热带水果奶油酱 ··············· 520
热内亚蛋糕 ··················· 134
热糖浆 ······················ 502
肉桂酥饼 ····················· 52
软糖草莓挞 ··················· 374
软心法式吐司 ················· 267
瑞士蛋白霜 ··················· 341

S

萨瓦兰面包 ··················· 279
三角糖及麦芽糖 ··············· 512
三味糖浆玛德琳蛋糕 ··········· 304
尚蒂伊 ······················ 446
尚蒂伊蛋白霜饼 ··············· 446
尚蒂伊奶冻蛋白霜巴巴面包 ····· 280
什锦舒芙蕾 ··················· 386
圣诞酥饼 ····················· 52
圣多诺黑泡芙 ················· 192
圣特佩罗面包 ················· 264
胜利饼 ······················ 393
食品添加剂 ··················· 14
手指饼干 ····················· 198
熟糖果 ······················ 514
水果布里欧修小面包 ··········· 263
水果蛋糕 ····················· 116
水果干 ······················ 566
水果糖 ······················ 506
水果夏洛特 ··················· 226
水果雪芭 ····················· 484
水油酥饼皮基底（垫底饼皮）····· 24
司康饼 ······················ 152
松子杏仁小点心 ··············· 309
酥饼树 ······················ 60
酥饼水果三明治 ··············· 65
酥脆庞多米草莓奶香米饭 ······· 286
酥脆华夫饼 ··················· 178
酥脆坚果布朗尼 ··············· 145
酥脆坚果达克瓦兹蛋糕 ········· 214
酥脆焦糖巧克力挞 ············· 330

酥脆泡芙 ····················· 186
酥脆糖渍苹果 ················· 92
酥皮苹果馅饼 ················· 254
酥性面皮 ····················· 46
酥性面皮基底 ················· 46
酥性糖球 ····················· 64
酥性榛子 ····················· 531
酸味果冻蛋白挞 ··············· 426

T

糖 ·························· 12
糖饼 ························ 526
糖浆葡萄饼干 ················· 324
糖面团装饰 ··················· 564
糖衣脆饼核桃冰牛轧糖 ········· 492
糖衣果仁冰一口酥 ············· 498
糖衣花生半盐焦糖一口酥 ······· 547
糖衣花生糊 ··················· 529
糖衣坚果巧克力片 ············· 534
糖衣坚果瓦片 ················· 312
糖衣酥脆黑蛋糕 ··············· 130
糖衣杏仁糊 ··················· 529
糖衣榛子曲奇 ················· 98
糖衣榛子糊 ··················· 528
糖衣榛子慕斯奶油 ············· 379
糖衣榛子巧克力片 ············· 534
糖衣榛子巧克力球 ············· 534
糖衣榛子胜利饼 ··············· 392
糖渍柑橘栗子挞 ··············· 438
糖渍水果蛋糕 ················· 109
饕餮大理石蛋糕 ··············· 119
甜酥面皮 ····················· 38
甜筒 ························ 422
条形糖渍水果小蛋糕 ··········· 114

W

外交官奶油 ··················· 372
维也纳酥饼 ··················· 53
无蛋清香味软糖 ··············· 516
无麸质脆心蛋糕 ··············· 76
无面粉巧克力蛋糕 ············· 218

X

香草冰激凌 ··················· 482
香草甘纳许 ··················· 539
香草核桃软蛋糕 ··············· 298
香草奶油意式奶冻 ············· 408
香草奶油意式奶冻杯 ··········· 410
香草泡芙 ····················· 188
香草苹果千层派 ··············· 90
香草千层酥 ··················· 256
香草巧克力大理石蛋糕 ········· 105
香草挞 ······················ 414

香草脆糖酥饼 ⋯⋯⋯⋯⋯⋯⋯⋯ 54
香橙奶油 ⋯⋯⋯⋯⋯⋯⋯⋯⋯⋯ 440
香橙奶油挞 ⋯⋯⋯⋯⋯⋯⋯⋯⋯ 442
香橙泡芙 ⋯⋯⋯⋯⋯⋯⋯⋯⋯⋯ 189
香橙舒芙蕾可丽饼 ⋯⋯⋯⋯⋯⋯ 165
香橙小饼 ⋯⋯⋯⋯⋯⋯⋯⋯⋯⋯ 444
香蕉软蛋糕 ⋯⋯⋯⋯⋯⋯⋯⋯⋯ 299
香料蛋糕 ⋯⋯⋯⋯⋯⋯⋯⋯⋯⋯ 108
香料蜜糖小面包 ⋯⋯⋯⋯⋯⋯⋯ 58
向日葵和小雏菊 ⋯⋯⋯⋯⋯⋯⋯ 322
小泡芙蛋糕 ⋯⋯⋯⋯⋯⋯⋯⋯⋯ 206
新鲜菠萝条杏仁奶油 ⋯⋯⋯⋯⋯ 473
杏干脆心椰子酥 ⋯⋯⋯⋯⋯⋯⋯ 80
杏仁半盐焦糖小熊马卡龙 ⋯⋯⋯ 346
杏仁达克瓦兹蛋糕 ⋯⋯⋯⋯⋯⋯ 210
杏仁点心 ⋯⋯⋯⋯⋯⋯⋯⋯⋯⋯ 308
杏仁覆盆子小猪马卡龙 ⋯⋯⋯⋯ 348
杏仁膏甘纳许 ⋯⋯⋯⋯⋯⋯⋯⋯ 539
杏仁核桃小饼干 ⋯⋯⋯⋯⋯⋯⋯ 52
杏仁卡仕达奶油 ⋯⋯⋯⋯⋯⋯⋯ 476
杏仁马卡龙 ⋯⋯⋯⋯⋯⋯⋯⋯⋯ 343
杏仁奶油 ⋯⋯⋯⋯⋯⋯⋯⋯⋯⋯ 470
杏仁奶油千层派 ⋯⋯⋯⋯⋯⋯⋯ 474
杏仁苹果克拉芙蒂蛋糕 ⋯⋯⋯⋯ 160
杏仁葡萄饼干 ⋯⋯⋯⋯⋯⋯⋯⋯ 324
杏仁软蛋糕 ⋯⋯⋯⋯⋯⋯⋯⋯⋯ 298
杏仁酥饼 ⋯⋯⋯⋯⋯⋯⋯⋯⋯⋯ 53
杏仁挞 ⋯⋯⋯⋯⋯⋯⋯⋯⋯⋯⋯ 471
杏仁瓦片 ⋯⋯⋯⋯⋯⋯⋯⋯⋯⋯ 310
杏仁榛子奶油雪糕 ⋯⋯⋯⋯⋯⋯ 420
杏肉冬加豆泡芙 ⋯⋯⋯⋯⋯⋯⋯ 376
杏肉慕斯杏仁奶油 ⋯⋯⋯⋯⋯⋯ 472
叙泽特可丽饼 ⋯⋯⋯⋯⋯⋯⋯⋯ 165

Y

烟管饼干 ⋯⋯⋯⋯⋯⋯⋯⋯⋯⋯ 316
衍生千层酥 ⋯⋯⋯⋯⋯⋯⋯⋯⋯ 244
燕麦脆心蛋糕 ⋯⋯⋯⋯⋯⋯⋯⋯ 76
椰林飘香玛德琳蛋糕 ⋯⋯⋯⋯⋯ 306
椰林飘香萨瓦兰面包 ⋯⋯⋯⋯⋯ 282
椰香冰激凌 ⋯⋯⋯⋯⋯⋯⋯⋯⋯ 483
椰香草莓软心蛋糕 ⋯⋯⋯⋯⋯⋯ 328
椰香蛋糕 ⋯⋯⋯⋯⋯⋯⋯⋯⋯⋯ 326
椰香杧果奶油雪糕 ⋯⋯⋯⋯⋯⋯ 420
椰香杧果甜点 ⋯⋯⋯⋯⋯⋯⋯⋯ 462
椰香奶油意式奶冻 ⋯⋯⋯⋯⋯⋯ 409
椰香奶油意式奶冻杯 ⋯⋯⋯⋯⋯ 410
椰香巧克力软心蛋糕 ⋯⋯⋯⋯⋯ 327
液态面糊华夫饼 ⋯⋯⋯⋯⋯⋯⋯ 176
意式蛋白霜 ⋯⋯⋯⋯⋯⋯⋯⋯⋯ 340
意式蛋白霜基底黄油奶油 ⋯⋯⋯ 389
意式蛋白霜马卡龙 ⋯⋯⋯⋯⋯⋯ 344
意式蛋白霜柠檬小鸡马卡龙 ⋯⋯ 346

意式蛋白霜香草奶牛马卡龙 ⋯⋯ 348
英式奶油 ⋯⋯⋯⋯⋯⋯⋯⋯⋯⋯ 352
英式奶油基底黄油奶油 ⋯⋯⋯⋯ 389
英式奶油及意式蛋白霜基底黄油奶油 ⋯ 388
樱桃酒一口酥 ⋯⋯⋯⋯⋯⋯⋯⋯ 548
樱桃杏仁香料油煎糖糕 ⋯⋯⋯⋯ 172
油煎夹心糖糕 ⋯⋯⋯⋯⋯⋯⋯⋯ 170
油煎糖糕 ⋯⋯⋯⋯⋯⋯⋯⋯⋯⋯ 168
油炸糖酥 ⋯⋯⋯⋯⋯⋯⋯⋯⋯⋯ 169
原味巴巴面包 ⋯⋯⋯⋯⋯⋯⋯⋯ 280
原味冰激凌球 ⋯⋯⋯⋯⋯⋯⋯⋯ 486
原味克拉芙蒂蛋糕 ⋯⋯⋯⋯⋯⋯ 158
原味玛芬 ⋯⋯⋯⋯⋯⋯⋯⋯⋯⋯ 148
原味慕斯奶油 ⋯⋯⋯⋯⋯⋯⋯⋯ 378
原味酥饼 ⋯⋯⋯⋯⋯⋯⋯⋯⋯⋯ 55
原味杏仁小蛋糕 ⋯⋯⋯⋯⋯⋯⋯ 290
圆形巧克力片 ⋯⋯⋯⋯⋯⋯⋯⋯ 536

Z

榛子白巧克力草莓蛋糕 ⋯⋯⋯⋯ 216
榛子达克瓦兹蛋糕 ⋯⋯⋯⋯⋯⋯ 211
榛子大理石蛋糕 ⋯⋯⋯⋯⋯⋯⋯ 118
榛子焦糖 ⋯⋯⋯⋯⋯⋯⋯⋯⋯⋯ 524
榛子慕斯酥脆杏仁小蛋糕 ⋯⋯⋯ 296
榛子奶油酱 ⋯⋯⋯⋯⋯⋯⋯⋯⋯ 520
榛子软蛋糕 ⋯⋯⋯⋯⋯⋯⋯⋯⋯ 300
榛子杏仁小蛋糕 ⋯⋯⋯⋯⋯⋯⋯ 294
榛子黑巧克力曲奇 ⋯⋯⋯⋯⋯⋯ 94
榛子酥皮 ⋯⋯⋯⋯⋯⋯⋯⋯⋯⋯ 25
装饰技艺 ⋯⋯⋯⋯⋯⋯⋯⋯⋯⋯ 561
综合曲奇 ⋯⋯⋯⋯⋯⋯⋯⋯⋯⋯ 98

糕点词汇表

B

拌和*（Malaxer）：手动搅拌面糊或食材，使其质地均匀。

保存*（Réserver）：将食材放置一旁备用。

包裹（Enrober）：在食材外包裹液体（巧克力浆、淋面）。

包裹面粉*（Fariner）：烤制前，在食材表面包裹一层面粉，或在模具内撒一层面粉。

变为颗粒状*（Grainer）：食材中缺少黏合剂，会形成小颗粒状，如打散的蛋白。

C

汆烫去皮*（Monder）：将水果或坚果（番茄、杏仁、开心果）先浸入沸水，后浸入冰水，以去除果皮。果皮可以用刀轻松去除。

戳*（Piquer）：烤制前，用叉子戳小洞，以防止食材膨胀。

锉*（Râper）：用锉刀将食材刨成碎屑（如橙子皮）。

D

打成慕斯（Mousser）：搅打食材，使其变为丰盈的慕斯质地。（394文中翻译的是起泡，519翻译的是过度打发）

打发（Monter）：用打蛋器搅打（蛋白），使食材体积膨大，质地改变。

打发至膨胀（Foisonner）：打发奶油，使奶油体积变大。

点燃（Flamber）：在甜品上浇少许酒，随后点燃。

点缀*（Parer）：让甜点的外表更好看。

缎带（Ruban）：鸡蛋和糖的混合物，质地光滑均匀，可以用刮刀涂抹出一条没有裂纹的缎带。

F

发酵（Lever）：发酵面团，面团体积会膨大。

发酵时间（Pointer）：揉面之后，面团发酵所需的时间。

发展（Développer）：面团膨胀，体积增长的过程。

发酵扩展（Pousser）：发酵面团开始膨胀。扩展是面团成形之后的阶段。

覆盖*（Masquer）：在糕点表面完全包裹某种食材（奶油、蛋白霜、杏仁膏等）。

G

擀面（Abaisser）：用擀面杖擀面饼。

刮角*（Corner）：用带有尖角的器具，在容器中刮取食材，使容器中不残留任何食材。

过滤*（Filtrer）：让液体通过有小洞的容器，去除固体部分。

过筛*（Passer）：将液体、糖浆和奶油过筛，以去除杂质。

裹糖衣*（Praliner）：在食材中加入糖衣果仁，或用糖包裹住干果。

H

划*（Rayer）：用刀尖画出装饰图案。

划纹理*（Strier）：用刀、刷子或叉子在甜品表面划出花纹。

黄油膏（Pommade）：搅拌黄油，直至黄油变为膏状。

混合好的食材（Appareil）：由几种不同的食材混合而成，用于之后的制作步骤。

混合好的食材（Mix）：appareil的近义词（参照上个词条），但mix通常用于描述冰激凌的制作过程。

J

挤出*（Coucher）：用裱花袋在工作台上挤出泡芙、蛋白霜等。

挤入*（Fourrer）：用裱花袋挤入食材，如在泡芙中挤入奶油，在蛋挞中挤入果酱。

加工搅拌（Travailler）：用打蛋器或搅拌器将食材混合，搅拌成想要的质地。

加入（Incorporer）：在制作中加入食材。

浇淋面（Glacer）：在食材表面浇一层液体或淋面，或撒上糖霜，让糕点更有光泽。

搅拌或打发（Fouetter）：用打蛋器或搅拌器，将食材搅拌至质地均匀，或将蛋白等食材打发。

搅拌成沙粒质地*（Sabler）：将黄油和面粉搅拌成酥脆质地。在加热过程中不停搅拌，使其结晶。

搅拌至白色（Blanchir）：将蛋黄和糖粉混合，快速搅打，蛋黄会变为白色的泡沫质地。将水果浸入沸水，也能让水果快速变为白色。

搅打*（Battre）：将几种不同的食材快速搅拌混合，制成希望达到的质地或颜色。可以用电动搅拌器进行搅打，也可以手动搅打。

搅动*（Vanner）：当酱汁或奶油软化时，用刮刀不时搅拌，防止表面凝固结块。

浇蛋糕淋面（Napper）：在食材表面浇一层奶油。

酵母面团（Levain）：酵母粉、水和面粉的混合物，静置发酵至体积膨大1倍。

浸泡（Infuser）：将煮沸的液体倒入有香气的食材（如将牛奶倒入香草）中，让液体带有香气。

浸渍（Imbiber）：将糕点浸入糖浆或酒内，让糕点湿软（如朗姆酒面包）。

聚集结晶（Masser）：在烘焙过程中的糖结晶。

K

烤制（Griller）：将食材铺在烤盘上，入烤箱烤制，不时翻搅使其上色。

L

沥干水（Égoutter）：去除食材中多余的水，可通过过筛完成。

M

密度*（Densité）：食材体积与4℃水体积之间的比例。在制作果酱、糖果和甜食的过程中，需要测量糖的密度。

面饼（Abaisse）：用擀面杖擀成的面饼。

面团（Masse）：混合好的食材或面团，用于制作糕点。如用于制作冰激凌蛋糕的面团。

N

凝固（Cristallisation）：融化的黄油或可可脂重新变得紧实且可以使用的过程。

浓缩（Réduire）：液体沸腾时蒸汽逸出，液体体积缩小，味道更浓。

P

泡（Macérer）：将水果浸泡在液体中（葡萄糖、糖浆、烈酒），使水果带有液体的气味。

抛光*（Lustrer）：将糖浆、果酱或黄油涂抹在食材表面，使其富有光泽，外表更诱人。

喷砂（Pulvérisage）：
黑色喷砂
- 黑巧克力（可可含量70%）350克
- 可可脂150克

牛奶巧克力喷砂
- 牛奶巧克力（可可含量40%）300克
- 可可脂200克

白色喷砂
- 白巧克力（可可含量35%）350克
- 可可脂150克

多色喷砂
- 可可脂500克
- 脂溶性色素

喷砂技巧：
用水浴法融化巧克力和可可脂。根据需要加入色素，将其过细筛，装入喷枪或压缩喷雾器。喷砂使用温度为32℃。

为了让巧克力喷砂富有光泽，需要在常温状态下喷洒32℃的喷砂。

为了让喷砂呈现雾面质地，将其放入冰箱冷冻数分钟后使用。喷砂使用温度为32℃。

撇去泡沫（Écumer）：在加热过程中去除表面的泡沫。

Q

切成薄片*（Émincer）：将水果或蔬菜切成薄片。

切割（Détailler）：用刀或模具切割面团或面饼。

切开*（Inciser）：用刀将糕点（通常是千层酥皮）切开，刀口或深或浅，用于后续装饰。

切碎*（Hacher）：用刀将食材切成碎块。

去核*（Dénoyauter）：用去核器去除水果的核。

去皮（Zester）：用刮皮刀去除柑橘类水果的表皮。

去芯*（Évider）：用工具去除水果的内核。

R

融化（Fondre）：通过高温（或水浴法）让食材融化。

糅合*（Manier）：将黄油和面粉混合，用于制作千层酥皮。

揉面（Pétrir）：用手或搅拌器混合含有面粉的食材，揉至质地均匀。

揉制千层面团*（Tourer）：揉制千层面团时需要进行的几轮对折操作。

乳化（Émulsionner）：在不易溶的食材中加入液体（食材不会立即溶解）。

入模（Mouler）：入烤箱或冷藏前，将食材装入模具。

润滑*（Graisser）：在模具中涂抹油脂，防止烘焙过程中与食材粘连。或在白糖中加入葡萄糖，防止烘焙过程中结晶。

S

撒面粉*（Fleurer）：在工作台或面团上撒一层面粉，防止面团粘连。

30°B糖浆（Sirop à 30 B）
- 糖1350克
- 水1升

制成透明糖浆，30°B指糖的密度。

用途：
可用于制作甜品淋面。
可让糖浆质地更加紧实。
可用于稀释食材，如白酒、色素等。
可用于浸泡，如酒渍水果。

筛*（Tamiser）：将面粉、糖、粉末过筛，以去除杂质。

上胶*（Coller）：在食材中加入吉利丁，让食材质地更有韧性。

上色*（Colorer）：在食材中加入色素，在制作过程中为食材上色。

生面团（Pâton）：未烤制或加工的千层酥皮。

使变为焦糖（Caraméliser）：小火溶化白糖，制成焦糖。也可以将甜点放在烤架上或平底锅中，加热使表面变为焦糖。

使成形*（Donner du corps）：通过揉面，让面团质地柔软，富有延展性。

使紧实*（Raffermir）：将食材放入冰箱冷藏，使食材质地更加紧实。

使紧致（Serrer）：画圈快速搅拌蛋白，使蛋白质地均匀紧实。

使面团成形*（Façonner）：将面团揉成想要的形状。

使融化（Décuire）：用水或奶油让另一种食材质地变软。

水果淋面（Nappage）：用水果或果汁制成的果酱，能够激发食欲，可用作淋面。

水面糊（Détrempe）：水和面粉的混合物，是制作面糊或千层酥皮的第一步。

水浴法（Bain-marie）：缓慢加热或融化食材的方式。将装有食材的容器放入另一个体积更大、装有开水的容器中。

手掌揉面*（Fraiser）：用手掌在大理石台面上揉面，让面团均匀，但没有弹性。

松弛*（Relâcher）：面糊或奶油等食材松软塌陷。

T

糖结晶*（Candir）：在糖果表面包裹细砂糖。

提纯*（Clarifier）：将液体、果酱或糖浆过滤，使液体变得清澈透明。加热黄油时，可以去除乳清，进行提纯。

同质化*（Homogénéisation）：搅拌酱汁使其质地均匀。加工牛奶时，同质化指去除脂肪，防止奶油凝结。

投入沸水煮*（Pocher）：将水果放入轻微沸腾的糖浆或液体中加热。

涂抹上色（Dorer）：烤制前，在面团表面涂抹蛋液，使面团在烤制过程中上色。

涂抹蛋白霜*（Meringuer）：在食材表面涂抹蛋白霜。

涂抹黄油（Beurrer）：在器皿内侧涂抹黄油，避免食材与器皿粘连。在食材中也可添加黄油。

涂抹油脂*（Huiler）：在模具或盘中涂抹油脂，防止食材粘连。

脱模（Démouler）：从模具中取出食材。

W

温控（Tempérage）：主要用于巧克力的温度控制，让巧克力中的可可脂保持液态质地。

X

稀释（Détendre）：在面糊中加入液体，让面糊质地更柔软。

Y

压实（Foncer）：将面饼装入模具或容器。用手压实模具的底部和内壁，使面饼和模具充分贴合。

研磨 * (Piler): 用杵将榛子或杏仁等食材捣成粉末状。

延展 (Tirer): 将特定温度下的糖进行拉伸、延展和折叠,让糖富有光泽。

用糖浆浸泡 * (Siroper): 将糕点浸入糖浆,或用蘸有热糖浆的刷子在糕点表面刷一层糖浆。

Z

在面粉中挖坑 * (Fontaine): 在面粉堆中挖出一个坑,在坑中加入所有和面所需的食材。

暂停发酵 * (Rompre): 将面团对折揉制数次,使面团停止发酵。面团会开始二次发酵,会得到更充分的延展。

增香 * (Aromatiser): 在食材中加入香料,使之带有香气。

增香 (Parfumer): 通过添加香味剂、香料或其他食材,让糕点口味更丰富。

炸制 * (Frire): 将食材放入高温的油脂中炸熟。

制作装盘 * (Dresser): 平衡各种元素,将食材装入盘中的过程,也可以用于形容泡芙的制作:将泡芙制作装盘,挤出闪电泡芙。

制作大理石纹路 * (Marbrer): 利用不同颜色的食材,在糕点中做出大理石纹路。

装入隔离层 * (Chemiser): 在容器内壁装入硫酸纸等材质的隔离层,防止食材与容器壁粘连;或在一种食材被另一种食材包裹之前,将其装入隔离层。

灼烧 * (Brûler): 当蛋黄和糖未充分混合时,会发生化学反应。若面糊中的水分不多,便可以被点燃。将蛋黄和糖倒入同一容器,但不进行搅拌,燃烧后会形成不溶于奶油或面糊的黄色小颗粒。

注: 加 * 的词条在文中未出现。

图书在版编目（CIP）数据

星级甜品大师班/（法）埃迪·班纳姆（Eddie Benghanem）著；霍一然译. —武汉：华中科技大学出版社，2022.2
ISBN 978-7-5680-4706-7

Ⅰ.①星… Ⅱ.①埃… ②霍… Ⅲ.①烘焙－糕点加工 Ⅳ.①TS213.2

中国版本图书馆CIP数据核字（2020）第064055号

Le Grand cours de Pâtisserie, © Hachette-Livre (Hachette Pratique), 2016
Eddie Benghanem, textes des recettes Cécile Coulier, photographie de Guillaume Czerw
Simplified Chinese edition arranged through Dakai Agency Limited

本作品简体中文版由Hachette-Livre授权华中科技大学出版社有限责任公司在中华人民共和国境内（但不含香港特别行政区、澳门特别行政区和台湾地区）出版、发行。

湖北省版权局著作权合同登记　图字：17-2018-114号

星级甜品大师班
Xingji Tianpin Dashi Ban

[法] 埃迪·班纳姆（Eddie Benghanem） 著
霍一然 译

出版发行：华中科技大学出版社（中国·武汉）　　　电话：(027) 81321913
　　　　　华中科技大学出版社有限责任公司艺术分公司　(010) 67326910-6023
出 版 人：阮海洪

责任编辑：莽 昱　谭晰月
责任监印：赵 月　郑红红　　　封面设计：邱 宏

制　　作：北京博逸文化传播有限公司
印　　刷：广东省博罗县园洲勤达印务有限公司
开　　本：700mm×1020mm　　1/8
印　　张：72.5
字　　数：224千字
版　　次：2022年2月第1版第1次印刷
定　　价：468.00元

本书若有印装质量问题，请向出版社营销中心调换
全国免费服务热线：400-6679-118　　竭诚为您服务
华中出版　版权所有　侵权必究